JN290180

シリーズ 群集生態学 3

Community Ecology

生物間ネットワークを紐とく

大串隆之
近藤倫生
難波利幸 編

京都大学学術出版会

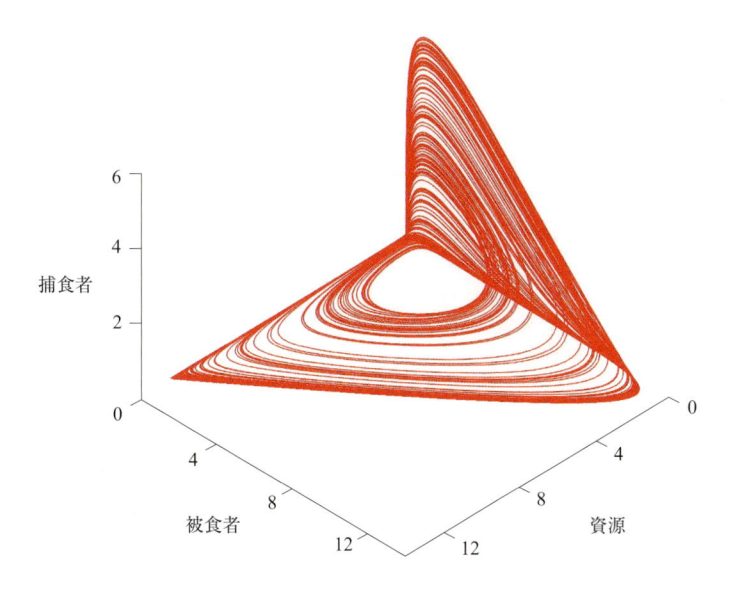

ギルド内捕食の動態モデル（37 ページ）で，直接経路の効率が極端に低いときに現れるカオス．Tanabe and Namba（2005）の図 2B を改変．（第 1 章）

プールを用いた栄養カスケードの実験風景．（第 2 章）

岩礁潮間帯の大型植食者コクガンが実験区内で海藻を摂餌している（上）．摂餌後に実験区のそばで休息するセグロカモメの群れ（下）．これらの植食者による摂餌圧の強弱は，海藻ターフの消長に大きな影響を及ぼし，海藻ターフの消長は岩礁潮間帯の群集構造を制御している．（第3章）

アリとアブラムシの間の栄養―防衛共生に割り込もうとするエビアシシジミの一種（*Allotinus unicolor*）の成虫．このシジミチョウの幼虫は，様々な手段によってアリをなだめ，アリによる排除行動をかいくぐってアブラムシを捕食する．アリ類と半翅目昆虫類の間の相利共生系にはいくつかのシジミチョウ類が寄生する．（第4章）

間接相互作用網の一例．ジャヤナギの枝にタマバエによる虫こぶ（左上）が作られると，その先から盛んに新しい枝が伸びてくる．これに伴い，栄養価が高く軟らかな新葉が増えるので，アブラムシやハムシが集まってくる．しかし，アブラムシのコロニーが大きくなると，甘露に誘引された多数のアリが他の昆虫を排除してしまう．（中村誠宏撮影）（第5章）

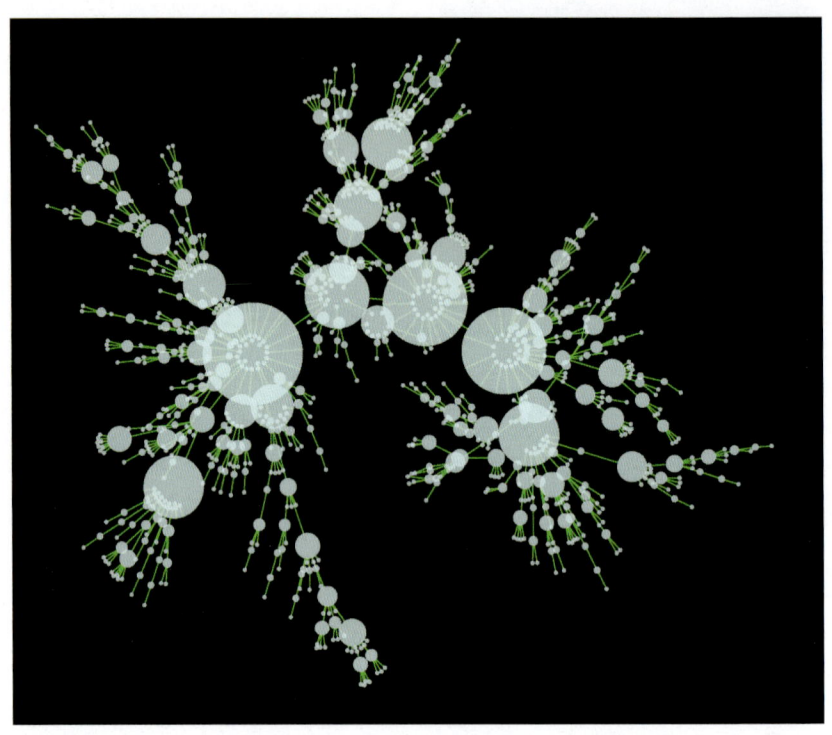

バラバシ・アルバート（BA）モデル（233ページ）によって生成されたスケールフリー・ネットワーク（1000ノード）．各ノードがリンク数に比例した大きさの円で描かれている．大きな円は，多数のリンクをもつ「ハブ」である．（コラム2）

はじめに

　生物群集は，種間相互作用によって形づくられる2種の個体群のあいだのリンクを，物質やエネルギーが流れる生物間ネットワークであると考えることができる．しかし，インターネットや電力網などとは異なり，リンクを形成する種間相互作用には，捕食 (predation)，植食 (herbivory)，寄生 (parasitism)，競争 (competition)，相利 (mutualism) など，さまざまなメカニズムに基づき，他種の成長率や個体群密度にプラスやマイナスの効果をもたらす，いろいろな型のものが含まれる．生物間ネットワークの構造は，構成種の性質と，どの2種のあいだをどの型の相互作用が結ぶかによって決まり，ネットワークの動態は，どの2種がどれくらいの強さで結ばれるかにも依存する．

　ネットワークを構成する生物は，相互作用によって直接のリンクを結ぶ種だけではなく，いくつかのリンクによって間接的に結ばれる種の影響も受ける．2種間に介在する第三の種の個体群密度や形質が変化することによって起こる間接効果は，場合によっては，直接効果をしのぐ影響を他種に及ぼすこともある．したがって，生物間ネットワークは，決して2種間のリンクの総体として理解することはできず，少なくとも3種か4種からなる単純な基本構成単位（モジュール）を考慮する必要がある．また，第三の種や環境の改変によって起こる，時間や空間を隔てた2種間の相互作用が，生物群集に大きな影響を及ぼすという認識も広まりつつある．

　生物群集をネットワークとしてとらえる見方は，植食や捕食をとおして物質やエネルギーが流れる食物網の研究を中心に発展してきた．食物網の研究は，リンクのパターンを探る研究に始まり，種数とリンクの数の関係，食物連鎖の長さ，基底種と中間種と上位種の数の比率，雑食の割合などを調べる研究へと発展してきたが，最近では，複雑ネットワークの研究に刺激され，種ごとのリンクの数の分布など，新たなパターンを明らかにする研究へと発展しつつある．

　さまざまなメカニズムに基づく相互作用を含むために，捕食や競争と比べて研究が遅れていた相利であるが，一対一の特殊な絶対的関係は稀で，むし

ろ一対多あるいは多対多の関係が一般的であることが明らかになってきたことに加え，ネットワークの観点からの研究が進み，めざましい発展を見せつつある．

ロトカやボルテラの数理モデルによる研究とガウゼによる実験研究にはじまり，ハッチンソンやマッカーサーらによる競争平衡理論へと発展した種間競争は，資源利用競争や見かけの競争など間接相互作用の重要性の発見と，多種共存機構の解明の進展により，依然として群集を構成する相互作用として重要な位置を占めている．

害虫防除のための天敵として重要な捕食寄生者などを除き，どちらかといえば生態学よりも寄生虫学（Parasitology）や疫学（Epidemiology）の分野で発展してきた寄生に関する研究であるが，寄生者の多様性の高さと生物量の多さの発見，そして食物網に組み込みネットワークとしてとらえる研究の発展により，飛躍的に進歩しつつある．

群集生態学では，古くから，群集を構成する種の個体数分布や種数面積関係などに普遍的に見られるパターンに関する研究が進み，競争などの種間相互作用によってパターンを説明しようとする研究が発展してきた．また，種数と種間のリンクの多さが生物群集を安定に保っているという古典的な見方が，ロバート・メイによる理論研究によって覆されて以来，相互作用のどのようなリンクパターンが生物群集を安定に保つかについての研究も数多く行われてきた．

一方，種数を固定されたパラメータとしてモデルに入れるのではなく，出生率，死亡率，移動率，種分化率が個体レベルで同じであることを仮定し，個体群統計学的な確率性に相当する生態学的浮動によって種個体数分布などを説明しようとする中立モデルもある．また，複雑性（多様性）と安定性の関係についても，ネットワークの構造をあらかじめ決めるのではなく，種間相互作用は固定的でも完全にランダムでもなく，ある種の相関をもつランダム行列で決まると考え，現象論として知られている種個体数分布などを理論的に説明しようとするランダム群集モデルもある．

本巻は，六つの章と，理論的な方法論に関わる二つのコラムと巻全体を総括する終章からなる．本巻は，間接効果を主要なキーワードに，生物間ネッ

はじめに

ワークを種間相互作用によって紐とき，最終的には，異なる型の複数の種間相互作用を含む生物間ネットワークの研究へと発展する方向を目指して，さまざまな観点から生物群集に迫る．ここでは，それぞれの章の内容を簡単に紹介したい．

まず，第1章（難波）では，種間相互作用や間接効果を理解するために必要となる基礎的な事項を解説し，混乱が見られる用語の使い方に注意を喚起する．そして，3種または4種の個体群からなる部分群集が生物群集のモジュールとして生物群集の構造や動態の決定に大きな役割を果たしている可能性を指摘する．つぎに，種間相互作用強度の分布と生物群集の安定性に関する最新の実証研究と理論研究を紹介し，弱い方に歪んだ相互作用の分布が群集を安定に保つことを示したとされる研究で，実際には何が安定化の要因になっているかを探る．最後に，最近のネットワーク研究の立場からの食物網と相利ネットワークの研究を紹介し，種間相互作用の研究には，環境との相互作用や遺伝子型と環境の相互作用の視点も必要であることを紹介して締めくくる．

第2章（片野）は，まず，さまざまな相互作用を紹介し，異なるメカニズムに基づくにもかかわらず，効果の符号が同じというだけで同列に論じられている相互作用を分けて考える必要性を指摘する．つぎに，実際の群集では，複数の経路に沿って直接効果と間接効果がともにはたらくことが多いことを説明し，相互作用の担い手としての個体の重要性に言及する．また，競争系における共存メカニズムと栄養カスケードを例に，相互作用は決して固定的なものではなく状況に依存して大きく変わりうることを説明する．つぎに，具体的な事例として，藻類と水生昆虫などを食う雑食性の魚が関わる栄養カスケードと，アユに対する影響を自身の研究に基づいて説明する．最後に，形質を介する間接効果を取り上げ，今後の展望として，群集における種内の個体差の重要性などを指摘して締めくくる．

第3章（堀）では，相互作用の変異性と群集動態の関係に注目する．相互作用強度を軸に，野外での相互作用研究の歴史を振り返り，とくに状況依存性の発見に注目する．つぎに，非線形性と間接効果のために相互作用は時間的・空間的に大きく変化することを指摘し，野外での相互作用強度の研究で

は，時空間スケールによって結果が大きく変わることに注意を喚起する．とくに，相互作用強度の平均値とばらつきに注目し，弱い相互作用が群集動態に果たす役割を説明した後，自身の研究によって検証を試みる．最後に，空間スケールと攪乱の関係や個体群構造の複雑化とストレージ効果の関係を説明し，時空間的な変異性をもつ弱い相互作用の研究では，適切な時空間スケールの選択が必要であることを強調して締めくくる．

第4章（市岡）は，生物群集のキーストン種としてのアリをめぐる群集について解説する．まず，多くの生物とさまざまな相互作用をするアリは，食物網の枠組みではとらえられないことを指摘する．つぎに，社会生活を営み，生態系エンジニアとしての役割も果たすアリの特異なニッチについて述べる．つづいて，捕食者，植食者，種子散布者，生態系エンジニアとしてのアリの役割を説明した後で，アリが生物群集の構造決定に果たす役割について解説する．植物や半翅目（カメムシ目）昆虫との栄養と防衛を介する相利や，アリ植物との関係では，興味深い例が数多く紹介される．最後に，侵入アリが種間競争を通じて生態系に大きな影響を与えることを説明し，アリを社会生物学の研究対象と見るのではなく，群集生態学や生態系機能の研究においてアリのもつ多面的な機能に注目することの必要性を強調して締めくくる．

第5章（大串）は，時空を隔てた種間の間接効果を考慮した間接相互作用網について解説する．まず，先行して発展してきた食物網では考慮されていなかった非栄養関係の重要性を指摘し，間接効果が生物間相互作用のネットワークを生み出すことを説明する．つづいて，植食者による食害によって，誘導防衛反応や質や形態の変化を含む，さまざまな植物の形質の変化が起こることを述べる．つぎに，ヤナギとセイタカアワダチソウの上の群集を例にとり，植物の形質の変化による間接効果が，複数の相互作用をつなぐ役割を果たしていることを例証する．時間的・空間的に離れている生物間や，系統的に離れている生物間の相互作用について幅広くレビューした後，食物網に非栄養関係と間接効果を組み込んだ間接相互作用網では，数多くの相利や片利のプラスの相互作用が生じ，生物多様性の増加に寄与していることを説明する．最後に，間接相互作用網による予測を検証することがもつ可能性と，異なる生態学の分野を統合する必要性を指摘し，生物多様性の保全は種の保

全からネットワークの保全に向かうべきであるとの主張で締めくくる.

第6章（時田）は，最小限の要素からなる生物群集の「ミニマルモデル」から得られるパターンを，現実の生物群集に見られるパターンと比較することによって，生物間ネットワークの理解に迫ることを目標に，中立モデルとランダム群集モデルの二つのミニマルモデルを解説する．マッカーサーとウィルソンの島の生物地理学モデルなどの中立モデルの歴史を概観した後，ハベルの中立モデルとその後の発展を説明する．中立性と総個体数一定の仮定（ゼロサム性），メタ群集間の分散制限の意味とモデルによる違いや，モデルから得られる種個体数分布と実際の群集の種個体数分布などが詳しく説明される．ランダム群集モデルとしては，レプリケーター方程式を使い，相互作用行列の対称性の違いによる，共存種数，個体群動態，さまざまな型の相互作用の分布や，得られる種個体数分布の違いが説明される．最後に，今後の発展の方向と実際の生物群集への応用の可能性を探って締めくくる．

コラム1（難波）では，群集の数理モデルの基礎として，力学系とその安定性の解析方法，そしてメイのランダム行列の理論とその問題点が説明される．続いて，力学系モデルから得られる相互作用強度の指標として，相互作用行列，群集行列，感度行列の説明がある．さらに，安定性にはさまざまな定義があり，なかには価値観をともなって使われるものもあるので，多様性と安定性の関係を論じる際には，安定性の定義に注意すべきであることが指摘される．

コラム2（時田）では，複雑ネットワーク理論の基礎が解説される．複雑ネットワークを特徴づける量として，平均最短経路長，クラスタリング係数，次数分布を説明し，これらの量を基にして，ランダムグラフと規則格子や社会に見られるネットワークの性質が説明される．多くのネットワークは，平均最短経路長が短いスモールワールド性をもつこと，また，次数分布が分布を特徴づける量をもたないスケールフリー性をもつことが説明される．生物群集への応用として，ネットワークとしての食物網に見られるパターンが説明され，ネットワーク研究の応用で見出されたコンパートメントと，相利のネットワークで発見された入れ子構造についての解説がある．最後に，三体以上の相互作用を考える必要性や，サンプリング理論の重要性などを強調

して締めくくる．

　終章では，異なる型の複数の相互作用が含まれるネットワーク研究への発展を視野に入れ，生物群集のモジュールの動態がまず説明される．つづいて，本巻全体として説明がやや不足している相利と寄生の解説があり，異なる型の複数の相互作用が含まれるネットワークの最新の研究を紹介し，今後の方向を示す．

　本巻の原稿は，章ごとに複数の査読者による校閲を受けた．校閲は，本巻の編集者のほかに，市岡孝朗，市野隆雄，鏡味麻衣子，片山昇，久保拓弥，佐藤一憲，瀧本岳，竹本裕之，立川正志，辻村希望，仲岡雅裕，仲澤剛史，西村欣也，野田隆史，林珠乃，日高周，平尾聡秀，藤木泰斗，増田直紀，松田裕之，三木健，宮下直，村上正志，山内淳，山口真奈，米谷衣代の各氏が担当した．ここに，厚くお礼申し上げる．また，本巻の刊行にあたっては，京都大学学術出版会の高垣重和氏と桃夭舎の高瀬桃子氏に一方ならぬご支援とご協力をいただいた．心からお礼申し上げたい．

2009 年 5 月

　　　　　　　　　　　　　　　　　　難波利幸・近藤倫生・大串隆之

目 次

口絵 i
はじめに v

第1章　種間相互作用がつなぐ生物群集
　　　　直接効果と間接効果　　　　　　　　　　　　　難波利幸　1

1 はじめに　2
2 群集のモジュールに現れる間接効果　5
　(1) 生物群集のモジュール　5
　(2) 符号のうえでの競争，相利，捕食　6
　(3) ネットワークフローと間接効果　8
　(4) 相互作用と機能の反応　10

3 密度を介する間接効果と形質を介する間接効果　12
　(1) 相互作用と効果　12
　(2) 相互作用と効果を表すさまざまな用語　17
　(3) メタ解析によって検出される間接効果　19

4 相互作用強度　20
　(1) 数学的な尺度　20
　(2) 経験的な尺度　22
　(3) 競争の強さを測る指数　24
　(4) 相利の強さを測る指数　25
　(5) 相互作用強度をめぐる問題　27

5 相互作用強度と生物群集の安定性　28
　(1) 相互作用強度の分布　28
　(2) 弱い方に歪んだ相互作用強度分布はなぜ群集を安定化するか　33
　(3) 直接・間接経路の相対効率とギルド内捕食系の安定性　37
　(4) 食物網に組み込まれたギルド内捕食系　38

6 今後の展望 42
 (1) 複雑ネットワークとしての食物網 42
 (2) 相利ネットワーク 44
 (3) 物理的環境要因と個体群の遺伝的構成 45

コラム1 群集の数理モデルの基礎 難波利幸 49

1 連続力学系の一般的な性質 50
2 線形安定性と多種共存可能性の解析 54
3 種間相互作用を記述する指数 56
4 安定性のさまざまな定義 58

第2章 相互作用の多彩な効果
河川群集を理解する 片野 修 61

1 相互作用とは何か？ 62
 (1) さまざまな相互作用 62
 (2) アユとウグイの相互作用 64
 (3) 相互作用の形態 67
2 相互作用は変わる 68
 (1) 競争排除と共存のメカニズム 68
 (2) 栄養カスケード 71
3 雑食性をめぐる相互作用 74
 (1) 雑食性とは何か 74
 (2) アユと雑食性魚類の関係 76
 (3) 体サイズが他の生物に与える影響 79
4 形質の変化を介した間接効果 81
 (1) 形質の変化とは？ 81
 (2) トップダウン型のTMIE 82
 (3) その他のTMIE 83
 (4) 行動圏と間接効果 86

5　相互作用系から見た群集生態学の展望　88
　(1) 相互作用のスケール　88
　(2) 本章のまとめと今後の展望　89

第3章　相互作用の変異性と群集動態　　　堀　正和　93

1　はじめに　94
2　野外における相互作用の研究の歴史(1)
　── 相互作用網への道のり　96
3　野外における相互作用の研究の歴史(2)
　── 状況依存性の発見　99
4　相互作用の時空間的な変異性と非線形な反応　103
5　時空間的に変化する相互作用
　── 平均値とばらつきの意味　108
6　弱い相互作用が群集動態に果たす役割　111
7　検証
　── 岩礁潮間帯の生物群集　113
8　まとめ　119

第4章　生物群集のキーストン
　　　　　アリの役割　　　　　　　　　　市岡孝朗　123

1　はじめに　124
2　特異なニッチを占めるアリ　126
3　アリが生み出す間接相互作用　128
　(1) 捕食者としての役割　128
　(2) 植食者としての役割　130
　(3) 生態系エンジニアとしての役割　132
4　アリ共生が生物群集の構造に果たす役割　134
　(1) 植物との栄養-防衛共生　134
　(2) 半翅目昆虫との栄養-防衛共生　141

(3) 栄養-防衛共生をめぐる植物と半翅目昆虫の対立　144
5　種間競争を介した侵入アリによる生態系の攪乱　146
6　今後の展望　148

第5章　食物網から間接相互作用網へ　　　　　　大串隆之　151

1　はじめに　152
2　生物間相互作用のネットワークを生み出す間接効果　154
3　植食者が誘導する植物の変化　156
　(1) 誘導防衛反応　156
　(2) 栄養的な質の変化　158
　(3) 形態の変化　158
　(4) 繁殖器官の変化　158
　(5) 生態系エンジニアによる植物の改変　159
4　植物が支える相互作用のネットワーク　160
　(1) エゾノカワヤナギ上の相互作用の連鎖　160
　(2) ジャヤナギ上の相互作用の連鎖　162
　(3) セイタカアワダチソウ上の相互作用の連鎖　163
5　植物の変化による間接相互作用と生物群集　166
6　植物の変化が生み出す間接相互作用　167
　(1) 時間的・空間的に住み分けている生物間の相互作用　167
　(2) 植食者と送粉者の相互作用　170
　(3) 系統的に離れた種間の相互作用　171
　(4) 構造物を介した間接相互作用　173
7　間接相互作用網
　　——食物網に非栄養関係と間接効果を組み込む　174
　(1) 間接相互作用網を描く　174
　(2) 間接相互作用網と生物多様性　175
　(3) 間接相互作用網はなぜ気づかれなかったのか？　179
8　今後の展望
　　——生物多様性科学の開拓　180
　(1) 間接相互作用網による予測　181

(2) 異なる研究分野の統合　182
　(3) 生物多様性の保全：種からネットワークの保全へ　182

第6章　中立モデルとランダム群集モデル　　時田恵一郎　185

1 ミニマルモデル　186
2 中立モデル　187
　(1) 中立モデルとは何か　187
　(2) 現代的な中立モデル　190
　(3) 中立モデルの発展　194
　(4) ハベルの中立モデル　196
　(5) 中立モデルの最近の理論的発展　199
3 ランダム群集モデル　203
　(1) 複雑性と安定性の関係　203
　(2) ランダム群集モデル　207
　(3) レプリケーター方程式　208
　(4) 対称ランダム行列モデル　210
　(5) 反対称ランダム行列モデル　212
　(6) 非対称ランダム行列モデル　215
4 まとめと今後の展望　217

コラム2　複雑ネットワーク理論の基礎　　時田恵一郎　223

1 背景　224
2 複雑ネットワークを特徴づける量　225
3 ランダムグラフと規則格子　228
4 スモールワールド・ネットワーク　230
5 スケールフリー・ネットワーク　233
6 生物群集への応用　235
7 まとめ　240

終　章　生物間ネットワークを紐とく

難波利幸・大串隆之・近藤倫生　245

1　はじめに　245
2　生物群集のモジュールの動態　246
3　相利　248
　(1) 多対多の相利　248
　(2) 相利ネットワークの構造　249
　(3) 相利をめぐる生物群集　251
　(4) 相利への寄生　252
　(5) 相利の動態　253
4　寄生　254
　(1) 寄生者の多様性　254
　(2) 寄主と寄生者を組み込んだ食物網　256
　(3) 結合度　257
　(4) 入れ子度　258
　(5) 寄主を操る寄生者　259
　(6) 生態系における寄生者の役割　260
5　さまざまな相互作用を生物間ネットワークに組み込む　261
　(1) いろいろなネットワーク　261
　(2) 複数の型の相互作用を含むネットワーク　262
　(3) 競争と相利を含むネットワーク　263
　(4) 捕食と競争を含むネットワーク　264
6　結びに代えて　265

引用文献　267
索　引　323

第1章

種間相互作用がつなぐ生物群集
直接効果と間接効果

難波利幸

Key Word

間接効果　生物群集のモジュール　機能の反応
相互作用強度　安定性

　捕食や競争や相利などの2種間の相互作用によって結ばれる生物間ネットワークを理解するためには，種間相互作用の特徴を明らかにする必要がある．ある種は，他種に対して直接の影響を与えるだけではなく，第三の種や生物以外の資源を介して，間接的な影響を与える．間接効果には，第三の種の密度の変化を介するものと，形質の変化を介するものがある．種間相互作用は，状況によって，その効果の大きさだけではなく，符号さえ変えることがある．2種系に1種か2種を加えただけの生物群集でも，間接効果がはたらくので，2種間の関係からは予測できない挙動を示すことがある．また，3種や4種からなる部分群集は，多種系に現れるさまざまな複雑な挙動を示すので，生物群集の基本構成単位（モジュール）として，群集の構造や動態の決定に大きな役割を果たしている可能性がある．直接効果や間接効果は捕食者や被食者の密度にさまざまな形で依存し，群集動態は相互作用の強さによっても影響を受ける．生物群集では，多くの弱い相互作用が構造や動態を安定化するといわれるが，その機構は必ずしも明らかではない．本章では，種間相互作用や間接効果を理解するために必要となる基礎的な事項を解説し，混乱が見られる用語の使い方に注意を喚起する．そして，さまざまな定義をもつ相互作用強度と群集の安定性との関係について説明し，今後の展望で締めくくる．

1 はじめに

　生物群集は，多くの種が種間相互作用によって結ばれる複雑なネットワークとしてみることができる．「生物間ネットワークを紐とく」には，種間相互作用の特徴を明らかにする必要がある．しかし，生態学者は昔から一貫して生物群集を理解するには種間相互作用が重要であると考えてきたわけではない．個体群動態や群集の構造はおもに気候などの非生物的要因によって決まるのか，それとも生物間相互作用によって決まるのかという疑問が繰り返し提出され，激しい論争を経てそれぞれの立場の優劣が時代とともに変遷してきた（MacArthur 1972; Pianka 1978; Brönmark and Hansson 2005; 嶋田ら 2005；本シリーズ第1巻）．

　動物は餌を食べることなしには生きていけないので，捕食（predation），寄生（parasitism），植食（herbivory）などの食うものと食われるものの関係に基づく相互作用（trophic interaction）が重要であることはいうまでもない．一方，植物は，光や栄養塩や水をめぐって互いに競争するので，生物群集の形成には競争（competition）も重要である．それぞれの種が相手に正の効果を与える相利（mutualism；従来 mutualism の訳語としては，共生や相利共生が使われることが多かったが，本章では，文字どおりともに生きることを意味する symbiosis と区別するため，代表的な生態学の教科書の一つである Begon et al.（1996）の邦訳にならって，symbiosis をともなわない mutualism の訳として相利を使う）は，さまざまなメカニズムに基づく相互作用を含むため，重要であるにもかかわらず，捕食や競争に比べて包括的に理解することが難しく，生物群集における役割についての研究が遅れていた（本巻終章参照）．

　生物群集の研究は，食うものと食われるものの関係だけで構成される食物網（food web；ネットワークの観点を強調すれば栄養ネットワーク，trophic network; Higashi et al. 1991）と，主として植物などの固着性の生物のあいだの競争や資源をめぐる競争を想定した競争ネットワーク（competitive network; Buss and Jackson 1979）を中心に発展してきた．しかし，植物と送粉者や種子散布者との相利，アリと植物との防衛相利（本巻4章），植物と菌類の相利共

生などの普遍性と重要性についての認識が広まり，相利の研究は近年めざましい発展を見せつつある（Thomson 2003; Holland et al. 2005; Bronstein et al. 2007; 本巻終章参照）．また，2種間の相利の研究だけではなく，多種系での相利ネットワーク（mutualistic network; Jordano 1987）の研究も行われるようになってきた（Bascompte and Jordano 2007）．

　しかし，種間相互作用として寄生や植食を含む広義の捕食，競争，相利だけを取り上げるとしても，競争関係にある植物の一方または両方を食う捕食（植食），植物と相利関係にある送粉者を食う捕食，送粉者と植食者の資源をめぐる消費型競争（exploitative competition または consumptive competition; Park 1954; Brian 1956），送粉者同士の蜜源をめぐる干渉型競争（interference competition; Crombie 1947; Brian 1956）や，植物間の送粉者をめぐる競争など，競争と捕食，相利と捕食，相利と競争を同時に考えなければ理解できない現象は数多い．したがって，生物群集を理解するためには，少なくとも栄養ネットワークと競争ネットワークと相利ネットワークの三つを総合し，群集内の2種間の相互作用（pairwise interaction）において互いに及ぼす効果の符号を特定した，種間相互作用ネットワーク（species interaction network）の性質を知る必要がある（本巻終章参照）．

　さらに，生物群集のなかでは，時間や空間を隔てた種間の相互作用も普遍的に生じていることがわかってきた．たとえば，春にガの幼虫が形成した葉巻を秋にアブラムシがシェルターとして利用する場合や，地下部での植物と共生菌の関係が地上部の植食者に影響を及ぼす場合，地下の植食者による食害が地上部の植食者に影響を与える場合などがある．このような場合には，本巻5章で詳しく説明されるように，間接相互作用網（indirect interaction web）の概念が必要になる（Ohgushi 2005; Ohgushi et al. 2007b）．

　生物群集においては，直接には相互作用しない（ネットワークにおいてリンクをもたない）2種間にも，第三の種や光や栄養塩や住み場所などの資源を介する間接効果（indirect effect）が生じる．それぞれが他種に及ぼす効果の符号は，直接効果（direct effect）と同様に正にも負にもなり，ゼロになることもある．間接効果は，媒介する種の密度の変化が効果を受ける種に影響を及ぼす，密度を介する間接効果（density-mediated indirect effect; Abrams et al. 1996）と，

媒介する種の形質の変化が効果を受ける種に影響する，形質を介する間接効果（trait-mediated indirect effect; Abrams et al. 1996）に分けることができる．これらについての詳細は，本章3節で説明する．

種間相互作用では，直接効果も間接効果も，環境条件や群集を構成する種の密度や形質に依存して柔軟に変化する．このため，ある種が他種に与える効果は，大きさや符号が変わる状況依存性（context dependence）あるいは条件依存性（condition dependence）を示すことがよく知られている（たとえば，Sih et al. 1985; 東 1992; Bronstein 1994; Menge et al. 1994; Berlow 1999; Luttbeg et al. 2003; Holland et al. 2005; Navarrete and Berlow 2006; Agrawal et al. 2007）．そのため，生物間相互作用は，経験をつんだ生態学者にも予測できない思いもよらない結果（ecological surprise）を生み出すことがある（Doak et al. 2008）．

生物群集の動態は，ネットワークの構造だけではなく，種間相互作用の強度によっても大きな影響を受ける．ネットワークにおいて，リンクのあるなしが定性的な情報であるのに対し，相互作用強度（interaction strength, IS）は定量的な情報である．相互作用強度については，多くの弱い相互作用と少数の強い相互作用が生物群集を安定化するといわれている（Emmerson and Raffaeli 2004; Wootton and Emmerson 2005）．しかし，相互作用強度の定義には混乱が見られるし，弱い相互作用が生物群集を安定化するとしても，なぜそうなるかについては必ずしも明らかになっていない．

この20年のあいだに，間接効果についての理解は大きく進んだ．その一方で，直接相互作用や間接相互作用の定義と，これらに関連する概念や用語の使い方には問題点も見られる．3節では，密度を介する間接効果と形質を介する間接効果を説明するとともに，これらの問題点についても整理する．それに先立って，2節では，群集を構成する基本単位としてのモジュールの重要性を述べ，そこに現れる間接効果を紹介する．また，モジュールだけでは理解できない，ネットワークに数多くの経路が含まれることの重要性や，個体群密度の関数としての直接効果や間接効果の非線形性についても説明する．4節では，さまざまな相互作用強度の定義とその問題点を紹介し，5節で生物群集の安定性との関係を論ずる．最後に，6節では今後の展望を述べる．

2 群集のモジュールに現れる間接効果

(1) 生物群集のモジュール

　生物間ネットワークは，捕食や競争や相利のような2種間の相互作用によって組み立てられる．しかし，ネットワークの特徴は，2種間の相互作用の性質だけでは予測できない．なぜなら，3種以上からなる多種系では，直接効果だけではなく間接効果が生じるためである．2種系にわずか1種または2種を追加した3種または4種からなる生物群集では，きわめて多数の種からなる群集に現れる統計的な性質（本巻6章参照）を除けば，間接効果と相互作用の非線形性によるあらゆる現象が現れるといっても過言ではない．したがって，3種または4種の個体群からなる部分群集であるモジュールの性質を知ることは，生物群集の構造と動態を知るうえで不可欠である（Holt 1997）．生物群集のモジュールとしては，消費型の競争をする2種の捕食者と1種の被食者（図1a），見かけの競争（apparent competition; Holt 1977）をする2種の被食者と1種の捕食者（図1b），栄養カスケード（trophic cascade）が起こる3栄養段階の食物連鎖（図1c），捕食者が競争関係にある2種の被食者の一方を選択的によく食うキーストン捕食（keystone predation; Paine 1966, 1969; Menge 1995; 図1d），消費型の競争をする2種の一方が他方を食うギルド内捕食（intraguild predation; Polis et al. 1989; Polis and Holt 1992; 図1e）などが挙げられる（Holt 1997）．複雑ネットワークの世界では，少数の頂点とリンク（本章6節と本巻コラム2参照）からなる部分ネットワークはネットワークモチーフ（network motif）とよばれている（Milo et al. 2002）．ネットワークを構成する基本要素を知り，いろいろなネットワークを生成するプロセスを解明するために，どのようなネットワークでどのモチーフが高頻度で現れるかが調べられている（Millo et al. 2002; Stouffer et al. 2007）．多くの食物網に現れるネットワークモチーフは，遺伝子調節ネットワークやインターネットに見られるものとは異なっており，雑食のループは少なく食物連鎖が多いなどの報告がある（Millo et al. 2002）．

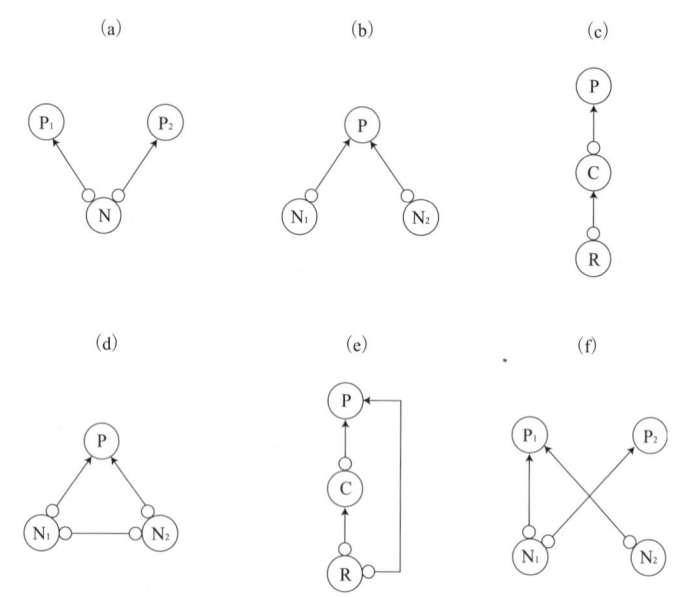

図1 捕食と競争のリンクで結ばれる単純な生物群集の例.
リンクの先端の矢印は正の効果を，白抜きの丸は負の効果を表す．したがって，両端に矢印と白抜きの丸をもつリンクは捕食を，両端に白抜きの丸をもつリンクは競争を表す．(a) 消費型競争，(b) 見かけの競争，(c) 栄養カスケード，(d) キーストン捕食，(e) ギルド内捕食，(f) 捕食者と被食者の役割が逆転した符号のうえでの（見かけの）捕食．

(2) 符号のうえでの競争，相利，捕食

　食物網では，直接効果によって2種が互いに及ぼしあう効果は捕食の（＋，－）だけだが，第三の種が加わると，さまざまな間接効果が現れる（Abrams 1987a; Schoener 1993）．2種の捕食者が共通の被食者を利用するときには，一方の捕食者が被食者を減らせば他方の捕食者に負の効果が及ぶので，密度を介する（－，－）の間接効果である消費型競争が現れる（図1a）．捕食者が1種，被食者が2種のときは，一方の被食者の増加によって増えた捕食者が他方の被食者に負の効果を及ぼすので，やはり密度を介する（－，－）の間接効果である見かけの競争が現れる（図1b）．また，3栄養段階の食物連鎖では，植物は植食者の増加によって捕食者に間接的に正の効果を与え，捕食者は植食者の減少によって植物に正の効果を与える栄養カスケードが現れ，捕食者と

植物のあいだには（＋，＋）の間接相利（indirect mutualism）が生じる（図1c）．

被食者が2種で，2種の捕食者のうちのP_1がジェネラリスト，P_2がスペシャリストであるとき，直接のリンクをもたない捕食者P_2と被食者N_2のあいだに，密度を介する間接的な（－，＋）の効果が現れる（図1f）．捕食者P_2は，捕食者P_1の餌であるN_1の消費によって捕食者P_1を減らすことにより，被食者N_2に正の効果を与える．被食者N_2は，捕食者P_1を増やし，捕食者P_2の餌である被食者N_1を減らすことによって，捕食者P_2に負の効果を及ぼす．実際の捕食-被食関係がないにもかかわらず，効果の符号のうえでは被食者が捕食者を食っているように見える間接効果が現れ，「符号のうえでの捕食」(sign predation; Schoener 1993) の例になっている．

このように，栄養関係で決まるリンク（trophic link）だけで結ばれる食物網であっても，直接的な捕食の他に，符号のうえでの競争，符号のうえでの相利，符号のうえでの捕食という間接効果が現れる．Holt (1977) は，これらを見かけの競争，見かけの共生（apparent symbiosis），見かけの捕食（apparent predation）とよんだ．

さらに，直接の負の効果を与えあう干渉型競争を加えると，捕食者Pが競争に強い被食者N_1（またはN_2）を食うことによって被食者N_2（またはN_1）が絶滅をまぬがれ，3種が共存するキーストン捕食が現れる（図1d）．このとき，被食者同士は，干渉型競争と捕食者を増やすことによる見かけの競争によって互いに負の影響を与えあうが，捕食者が被食者に与える総効果（total effectまたはoverall effect）は，捕食による負の効果と，競争種を減らすことによる間接的な正の効果のどちらが大きいかによって，正になることも負になることもある．

捕食者Pと被食者Cが共通の資源Rを利用するギルド内捕食では（図1e），資源Rは被食者Cに正の直接効果と捕食者Pを増やすことによる負の間接効果（見かけの競争）を与え，被食者は捕食者に正の直接効果と資源を減らすことによる負の間接効果（消費型競争）を与え，捕食者は資源に負の直接効果と被食者を減らすことによる正の間接効果（栄養カスケード）を与える．キーストン捕食の場合と同様に，直接効果と間接効果のどちらが大きいかによって，総効果は正にも負にもなる．

どのモジュールが実際の群集に高頻度で現れるかについては，岩礁潮間帯での数多くの研究を解析した結果，キーストン捕食と見かけの競争が高頻度で現れ，消費型競争はまれであるという報告（Menge 1995）がある．この報告では，ギルド内捕食に相当するモジュールが現れる頻度は低い．
　ギルド内捕食は，二つ以上の栄養段階にまたがって餌を食う雑食（Pimm and Lawton 1978）の最も単純な場合になっている（Polis et al. 1989; Polis and Holt 1992）．Pimm and Lawton（1977, 1978）は4種からなる食物網のロトカーボルテラ型モデル（本巻コラム1を参照）で，平衡状態の存在を仮定し，群集行列の要素をランダムに選んで，食物網の安定性を調べた．そして，雑食のリンクが増えると平衡状態が不安定となる確率が急速に高まることを示した．この不安定性のために，その後長いあいだ，自然界では雑食は稀であるとされてきた．しかし，1990年前後から，いくつかの食物網が詳細に調べられ，雑食が普遍的に生じていることがわかってきた（Winemiller 1990; Polis 1991; Martinez 1991）．食物網のモジュールとしてのギルド内捕食の重要性については，本章5節で取り上げる．

(3) ネットワークフローと間接効果

　生物群集がいかに複雑で2種間を結ぶリンクの数が多いとはいっても，種数が有限である限りリンクの数が無限に増えることはない．しかし，ある種の存在によって他種の個体群密度が変化すれば，その変化が，影響を与えた種にもフィードバックするために，間接効果の総体を評価するためには，個々のリンクを繰り返し通る無限に長い経路を含む，無数の経路の影響を考える必要がある．
　図2では，種3の密度の増加は種4の成長率に正の効果を与える．したがって，種3が増えれば種4も増え，種4による捕食は種2を減らすことになる．さらに，餌である種2の減少は捕食者である種3と上位捕食者の種4を減らす．一方，種3が減少することは種2を増加させるので，再び種3や種4を増やすことになる．このように，多くの間接効果が関わる場合は，原因と結果の関係が見えにくく，「風が吹けば桶屋が儲かる」式の論理の連鎖をたどることによってはじめて認識することができる（東1992）．エネルギー

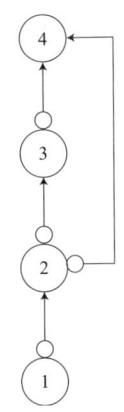

図2 雑食のリンクをもつ4栄養段階の食物連鎖.
リンクの先端の矢印と白抜きの丸の意味は図1と同じ.

や物質を消費する生物種と，エネルギーや物資の流れ（フロー）で構成されるネットワークにおいては，流入するフローの一部は種内にストック（現存量）として蓄えられる．このようなネットワークでは，時間の遅れをともなう連鎖がつくられる．したがって，たとえば種3から種4へのフローの全体を知るには，3→4→2→3→2→3→4などのように複数のループが内在する経路や無限の長さの経路を含めて，種3から種4へのすべての直接・間接の経路を通るすべてのフローの総和を求める必要がある（Higashi and Patten 1989; 東 1992）. 種iから種jへのフローの大きさは種iに蓄えられているストックの制限を受けるので，経路を一歩進むごとに効果は小さくなり，2種を結ぶ経路1本ずつが担う効果の大きさは長さとともに減少する．しかし，間接経路を含む経路の数の総和は，通常の食物網では経路の長さとともに指数関数的に増えるので，効果の総和に占める割合において間接効果は直接効果を上回ることが多い（Higashi and Patten 1989; 東 1992）．

　生物群集の動態における，直接効果や間接効果の影響を理論的に調べるには，数理モデルとして力学系を使う必要がある（本巻コラム1）．力学系で記述される群集動態モデルの挙動は，平衡状態を求めて安定性を解析したり，非線形性による複雑な挙動を数値的に調べたりすることによってわかる．ある種が他種の平衡密度に及ぼす総効果は，感度行列を使って調べることが

できる．また，力学系の平衡状態を系のパラメータの関数として求め，パラメータの増減にともなって平衡密度が増えるか減るかを調べることもできる（Abrams 1995）．平衡個体群密度や感度行列の要素は，ネットワークのフローと同様に，さまざまな経路をたどる間接効果を含む群集全体の相互作用の総体として決まる．したがって，ある種の個体数変化が，個体群の成長率の変化をとおして他種の個体数変化の引き金になったとしても，平衡個体群密度や感度行列の要素は，成長率に及ぼす直接効果からは予測できない（Yodzis 1988）．たとえば，捕食者が被食者に及ぼす総効果が，群集構造と相互作用の強さの分布によって，正になることも負になることもあるなど，多くの間接効果の存在は相互作用と群集動態の不確定性（indeterminacy）のもとになる（Yodzis 1988; 本巻コラム 1）．

(4) 相互作用と機能の反応

　種間相互作用は「状況依存的」であり，ある種が他種から受ける影響は，関係する 2 種の密度のみならず，それ以外の種の密度にも依存する．群集動態を記述する力学系として最も簡単なロトカ-ボルテラ型のモデル（本巻コラム 1）では，捕食者 1 個体が食う餌量にあたる機能の反応（functional response）は餌密度に比例する．しかし，機能の反応は，捕食者や被食者の行動などに依存して，被食者と捕食者の密度のさまざまな関数となる．

　捕食者が餌を処理するのに必要な処理時間（handling time）を考慮すると，捕食者と被食者の遭遇率が，被食者密度に比例するか，密度の 2 乗に比例するかによって，機能の反応はホリングの II 型か III 型（Holling 1959a, b）

$$\frac{aN^n}{1+ahN^n} \tag{1}$$

になる．ここで，N は被食者密度，a は発見率，h は餌 1 個体あたりの処理時間である．II 型の機能の反応は，式 (1) で，$n=1$ とおいたホリングの円盤方程式（disc equation）で表され，III 型の機能の反応は式 (1) で $n=2$ とおいた場合にあたる．ロトカ-ボルテラ型のモデルや，ホリングの II 型と III 型の機能の反応は，被食者密度にしか依存しない（prey-dependent）機能の反応である．これに対して，Arditi and Ginzburg（1989）は，繁殖をともなう世代

時間のスケールでは，餌不足のために，機能の反応は，相対的な餌量である被食者密度と捕食者密度の比の関数となると主張した．このとき，機能の反応は，たとえば，

$$\frac{a(N/P)}{1+ah(N/P)} = \frac{aN}{P+ahN} \tag{2}$$

となり (Abrams and Ginzburg 2000)，比に依存する機能の反応 (ratio-dependent functional response) とよばれる．この機能の反応を含むモデルには，捕食者密度が低ければ被食者密度がどれほど低くても捕食者の成長率が正になることや，捕食者と被食者が共倒れになることが多いことについての批判がある (Abrams 1994)．

Beddington (1975) と DeAngelis et al. (1975) が独立に提案した，捕食者間の干渉を考慮したベディントン-デアンジェリス型の機能の反応

$$\frac{aN}{1+ahN+\gamma P} \tag{3}$$

は系を安定化する効果をもつ (γ は干渉の強さに依存するパラメータ)．比に依存する機能の反応 (2) は，ベディントン-デアンジェリス型の機能の反応 (3) とともに，捕食者密度に依存する (predator-dependent) 機能の反応になっている (Abrams and Ginzburg 2000)．どちらの機能の反応でも，捕食者が被食者に与える1個体あたりの効果は捕食者密度の増加とともに低下する．

捕食者が複数の餌を食うとき，II型やIII型の機能の反応の分母は，複数の被食者密度の増加関数となる (Murdoch 1973; Abrams 1987a, b)．被食者が2種のとき，種1と種2に対するII型の機能の反応 f_1 と f_2 は，

$$f_1(N_1, N_2) = \frac{a_1 N_1}{1+a_1h_1N_1+a_2h_2N_2}, \quad f_2(N_1, N_2) = \frac{a_2 N_2}{1+a_1h_1N_1+a_2h_2N_2} \tag{4}$$

となる．ここで，N_i は被食者 i の密度，a_i は捕食者による被食者 i の探索率，h_i は捕食者による被食者 i の処理時間 ($i=1, 2$) である．したがって，被食者 j ($j \neq i$) の密度が増えると被食者 i が食われる率が減るので，1個体あたりの成長率への影響で見ると，他種の個体群密度の増加は成長率の減少を緩和する正の効果をもつ (Wootton 1994a)．この効果は，平衡個体群密度を増やすとは限らないが，被食者間の見かけの相利 (apparent mutualism; Abrams and

Matsuda 1996; Abrams et al. 1998）的な働きをする．これは，探索時間 h_i が 0 の場合に相当する（I 型の機能の反応をもつ）ロトカ-ボルテラ型のモデルでは現れない．

さらに，被食者 j を食う率に応じて被食者 i を食う率が減少するトレードオフがあれば，被食者の一方が極端に減少することが避けられる．McCann and Hastings (1997) は，被食者が資源を，捕食者が被食者と資源を食うギルド内捕食のモデル（図 1e）で，II 型の機能の反応とこのトレードオフを仮定し，捕食者が資源を食う率（雑食率にあたる）が増えると系が安定化することを示した．つまり，複数の餌に対する II 型の機能の反応による間接効果と，複数の餌利用にともなうトレードオフは，被食者の 1 個体あたりの成長率に正の効果をもち，このメカニズムはギルド内捕食でも系の安定化にはたらく．しかし，ギルド内捕食では，捕食者がギルド内被食者と資源を食うだけでなく，ギルド内被食者も資源を食うので，系の安定性は後者の機能の反応や相互作用の強さにも依存する．3 種ギルド内捕食系で，三つの捕食-被食関係が系の安定性にどのように影響するかについては，本章 5 (3) 節で説明する．

3 密度を介する間接効果と形質を介する間接効果

(1) 相互作用と効果

1 節でも述べたように，種間相互作用では，直接効果の他に，第三の種や光や栄養塩や住み場所などの資源を介する間接効果がはたらく．「直接」と「間接」は，ある種が他種に及ぼす効果がどのように伝わるかによって区別される．効果の始動者（initiator）である種の影響が，効果の受動者（receiver）に，この 2 種以外の種の密度や形質の変化を介することなく伝われば，この効果は直接効果である．これに対して，始動者によって，伝達者（transmitter）の密度や形質の変化が起こり，これが受動者に伝わるのが間接効果である（Abrams 1995; Abrams et al. 1996）．つまり，間接効果が生じるためには，伝達者の変化が不可欠なのである．間接効果の定義では，始動者と受動者だけで

はなく介在する伝達者も生物であるとされることが多い（Abrams 1987a）．しかし，間接相互作用であると見なされる消費型競争では，植物のように，奪いあう資源が光や水や無機栄養塩などの場合も多いので，伝達者が生物でない場合も間接効果であると考える方がよい（Schoener 1993; Miller 1994; Abrams et al. 1996）．ただし，アレロパシーのように，始動者自身が生産した物質が効果を伝達する干渉型競争の場合は，直接効果と考えるべきである（Abrams 1987a）．相互作用や間接効果をめぐっては，さまざまな用語が提案され，それらの使い方に混乱が見られる．これらの用語の整理のため，表1に用語と意味と出典をまとめ，とくに使用に際して注意が必要なものには印を付した．この小節と次の小節は，表1を見ながら読み進めてほしい．

伝達者の個体群密度の変化が受動者の性質に伝達されるのが，密度を介する間接効果（Abrams et al. 1996）である．捕食者の密度の増加が対捕食者防御を誘導し，捕食による被食者密度の低下が避けられても，隠れ家への退避などによって被食者の採餌効率が低くなり，植物に正の間接効果が及ぶことがある．このように，伝達者の行動や形態などの形質の変化を介する間接効果は，行動間接効果（behavioral indirect effect; Abrams 1993）や形質を介する間接効果（Abrams et al. 1996）とよばれる．

始動者の性質には，個体群密度が取り上げられることが多いが，受動者の性質としては，個体群の成長率，適応度（1個体あたりの成長率），（平衡）個体群密度などが使われる．始動者の個体群密度が変化すれば，始動者と直接経路で結ばれる種の成長率が変化するので，それに応じて短期的にはその種の個体群密度も増えたり減ったりすることが多い．しかし，成長率が短期的に増えたり減ったりしても，平衡個体群密度も同じように変化するとは限らない．始動者の個体群密度の変化が受動者の個体群に及ぼす効果が，成長率であるか長時間を経たあとの平衡密度であるかによって，効果の符号が異なることがある．この符号の逆転は，介在する形質が時間的に変化するときにはとくに顕著に現れる（Abrams 1995）．

「相互作用」という言葉は，経路を特定せずに2種間の関係全体を指すために使われることが多い（Abrams et al. 1996; Abrams 2007）のに対し，直接効果や間接効果という言葉はより具体的に特定の経路を伝わる効果を表すために

表1 相互作用や間接効果に関わる用語の意味と出典

以下の表中の意味は，必ずしも出典によるものではなく，筆者の解釈によるものも含まれている．用語の前の◎印は積極的に使ってよい用語，○印は使っても差支えないが最近は◎印の言葉に置き換えられることが多い用語，△印は使うには注意が必要な用語，▲印は批判的に紹介する場合は別としてできるだけ使用を避けた方がよい用語．2種間の相互作用では直接効果だけ，あるいは間接効果だけがはたらく場合は稀で，直接効果も間接効果も含まれる相互作用を直接相互作用や間接相互作用とよぶと誤解が生じる恐れがある．このため，直接相互作用，間接相互作用の用語の使用には注意が必要である．同様の理由で，密度を介する間接相互作用や形質を介する間接相互作用よりも密度を介する間接効果，形質を介する間接効果の用語の方がふさわしい．密度を介する相互作用と形質を介する相互作用は，直接効果にも間接効果にも使われ，「介する」という言葉が意味を失っているので，使用を避けるべきである．致死効果は消費効果，リスク効果と非致死効果は非消費効果とよぶのが最近の傾向であるが，植物は消費されても死ぬことはなく，その後に形質の変化が誘導されることが多いので，植食の場合は消費効果に非致死効果が含まれる．

用　　語	意　　味	出　　典
(1) 相互作用と効果		
△直接相互作用 （direct interaction）	直接効果のみがはたらく相互作用．	Holt 1977; Lawlor 1979; Abrams 1984, 1987a, b; Bender et al. 1984
△間接相互作用 （indirect interaction）	いくつかの媒介者を経由する間接効果のみがはたらく相互作用．	Holt 1977; Lawlor 1979; Bender et al. 1984; Kerfoot and Sih 1987; Abrams 1987a, b
◎直接効果 （direct effect）	始動者(initiator)の密度などの変化が，効果の受動者(receiver)に，この2種以外の種の密度や形質の変化を媒介することなく，伝わる効果．	Lawlor 1979; Bender et al. 1984; Sih et al. 1985; Abrams 1987b
◎間接効果 （indirect effect）	始動者の密度などの変化によって，伝達者(transmitter)の密度や形質の変化が起こり，これが受動者に伝わる効果．	Holt 1977; Lawlor 1979; Abrams 1984, 1987a, b; Bender et al. 1984; Sih et al. 1985; Miller and Kerfoot 1987; Strauss 1991a
(2) 密度に関連する間接効果		
◎密度を介する間接効果 （density-mediated indirect effect）	伝達者の密度の変化が受動者の変化を起こす間接効果．	Abrams et al. 1996
◎ DMIE	上記の用語の略語．	Vandermeer and Maruca 1998
○相互作用の連鎖 （interaction chain）	始動者から伝達者を経由して受動者に達する連鎖を経由して伝わる間接効果で，DMIEとほぼ同義．	Wootton 1993, 1994a

△密度を介する間接相互作用（density-mediated indirect interaction）	伝達者の密度の変化が受動者の変化を起こす間接相互作用．間接相互作用よりも，間接効果とする方が望ましい．	Peacor and Werner 1997
△ DMII	上記の用語の略語．	Peacor and Werner 1997
▲密度を介する相互作用（density-mediated interaction）	始動者の密度の変化が直接，または伝達者の密度の変化をとおして受動者に伝わる相互作用．「介する」という言葉が意味を失っているので，直接効果や DMIE に置き換えるべきである．	Preisser et al. 2005; Bolnick and Preisser 2005
▲ DMI	上記の用語の略語．	Preisser et al. 2005; Bolnick and Preisser 2005
○致死効果（lethal effect）	捕食者（植食者）の被食者（植物）に対する効果のうち，被食者（植物）の死亡によるもの．動物では次の消費効果とほぼ同義．	Peacor and Werner 2004; Werner and Peacor 2006
◎消費効果（consumptive effect）	捕食者（植食者）の被食者（植物）への効果のうち，捕食者（植食者）が被食者（植物）を消費することによる効果．動物では上の致死効果とほぼ同義だが，植物では，消費されても死なずに防衛や補償成長などの形質の変化が誘導されることが多いので，非致死効果が含まれる．	Preisser et al. 2007; Preisser and Bolnick 2008
(3) 形質に関連する間接効果		
◎形質を介する間接効果（trait-mediated indirect effect）	伝達者の形質の変化が受動者の変化を起こす間接効果．	Abrams et al. 1996
◎ TMIE	上記の用語の略語	Vandermeer and Maruca 1998
○相互作用の変更（interaction modification）	始動者と受動者の相互作用を第三者が変更することによる間接効果．	Wootton 1993, 1994a

△形質を介する間接相互作用 （trait-mediated indirect interaction）	伝達者の形質の変化が受動者の変化を起こす間接相互作用．間接相互作用よりも，間接効果とする方が望ましい．	Peacor and Werner 1997
△ TMII	上記の用語の略語．	Peacor and Werner 1997
▲形質を介する相互作用（traitmediated interaction）	媒介者が存在するか否かにかかわらず，始動者や受動者の形質を含めて，形質に依存する相互作用．「介する」という言葉が意味を失っているので，直接効果やTMIEに置き換えるべきである．	Bolker et al. 2003
▲ TMI	上記の用語の略語．	Bolker et al. 2003
△リスク効果 （risk effect）	捕食のリスクを回避するために被食者が行動や形質を変えることによる効果．	Schmitz et al. 1997
◎非致死効果 （nonlethal effect）	捕食者（植食者）の被食者（植物）に対する効果のうち，被食者（植物）の死亡を含まないもの．動物では消費される前に捕食回避行動などが誘発されることが多く次の非消費効果とほぼ同義だが，植物では消費されても死なずに形質の変化が誘導されることが多く，消費効果に含まれる．	Peacor and Werner 2004; Ohgushi 2005, 2007, 2008; Werner and Peacor 2006
◎非消費効果 （nonconsumptive effect）	捕食者（植食者）の被食者（植物）への効果のうち，消費による効果を除いた，行動や形質の変化による効果．植物では消費の前に形質の変化が誘導されることは少なく，この効果は動物ほど重要ではない．	Preisser et al. 2007; Preisser and Bolnick 2008

使われてきた．たとえば，消費型競争（図1a）では2種の捕食者のあいだに直接の経路はなく，被食者を経由して互いに負の間接効果を与えあう．また，見かけの競争（図1b）では，2種の被食者のあいだに直接の経路はなく，捕食者を経由して互いに負の間接効果を与えあう．したがって，消費型競争や見かけの競争，そして栄養カスケードは，間接効果とよんでも間接相互作用とよんでも差支えない．しかし，キーストン捕食（図1d）やギルド内捕食（図1e）では，どの2種をとっても直接にも間接にも影響しあい，直接効果と間接効果の相対的な大きさが総効果を決めるので，これらを間接相互作用とよぶのは好ましくない．複雑な生物群集では，相互作用する2種の生物は一つの直接経路と多くの間接経路をとおして互いに相手に影響することが多く，効果の符号や大きさは経路によって異なることもある．したがって，直接相互作用や間接相互作用という用語は，直接効果と間接効果の一方しかはたらかない場合や，一般論として間接効果の重要性を強調するときなどに限定して使い，具体的に相互作用を論じるときは，経路を特定し，直接経路と直接効果，間接経路と間接効果などの言葉を用いて説明することが望ましい．

(2) 相互作用と効果を表すさまざまな用語

形質を介する間接効果や密度を介する間接効果は，もともと，間接効果が伝達される異なる経路を表現するために使われた（Abrams 1995; Abrams et al. 1996）．その後，Peacor and Werner (1997) は「効果」を「相互作用」とよび変え，密度を介する間接相互作用（density-mediated indirect interaction），形質を介する間接相互作用（trait-mediated indirect interaction）の用語と，DMII，TMII の略語を導入した．しかし，上で述べたように，相互作用という言葉は2種間の関係全体を指すものとして使い，特定の経路をとおして密度や形質を介する効果を論ずる場合には，相互作用を意味する DMII や TMII よりも，効果を意味する DMIE や TMIE（Vandermeer and Maruca 1998）を使う方がよい（Abrams 2007）．

形質を介する間接相互作用に関する理論研究をレビューし，短期動態と長期動態を関連づける必要性を指摘した Bolker et al. (2003) は，形質を介する相互作用（trait-mediated interaction, TMI）という用語を新たに導入し，間

接効果に限らず形質に依存するすべての相互作用を表す概念として使った（Abrams 2007）．TMI は，第三者を介するか否かにかかわらず，相互作用が形質に依存することを表すので，「介する（mediated）」という言葉が意味を失っている（Abrams 2007）．Preisser et al. (2005) と Bolnick and Preisser (2005) は，TMI に加えて密度を介する相互作用（density-mediated interaction, DMI）という用語を導入した．彼らは DMI を直接の消費による被食者の個体数や密度の減少，TMI を捕食者の存在による被食者の表現型や形質の変化と定義したが，これらは捕食の直接効果とリスク効果（risk effect; Schmitz et al. 1997），致死効果（lethal effect）と非致死効果（nonlethal effect; Peacor and Werner 2004; Werner and Peacor 2006）などともよばれる．Preisser et al. (2005) は，2栄養段階の食物連鎖での TMI は捕食者の被食者への直接効果，3栄養段階の食物連鎖での TMI は被食者を介する資源への捕食者の間接効果，つまり TMIE であると考えた．しかし，2栄養段階の捕食者-被食者系での TMI は，介在する生物や資源が存在しないため，形質を介する間接効果ではないので，TMI という用語の使用は好ましくない（Abrams 2007）．Bolnick and Preisser (2005) では，TMI が単独で現れることは少なく，TMI effect という言葉が多用されている．さらに，Preisser et al. (2007) では，TMI という言葉は消え，捕食者から被食者への2種類の効果は，消費効果（consumptive effect, CE）と非消費効果（nonconsumptive effect, NCE）とよばれている．Ecology 誌の 2008 年 9 月号には，捕食者の非消費効果の特集が組まれている（Preisser and Bolnick 2008）．今後，TMI や DMI の用語が使われることは少なくなるだろう．

　捕食の場合には，捕食者による消費は被食者の死につながることが多いので，消費効果を致死効果と同一視し，非消費効果を非致死効果と同一視してもかまわない．しかし，植食の場合には，消費は必ずしも植物の死を意味せず，消費によって防衛や補償成長などの形質の変化が誘導されることがむしろ一般的である（Ohgushi 2005, 2007, 2008）．このため，消費と致死効果は一致せず，消費には非致死効果が含まれる（本巻5章参照）．逆に，植物では消費される前に形質の変化が誘導されることは少なく，非消費効果は動物ほどには重要ではない（表1参照）．

　捕食者は被食者に対捕食者行動などをとらせることによって，被食者の成

長率や個体数，さらには被食者が利用する餌にも影響を及ぼす．この効果を，被食者を殺す捕食の効果と分離するためには，数を減らさず形質だけを変えるような実験処理が必要である．そのために，口器をふさいだ捕食者 (Schmitz et al. 1997)，かごに入れた捕食者 (Peacor and Werner 1997; Werner and Peacor 2006)，捕食者に由来する化学物質 (Trussell et al. 2006) などを使って，被食者を殺すことなく脅威だけを与える方法がある．密度を介する効果と形質を介する効果の大きさを比較するには，この処理のほかに，捕食者を入れた処理，捕食者を除去した対照処理，被食者の密度だけを変化させ形質を変化させないために，実験者が人為的に被食者を間引く処理の，四つの処理を行えばよい (Okuyama and Bolker 2007)．

(3) メタ解析によって検出される間接効果

数多くの文献を網羅して，相互作用の効果を比較したり，これらが群集に及ぼす影響を調べたりするには，メタ解析 (meta-analysis; メタ分析ともいう) が有効である．メタ解析 (Osenberg et al. 1997, 1999; Goldberg et al. 1999; Hedges et al. 1999) では，ある要因に対する応答変数の変化を測る指標として，効果の大きさ (effect size) が用いられる．効果の大きさには，個体群あたりの対数応答比 (per population log *Response Ratio*, ln *RR* = ln *E/C*) が使われることが多い．応答比 *E/C* は，実験区と対照区での応答変数の値の比である．対数応答比は，バイアスが小さく分布が正規分布に近いなど統計的に望ましい性質を備えている (Hedges et al. 1999)．

密度を介する間接効果と形質を介する間接効果に関しては，多くのメタ解析 (Preisser et al. 2005, 2007; Bolnick and Preisser 2005) や総説 (Bolker et al. 2003; Werner and Peacor 2003) があり，形質を介する間接効果は，しばしば密度を介する間接効果よりも強く，群集動態に大きな役割を果たすことが認められている．捕食者の存在によって被食者が採餌活動を弱めたり生息地を変えたりすることが，被食者の餌である資源に正の効果を与え (形質を介する栄養カスケード)，ある被食者の存在により捕食者が集合したり活動を高めたりすることが，他の被食者への捕食圧を高める (形質を介する見かけの競争) ためである (Werner and Peacor 2003; Preisser et al. 2005)．メタ解析における効果の

大きさを比較する際には，変化の比をとれば二つの効果をうまく分離できるが，差をとればうまく分離できないこともある．これらの問題点については，Okuyama and Bolker（2007）に詳しい．

4 相互作用強度

(1) 数学的な尺度

相互作用強度の数学的な尺度には，本巻コラム1で説明している①相互作用行列の要素，②群集行列（ヤコビ行列）の要素，③感度行列の要素の三つがある（表2と本巻コラム1を参照）．

相互作用行列の要素は，2種間の直接効果の大きさを表し，ロトカ-ボルテラモデルであれば，その係数行列と同じなので，任意の個体群密度の範囲と任意の長さの時間にわたって，群集動態の予測に使うことができる．平衡点の周りで線形化したときに現れる群集行列の要素は，平衡点の近傍でしか意味をもたないが，その固有値は平衡状態の局所安定性を決める．群集行列の逆行列の符号を変えた感度行列の要素は，摂動（物理や数理モデルで，系が乱され平衡状態からのずれが生じることをいう．生態学でよく使われる攪乱にあたる）の大きさやパラメータの変化に対する平衡個体群密度の依存性を決めるが，摂動が小さいことが条件になっている（表2と本巻コラム1）．

モデルがロトカ-ボルテラ型ではなく，機能の反応が非線形であるときに，相互作用行列の要素を求めるには，1個体あたりの成長率を個体群密度で偏微分した後，平衡状態での個体群密度の値を代入する（Berlow et al. 2004；コラム1）．この値は，潜在的には群集内のすべての相互作用に依存し，直接効果と間接効果を併せた総効果を含む（表2）．ただし，平衡状態では，群集行列の要素と相互作用行列の要素の符号は同じで，どちらも直接効果を表す（表2）．また，感度行列の要素は，潜在的には群集内のすべての相互作用に依存するので，符号も絶対値も総効果を含んでいる（表2と本巻コラム1）．

第1章　種間相互作用がつなぐ生物群集

表2 相互作用強度 (interaction strength; IS) と効果の大きさ (effect size; ES) を表す指数

	表現式[a]	範囲[b]	時間[c]	効果の符号[d]	効果の絶対値[e]	相互作用強度／効果の強さ[f]
(Ⅰ) 数学的尺度						
(1) 相互作用行列の要素	a_{ij}	G (L)	L	D	D (T)	IS
(2) 群集行列の要素	$c_{ij}=a_{ij}N_i^*$	L	L	D	T	IS
(3) 感度行列の要素	$-(C^{-1})_{ij}$	L	E	IまたはT	IまたはT	IS
(Ⅱ) 経験的尺度						
(4) 相対差	$(E-C)/C$	G	E	IまたはT	IまたはT	ES
(5) ペインの指数	$(E-C)/(CM)$	G	E	IまたはT	IまたはT	IS
(6) 群集重要度 (community importance)	$(t_E-t_C)/(t_E p_m)$	G	E	IまたはT	IまたはT	ES
(7) 動的指数 (dynamic index)	$(\ln(E/C))/(Mt)$	L	S, L	D	D	IS
(8) 1個体あたりの対数応答比 (per capita log response ratio)	$(\ln(E/C))/M$	G	E	IまたはT	IまたはT	IS
(9) 個体群あたりの対数応答比 (per population log response ratio)	$\ln(E/C)$	G	E	IまたはT	IまたはT	ES

(a) 数学的尺度の表現式は，ロトカ-ボルテラモデル（本巻コラム1）の場合を示している．a_{ij} は係数行列の要素，N_i^* は平衡個体群密度，c_{ij} は群集行列 C の要素．C は操作する種がいないときの，E はいるときの，観察対象の種の個体群密度や生物量．M は操作する種の密度や生物量．t_E と t_C は，操作する種がいるときといないときの群集の属性の値，p_m は操作する種がいるときの群集における相対量．t は時間．ここでは，統一性のために，一部の記号が本文中とは異なっている．
(b) 数学的尺度 (1) から (3) の範囲は，その値が平衡点の近傍で局所的 (local) にのみ意味をもつか，大域的 (global) に意味をもつか．数学的尺度 (1) から (3) の範囲は，相互作用行列は，機能の反応が非線形である場合は，1個体あたりの成長率を偏微分して平衡状態での値を代入するので，平衡状態の近傍で局所的にしか意味をもたない．動的指数は，対象種以外の密度が変化せず間接効果がはたらかない短時間で測るので，対象種の密度変化は局所的である．他の指数は，二つの平衡状態における密度などの違いを想定しているが，任意の密度を比較するので，対象範囲は大域的である．
(c) 数学的尺度の (1) から (3) では，相互作用行列はそれを使って群集動態を，群集行列はそれを使って平衡状態の近傍での動態を，長時間 (long time) 追跡することができるので L，感度行列は摂動と平衡状態 (equilibrium) の関係しか扱えないので E としている．経験的尺度の多くは二つの平衡状態の比較を想定しているが，動的指数は短時間 (S) の密度変化から計算され，ロトカ-ボルテラモデルでの長時間 (L) の動態予測に使える．
(d), (e) ロトカ-ボルテラモデルの相互作用行列は1個体あたりの直接効果 (direct effect) にあたるが，機能の反応が非線形で1個体あたりの成長率を偏微分した後に平衡状態の値を代入する場合は，効果の絶対値は間接効果 (indirect effect) を含む総効果 (total effect) である．同様の理由で群集行列の絶対値も総効果を表す．感度行列は摂動にともなう平衡状態の変化を記述するので，符号も一般には直接効果とは異なる．経験的尺度では，影響を受ける2種以外の密度が変化しない短時間を想定して離散型のロトカ-ボルテラモデルの係数を測る動的指数は直接効果を測る．それ以外の経験的尺度は，直接効果がない場合は間接効果を，直接効果も間接効果も含む場合は総効果を測る．
(f) 数学的尺度で直接効果を表す相互作用行列は，群集行列や感度行列を決めるもっとも基本的な相互作用強度 (IS) である．群集行列は，平衡状態の安定性を決め，感度行列の変化への総効果を測るうえでの重要な相互作用強度 (IS) である．動的指数は1個体あたりの直接効果を表し，群集動態の予測に使える相互作用強度 (IS) である．ペインの指数と対数応答比は，1個体あたりの総効果を表し，歴史的役割も大きく適用範囲も広いので IS とした．多くの異なる指数を相互作用強度とよぶのは混乱を招くので，他の指数は，相互作用強度 (IS) ではなく，効果の大きさ (ES) に過ぎないと考えることにする．詳しくは本文を参照のこと．

(2) 経験的な尺度

野外での実証研究では，ある種を導入または除去する操作実験を行い，操作を受ける種がいる場合といない場合とで，効果を受ける種の個体群密度や生物量を比較し，効果の大きさの尺度となる指数を求めることが多い．この場合，処理区でも対照区でも群集は平衡状態にあることを想定している．

(a) 相対差

野外で測定される指数のなかでもっとも簡単なものは，相対差（relative difference）

$$(E-C)/C \tag{5}$$

である（Paine 1992; 表2）．ここで，E は実験区（操作する種のいる区）での観察する種の個体群密度や生物量，C は対照区（操作する種のいない区）での密度や生物量である．相対差は，操作する種の個体数に依存するため，野外では，1個体あたりの指数にあたる，次のペインの指数がよく使われる．

(b) ペインの指数

ペインの指数は，1個体あたりの相互作用強度（per capita interaction strength）ともよばれ，

$$(E-C)/(CM) \tag{6}$$

で表される（Paine 1992, 表2）．ここで，E と C は上と同様に，実験区と対照区での当該種の密度や生物量，M は実験区における操作する種の密度である．ペインの指数は，相互作用強度としてさまざまな研究で使われてきたが，二つの平衡状態を比較して総効果を求めているために，群集動態の解析には使えない．したがって，相互作用強度としては，後で紹介する動的指数（dynamic index）の方がすぐれている．

ペインの指数によく似た指数に，キーストン種を定義する目的で開発された群集重要度（community importance）がある（Power et al. 1996b; Berlow et al. 1999;

表2).個体数が多いために群集に大きな影響を与える優占種と区別するため,キーストン種は(除去したときに)存在量と比較して不釣り合いに大きな影響を与える種であると定義される(Power et al. 1996b).したがって,ある種がいる状態を基準とし,そのときの群集の属性(生産性,栄養塩の循環,種多様度などを含み,個体群や機能群の生物量とは限らない)t_E から,除去したときの属性値 t_C を引き,ペインの指数とは異なり,t_C ではなく,t_E と,除去前の群集における除去種の相対量 p_m で割る(表2).ペインの指数とは分母が異なり,属性値が個体群密度だとしても,相互作用がない状態を基準として相互作用の効果を評価する1個体あたりの指数にはなっていない.したがって,群集重要度は,効果の大きさを表す指標の一つではあるが,相互作用強度の指標とは考えない方がよい.

(c) 動的指数

相互作用強度として野外でよく使われるもう一つの指数が動的指数(Navarrete and Menge 1996; Berlow et al. 1999)で,離散世代のロトカ-ボルテラモデル,

$$N_{i,t} = N_{i,0} \exp\left(\left(r_i + \sum_{k \neq j} a_{ik} N_{k,0} + a_{ij} N_{j,0}\right) t\right) \tag{7}$$

の係数 a_{ij} に相当する(Wootton 1997).このモデルは,離散世代のモデルではあるが,時間 t が右辺に含まれており,短い時間,つまり1世代間または世代内の密度変化を記述するものと考えられている.ここで,種 j がいる場合の t 時間後の(次世代の)種 i の個体数を E_i,種 j がいない場合の t 時間後の種 i の個体数を C_i とし,E_i を C_i で割って対数をとると

$$\ln\left(\frac{E_i}{C_i}\right) = a_{ij} N_{j,0} t \tag{8}$$

となる.これから,離散世代のロトカ-ボルテラモデルの係数

$$a_{ij} = \frac{\ln(E_i/C_i)}{N_{j,0} t} \tag{9}$$

に相当する値が得られる(Wootton 1997;表2).

(d) 対数応答比

動的指数によく似た指数に，1個体あたりの対数応答比（per capita log response ratio）

$$\frac{\ln RR}{M} = \frac{\ln E/C}{M} \tag{10}$$

がある（Berlow et al. 2004; 表2）．E は実験区，C は対照区での密度や生物量，M は観察対象の種に影響を与える操作される種の密度である．これは，$t=1$ の動的指数と同じ形をしている．動的指数は，直接経路で結ばれた2種のあいだにしか定義されないのに対し，1個体あたりの対数応答比は，群集内の任意の2種のあいだで定義することができる．そして，二つの平衡状態を想定しているので，離散型のロトカ-ボルテラモデルの係数行列の要素であるという意味を失っている．同じ形式をした指数ではあるが，直接効果を測る動的指数と，総効果を測る1個体あたりの対数応答比は別のものであり，1個体あたりの対数応答比は，群集動態の予測に使えないので，相互作用強度の指数としては動的指数に劣る．

1個体あたりの対数応答比や個体群あたりの対数応答比は，本章3(3)節で紹介したように栄養カスケードなどの間接効果の大きさを比較するメタ解析でもよく使われる（Schmitz et al. 2000; Ingvarsson and Ericson 2000; Shurin et al. 2002; Borer et al. 2005, 2006; Mooney and Linhart, 2006; Knight et al. 2006）．

(3) 競争の強さを測る指数

競争，とくに植物間の競争の強さを記述する指数は数多くある（Weigelt and Jolliffe 2003）が，対数応答比の他に，相対差（表2）にあたる相対競争強度（relative competition intensity, RCI；または相対隣接者効果 relative neighbor effect, RNE）がよく使われる（Choler et al. 2001; Weigelt et al. 2002, 2005）．競争の強度（competition intensity）とは，

$$C_{\text{int}} = \text{RNE} = \text{RCI} = (P_{T-N} - P_{T+N})/P_{T-N} \tag{11}$$

で（Brooker et al. 2005），P_{T-N} と P_{T+N} は，それぞれ隣接種がいないときといるときの標的種の応答変数の値を表す．

植物の競争については，長い論争（Goldberg and Novoplansky 1997; Craine 2005）があり，生産性の高い環境でのみ重要である（Grime 1973）のか，系の生産性にかかわらず重要である（Tilman 1988）のかについては，いまだに決着がついていない．この論争に絡んで，Welden and Slauson（1986）は，生理的な概念であって競争の過程を記述する強度（intensity）と，競争の結果に関する生態的・進化的概念である重要度（importance）を区別する必要性を指摘し，競争の重要度（competition importance）という指数

$$C_{\text{inp}} = (P_{\text{T}-\text{N}} - P_{\text{T}+\text{N}})/(\text{Max } P_{\text{T}-\text{N}} - P_{\text{T}+\text{N}}) \tag{12}$$

を提案した（Welden and Slauson 1986; Brooker et al. 2005）．ここで，Max $P_{\text{T}-\text{N}}$ は環境傾度に沿っての $P_{\text{T}-\text{N}}$ の最大値である（Brooker et al. 2005, 2008）．この指数は，ある地点で，植物が受ける全効果に占める競争の効果の寄与の割合を表している．競争の強度と重要度のあいだには必ずしも正の相関があるとは限らず（Welden and Slauson 1986），競争が強くても群集を形成するうえでの競争の重要度が低い場合もある（Lamb and Cahill 2008）．また，競争の強度は環境の生産性に影響されないという Tilman（1988）の予測を支持するが，競争の重要度は生産性の増加とともに減少するという Grime（1973）の予測を支持する場合もある（Brooker et al. 2005）．したがって，競争の強度と重要度を区別し，生態学的な論争を解決しようとする議論はある（Brooker and Kikvidze 2008）が，論争の終結はすぐには期待できない．一方，物理的なストレスが強くなると，競争よりも，被陰や風よけや栄養塩の蓄積などによって，互いに正の効果を与えあう促進（facilitation; Bertness and Callaway 1994; Callaway et al. 2002; Bruno et al. 2003）が重要になるかどうかについても論争が続いている（Maestre et al. 2005; Lortie and Callaway 2006）．

(4) 相利の強さを測る指数

捕食や競争とは違って，相利はさまざまなメカニズムに基づく相互作用を含むので，その強さを表す統一的な指数を使うことが難しい．このため，メカニズムに応じて適応度に関係するいくつかの指数が使われている．

植物と送粉者のあいだの相利関係では，送粉者の有効度（pollinator effectiveness)または効率(pollinator efficiency)は，1回の訪花で生産される種子数,結実割合，あるいは柱頭に付着した花粉数によって表されることが多い(Schemske and Horvitz 1984; Pettersson 1991; Sahli and Conner 2006). 送粉者の重要度(pollinator importance)は，ある分類群の送粉者によって生産された種子数または果実数が全体に占める割合で，個体群あたりの効果を表す．1回の訪花で結実に十分な花粉をもたらす送粉者は少なく，送粉効率は送粉者の分類群によって大きく異なる(Schemske and Horvitz 1984). 希少植物の保全においては，どの送粉者がもっとも有効あるいは効率的かを知ることが重要である(Gibson et al. 2006).

送粉者と花食や果実食の植食者が植物の適応度に与える効果を調べる研究では，いくつかの要因を組みあわせた線形モデルで繁殖成功を表す．そして，分散分析によって交互作用が検出されれば，送粉者から植物への効果が植食者からの影響を受けることがわかる(Herrera 2000; Herrera et al. 2002).

Ness et al. (2006)は，サボテン $Ferocactus$ $wislizeni$ の花外蜜腺に集まる4種のアリによる間接防衛を組みあわせた効果を調べた．まず，10個体のタバコスズメガの幼虫を接種し，アリによって撃退された幼虫の数を，アリの個体数に対してミカエリス-メンテン式で回帰し，半飽和定数 b の逆数を1個体あたりのアリの有効度(per capita ant effectiveness)とした．この指数はアリの種によって有意に異なっていた．この b の値を使い，長期観察によって得られたアリの訪問数を，上の回帰式に代入して計算した防衛の有効度 F もアリの種によって異なった．アリによる防御が強まるとともに開花した花芽の数も結実した花の数も増え，アリによる防衛が有効ではあるが，アリの種によって異なることが確認された．しかし，アリは，植食者を撃退するのみならず送粉者の訪花を阻んだり捕食したりするため(本巻4章参照)，防衛と送粉の二つの相利関係にコンフリクトが生じる場合がある(Ness 2006).

菌根を形成する植物と菌根菌の相利共生では，菌根菌を接種したときの植物の乾重を未接種の場合の乾重で割ったもの(Graham et al. 1991)や，その逆数を1から引いたもの(van der Heijden et al. 1998)である菌依存度(mycorrhizal dependency)が，菌に対する植物の依存性の指数として使われる．菌根の有無によって植物の成長に違いが出る(Plenchette et al. 1983)ことや，菌の種類

や組み合わせによって植物の成長に大きな差が現れることから，菌の群集構成が植物の群落構造を決めるうえで重要である (van der Heijden et al. 1998) ことが明らかになっている．

(5) 相互作用強度をめぐる問題

相互作用強度にはさまざまな定義があり，使われる指数によって得られる強度が異なることは，Berlow et al. (1999, 2004)，Wootton and Emmerson (2005) などに詳しく説明されている．

Laska and Wootton (1998) は，ペインの指数と1個体あたりの相互作用強度が等しいことを示すために，1個体あたりの成長率を

$$\frac{1}{N}\frac{dN}{dt} = r\left(1 - \frac{N}{K} + aM\right) \quad (13)$$

と表現し，このロジスティック成長する種への，個体群密度 M をもつ種の直接効果を表す a は，平衡状態を仮定すればペインの指数と等しくなることを示した．しかし，上式の右辺では意図的に内的自然増加率 r をくくりだしているために，a は1個体あたりの相互作用強度（相互作用行列の要素）を r で割ったものになっている（Abrams 2001）．また，平衡状態を仮定しなければ測定できない a は，短時間で測定されるべき動的指数の推定値としては使えない．したがって，Laska and Wootton (1998) の a によってペインの指数と動的指数を結びつけることは避けた方がよい．

野外で測定できる指数のなかで，1個体あたりの相互作用強度の名に真に値するのは，1個体あたりの直接効果を表し，それを求めることによって（離散型の）ロトカ-ボルテラモデルを使って，群集動態を明らかにすることができる動的指数だけである．直接経路のない2種間でも定義されるが，操作実験によって変化する二つの平衡状態を比較し，他種へのある種の1個体あたりの総効果がわかるペインの指数と1個体あたりの対数応答比も，歴史的役割や適用範囲の広さなどを考えると相互作用強度とよんでもよいだろう．混乱を避けるためには，これ以外の指数は，相互作用強度ではなく，単に効果の大きさを表すものに過ぎないと考える方が無難である（表2）．

他にも，さまざまな量が相互作用強度とよばれることがある（Berlow et al.

1999, 2004). たとえば，個体群あたりの対数応答比 (Otto et al. 2008)，観察する種の生物量が競争種の生物量の増加に応じて変化する傾き (Wilson 2007)，捕食者の餌の中に占めるある餌種の生物量比に捕食者の生物量をかけたもの (Yvon-Durocher et al. 2008) などがある．文献に相互作用強度という言葉が出てきたら，まず定義を確認し，その定義に沿った使われ方や議論が行われているかどうか，1個体あたりの効果になっているのかどうか，総効果あるいは間接効果を測っているのか直接効果を測っているのかどうかなどに注意して読み進めるべきである．

　ここでの説明は，基本的に機能の反応や1個体あたりの成長率が個体群密度の一次関数であることを仮定してきたが，実際には機能の反応は非線形であることが多く，これに応じた相互作用強度を考える必要がある (Abrams 2001). 非線形の数理モデルでの相互作用強度 (本巻コラム1参照) については，本章5節で生物群集の安定性との関係で取り上げ，本巻3章では野外での相互作用強度の測定における非線形性の問題点が説明されている．

5 相互作用強度と生物群集の安定性

(1) 相互作用強度の分布

　操作実験によって群集内の2種のすべてのペアについて，相互作用強度の一つである群集行列の要素を求めることができれば，その群集の線形安定性 (コラム1参照)，つまり攪乱後に平衡状態に戻るか否かを判定できる．しかし，野外ではこの測定は難しい．

　Wilson and Roxburgh (1992) と Roxburgh and Wilson (2000) は，ポット植えのシラゲガヤ *Holcus lanatus* やシロツメクサ *Trifolium repens* など7種の植物の単作と同数株の他種との混作から相対収量を求め，対数応答比を計算した．そして，粗い近似ではあるが，この対数応答比が群集行列の要素と等しいと仮定して，7種の植物からなる群落の群集行列を求めた．その固有値を計算した結果，最大固有値の実部は0に近いが正の値をとり，この群落は不

安定であるという結論を得た (Roxburgh and Wilson 2000). さらに，その原因を明らかにするために，四つの帰無モデル，①一様分布，②得られた群集行列の要素をランダムに再配置したもの，③非対称性を保存して再配置したもの，④階層性を保ち再配置したものを考えた．そして，最大固有値の分布を求め，部分群集の安定性を調べることにより，競争が非対称で階層性があることが，この群集を安定性の境界に近いところにとどめていることを明らかにした．

Emmerson and Raffaelli (2004) は，4種の捕食者を使った実験から，動的指数を捕食者と被食者の体サイズ比（乾重比）のべきで回帰した．有意差があった2種の捕食者から求めた式を使って，スコットランドのイーファン (Ythan) 河口（アバディーンの約20km北の河口．「イーファン」の読みは，Mark Emmerson博士の示唆による）の食物網の多くの捕食者と被食者について，体サイズ比から動的指数を求め，強度が弱い相互作用に偏っていることを示した（図3）．そして，動的指数が連続型のロトカ-ボルテラモデルの係数に等しいと仮定（本来は，動的指数は離散型のロトカ-ボルテラモデルの係数）し，体サイズと密度の関係から，95%信頼区間に収まるように平衡個体群密度をランダムに100個選んだ．この個体群密度と動的指数から求めた群集行列の最大固有値は常に負になり，この食物網は安定であった．また，いくつかの帰無モデルにしたがって，回帰の指数を変えたり体重との関係をなくしたりして群集行列をつくることにより，群集行列の特有の内部パターンがこの群集を安定にしていることを示した．

上で紹介した例を含め，相互作用強度は，少数の強い相互作用と多数の弱い相互作用からなる歪んだ分布をしており (Berlow et al. 1999; Wootton and Emmerson 2005)，このことが群集の安定性を高めると考えられている (Wootton and Emmerson 2005). しかし，相互作用強度に関する研究において，相互作用が強いか弱いかについて絶対的な基準があるわけではない．強い相互作用に比べて弱い相互作用が多いかどうかを知るには，相互作用強度の分布を検討する必要があるが，強度のヒストグラムを描いても分布型に言及した実証研究は少ない．

Emmerson and Raffaelli (2004) は，アロメトリーを使うことによって数多く

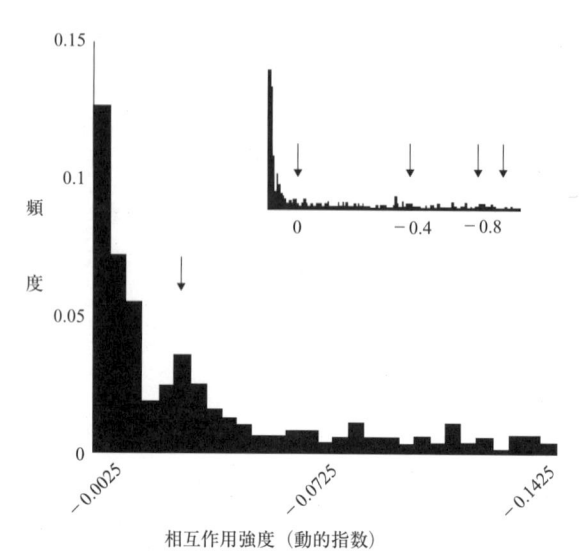

図3 相互作用強度（動的指数）の頻度分布の例．
イーファン河の食物網に現れた199個の相互作用強度（動的指数）の分布．挿入図には残りの222個のデータを含む全データが表示されている．矢印は局所的な最頻値を示す．Emmerson and Raffaelli (2004) の図3を改変．

の相互作用強度を求めた．相互作用強度の分布は，大きな基本図と小さな挿入図の2枚に図示され，分布のすそ野には，いくつかの局所的な最頻値を指す矢印が描かれている（図3）．極端に大きな動的指数を除いた199個のデータからなる基本図は，多数の弱い相互作用と少数の強い相互作用が存在していることを示している．しかし，残りの222個のデータを含む全データを図示した挿入図では，動的指数の値の範囲は基本図の値の範囲の5倍を超えていて，半数以上のデータが基本図の動的指数の最大値より大きいことがわかる．つまり，確かに弱い相互作用が多いものの，非常に強い相互作用が長い尾を引く分布になっており，決して強い相互作用が稀なわけではない．

相互作用強度についての総説で，Wootton and Emmerson (2005) は，相互作用強度の分布の七つの例を図示した．まず，de Ruiter et al. (1995) が土壌群集から求めた群集行列の要素を，捕食者の被食者への負の効果も，被食者の捕食者への正の効果も，弱い相互作用に強く歪んだ分布をする例として紹介している．また，ペインの指数や動的指数を使って相互作用強度を測った六

第1章　種間相互作用がつなぐ生物群集

つの研究を，動的指数だけを使ってまとめ直し，頻度分布を描いている（本巻3章の図3に簡略化されたものが再録されている）．

　Wootton and Emmerson (2005) は，Sala and Graham (2002) の結果を，相互作用強度が弱い相互作用に歪んでいる例として取り上げた．しかし，Sala and Graham (2002) 自身は，相互作用強度の分布は二山型で，従来の研究で得られている対数正規分布とは異なり，自然群集では強い種間相互作用は稀であるという観察は一般的ではないと述べている．Wootton (1997) から作成した図では28個のデータの他にはずれ値が10個あり，Raffaelli and Hall (1996) から作成した図でも，10個のデータの他にはずれ値が12個もある．実際，Raffaelli and Hall (1996) は，捕食者の被食者への効果をペインの指数で測り，これは非常に小さいものが多く，0を中心とする正規分布で近似できるが，少数の大きな負の値をもつとしている．

　いずれの例でも，分布のモード（最頻値）は弱い相互作用の側にあり，観察された範囲では弱い相互作用の側に属するデータの数が多いが，Wootton and Emmerson (2005) が強調するほど強い相互作用は少なくない．確かに，弱い相互作用に歪んではいるが，意外に強い相互作用の側に尾を引いた，尖った (leptokurtic な) 分布をしていると見るのが，的を射ているのかもしれない．

　それでは，相互作用強度がどれほど弱い相互作用に歪んでいるかを評価するには，どうしたらいいだろう．相互作用強度がランダムに選ばれる場合を基準とし，その場合と比べて弱い相互作用がより多ければ，弱い相互作用に歪んでいると判断するのが，一般的な考え方である．相互作用強度を「ランダムに」選ぶには，どの分布を使うのが適切だろう．これまでの理論研究では，相互作用行列や群集行列の要素の分布として，一様分布 (Pimm and Lawton 1977, 1978; Kokkoris et al. 2002) や正規分布 (Kokkoris et al. 2002) が使われてきた．また，Pimm and Lawton (1978) の4種からなる雑食系のモデルを再検討した Law and Blackford (1992) と，Pimm and Lawton (1977) の4栄養段階までの食物連鎖の研究も含めて再検討した Emmerson and Yearsley (2004) は，弱い相互作用が多いと考えて，群集行列の要素に指数分布を使っている．

　ここで，捕食者と被食者の関係に階層性がある Cohen et al. (1990) のカスケードモデルのように，下位の種は上位の種を食べられないと仮定しよう．

31

ただし，Williams and Martinez (2000) のニッチモデルをまねて，階層性は一次元区間のある点で表される形質値（たとえば体サイズ）で決まり，捕食者の被食者への効果を決める相互作用強度は，この形質値（ニッチ値）の差に比例すると考える．形質値がこの区間に一様にランダムに配置されているとき，形質値の差の分布がわかれば，相互作用行列の分布のモデルになる．よく知られている結果は，隣接点間の距離に関するもので，点の数（種数）が無限大になると，ニッチ値の差，つまり相互作用強度は指数分布にしたがう．このモデル全体の妥当性が問題であることはさておいても，捕食者がニッチ値の隣りあった餌しか食わないことは現実的ではない．しかし，操作実験で得られた相互作用強度の分布に指数分布で近似できるものがある（Emmerson and Yearsley 2004）ことは，このモデルを発展させることに意味があることを示唆する．ニッチモデル（Williams and Martinez 2000）で捕食のリンクを決める際に，ニッチ値の差や比を相互作用強度と考え，その分布をシミュレーションで調べることによって，いくつかの分布を導けるかもしれない．

　上の粗いモデルから，弱い相互作用の数が強い相互作用の数より多いことは，単に相互作用強度がランダムに選ばれているからに過ぎないことがわかる．そして，操作実験で得られた分布が，指数分布とどのくらい違っているかが，その群集の特徴を表すことになる．相互作用強度の分布が弱い相互作用に歪んでいるかどうかを定量的に評価するためには，歪度（skewness）を計算すればよい（Kristensen 2008）．しかし，野外で得られている相互作用強度の分布の多くは単調減少の頻度分布をもつので，弱い相互作用に歪んでいることはほとんど明らかである．さらに詳しく分布の特徴を知るには，尖度（kurtosis）も計算するのがよいかもしれない．指数分布よりも尖度が大きければ，指数分布と比べて，中程度の相互作用強度が少なく，弱い相互作用と強い相互作用がより多い分布となるし，尖度が小さければ，指数分布と比べて，中程度の相互作用強度が多く，弱い相互作用と強い相互作用がより少ない分布となる．今後は，より多くの群集について相互作用強度の分布を求め，群集間の違いを明らかにすることが重要である．歪度や尖度を計算することは比較のために役立つし，結果として，相互作用強度の分布は指数分布なのか，べき分布なのか，対数正規分布なのか，正規分布なのかがわかれば，相

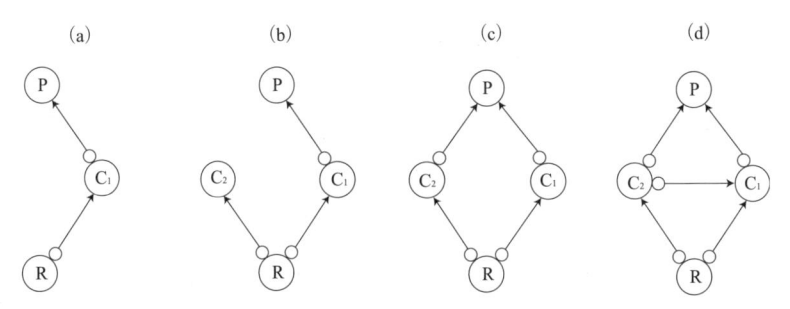

図4 McCann et al. (1998) が考えた食物網のモデル.
(a) 3 栄養段階の食物連鎖に，(b) 第二の消費者 C_2 を入れ，(c) 捕食者 P が第二の消費者 C_2 を食うリンクを入れると第二の消費者は被食者になり，続いて，(d) 被食者 C_1 が第二の消費者（第二の被食者）C_2 を食うリンクを入れる．リンクの先端の矢印と白抜きの丸の意味は図1と同じ．(b) では被食者 C_1 と第二の消費者 C_2 は消費型の競争をし，(c) ではさらに第一の被食者 C_1 と第二の消費者（被食者）C_2 は見かけの競争をし，(d) では，第一の被食者 C_1（または捕食者 P）はギルド内捕食者，第二の消費者（被食者）C_2（または第一の被食者 C_1）はギルド内被食者になる．

互作用強度の分布を決めるメカニズムについての理解が深まるだろう．

(2) 弱い方に歪んだ相互作用強度分布はなぜ群集を安定化するか

　McCann et al. (1998) は，資源に対する被食者と，被食者に対する捕食者の機能の反応が II 型である 3 栄養段階の食物連鎖のモデルを考えた（図4a）．彼らは，機能の反応を被食者の密度で割ったものを 1 個体あたりの相互作用強度と考え，この最大値，つまり分母に入る資源や被食者の密度を 0 に近づけた極限で相互作用強度を定義した．そして，図4a の系にカオスが現れるパラメータの値を選び，ここに資源 R を食う第二の消費者 C_2 を入れた（図4b）．このとき，資源 R に及ぼす C_2 の（C_1 に対する）相対相互作用強度を大きくしていくと，振動は一旦単純なものになったが，C_2 と R の相互作用による振動のため，系は再びカオス状態になった．

　さらに，捕食者 P と第二の消費者 C_2 を結ぶリンクを入れる（図4c）と，第二の消費者も被食者になり，2 種の被食者は見かけの競争をする．続いて 2 種の被食者間にリンクを入れる（図4d）と，第一の被食者 C_1 は資源 R も第二の被食者 C_2 も食うギルド内捕食者になり，捕食者も第二の被食者も第一の被食者も食うギルド内捕食者となる．このようにリンクの数を増やしていくと，比較的小さな相対相互作用強度で，カオスが振幅の小さなリミットサ

イクルや平衡状態に変わることを McCann et al. (1998) は示し，見かけの競争や新たな食物連鎖などが振動を抑制する機構であると考えた．

　McCann et al. (1998) は，捕食者と第二の被食者（または，第一の被食者と第二の被食者）との遭遇率が高まると捕食者と第一の被食者（または，第一の被食者と資源）との遭遇率が下がるという条件を入れ，機能の反応には分母に2種の餌の密度が入るII型の反応を使った（本章2節を参照）．したがって，被食者と第二の被食者（または，資源と第二の被食者）は見かけの競争をしているように見えるが，1個体あたりの成長率への効果で見ると，相手の密度の増加にともなって捕食者に食われる率が減る，見かけの相利的なメカニズムがはたらき，拘束条件とともに系の安定化に寄与する（本章2節参照）．このように，McCann et al. (1998) で食物網が安定化するメカニズムは，2種の餌に対するII型の機能の反応と拘束条件によって，強い相互作用と弱い相互作用が結びつくことであり，必ずしも，相互作用強度の分布が弱い相互作用に歪んでいることではない．

　Rooney et al. (2006) は，資源と消費者からなる二つの連鎖を捕食者が結ぶ5種からなる食物網のモデルを，栄養塩の供給率と生物量の回転速度が連鎖によって異なることを仮定して解析した．彼らは，植物プランクトン由来とデトリタス由来，藻類由来とバクテリア由来など，二つのエネルギー流入経路をもつ多くの食物網で，生産性Pと生物量Bとの比（P：B）に大きな非対称性があることを示した．そして，5変数をもつ数理モデルの解析により，回転速度の速い経路と遅い経路の存在が，食物網の局所安定性と大域的安定性（本巻コラム1参照）をもたらすことを明らかにした．二つの経路で，被食者に対する捕食者Pの機能の反応は，2種の餌種に対するII型の機能の反応

$$\frac{\delta a\, a_{PN_1} N_1}{\delta N_1 + (1-\delta) N_2 + R_{0P}},\ \frac{(1-\delta)\, a_{PN_2} N_2}{\delta N_1 + (1-\delta) N_2 + R_{0P}} \tag{14}$$

で，捕食者は δ と $(1-\delta)$ の比で餌を食い分ける．しかし，捕食者の「好み」δ は，

$$\delta = \frac{\omega N_1}{\omega N_1 + (1-\omega) N_2} \tag{15}$$

にしたがって，2種の被食者の密度に応じて時間的に変化するので，機能の

反応 (14) の分子と分母はいずれも N_1 と N_2 の二次式になる．したがって，機能の反応は実質的に III 型，つまりスイッチング捕食 (Murdoch and Oaten 1975) に対応するものになり，二つの経路に非対称性があるときに強い安定化効果をもつ．また，被食者 N_1 (N_2) に対する機能の反応の分母に被食者 N_2 (N_1) の密度の二乗が入るので，他の被食者の密度の増加にともない，被食率が著しく減る間接効果がはたらく．a は二つの経路の被食者に対する攻撃率 (転換効率ではない) の比を表すもので，1 より大き (小さ) ければ速い (遅い) 経路になり，強い (弱い) 相互作用に対応する．

したがって，Rooney et al. (2006) では，機能の反応に McCann et al. (1998) を上回る安定化効果が取り入れられている．実際の食物網でこの安定化機構がはたらいているかどうかを知るには，「急速な捕食のスイッチング行動」や「好みに基づく機能の反応」などを実証する必要がある．

Kokkoris et al. (1999) は，ロトカ–ボルテラ型の競争モデルで，群集の組み立てを行う過程をとおして，相互作用強度にあたる競争係数が減少していくことを示した．彼らは，群集に侵入する種の供給源に 40 種類の競争種を用意し，これらの種のあいだに競争における優劣の階層性を入れた．下位の種は，上位のすべての種から非対称な競争による強い負の影響を受けるので，下位の種が絶滅すれば，多くの強い相互作用強度が失われる．この系は，それ以上他種の侵入を許さない四つの群集のいずれかに漸近するが，そのいずれかに残った種は 15 種のみで，階層性のために強い影響を受ける種が絶滅し，強い相互作用強度がしだいに失われていく．

全ての種を一斉に入れる場合には，競争係数をランダムに選ぶと，正値性 (feasibility) を満たして安定な平衡状態が存在する群集の割合は，種数や競争係数の平均値と分散が大きくなるとともに減少した (Kokkoris et al. 2002)．上位の種は下位の種から影響を受けないという完全な階層性を入れると，競争係数の平均は減り分散は増えるが，多種からなる群集が正値性と安定性を満たす確率は大きく減少した．しかし，競争と移住のトレードオフ (Hastings 1980; Tilman 1994) をまね，競争に優位な種は環境収容力が小さいという条件を入れると，平衡状態に正値性と安定性を与えることができた．

以上のように，競争ネットワークを安定に保つには，①競争が弱い (相互

作用強度が小さい）か，②何らかのトレードオフがはたらくかが必要になる．Kokkoris et al. (2002) は，階層性を入れたモデルで，上位の種は下位の種から全く影響を受けないことを仮定したが，このことは干渉型の競争ではたらく「敵の敵は味方」（Case 2000; Roberts and Stone 2004）という競争緩和の機構をはたらきにくくし，多種共存の確率を下げるのかもしれない．ただし，同一の資源をめぐって競争する消費型の競争では，「敵の敵」も敵と同様に資源量を減らすので，「敵の敵はやはり敵」であり，「敵の敵は味方」とはならない．

　地域群集からの移入や進化（種分化）と局所群集における絶滅の過程を経て群集を組み立てる数理モデルは数多く提案されているが，最終的に種数の多い複雑な群集を得ることは必ずしも容易ではない（Tokita and Yasutomi 2003; Yoshida 2003; Bastolla et al. 2005a, b; 吉田 2005）．Drossel et al. (2004) は，複雑な食物網を進化させることができる相互作用の型と相互作用強度を明らかにすることを試みた．そして，複雑な食物網を進化させるためには，ある被食者を捕食するのは，効率のよい少数の捕食者に限られるという制限を入れる必要があることを見つけた．捕食者 i の餌中での被食者 j の割合（機能の反応の総和に占める比）を相互作用強度と定義すると，その分布は小さな値に歪んでいた．とくに，比に依存する機能の反応（Arditi and Michalski 1996; Drossel et al. 2001; 2 (4) 節）やベディントン-デアンジェリス型の機能の反応（Beddington 1975; DeAndelis et al. 1975; Arditi and Michalski 1996; 2 (4) 節）では，相互作用強度はべき分布になった．これらの機能の反応では，捕食者密度が分母に含まれるので，非線形性のために相互作用強度が弱まり，他の捕食者と競合しない上位種でのみ相互作用強度が大きくなるからかもしれない．

　以上のように，弱い方に歪んだ相互作用強度の分布が群集を安定化することを示したとされる研究では，ネットワークにおけるリンクに，弱い相互作用と強い相互作用がランダムに入っているわけではない．したがって，少数の強い相互作用はランダムに位置しても群集を安定化するのかどうか，そして，もしそうではないとすれば，強い相互作用がどのように位置すれば生物群集が安定になるかを確かめる必要がある．

(3) 直接・間接経路の相対効率とギルド内捕食系の安定性

3節までに，生物群集に含まれる2種をつなぐ経路には，複数の間接経路と一つの直接経路が存在することが多く，ある種が他種に及ぼす総効果は，経路によって異なる効果の符号と大きさに依存することを説明した．2種を結ぶ複数の経路の存在は，生物群集の安定性にも影響する．ギルド内捕食系（図1e）は，捕食-被食のリンクだけで結ばれ，かつ2種間を結ぶ複数の経路をもつもっとも単純な食物網である．

一般に，ギルド内捕食の数理モデルでは，ギルド内被食者の資源利用効率がギルド内捕食者のそれを上回ることが共存の必要条件である（Holt and Polis 1997）．ロトカーボルテラ型の3種ギルド内捕食モデル（R, C, P はそれぞれ，資源，ギルド内被食者，ギルド内捕食者の密度），

$$\frac{dR}{dt} = (r_R - a_{RR}R - a_{RC}C - a_{RP}P)R$$
$$\frac{dC}{dt} = (-r_C + a_{CR}R - a_{CC}C - a_{CP}P)C \quad (16)$$
$$\frac{dP}{dt} = (-r_P + a_{PR}R + a_{PC}C - a_{PP}P)P$$

では，この必要条件が満たされ，かつ系の生産性が中間のときに両者が共存できる（Holt and Polis 1997）．共存平衡状態が不安定になると，ギルド内捕食者とギルド内被食者の一方が絶滅する二つの平衡状態がともに安定（双安定）になる場合と，個体数の振動が起こりリミットサイクルが存在する場合がある（Holt 1997）．

Takimoto et al. (2007) と Namba et al. (2008) は，ギルド内捕食系で，資源 R から捕食者 P へのエネルギーや物質の流れに，R から P への直接経路と C を経由する間接経路の二つの経路があることに注目した．そして，直接経路と間接経路を経由するエネルギーフローの相対的な効率が，ギルド内捕食系の安定性に重要な役割を果たすことを示した．モデル (16) の共存平衡状態が不安定になり，ギルド内被食者またはギルド内捕食者が絶滅する二つの平衡状態が双安定となるための必要条件の一つは，$a_{PR}/a_{RP} > (a_{CR}/a_{RC})(a_{PC}/a_{CP})$ である（Tanabe and Namba 2005; Namba et al. 2008）．この条件の左辺は資源

Rからギルド内捕食者Pへの直接経路の効率，右辺はギルド内被食者Cを経由する間接経路の効率を表している．したがって，双安定性の必要条件は，間接経路の効率と比較して直接経路の効率が高いことである（Takimoto et al. 2007; Namba et al. 2008）．Takimoto et al. (2007) のギルド内捕食系の基底に栄養塩を置く4変数モデルでは，4種共存状態と，ギルド内捕食者またはギルド内被食者を欠く状態とが双安定になる場合がある．Takimoto et al. (2007) はこのモデルで双安定性の必要十分条件を求め，やはり直接経路の効率が間接経路の効率より大きいことが双安定性の必要条件になることを示している．

逆に，$a_{PR}/a_{RP} < (a_{CR}/a_{RC})(a_{PC}/a_{CP})$ で，間接経路の効率が直接経路の効率よりも高い場合には，共存平衡状態が不安定になっても双安定性は現れない（Tanabe and Namba 2005; Namba et al. 2008）．間接経路に比べて直接経路のエネルギー効率が極端に悪くなると，リミットサイクルを経てカオスが現れる．これらの振動状態では，資源，ギルド内被食者，ギルド内捕食者の密度が非常に低くなることがあるが，0に近づくことはなく，永続性 (permanence，本巻コラム1参照) が保たれる．さらに，Namba et al. (2008) は，この3種系にカオスが生じるパラメータの値を選び，資源R，ギルド内被食者C，ギルド内捕食者Pのいずれか1種を食う第四の種を導入した．その結果，ギルド内被食者が第四の種に食われるときにのみ，捕食率が低くても振動が収まり，平衡状態が安定になることが明らかになった．これは，資源からギルド内捕食者への間接経路を媒介するギルド内被食者が食われるために，ギルド内捕食系の間接経路のエネルギー効率が落ちるためであろうと推測されている．

(4) 食物網に組み込まれたギルド内捕食系

生物群集のモジュールの一つとして，ギルド内捕食系は，食物網に組み込まれたときにも，その安定性を大きく左右する可能性をもっている．

Emmerson and Yearsley (2004) は，Pimm and Lawton (1977, 1978) が研究した4種からなる群集のロトカ-ボルテラモデルで，食物連鎖の長さや雑食のリンクの存在と食物網の安定性の関係をより詳しく調べた．彼らは，妥当な (feasible) 食物網とは，全ての種の密度が正の平衡状態をもち，内的自然増加率が基底種では正，非基底種では負になっているものであると考えた．彼ら

は，Pimm and Lawton（1977, 1978）と同様に，乱数を引いて群集行列を選んだ．その後，平衡個体群密度をやはりランダムに選び，この値と群集行列の要素から内的自然増加率を計算した．これで妥当な食物網が得られない場合には，平衡個体群密度を選び直すことを一つの群集行列について最大4万回繰り返した．この手順を繰り返すことによって，一様分布，指数分布，線形減衰分布，すそが切れた正規分布の四つの分布のそれぞれに対して2千個の群集行列を決めた．この手順は，モデルの解析方法としては回りくどく，本来は，まず内的自然増加率と相互作用行列の要素を決め，平衡個体群密度を求めて，それがすべて正になる場合に群集行列を計算する手順が妥当である（本巻コラム1参照）．平衡個体群密度を4万回選んでも，妥当な符号をもつ成長率が得られない場合があることは，この方法で選ぶ群集行列の要素に現実的ではない歪みが含まれている可能性があることを示唆している．

　すそが切れた正規分布と指数分布など四つの分布では，弱い相互作用への歪みが強くなると，内的自然増加率が妥当な符号をもつ食物網の割合が小さくなる．しかし，雑食を含む食物網では，弱い相互作用へ歪むほど，局所安定な食物網と永続的な（本巻コラム1参照）食物網の割合が増えるが，安定な食物網での平衡状態への復帰時間はより長くなり工学的なレジリエンス（本巻コラム1参照）は下がる．

　つぎに彼らは，雑食のリンクをもつ食物網に限って，一様分布から相互作用強度を選んで1万個の群集行列をつくり，正値性と内的自然増加率の妥当性をもつ安定な群集と永続的な群集を選んだ．それらの群集での相互作用強度の分布を調べた結果，4種系に組み込まれた3種ギルド内捕食系で，資源から出発しギルド内捕食者とギルド内被食者を経由して資源に戻る「反時計回り」の経路に弱い相互作用に強く歪んだ相互作用強度の分布が現れた（図5参照）．モデル(16)の記号を使えば，群集行列のボトムアップの正の効果の大きさを表す$a_{PR}P^*$とトップダウンの負の効果の大きさを表す$-a_{CP}C^*$，$-a_{RC}R^*$は弱い方に歪んでいたが，トップダウンの負の効果の大きさを表す$-a_{RP}R^*$とボトムアップの正の効果の大きさを表す$a_{CR}C^*$，$a_{PC}P^*$は一様または強い相互作用の頻度が多い分布になっていた．つまり，この分布では，被食者の資源利用効率（$a_{CR}C^*/a_{RC}R^*$）と捕食者の被食者利用効率（$a_{PC}P^*/a_{CP}C^*$）

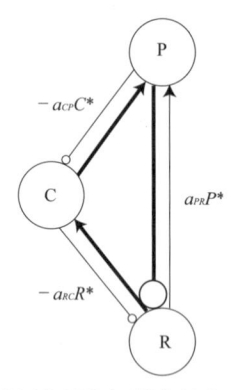

図5 3種ギルド内捕食系の相互作用強度（群集行列の要素）．
4種からなるロトカ-ボルテラ型の食物網に3種ギルド内捕食系が組み込まれているとき，食物網を安定にする，後者の相互作用強度の組み合せ．いずれの2種も捕食のリンクによって結ばれているが，ボトムアップの効果とトップダウンの効果の大きさを区別するために，2本のリンクで捕食-被食関係を表している．リンクの太さが相互作用の強さを表している．リンクの先端の矢印と白抜きの丸の意味は図1と同じ．安定な食物網では，反時計回りに，資源から捕食者への正のボトムアップの効果 $a_{PR}P^*$，捕食者から被食者への負のトップダウンの効果 $-a_{CP}C^*$，被食者から資源への負のトップダウンの効果 $-a_{RC}R^*$ が，弱い方に歪んでいる．

が高く，捕食者の資源利用効率（$a_{PR}P^*/a_{RP}R^*$）は低いので，資源から捕食者への直接経路の効率が間接経路の効率に比べて低いことになる．これは，ギルド内捕食系では，間接経路の効率が直接経路の効率よりも高いときに系は永続的であること（Tanabe and Namba 2005; Namba et al. 2008）が，ギルド内捕食系が4種からなる食物網にさまざまな形で組み込まれたときにも成り立つことを示唆している．

Bascompte et al.（2005）は，多くの種を含むカリブ海の食物網のデータを解析し，捕食者が被食者に及ぼすトップダウンの影響について，1個体あたりの相互作用強度を求めた．この相互作用強度は対数正規分布をしており，二つの強い相互作用が3栄養段階の食物連鎖に同時に現れることは偶然によって期待されるよりも稀で，二つの強い相互作用が続くときには，偶然によって期待されるよりも高い頻度で強い雑食のリンクが現れる．彼らの研究ではボトムアップの正の効果の大きさは測られていないので，各経路のエネルギー効率はわからないが，もしボトムアップの正の効果の大きさがトップダウンの負の効果の大きさと強い正の相関をもたなければ，トップダウンの負の効果が大きいことは，その経路の効率が悪いことを意味する．したがって，

Bascompte et al. (2005) の結果は，被食者から資源，捕食者から被食者へのトップダウンの効果が大きく，資源から捕食者への間接経路の効率が低いときには，捕食者から資源へのトップダウンの負の効果も大きく，直接経路の効率も低くなければ，系が存続できないことを示唆している (Namba et al. 2008). この結果も，Emmerson and Yearsley (2004) と同様に，大きな食物網が安定であるためには，組み込まれた3栄養段階の食物連鎖が安定に保たれなければならず，食物網のモジュールとしてのギルド内捕食と，間接経路と直接経路のエネルギー効率の比が重要であることを示唆している．

　土壌中の食物網の初期遷移を解析した Neutel et al. (2007) は，de Ruiter et al. (1995) の方法にしたがって，データから群集行列の非対角成分を求めた．この方法では，種内の密度効果に相当する群集行列の対角成分を求めることができないので，彼らは逆に，群集行列の固有値の実部をすべて負にするために必要な対角成分の大きさを求め，これが小さいほど群集は安定であると考えた．また，3種からなる雑食のループに対して，群集行列の成分や生物量で表される指数を定義し，群集行列の対角成分の大きさをこの指数に対してプロットして，指数の値が小さいほど食物網が安定になることを見出した．この長さ3の雑食のループの指数は，資源からギルド内捕食者への直接経路の効率が低く，群集行列の要素の意味で，ギルド内被食者を経由するギルド内捕食者から資源へのトップダウンの間接効果が小さいときに，小さくなる．この結果も，Emmerson and Yearley (2004) が得た結果と同じ傾向を示している．

　以上，述べてきたように，理論的には，単に相互作用強度の分布が弱い相互作用に歪んでいれば生物群集が安定になるわけではなく，群集が安定であるためには，それなりの理由がある．これまでの研究は，捕食のみからなる食物網では，複数の餌種に対するII型（あるいはIII型）の機能の反応と餌探索にかかる制限と，雑食のループにおける間接経路と直接経路の効率の違いが安定性に大きく影響し，競争系では，階層性と相互作用強度の相関が系の安定性に関係していることを示唆している．

6 今後の展望

　この章では，種間相互作用のさまざまな面を紹介してきた．もちろん，種間相互作用だけを理解すれば生物群集を理解できるわけではない．このシリーズの各巻で取り上げられている生物群集に関わるさまざまな要因，たとえば進化と適応，物質循環，生態系の空間構造などが種間相互作用にも影響する．ここでは，種間相互作用と，複雑ネットワークとしての食物網や相利ネットワークとの関係，非生物的環境や個体群の遺伝的構成との関係に絞って説明したい．

(1) 複雑ネットワークとしての食物網

　この巻の目的は，種間相互作用を基に生物間ネットワークを紐とくことである．ネットワークは，数学的にはグラフと等価で，頂点（ノード）とそれを結ぶ枝（リンク）の集合である（増田・中丸 2006; 本巻コラム 2）．各頂点がもつ枝の数を次数(degree)とよぶが，これは，食物網では各種の捕食者と被食者の数の合計にあたる．食物網は各枝に方向性があるので，有向グラフである（増田・中丸 2006）．現実世界のさまざまなネットワークで，次数の分布は，ランダムグラフの場合のポアソン分布よりも遠くまですそ野を引く，べき分布になることが多いが，食物網では必ずしもそうならず，指数分布などがあてはまることもある（増田・中丸 2006）．

　複雑ネットワークとしての食物網の初期の研究は静的な構造に関するもので，リンクの分布や結合度（リンクの数を種数から決まるリンク数の最大値，$n(n-1)/2$ または n^2 で割ったもの）と，食物網からいくつかの種を除去したときの脆弱性を関連づけることから始まった（たとえば，Borrvall et al. 2000; Dunne et al. 2002, 2004）．これを基に，食物網の動態に迫るには，次数分布と各リンクの相互作用強度を結びつける必要がある．5 節では，弱い相互作用に歪んでいるとされる相互作用強度の分布が，指数分布やべき分布になっている可能性を指摘した．次数分布から，多くの他種と相互作用する種は少ないことがわかっているが，多くの他種と相互作用する種は各種と弱い相互作

用をするのだろうか？　また，少数の種としか相互作用しない多くの種は，物質やエネルギーの確保のために，他種と強い相互作用をするのだろうか？もし，そうならば，相互作用強度の分布は弱い相互作用に偏るとは限らない．このような疑問を解決することは，複雑ネットワークの研究を群集動態の研究に生かすために必須である．つぎに紹介する，体重の分布と次数分布をそのままにして食物網のリンクを結び直すことによって，食物網の安定性に果たす体重分布と次数分布の重要性を示した Otto et al. (2007) は，その方向性を示す研究といえるだろう．

「生態系の代謝理論 (metabolic theory of ecosystems; Brown et al. 2004)」によれば，体重あたりの代謝速度は体重比の $-1/4$ 乗に比例する．Otto et al. (2007) は，この関係を用いて，ロジスティック成長をする資源と II 型の機能の反応をする消費者と捕食者からなる 3 栄養段階の食物連鎖モデルのパラメータの値を決めた．そして，体重比を 10^{-8} から 10^{8} まで変えてモデルの解の挙動を調べ，消費者と資源の体重比の対数と捕食者と消費者の体重比の対数を軸とする平面で，3 種が存続できる領域を求めた．体重比をランダムに選んだ食物連鎖では存続の確率は 19.6％しかなかったが，代表的な五つの自然食物網に含まれる 3 栄養段階の食物連鎖の 97.5％が存続域に入った．しかし，各種の体重と食物網全体のリンクの総数はそのままに，食物網のリンクをランダムに選びなおしたところ，再構成された食物網に含まれる 3 栄養段階の食物連鎖で，存続域に入るものは 81.0％に低下し，自然の食物網の場合の 97.5％より有意に低くなった．したがって，食物網における 3 栄養段階の食物連鎖を安定化するには，体重分布のほかにリンクパターンの規則性も必要である．

Otto et al. (2007) は，次数分布にも注目し，各種の体重と次数を保ってリンクを並べなおしたところ，制限つきで再構成された食物網に含まれる 3 栄養段階の食物連鎖のうち，94.7％が存続域に入った．この数字は，ランダムな体重分布をもつ食物連鎖の場合の 19.6％の 4.8 倍であり，ランダムに再構成した場合の 81.0％に比べると有意に大きいが，自然の食物連鎖の場合の 97.5％とは有意差がなかった．この研究に使った五つの自然食物網では，体重の増加とともに，捕食者リンクの数が有意に減少し，被食者リンクの数は

有意に増加するが，ランダムに結ばれた食物網ではこのような単純な関係は見られなかった（Otto et al. 2007）．この結果は，食物網の安定性において，体重分布だけでなく，体重と次数の関係が非常に重要なことを物語っている．この研究では，各種の捕食者の数と被食者の数が体重の対数で回帰されているので，体重をとおして，代謝速度や消費速度と次数の関係が決まり，次数と相互作用強度の関係が明らかにされる可能性がある．

(2) 相利ネットワーク

リンクの次数分布や相互作用強度が群集の構造や安定性に果たす役割を明らかにするためには，食物網だけではなく，競争ネットワークや相利ネットワーク，そしてこれらすべてのネットワークを含む生物群集での研究を進める必要がある．たとえば，捕食被食関係だけではなく，非栄養関係や競争関係，さらに相利関係を含む間接相互作用網（indirect interaction web）はその一つの試みである（Ohgushi 2005, 2007, 2008；本巻 5 章を参照）．

Bascompte et al. (2006) は，植物と送粉者または種子散布者との相利ネットワークの構造と相互作用の強さの関係を調べた．d_{ij}^P を植物種 i の動物種 j への依存度（この植物を訪れた動物全体の中での種 j の割合，dependence of plant species），d_{ij}^A を動物種 j の植物種 i への依存度（動物が訪問した植物の中での種 i の割合，dependence of animal species）とした．相利の種類によらず，依存度の分布は，ほとんどの弱い依存度と少数の強い依存度からなる歪んだ分布をしていた．この分布は，植物と動物のランダムな組み合わせでは説明できず，動物の訪問の分布は植物の種に強く依存していた．

Bascompte et al. (2006) は，ロトカーボルテラ型の相利のモデルで，共存条件が成り立つためには，群集が大きくなるほど，相互依存度の積が小さくなければならないことを示した．依存度は非対称で，一方の依存度が大きければ他方の依存度が小さく，積が小さくなる傾向がある．また，動物（植物）の種の強度（species strength）は，この動物（植物）に依存する植物（動物）の依存度の総和と定義されるので，多くの植物（動物）に強く依存される種ほど種の強度は大きくなる．彼らは，種の次数との二次回帰から，多くの種とのリンクをもつ種の強度は次数から期待される以上に大きくなることを示し

た．彼らの結果は，強く歪んだ依存度の分布と依存度の非対称性が相互作用強度を弱め，群集を安定化させるというシナリオを描いている．しかし，相互作用の相対頻度は群集の大きさや次数の増加とともに減少する傾向があり，理論モデルの1個体あたりの相互作用強度の予測には使えない．このため，相互作用の相対頻度は，相利群集の相互作用強度の分布の非対称性の尺度としては有効ではないとする批判もある（Okuyama and Holland 2008）．

Okuyama and Holland（2008）は，植物（動物）の密度が動物（植物）への相利の効果の分母に入り，相利の効果が密度の増加とともに飽和する非線形のモデルを使い，いくつかの仮定の下で，平衡状態が必ず安定になることを示した．この安定化の要因には，修正べき分布で表される歪んだ次数分布と相利ネットワークの入れ子構造（本巻コラム2と終章参照）の他に，種数，相利的な相互作用の対称性，相互作用強度の増加が挙げられるとし，相利でできる群集は，主として正の複雑性-安定性の関係（本巻6章とコラム1参照）を示すと結論づけた．Okuyama and Holland（2008）の見解は，Bascompte et al.（2006）とは完全に対立している．しかし，相利ネットワークにおいて相互作用が対称的なのか非対称的なのかを多くの例で調べ，二つのモデルの予測を検証することによって，相利ネットワークの構造と動態に関する知見が蓄積されることが期待される．複雑ネットワークとしての群集の性質と，群集の構造や動態との関係についての研究はまだまだ少なく，一つの型の相互作用だけを含む群集での研究しかないが，いずれは相利も捕食も競争も含む生物間ネットワークで，このような研究を進める必要がある（この方向を向いた研究の進展については本巻終章参照）．

(3) 物理的環境要因と個体群の遺伝的構成

本章1節でも触れたように，生態学の歴史においては，個体数変動や群集構造の決定要因として，気候などの環境要因（Andrewartha and Birch 1954）や，環境変動（Wiens 1977; Strong et al. 1984a）を重視し，密度効果や相互作用を軽視する考え方が繰り返し現れてきた（嶋田ら2005；本シリーズ第1巻）．本巻の2章から6章でさまざまな角度から説明されているように，間接効果を含む種間相互作用が，生物間ネットワークを形づくり，生物群集の構造と動態

を決めるうえで中心的な役割を果たしていることは疑いない．しかし，このことは，生物群集を理解するために，気候などの非生物的要因を無視してよいことを意味するものではない．

　Brownらによるチワワ砂漠のげっ歯類とアリを中心とする群集の研究と，Whithamらによるサンセット・クレーターのピニョンマツ（*Pinus edulis*）と穿孔性のマダラメイガの一種（*Dioryctria albovittella*）を中心とする群集の長期研究を紹介したBrown et al. (2001) は，種子食と非生物的なストレスの相互作用や，遺伝子型と環境の相互作用の重要性を強調している．チワワ砂漠では，げっ歯類の個体群は，降水量と植物の生産量が多い季節に増加し，乾燥期には減少した．しかし，乾燥期に増加して異例に雨の多かった後に増加しないこともあり，複雑な動態を示した．これらの結果から，降水量だけではなくその変動パターンも重要で，捕食や種子の貯蔵が食物供給の変動を緩和し，極端な降水はげっ歯類の死亡率を高め，降水量と個体数の関係は単純なものではないことなどがわかった．研究開始の時期は，冬の降水量が100年間の平均よりもかなり高い20年にわたる時期と一致していた．このため，低木や1年性草本の種構成が変わり，げっ歯類やアリの優占種が激減し，絶滅に近い状態にいたったものもあった．一方で，他の種がこの変化によって利益を受けて増加したり，種と生態系は環境変化に複雑な反応を示した．

　火山性土壌のサンセット・クレーターは，隣接する森林に比べて厳しい環境で，他ではあまり大発生しない穿孔性のマダラメイガの攻撃のため，ピニョンマツのシュートの高い死亡率が長期にわたってつづき，頂枝が失われるために，樹形が通常とは異なる低木になってしまった．さらに，雌性の球果をつけるシュートがほとんど失われたため，オスとしてしか機能しなくなってしまった．ピニョンマツには，マダラメイガに抵抗性のある系統とない系統があり，抵抗性のない系統は抵抗性のある系統の約3分の2しか樹脂による防御に投資していなかった．比較的穏やかな成長条件では，抵抗性のない系統もこのガの攻撃をあまり受けないので，この現象は，遺伝子型と環境の相互作用の結果である．マダラメイガの攻撃による球果の生産量の変化は，鳥類が球果を利用する率を増やし，種子の分散距離にも影響した．また，マダラメイガによる摂食のために根の生物量が大きく減り，外生菌根菌の定着率

も低下するなど，乾燥して栄養塩に乏しい土壌とこのガによる摂食はさまざまな波及効果をもたらした．

このように，生物間相互作用を周囲の環境とは切り離されたものと見るのではなく，物理的環境の変化や個体群の遺伝的構成との関係を考慮しながら，種間相互作用を研究することが今後ますます重要になるだろう．この節の初めにも述べたように，種間相互作用は，進化や適応や物質循環や生態系の空間スケールなどの影響を受け，逆に，これらに影響を与える．種間相互作用を考慮することなく生物群集を理解することはできないが，種間相互作用は，それだけを切り離して研究すればよいわけでは決してない．生物群集の構造や動態に影響するさまざまな要因を考慮しながら，種間相互作用の研究を発展させ，それが生物群集のよりよい理解につながることが望まれる．

コラム1

群集の数理モデルの基礎

難波利幸

🔑 Key Word

力学系　ロトカ-ボルテラモデル　レプリケーターモデル
種間相互作用　安定性

　群集生態学の世界では，1960年代のConnell (1961a) やPaine (1966) の先駆的試みにはじまった野外での操作実験が，近年になって活発に行われるようになってきた．しかし，群集生態学はミクロな生物学に比べて，実験による仮説検証が困難な分野である．そこで，群集生態学の理論構築において，現実の群集を単純化し本質的と思われる少数の仮定によって実際のパターンを説明しようとする数理モデルが大いに活躍している．しかし，実験室や野外で群集を研究する生態学者には数学に対する苦手意識も強く，数学的用語が正しく理解されていないために，数理モデルから得られる結論が誤って伝わることも少なくない．理論と実証の相互のフィードバックを通じて生物群集についての理解を深めるためには，数理モデルの研究者が，モデルで使われる用語や概念を正確に記述し，モデルから得られる結論をわかりやすく説明することが必要である．

　このコラムでは，モデルの解析法の詳細については参考書を紹介するにとどめるが，重要な数理モデルの概要を述べ，用語や概念の正確な定義を解説する．とくに理解に混乱が見られる用語や概念に対して注意を喚起し，実証研究者が数理モデルの本質を正しく理解し，数理モデルの研究者と互いに協力しあって，群集の理論を構築する際の一助になることを目指す．

1 連続力学系の一般的な性質

生物群集の動態は，群集を構成する種間の相互作用に強く依存する．したがって，それを記述する数理モデルは一般に非線形となる．S種の個体群からなる群集を考え，i番目の種の個体群密度をN_iとする．種iの成長率は，他種の個体群密度や，成長や相互作用を記述するパラメータの値に依存する．一般に，群集動態は連続力学系（連立微分方程式系），

$$\frac{dN_i}{dt} = F_i(N_1, N_2, ..., N_S), \quad i = 1, ..., S \tag{1}$$

で記述されることが多い．式(1)では省略してあるが，力学系の右辺は数多くのパラメータに依存する．とくに，適応や進化によってパラメータの値が変化するときには，式(1)とは別にパラメータの動態を考える必要がある（Matsuda et al. 1993; Abrams 1995; 松田 2001; Kondoh 2003; Yamauchi and Yamamura 2005; 本シリーズ第2巻1章）．簡単のために，以下では，パラメータの値は時間的に変化せず，群集を構成する種は一定の閉じた空間に生息しており，個体群密度もパラメータの値も空間的に一定であると仮定する．したがって，式(1)は自励的な（右辺が，個体群密度の変化を通じてしか，時間tに依存しない）非線形連続力学系（nonlinear continuous dynamical system）となる．力学系の参考書に，Rosen (1970)，Edelstein-Keshet (1988)，Brown and Rothery (1993)，寺本 (1997)，Hofbauer and Sigmund (1998)，Case (2000)，Vandermeer and Goldberg (2004)，Hirsch et al. (2004)，関村ら (2007)，瀬野 (2007)，日本数理生物学会 (2008)，また群集動態を記述する力学系の総説に難波 (2001) がある．

非線形力学系には，定常状態（平衡状態）のほかに，リミットサイクル，カオス，ヘテロクリニックサイクルのような複雑な挙動が現れることがある．リミットサイクルは周期的な軌道であり，カオスは一見したところランダムな変動と区別できないような複雑なアトラクター（漸近的な軌道）をもち，初期値におけるわずかな違いが時間とともに拡大する．ヘテロクリニックサイクルとは複数の不安定な定常状態をつなぐ軌道で，これに収束する軌道は，

●コラム1　群集の数理モデルの基礎●

各々の定常状態の近傍に長時間滞在した後，急速に他の定常状態に向かうことをくり返す（May and Leonard 1975; Hofbauer and Sigmund 1998）．

　これらの挙動を理解するためには，まず定常状態の有無を明らかにし，その安定性を調べる必要がある．定常状態は，個体群密度に変化がない状態なので，定常状態における個体群密度（$N_1^*, N_2^*, ..., N_S^*$）は，

$$F_i(N_1^*, N_2^*, ..., N_S^*) = 0, \quad i = 1, ..., S \tag{2}$$

を満たす．任意の初期個体群密度から出発したとき，解がこの定常状態に漸近するかどうかを知るためには，定常状態の大域的安定性（global stability）を明らかにする必要がある（リヤプノフ関数を使う方法などがある；La Salle and Lefschetz 1961；中島 1978）が，これは一般には困難なので，通常は定常状態の周りでの局所安定性（local stability）をまず調べる．

　非線形力学系を定常状態の周りで線形化すると，$x_i = N_i - N_i^*$ として，

$$\frac{dx_i}{dt} = \sum_{j=1}^{S} c_{ij} x_j, \quad i = 1, ..., S \tag{3}$$

が得られる．ここで，

$$c_{ij} = \frac{\partial F_i}{\partial N_j}(N_1^*, N_2^*, ..., N_S^*), \quad i, j = 1, ..., S \tag{4}$$

で，右辺はベクトル場を個体群密度で偏微分した後で定常状態における個体群密度を代入したものである．ヤコビ行列 $C = |c_{ij}|$ は，群集行列（community matrix）ともよばれる．群集行列の固有値を $\lambda_i (i = 1 \cdots S)$ とする（簡単のために，固有値の重複がない場合を考える）と，線形力学系（3）の解は S 個の固有値に対応する S 個の $e^{\lambda_i t}$ の一次式で表すことができる．したがって，すべての固有値の実数部分が負のときに定常状態は安定で，一つでも実数部分が正の固有値があれば，定常状態は不安定となる．群集行列の要素 c_{ij} が正であれば種 i に（定常状態の近傍では）種 j が正の影響を与え，負であれば種 j が種 i に負の影響を与えることを意味する．したがって，種 i が被食者，種 j が捕食者ならば，$c_{ij} < 0$ かつ $c_{ji} > 0$，2種が競争の関係にあれば，$c_{ij} < 0$ かつ $c_{ji} < 0$，2種が相利（mutualism）の関係にあれば $c_{ij} > 0$ かつ $c_{ji} > 0$ となる．

　構成種がすべて存続し，個体群密度がすべて正となる定常状態がなかった

り，不安定であったりしても，リミットサイクルやカオスでのように個体数が周期的に振動したり複雑に変動したりしながら，すべての種が共存する可能性がある．このような非線形方程式に特有なふるまいについては，系の動的安定性を考える必要がある．どの種も絶滅しないためには，個体数が0に近づかない，つまり個体数に下限があることが必要だが，これを表現する概念に存続性（パーシステンス persistence）と永続性（パーマネンス permanence）がある（Hofbauer and Sigmund 1998）．存続性は個体数の下極限が正であることを，永続性は下極限がある正の数より大きく，かつ解が有界であることを要求するので，永続性の方が強い概念である．個体数がある正の値よりも大きいことが保証されるので，構成種が絶滅しないためには永続性が満たされることが望ましい．しかし，非線形動態を調べることも，存続性や永続性を証明することも，種数の多い生物群集に対応する，次元の高い一般の力学系では容易ではないので，生物群集のモデルとして，一般化ロトカ-ボルテラ方程式系（generalized Lotka Volterra equations）やレプリケーター方程式系（replicator equations）がよく使われる．

一般化ロトカ-ボルテラ方程式系（GLV系）は，

$$\frac{dN_i}{dt} = N_i \left(r_i + \sum_{j=1}^{S} a_{ij} N_j \right), \quad i = 1, ..., S \tag{5}$$

で表され，r_iは成長率または死亡率を，a_{ij}は種iの1個体あたりの成長率への，種jの1個体の直接の影響の大きさ（直接効果）を表し，$A = \{a_{ij}\}$が相互作用行列（interaction matrix；これを群集行列とよぶ場合もあるが，混乱を招かないためにこの用法は避けたほうがよい）である．GLV系では，相互作用行列と群集行列の関係は，

$$c_{ij} = a_{ij} N_i^* \tag{6}$$

となる．

ロトカ-ボルテラモデルの場合にならって，一般の非線形モデルでも相互作用行列を，1個体あたりの成長率を偏微分した，

$$a_{ij} = \frac{\partial}{\partial N_j} \frac{F_i(N_1^*, N_2^*, ... N_S^*)}{N_i^*}, \quad i, j = 1, ..., S \tag{7}$$

●コラム 1　群集の数理モデルの基礎●

で定義することができる．$i \neq j$ ならば

$$\frac{\partial}{\partial N_j}\frac{F_i(N_1^*, N_2^*, \ldots N_S^*)}{N_i^*} = \frac{1}{N_i^*}\frac{\partial}{\partial N_j}F_i(N_1^*, N_2^*, \ldots N_S^*), \quad i, j = 1, \ldots, S$$

$i = j$ ならば，

$$\frac{\partial}{\partial N_i}\frac{F_i(N_1^*, N_2^*, \ldots N_S^*)}{N_i^*}$$

$$= \frac{1}{N_i^*}\frac{\partial}{\partial N_i}F_i(N_1^*, N_2^*, \ldots N_S^*) - \frac{F_i(N_1^*, N_2^*, \ldots N_S^*)}{N_i^{*2}}, \quad i = 1, \ldots, S$$

なので，$F_i(N_1^*, N_2^*, \ldots N_S^*) = 0$ が満たされる平衡状態では，群集行列の要素と相互作用行列の要素は大きさは違っても符号は同じである．

一方レプリケーター方程式系 (RE 系) は，

$$\frac{dN_i}{dt} = N_i(f_i(\boldsymbol{N}) - \bar{f}(\boldsymbol{N})), \quad i = 1, \ldots, S,$$

$$f_i(\boldsymbol{N}) = \sum_{j=1}^{S} a_{ij} N_j, \quad (8)$$

$$\bar{f}(\boldsymbol{N}) = \sum_{i=1}^{S} f_i(\boldsymbol{N}) N_i$$

で表される．ここで，N_i は i 番目の種の個体群密度，$\boldsymbol{N} = (N_1, N_2, \ldots N_S)$ である．$0 \leq N_i \leq 1$ であり，出発時点で成り立てばあらゆる時刻で $\sum_{i=1}^{S} N_i = 1$ が成り立つ．力学系の右辺は，種 i の適応度から群集の平均適応度を引いたものになっている (Hofbauer and Sigmund 1998; Nowak 2006; 時田 2006)．式 (8) では，N_i の総和が保存される ($\sum_{i=1}^{S} N_i = 1$) ため，N_i のうちの一つを固定することにより，S 次元の RE 系の軌道を $S-1$ 次元の GLV 系の軌道に 1 対 1 対応させることができる．したがって，二つのモデルは位相的には等価である (Hofbauer and Sigmund 1998; 本巻 6 章参照).

永続性とは，軌道が有界で，かついずれかの種の密度が 0 になる境界面から一定の距離だけ離れた集合にとどまることで，境界面が反発的な集合 (リペラー) であることを意味する．RE 系では，永続性は，任意の i に対して

$N_i(0)>0$ であるとき,

$$\delta < \liminf_{t\to\infty} N_i(t) \tag{9}$$

がすべての i に対して成り立つような δ が存在することと同値である. GLV 系では RE 系と違って有界性が必ずしも保証されないので, さらに, 任意の i に対して $N_i(0)>0$ であるとき,

$$\limsup_{t\to\infty} N_i(t) \leq D \tag{10}$$

がすべての i に対して成り立つような D が存在することも必要である. 三次元 GLV 系では永続性のための必要十分条件が求められている (Hofbauer and Sigmund 1998) が, 四次元以上の場合には十分条件しか得られていない. しかし, その条件は有限の数の不等式を使って書くことができるので, 具体的なパラメータの値が与えられると, 線形計画法のプログラムを使って, n 次元 GLV 系が十分条件を満たすかどうかを確かめることができる (Jansen 1987; Law and Blackford 1992).

以上では, 生物群集の動態モデルとして, 連立微分方程式で記述される連続力学系だけを取り上げたが, 生物の増殖・成長過程が離散的であることを仮定して, 連立差分方程式で記述される離散力学系を用いることもある (たとえば, Ives and Carpenter 2007). 離散力学系の例は本巻 1 章で紹介される.

2　線形安定性と多種共存可能性の解析

定常状態の局所安定性 (local stability; 線形安定性 : linear stability) は, 群集の「複雑性と安定性 (complexity *vs.* stability) の関係」を考える際の, 安定性の数学的指標の一つである. Gardner and Ashby (1970) は, 時間が離散的な線形写像 $x_i(n+1) = \sum_{j=1}^{S} c_{ij} x_j(n)$ $(i=1, ..., S)$ の安定性を, 行列 $C = \{c_{ij}\}$ の固有値の数値計算によって調べた (本巻 6 章参照). May (1972, 1974) は Gardner and Ashby (1970) の研究を下に, 線形力学系 (3) の安定性を, ランダム行列の理

●コラム1　群集の数理モデルの基礎●

論とシミュレーションを使って調べた．行列 C の対角成分 c_{ii} を -1 に固定し，非対角成分 c_{ij} は，確率 $1-\gamma$（γ は結合度 connectance とよばれる）で 0 であるとし，0 ではない成分は平均 0，分散 σ^2 の分布をすると仮定するとき，行列 C の固有値は半円分布をする（ウィグナー則；Mehta 1991）．このことから，種数 S が無限大の極限で

$$\sigma\sqrt{\gamma S} > 1 \tag{11}$$

ならば原点（線形力学系の平衡点）が不安定となり，不等号が逆転すれば安定となる（May 1972, 1974）．この結果は，種数が多いほど，結合度 γ が大きいほど，相互作用の強さ σ が大きいほど，定常状態は不安定となることを意味し，それまで経験的に信じられてきた「複雑な生物群集ほど安定である」という定説（MacArthur 1955; Elton 1958）を覆すものだった（本巻 6 章参照）．

　May（1972）は，群集行列がランダム行列だと考えて線形力学系（3）の安定性を調べた．しかし，生物群集の動態は，通常，非線形力学系（1）で記述され，線形力学系は平衡状態での線形近似ではじめて現れる．たとえば，モデルとして GLV を選び，種間の相互作用がランダムであるとすれば，成長率や死亡率と相互作用行列 A の成分を，正規分布や一様分布からランダムに選ぶことによってモデルが完成する．このモデルを解析するには，上述のように，まず平衡状態を探し，その安定性を調べる．ここで，全種が共存する平衡状態（全種共存平衡状態）が存在すれば，群集行列の成分は式（6）で表され，A の要素に平衡個体群密度をかけたものになる．このことと，正値性を満たすために A の要素にかかる制約のために，群集行列の要素は相互作用行列 A の要素とは異なる分布をもつ．したがって，非線形群集動態モデルから出発すれば，相互作用行列 A がランダム行列だとしても，群集行列の固有値の分布にはウィグナーの半円分布則は成り立たないかもしれないし，条件（11）を境に安定性が急激に変わることもないかもしれない．このように，ランダム群集モデルにも残された課題があり，本巻 6 章では，レプリケーター方程式を使った研究が紹介される．

　それまでは，多数の種からなる実際の生物群集は安定であると考えられていたことから，May（1972）以後は，どのような構造が群集を安定化させる

かという点に関心が集まった．Pimm and Lawton（1977, 1978）は，4種の個体群からなる食物網モデルで，栄養段階の数や雑食のリンクの本数が群集の安定性に及ぼす影響を調べた．彼らは，GLV に全種共存平衡状態が存在することを仮定し，栄養段階の数や雑食のリンクの数が増えれば食物網は不安定になるという結論を得た．しかし，ランダムに構成された GLV が全種共存平衡状態をもつ確率は低く（Law and Blackford 1992），全種共存平衡状態の安定性や，成立する食物連鎖の長さは，雑食のリンクの位置に大きく依存する．したがって，複雑性（多様性）−安定性関係についての古典的な理論モデルには，方法論上の問題点を解消したうえで再検討されるべきものも少なくない（Sterner et al. 1997; Emmerson and Yearsley 2004）．ここでは，GLV だけを取り上げたが，大規模 RE 系での相互作用の分布と存続種数などとの関係については，Tokita and Yasutomi（1999, 2003），Chawanya and Tokita（2002），時田（2006）などに詳しく，また本巻 6 章の中心的なテーマでもある．

3　種間相互作用を記述する指数

May（1972）の結果が現実の生物群集で成り立つかどうかを確かめるためには，野外の群集で結合度と相互作用の強さを測らなければならない．しかし，多くの生物からなる群集における相互作用の強さを測るのは難しい．また，相互作用の強さにはさまざまな定義と解釈がある（Yodzis 1988; Paine 1992; Laska and Wootton 1998; Berlow et al. 2004; Wootton and Emmerson 2005; 相互作用の強さをめぐる問題については，本巻 1 章と 3 章で詳しく説明する）．野外の生物群集の動態から相互作用行列や群集行列を求めるには，ある種の密度が他種の 1 個体あたりの成長率に及ぼす影響を知る必要があるので，種ごとに密度を変えた操作実験が必要である（Bender et al. 1984）．Bender et al.（1984）は，ロトカ-ボルテラ型の相互作用をする S 種の群集の相互作用行列を求めるために，2 種類の操作実験を考えた．1 種または数種の個体を加えたり取り除いたりした直後に変化率を測るパルス摂動実験と，ある種の密度を長期間にわたり固定して他種の新たな平衡密度を求めるプレス摂動実験である．

●コラム1　群集の数理モデルの基礎●

　プレス摂動実験は，長期間にわたる摂動による新たな平衡状態を考えるので，結果は2種間の直接効果だけではなく間接効果にも依存する (Bender et al. 1984)．Yodzis (1988) は，プレス摂動実験の結果を説明する次のような方法を考えた．種 j の個体を単位時間あたり I_j の一定の割合で加えるか除去すれば，力学系 (1) は，

$$\frac{dN_j}{dt} = F_j(N_1, N_2, \ldots, N_S) + I_j,$$
$$\frac{dN_i}{dt} = F_i(N_1, N_2, \ldots, N_S), \qquad i \neq j. \quad (12)$$

となる．この系が落ち着く安定な平衡状態，$N^*(I_j) = (N_1^*(I_j), N_2^*(I_j), \ldots, N_S^*(I_j))$ は，

$$0 = F_j(N^*(I_j)) + I_j,$$
$$0 = F_i(N^*(I_j)), \qquad i \neq j \quad (13)$$

から求めることができる．式 (13) の両辺を I_j で微分すれば，

$$0 = \sum_{k=1}^{S} \frac{\partial F_j(N^*(I_j))}{\partial N_k^*} \frac{dN_k^*}{dI_j} + 1,$$
$$0 = \sum_{k=1}^{S} \frac{\partial F_i(N^*(I_j))}{\partial N_k^*} \frac{dN_k^*}{dI_j}, \qquad i \neq j. \quad (14)$$

となり，I_j が小さいとき，$\partial F_i(N^*(I_j))/\partial N_k^* = c_{ik}$（$c_{ik}$ は群集行列の要素）だから，

$$dN_k^*/dI_j = -(C^{-1})_{kj} \quad (15)$$

となる．つまり，k 番目の個体群の平衡密度への j 番目の個体群へのプレス摂動の効果は，群集行列の逆行列の (k, j) 成分にマイナスの符号をつけたものになる（東 1992; 松田 2001）．この行列 ($-C^{-1}$) は，感度行列 (sensitivity matrix) とよばれ，群集行列のすべての成分に依存し，2種間の直接効果だけではなく間接効果をも含んでいる．したがって，感度行列を使う方法でわかるのは，ある種が他種に及ぼす正味の効果 (net effect) あるいは総効果 (total effect, overall effect) である．また，この方法は，定常状態の近傍での議論によるものなので，ある種を完全に除去するような実験には使うことができな

57

い．ここでは Yodzis（1988）にしたがって感度行列を導いたが，力学系に含まれる任意のパラメータに平衡状態がどのように依存するかを調べるためにも感度行列を使うことができる（東 1992；松田 2001）．

Yodzis（1988）は，Briand（1983）によって集められた食物網にこの方法を適用した．群集行列の要素を正確に知ることはできないので，基底種とそれ以外の種を分けて，違いが1桁以内に収まるように確率的に要素の大きさを決め，「妥当な（plausible）」群集行列を構成して感度行列を求めた．その結果，感度行列の要素の符合が群集行列で決まる直接効果とは逆になるものが多数出現し，「主要な」効果だけを取り出して感度行列から描いた「食物網」の幾何学的構造は，群集行列の確率的要素の大きさに依存して大きく変動した．Yodzis（1988）は，相互作用の方向と群集の幾何学的性質や，プレス摂動実験の長期の結果を予測するのは難しく，決定不能（indeterminate）であると結論している（松田 2001）．この間接効果の非決定性は，漁業管理における予測を難しくするなどの現実的な問題とも関連がある（本シリーズ第6巻2章）．

相互作用の強さの定量的尺度には，相互作用行列の要素，群集行列（ヤコビ行列）の要素，感度行列の要素の三つの他に，ある種を完全に除去する処理と対照とのあいだでの，影響を受ける種の相対的な密度差から決まる除去行列（removal matrix）の要素が使われることがある（Paine 1992; Laska and Wootton 1998）．また実証研究では，1個体あたりの相互作用の強さにあたるペインの指数（Paine 1992）と，離散型のロトカーボルテラモデルに基づく動的指数（dynamic index; Navarrete and Menge 1996; Wootton 1997; Laska and Wootton 1998）が使われる．これらについては，本巻1章と3章で詳しく説明される．

4　安定性のさまざまな定義

複雑な（あるいは多様な）群集がより安定なのかどうかを知るには，複雑性（多様性）と安定性の定義を明確にしなければならない．安定性の定義は，系の動的安定性に基づく定義と，系が変化を受け付けない能力に基づく定義の二つに分けられる（McCann 2000）．レジスタンス（resistance）は，群集が攪

●コラム1　群集の数理モデルの基礎●

乱による変位を避けて元の場所にとどまる能力（Begon et al. 2006）や，攪乱の後に変数が変化する程度の尺度であると定義され（McCann 2000），侵入に対する群集の抵抗力を測る離散的尺度（侵入が成功か失敗か）として用いられることが多い（McCann 2000）．また，レジスタンスは感度（sensitivity）の逆数（Harrison 1979; Carpenter et al. 1992）であるとされることもある．

　Pimm and Lawton（1977, 1978）は，平衡状態の安定性の指標の一つとして，平衡状態が局所安定であるとき，攪乱後に軌道が平衡状態に戻る速さを決める，実数部分が最大である固有値（平衡状態が安定なのでどの固有値も実数部分は負）によって定義される復帰時間 $-1/\max_{i=1,...,S}(\text{Re}(\lambda_i))$ を安定性の指標として用い，Pimm（1984）はこれをレジリエンス（resilience）とよんだ（DeAngelis et al. 1989; Carpenter et al. 1992）．

　しかし，生態系の性質としてはじめてレジリエンスという用語を用いたHolling（1973）は，より大域的な存続可能性との関係に基づいて（Walker et al. 1981），レジリエンスとは，系内の関係の存続性を決め，系が状態変数やパラメータの変化を吸収し，絶滅せずに存続する能力の尺度であると定義した．また，Holling（1973）は，安定性（stability）とは，一時的な攪乱の後で系が平衡状態に戻る能力で，変動が小さく，速く平衡状態に戻るほど系が安定であると定義した．系の局所的な性質であるHolling（1973）の安定性は，Pimm（1984）のレジリエンスに近い概念になっている．

　このように，生態系の安定性の定義には混乱が見られる．1997年の時点で，異なる安定性の概念が70あり，定義は163にも及んでいたという（Grimm and Wissel 1997）．複雑適応系（complex adaptive system）の分野（Levin 1998, 1999）と，社会-生態系（social-ecological system，以下SESと略称）の分野（Carpenter et al. 2001; Gunderson and Pritchard 2002; Walker et al. 2004）では，古典的定義とはかなり違った意味でレジリエンスが使われ，人類の影響のもとでの生態系の持続可能性（sustainability）を論じるための価値観をともなう用語になっている（Webb 2007）．Holling（1996）は，平衡状態への復帰時間によって定義されるレジリエンス（Pimm 1984）を工学的レジリエンス（engineering resilience），Holling（1973）に始まる，複数のアトラクターの存在（Beisner et al. 2003）を前

提に生態系の大域的な持続可能性を考えるレジリエンス (Peterson et al. 1998) を生態学的レジリエンス (ecological resilience) と名づけた．複雑適応系の動態と SES におけるレジリエンスを研究する分野横断的な研究グループである "Resilience Alliance" (http://www.resalliance.org/) は，生態学的レジリエンスを，攪乱を吸収し，変化を受けても本質的に同じ機能，構造，固有性，フィードバックを保つよう再編成する生態系の能力であると定義している (Walker et al. 2004)．レジームシフト (regime shift) は，条件の緩やかな変化にともなって，生態系が一つの安定状態から別の安定状態へと突然移る不可逆的な状態変化である (Scheffer et al. 2001; Scheffer and Carpenter 2003) が，二つの状態の一方は望ましくない状態であることが多く (Folke et al. 2004; Genkai-Kato 2007)，望ましい状態のレジリエンスを失わせない生態系管理が求められている (Carpenter et al. 2001; Folke et al. 2004)．

どのような要因が，生物群集の構造と動態や生態系の安定性を決めているかを明らかにすることは，群集生態学の重要な課題だが，これらの問題を論じるには，用語の定義を明確にし，議論の混乱を招かない慎重さが必要である．生態系の複雑性と安定性の関係については，離散力学系で記述される，おもに競争系の解析結果と，安定性の定義の多義性を踏まえた過去の研究の再検討からなる，Ives and Carpenter (2007) による最新の総説がある．しかし，複雑性 (多様性) と安定性の関係は 21 世紀になっても，「生態学における未解決問題」の一つである (May 1999)．本巻 1 章と 3 章では，相互作用の強さと生態系の安定性の関係についての知見が紹介され，6 章ではランダム群集モデルを使って多様性と安定性の関係が調べられている．また，本シリーズの第 1 巻では，実際の群集で測定可能な安定性の指標である変動係数 (Coefficient of Variance, CV) を使った実証研究などが紹介される．

第2章

相互作用の多彩な効果
河川群集を理解する

片野　修

🔑 *Key Word*

栄養カスケード　形質の変化を介した間接効果　種間競争
相互作用　食物網

　群集における相互作用には，捕食や干渉型競争など直接的なものと，第三の他種や食物資源を介して関係する間接的なものがある．特定の2種間の相互作用は固定的ではなく，環境や他種の動態によって変わることが多い．また，雑食に見られるように，ある種から別の種にいたる経路も一つとは限らない．本章では，はじめに具体的な種間関係として競争排除と栄養カスケードを取り上げ，その強さに影響する要因を解説する．つぎに，雑食などの食性に着目し，それが相互作用に与える影響について概説する．間接相互作用においては，形質の変化を介した効果が注目されている．捕食者が植食者の活動に影響することにより植物量を変化させたり，食物量が被食者の行動を変え，それが捕食者-被食者関係に影響する事例を紹介する．このほか，相互作用の研究では，食物関係に限らず，さまざまな個体の形質の多様性と変化の解析が重要であることを，いくつかの先駆的研究を紹介しながら説明する．今後は，相互作用の実態を多様な環境要因とともに解明することによって，群集の動態についての予測性を高めることが必要である．

1 相互作用とは何か？

(1) さまざまな相互作用

　群集における相互作用とは，異なる種の生物が互いに影響を与えることである．相互作用は個体の生息場所，成長，繁殖，生残などに影響し，これを大まかに分類すると，適応度を高める場合 (+)，低下させる場合 (−)，そして変えない場合 (0) の3通りがある．この分け方を適用すると，2種間の相互作用は (+, +)，(−, −)，(0, 0)，(+, 0)，(−, 0)，(+, −) の6通りに分類される．これらは，それぞれ相利，競争，中立，片利，片害，寄生もしくは捕食と名づけられることが多い (Begon et al. 1996；大串 2003)．しかし，このような分け方は粗いもので，現実の相互作用の記述には不十分であろう．実際には相互作用は多様であり，しかもさまざまな環境条件によって変化する．

　上述した6通りの分け方についても，名前の付け方が実態と合わない事例が報告されている．たとえば，(+, −) には，寄生や捕食のほか，一方が利を得て他方が害をうけるさまざまな関係が含まれるので，これを利害相反関係 (contramensalism) と定義するのが正しい (Arthur and Mitchell 1989)．その実例については後述する．

　また，相互作用には，捕食や干渉などの直接的な関係だけでなく，間接的な関係も含まれる．間接的な相互作用とは，2種の個体が第三の他種や食物資源を介して関係することである．これまでの定義の多くでは，第三の他種が介在することを条件としているが，本章では有機物，栄養塩類，光，死体などが介在する場合も間接相互作用とする．たとえば競争には，2種の生物が攻撃的にふるまうことによって食物資源や摂餌場所を獲得しようとする干渉型競争 (interference competition) と，相互に干渉することなく共通の食物を取り合う消費型競争 (exploitative competition) がある．前者は直接相互作用であり，後者は間接相互作用とみなされる (Begon et al. 1996)．ただし，食物が生物ではない場合に，消費型競争を間接的関係に含めるか否かについては異

論もあり，数理的な解析では，便宜上これを簡略化して，介在する非生物資源の動態を考慮せずに直接相互作用と同じモデルを使うことがある．

競争は上記の分け方では（−，−）関係であるが，（−，−）には競争以外の事例も含まれる（Abrams 1987b）．たとえば，体内に寄主植物のアルカロイドを蓄えているオオカバマダラと鳥との関係では，しばしば鳥はそのチョウが毒をもっていることを認識せずに捕食し，激しく嘔吐する（伊藤 1980）．そして，苦い経験を学習した後には，二度とこのチョウを食べようとはしない．この場合には，鳥はオオカバマダラを食物とすることができないだけでなく，嘔吐にともなう苦痛や摂餌時間の浪費など負の影響を受ける．一方，オオカバマダラは学習していない鳥によって稀に襲われるので，両者の関係は（−，−）である．このように，互いに負の影響を与えあう事例については相害という用語を用いることを提案したい．

鳥とオオカバマダラの関係は直接的相害であるが，生物種間には間接的な相害も生じうる．たとえば，同じ資源を利用しない 2 種は競争関係にないが，共通の捕食者がいる場合には，一方の被食者の個体数の増加は，捕食者の増加を介して，もう一方の被食者に間接的に負の影響を与える．このような捕食者を共有する被食者間の関係は，2 種の被食者があたかも競争関係にあるように見えるので，見かけの競争（apparent competition）とよばれている（Holt 1977, 1984）．捕食者を介した見かけの競争は，カリフォルニアの岩礁地帯において報告されている（Schmitt 1987）．この岩礁では，貝類の捕食者としてロブスター，タコ，肉食性巻貝がおり，巻貝類と二枚貝類が被食者である．巻貝は底生藻類を摂食し，二枚貝は水中に浮遊するプランクトンを摂食するので，二つの被食者グループは共通の食物をめぐって競争していなかったが，一方の個体数の増加は捕食者を集める効果をもち，もう一方の被食者に負の影響を与えた．このような見かけの競争は，間接的な相害としてとらえることができる．

一般的に，生物間の直接相互作用に比べて，間接相互作用は十分に研究されていないが，今後さまざまな間接相互作用が見いだされると期待される．間接相互作用を解析することによって，2 種間の相互関係がそれまで想定されていたものと，まったく異なることが明らかになる場合がある．本章では，

間接的な相互作用に着目することによって，群集における相互作用の役割について新しい知見を紹介するとともに，今後の展望を述べたい．

(2) アユとウグイの相互作用

アユとウグイという2種の淡水魚の関係について紹介したい．アユは河川において，多くの場合にははっきりとわかる食み跡(図1)を残して，石に付着する底生藻類を摂食する．しかし，藻類を利用できない場合には，水生昆虫や水面への落下昆虫を食べる雑食性である．一方，ウグイは藻類も利用するが，水生昆虫などの動物をおもに捕食する雑食性である．アユとウグイの関係は，食物が部分的に重複するので競争関係にあると考えられてきた．

ところが，水生昆虫類や藻類が侵入・増殖できるプールを用いた実験で両者の関係を調べてみると，競争関係以外の間接的関係が重要であることがわかってきた(Katano et al. 2003)．プールにウグイだけを収容すると，大型の水生無脊椎動物，とくに藻類をおもに摂食するカゲロウ類や巻貝類などの個体数が著しく減少する一方で，底生藻類の現存量は増加した(図2)．この底生

図1　石に付けられたアユの食み跡．

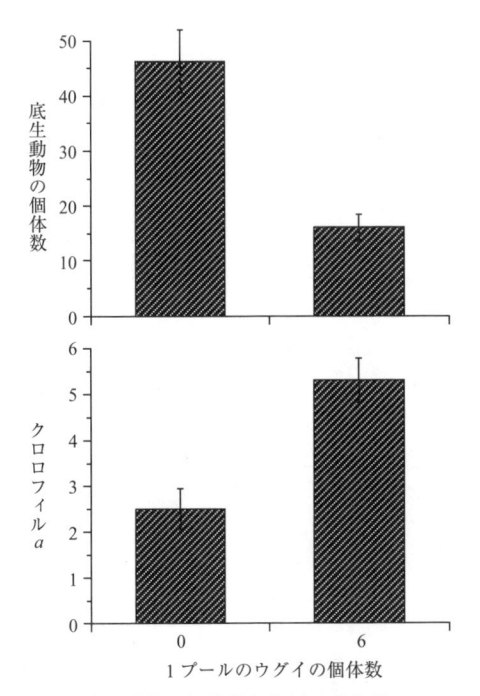

図2 底生動物の個体数と藻類の現存量．
プール内のウグイの個体数を0と6にした場合．実験期間は20日間で繰り返し数は9．底生動物はプール内においたカワラ（25 × 25 cm）から採集し，カワラ1枚あたりの個体数を示した．藻類の現存量としてはクロロフィル a 量（$\mu g/cm^2$）を示した．垂直線は誤差線を表す．（Katano et al. 2003 より）

藻類の増加はウグイが放出する化学物質や排泄物の影響である可能性もあった．しかし，小さな円筒形のケージにウグイだけを入れて餌を十分に与えても，藻類の増加は認められなかった．したがって，藻類の増加はウグイによる摂食活動によるものであると考えられた．藻類が増加したということは，ウグイによる藻類への直接的な摂食よりも，水生昆虫を捕食し間接的に藻類を増加させる間接的効果の方が強かったということになる．つぎに，アユの個体数に対してウグイの個体数を操作する実験を行うと，ウグイがいると水生無脊椎動物は減少し，アユの成長率は高まることが確認された（図3）．藻類が増加することで，おもに藻類を摂食するアユの成長を促進させたと考え

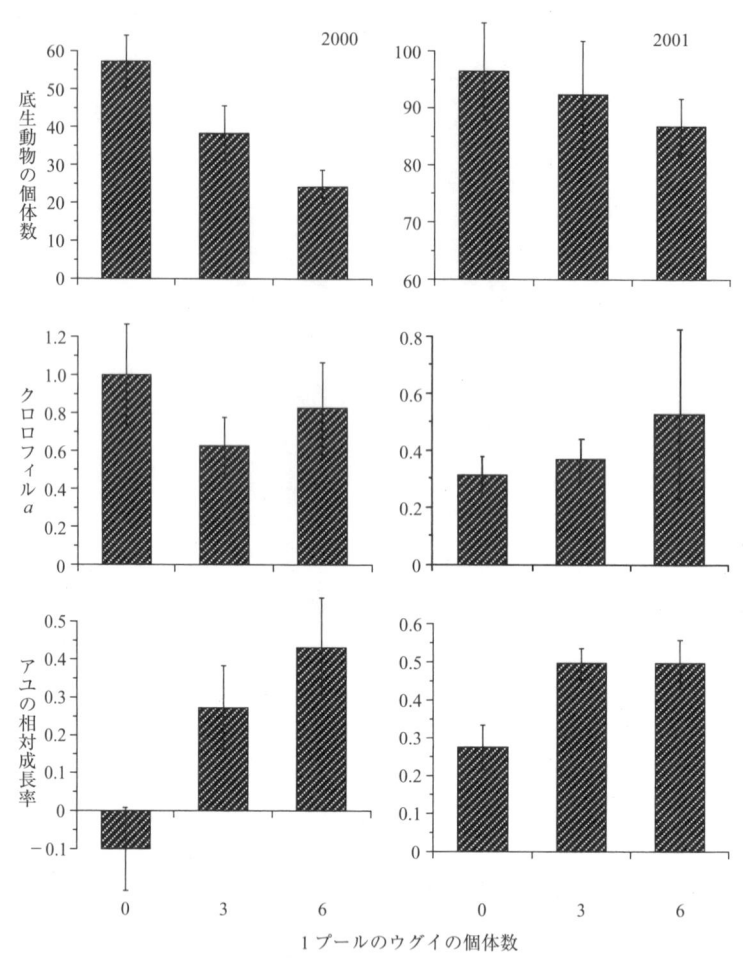

図3 ウグイの個体数が他の生物に与える影響．
プール内のウグイの個体数を0，3，6に変え，アユの個体数を5にした場合のカワラ1枚あたりの底生動物の個体数，クロロフィル a 量（$\mu g/cm^2$）およびアユの成長率（%／日）．方法は図2に準じる．実験期間は42日間×2ピリオド（2000年と2001年）で各繰り返しは6プール（Katano et al. 2003 の Figure 2 を一部改変）

られる．ウグイの存在は，アユに対して間接的にプラスにはたらいたことになる．一方，アユの個体数が多くなると，ウグイの成長は低下した．これは，ウグイがしばしばアユによって攻撃され，ウグイの食物である藻類や水生昆虫の一部が減少したためである．アユのウグイへの影響は直接的な攻撃と餌

の減少を介しているので，直接的影響と間接的影響の両方を含んでいる．したがって，プールを用いた実験でのアユ-ウグイ関係は，間接的なプラスの効果と直接的間接的なマイナスの効果から成り立っており，利害相反関係になっている．

　この例に見られるように，ある種から別の種にいたる経路が複数あり，2種間の相互作用が直接効果と間接効果の両方を含むことは，現実の群集では多い．また，アユとウグイの関係は，餌生物の豊富さや捕食者の有無，季節等によって変わることが予想される．たとえば，水面への落下動物が多ければ，ウグイはアユの効果を受けずに十分な量の食物を得ることができるため，アユはウグイにマイナスの影響を与えなくなるかもしれない．

(3) 相互作用の形態

　群集における具体的な相互作用としては，捕食，餌の取りあい，種間攻撃，化学物質の放出などによる影響，場所の占有，他種へのすみ場所の提供，共生などが重要である．種内の社会的関係として知られる順位やなわばりが種間で生じることもある．間接的関係としても，食物連鎖において隔たった生物への影響，生息場所や植物の改変をとおした影響，物質循環を変化させることによる影響などさまざまなものがある．

　相互作用では，基本的に個体が主体となり，ある種の個体が別の種の個体と相互に作用しあうことがふつうである．しかし，相互作用の一方の主体が，個体なのか，その集団であるかが判別しにくいこともある．たとえば，ライオンが狩りをしてシマウマを襲う場合，ライオンは複数の個体が群れをつくってシマウマを追う．この過程では，シマウマはそれぞれのライオンに追われるととらえることもできるが，ライオンの集団に追われていると考えることもできる．また，魚類などが底部の生物をまとめて吸い取って摂食する場合には，食物の中には多種類の藻類，原生動物，水生昆虫類などが含まれる．ここでは，その魚が餌を1個体ずつ摂食したととらえるよりは，生物群集の一部をまとめて摂食したと考える方がわかりやすい．

　相互作用の主体が個体であるとしても，群集生態学においては，種もしくは個体群を単位として相互作用を表したり解析したりすることが多い．その

理由は，同じ種の個体でもすみ場所，体サイズ，発育段階，行動などが異なっており，それらを一つひとつ分けて解析すると，解析自体が厖大となり，また全体像が見えにくくなるからである．しかし，種内に個体差があることは，種間関係や群集にさまざまな影響を与えると考えられる．そのいくつかの事例については，次節以降で紹介する．

2 相互作用は変わる

相互作用のありかたは，群集の中で固定的にきまっているわけではない．環境条件や関係する生物の状態によって変わることが多い．この節では二つの相互作用を例に取り上げ，それらがどのような条件の影響を受け，どう変わるのかを検討する．

(1) 競争排除と共存のメカニズム

「どうして群集にはこれほど多くの生物が存在するのか」(Hutchinson 1959)という古くからの問いがある．これに対しては，しばしばガウゼの競争排除則（生態の似た2種は同所的に共存することはできないという原理）に基づき，それぞれの種が占める生態的地位（ニッチ）がそれだけ多くあるのだと答えられてきた．しかし，実際には多くの生物が競争排除に陥ることなく，生態的地位を重複させながら共存している (Keddy 2001)．いかにして競争関係にある複数種が共存できるのかというのは，群集生態学における重要なトピックの一つであった．これまで提案されてきた共存メカニズムに着目すると，競争関係やその優劣が環境の多様性と変動性の中でダイナミックに変わることこそが共存の鍵になっていることが読みとれる．いくつか例を挙げてみていこう．

第一に，資源への要求についてのトレードオフがあると競争種の共存が可能になる (Fargione and Tilman 2002)．たとえば植物は光，二酸化炭素，無機塩類など同じ資源を必要とするが，その吸収割合やそれぞれに対する競争力は異なる．地上の光をより多く必要とするものもあれば，地下の養分と水分を

多く必要とするものもある．このほか，競争能力と新しい生息地への侵入能力や，捕食者と環境ストレスに対する抵抗性がトレードオフになる場合もある（Fargione and Tilman 2002）．すなわち，2種のうち一方は他方に比べて種間の競争能力においては低いが，新しい生息地への侵入能力において高かったり，捕食者を避ける能力において優れていることがある．このような場合，競争排除ははたらかず，2種は共存できると考えられる．同様のことは資源の取り方や配分においてもあてはまる．この理論は，資源の多様性が競争の帰結を左右していることを明確に示している．

　第二に，生物群集における多様性は中程度の攪乱下でもっとも高くなるというConnellの中規模攪乱仮説（Intermediate Disturbance Hypothesis（IDH仮説），Connell 1978）がある．これは，大きな攪乱条件下では環境の厳しさによって種多様性は低下させられるが，攪乱がまったくないと種間の競争によって，やはり種多様性は低下するというものである．すなわち，中程度の攪乱下では，多くの種は環境変動によって絶滅することはないが，その個体数は環境の影響によって低下することが多く，優占種だけが他種を排除して存続することはないと考えられる．また，捕食の強さが競争に影響することもよく知られている．あまりに強い捕食圧は被食者を局地的に絶滅させることによって種多様性を損なうにしても，中程度の捕食圧は捕食される生物間の競争を緩和し，競争関係にある劣位な種の局地的な絶滅を防ぐことによって，種多様性を高めると考えられる（Begon et al. 1996）．このように攪乱と捕食は，種間の競争排除を緩和することがあり，それによって多種の共存が生じることがある．これは種間競争のはたらき方が，攪乱強度という環境要因の影響を受けて変化することを意味している．

　第三に空間的多様性の影響がある（Sommer and Worm 2002）．餌や捕食者，競争者の空間分布は一様ではなく，パッチ状になっている（図4）．生物は1ヶ所にとどまることは稀で，つねに移動分散と侵入定着を繰り返している．とくに競争能力において劣る生物にとっては，捕食者や競争者のいないパッチは"隠れ家"として作用し，そこに移動することによって生き残るチャンスをえることができる．こうした空間的な多様性は時間とともに変化し，競争排除を緩和すると考えられる（Levins and Culver 1971; Tilman 1994; Amarasekare

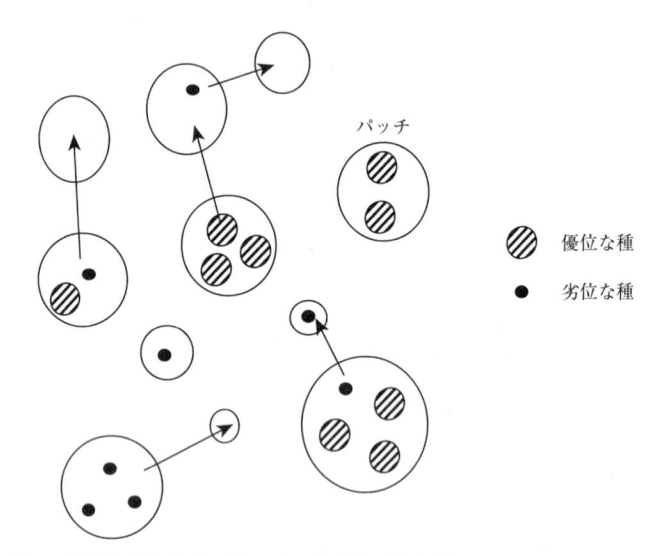

図 4 優位な種と劣位な種のパッチ利用の模式図.
パッチの生成消滅が頻繁に起こる場合,劣位種は優位種のいないパッチに移動することによって共存できる可能性がある.

et al. 2004).環境の多様性はしばしば競争関係にある生物自身によってつくられる.たとえば,森林においては優占種の存在が日陰をつくり,そこに空きパッチをつくることがある(Koyama and Kira 1956; Hutchings 1997; Harada 1999).この共存メカニズムは,種間競争の帰結には,空間的な多様性によって生み出されるような空間的異質性があることを意味している.

　これらの理論は,競争関係が環境の多様性と変動性の中でダイナミックに変わり,多くの種は微妙なバランスを保ちながら共存していることを示唆している.この環境の変動性や多様性には,着目する競争種以外の種との関係や間接相互作用のそれも含まれるだろう.今後の課題としては,群集内の間接相互作用が競争関係にどのように影響するのかを解析することが挙げられる.群集では,競争関係にある2種のほかに,多数の他種が共存し,さまざまな影響を競争する2種に与える.それが直接の捕食者や餌種であれば,本節で述べてきたようにとらえやすいが,さらに間接的な関係にある第三,第四の種であると,どのような影響が及ぶかがわかりにくい.群集を解析するなかで,このような関係の連鎖を明らかにし,それによって種間競争を解明

することが必要である．

(2) 栄養カスケード

　捕食者は直接餌とする動物だけでなく，その動物に摂食される第三の生物にも間接的に影響を与える．このように，食物連鎖において捕食者が間接的に下位の生物に影響を与えることを栄養カスケードという (Power and Matthews 1983; Carpenter et al. 1985; Wootton 1994a)．最上位の動物と最下位の生物の間に2段階以上の栄養段階が含まれることもあり，捕食者が植物を増加させる場合とさせない場合がある (Wootton 1994a)．カスケードとは滝を表す言葉であり，食物連鎖上で上位の動物から下位の植物へ影響が激しく波及することから，trophic cascade (栄養の滝) といわれている．

　先に述べたウグイによる底生藻類の増加は，栄養カスケードの一例である．このほか，湖沼の小魚による動物プランクトンの捕食が間接的に植物プランクトンを大発生させる例，アラスカにおけるラッコによるウニの捕食がウニに摂食されるはずの海草の増加につながる例など，水域の群集において栄養カスケードは数多く報告されている (Wootton 1994a)．また，近年では，陸上群集においても栄養カスケードが一般的であることが知られるようになった (Tscharntke 1992; Schmitz et al. 2000)．

　栄養カスケードについては，それが生じるか否かというだけでなく，その強さがどうして決まるのかが問題となる．Borer et al. (2005) はさまざまな群集における栄養カスケードの強さについて，主として五つの要因が重要であると考えた．第一に，空間の多様性が小さいほど栄養カスケードは強い．これは，空間の多様性が小さく，被食動物にとって隠れ家が少ないと，捕食者による被食動物への捕食圧が高まり，栄養カスケードが強くなるからである (Polis et al. 2000)．たとえば，湖沼の水中では水草が繁茂していなければ，空間の多様性は小さく，植物プランクトンは動物プランクトンに，動物プランクトンは小魚に容易に捕食される．そのために，動物プランクトンを介して，小魚が植物プランクトンに与える栄養カスケードは強いことが多い．

　第二に，群集構造が複雑になると栄養カスケードは弱くなる．この場合の複雑な群集構造とは，捕食者→被食動物→植物などの直線的な連鎖のほか

に，雑食性や種間競争，同一ギルド内の捕食（次節参照）などが生じることをいう（図5）．図では，その結果A→B，B→Cなどの強さは弱められ，結果的にAからCへ波及する影響は弱くなる（Fagan 1997; Pace et al. 1999; Polis et al. 2000; Shurin et al. 2006）．

第三に，摂食される植物の利用しやすさや質のよさは，栄養カスケードを強化する（Leibold 1989）．これは植物が化学的防衛手段を強めたり硬質化すると，植食者にとって利用しにくくなり，B→Cが弱められることによってA→Cの波及効果が低下するためである．植物プランクトンや藻類は，陸上植物に比べれば動物にとって栄養価が高く消化しやすいために，一般的に水中では栄養カスケードが強いと考えられている（Strong 1992; Polis 1999）．

第四に，相互作用が継続する時間の長さがある．植食者が植物を摂食する場合，強い摂食圧が長期間つづくと植物が対抗手段を講じたり，摂食に対する抵抗性の強い種に置き換わることによって，その利用しやすさが低下する（Polis et al. 2000）．その結果，植食者の植物への影響は低下し，栄養カスケードも弱くなると考えられる．

最後に，捕食者および植食者の摂食効率が高いと栄養カスケードは強くなることが知られている（Strong 1992; Polis 1999）．たとえば，捕食者の個体数が増えたり探餌効率が高まると，トップダウン効果が強くなって栄養カスケードは強化される．捕食者が1種だけでなく，異なる捕食戦略をもつ複数種になると，被食動物はすべての捕食者を避けることができなくなって，その死亡率は高くなる．この場合にも，栄養カスケードは強化される．

栄養カスケードによるトップダウン効果は，どの群集でもはたらくとは限らず，捕食者よりも植食者が重要な役割を果たすことも多い（Hill and Harvey 1990; Rosemond et al. 1993; Lamberti 1996）．北アメリカの河川では，カワニナ亜科の巻貝の一種 *Elimia clavaeformis* が強力なグレーザーとなって底生藻類を食べつくす．この結果，この巻貝にとっても他の底生のグレーザーにとっても食物不足となる．これらの河川では魚類も生息するものの，とくに成体に達した巻貝は固い殻に被われており，魚類に捕食されることは少ない．その結果，この巻貝の藻類に対する摂食圧が大きくなるので，栄養カスケードは生じない．このように食物連鎖の中間的な位置にいる種が強く群集を制御す

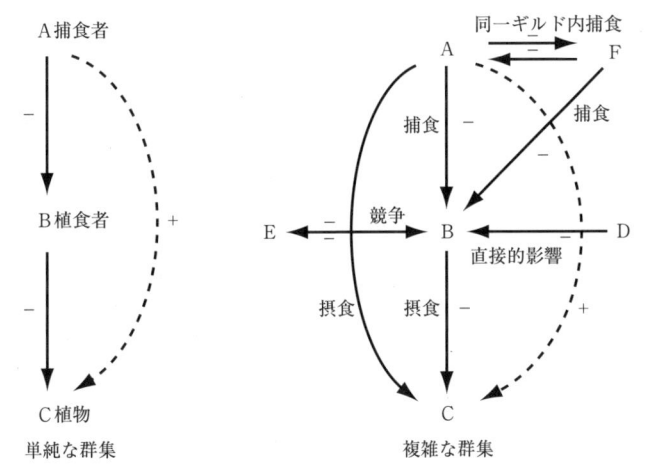

図 5　食物連鎖について単純な群集と複雑な群集の模式図.
捕食については，捕食者から被食者へ矢印が向けられている．＋，－は他種への影響がそれぞれ正か負かを表す．実線は直接的影響を示し，破線は栄養カスケードを表す．複雑な群集では，E，F，D も C に対して間接的な影響を与えるが図には示していない．

ることを，中間的制御（intermediate regulation）という（Lamberti 1996）．

　陸上の群集において，植食者だけでなく，送粉者など植物に役立つ影響を与える動物がいる場合には，捕食者は植物にマイナスとプラスの影響を与える動物の両方を減少させることがある．たとえば，カニグモ，ヒタキ類などの鳥類，スズメバチなどの捕食者は，植食者だけでなくミツバチなどの送粉者をも捕食し，植物の受粉率や繁殖成功度を低下させることが報告されている（Knight et al. 2006）．この場合に，捕食者は栄養カスケードによって植物にそれぞれプラスとマイナスの影響を与えることになり，植物が増加するか減少するかは予測しにくくなる．

　以上のように，栄養カスケードはさまざまな環境条件や生物の特性に影響される．また，栄養カスケードは生物量の変化をもたらすので，その変化はさらに多くの他の生物に間接的な影響を与えると考えられる．

　競争排除と栄養カスケードのいずれにおいても，相互作用の決まり方は群集や環境によって異なり，それらを規定する要因も単純ではない．どの群集のどの局面でどのような要因が重要であるのかを明らかにするためには，さ

らに多くの群集についての解析が必要である．

3 雑食性をめぐる相互作用

　食物網を複雑にしている相互作用の一つに雑食性がある．雑食性の生物では，どの食物をどのくらいの割合で食べるのかが，他種や環境要因によって変わりやすい．そしてこの変化は，摂食される生物やさらに下位の生物の個体数や現存量に大きな影響を与える．本節では，まずはじめに雑食性の定義とパターンについて概説し，その後食物連鎖において雑食性の捕食者が下位の生物に与える影響について，具体例を挙げて説明する．

(1) 雑食性とは何か

　生物の食性については，さまざまな用語が使われる．摂取できる食物が一つの科や属に限定されている場合を単食性という．これに対して，食物が異なる科や属にまたがっている場合を広食性という．このほか，摂食する対象によって，草食性，種子食性，蜜食性などの用語が用いられることがある．雑食性は一般的には動物と植物の両方を摂食することをさす場合が多いが，食物網の研究では二つ以上の栄養段階にまたがった食物を利用することと定義されている（Pimm 1982）．本章では，後者の定義を採用する．雑食性は食物網を複雑にし，群集についての理解や予測を困難にするという理由で十分に取り上げられてこなかった．しかし，近年では，雑食性が現実の群集において普遍的に認められることに注目し，その意義を解析する試みが活発になっている（Polis and Strong 1996; McCann and Hastings 1997; Tanabe and Namba 2005）．

　種によって雑食性のありようは異なることがある．第一に，どの個体もが複数の資源を利用する場合があり，これには発育段階によって食物が変わる場合（life history omnivory）と環境によって変わる場合がある（Ringler 1983; Clark and Ehlinger 1987）．たとえば，アユは稚魚期には海や湖で動物プランクトンを捕食するが，春になって河川に遡上するとおもに石に付着する底生藻

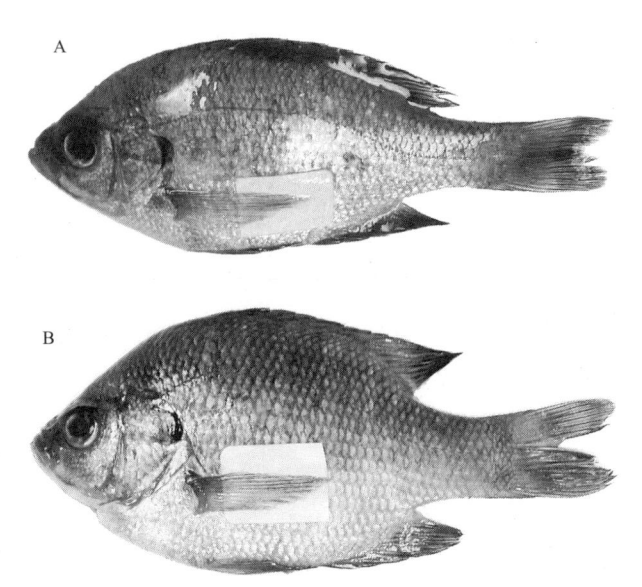

図 6　ブルーギルの 2 型.
流線型でプランクトン食のブルーギル (A) と体高が大きくおもに水生昆虫やベントスを捕食するブルーギル (B). 写真は米倉竜次博士の撮影による.

類を摂食するので，その食性は発育段階の影響を受ける．一方で，河川で増水の後などに付着藻類が十分に利用できないと，アユは水面への落下昆虫などの動物を捕食することがある．後者は，環境による影響としてとらえられる．

このほか，個体によって摂食行動や食性が異なることもよく知られており (Ringler 1983; Partridge and Green 1985)，その中には摂餌タイプが明瞭に区別される場合がある．たとえば，ブルーギルには，速やかに泳ぎ回って動物プランクトンなどを捕食する流線型のタイプ（図 6A）と，水中に定位して水草に付着した水生昆虫やベントスを捕食する体高の大きなタイプ（図 6B）がいる (Ehlinger 1989, 1990; Yonekura et al. 2002)．前者がおもに開放水面を利用するのに対して，後者は水草帯に生息する．

北海道の河川に生息するアメマスとオショロコマには，流れの中に留まって流下する昆虫類を捕食する個体（流下動物採餌者）と河床付近を動き回って流下しにくいヨコエビ類やトビケラ類を直接捕食する個体（底生動物採餌者）

がいる (Nakano and Furukawa-Tanaka 1994).流下動物採餌者は攻撃的であるのに対して，底生動物採餌者はそうではない．2種類の採餌者の比率は流下する食物量の季節変化によって異なるが，両種が混生する場所では，アメマスの多くは流下動物を摂食し，オショロコマの多くは底生動物を摂食する．一方，それぞれが単独で生息する場所では，両種ともに2種類の採餌者が認められる．この場合の種間の相互作用は，食物資源の分布や量と種による特性の違いのほかに，個体による採餌方法の違いによっても影響を受ける．すなわち，攻撃的で流下物を摂食する個体は，他種との競争を激化させ，場所をめぐる直接的な攻撃や流下物の占有を生じさせる．

雑食性は群集におけるさまざまな直接効果や間接効果を生み出すとともに，他種に及ぼす影響の評価を困難にする．たとえば，前節で述べたように，最上位の捕食者の雑食性は栄養カスケードを弱めると考えられている．その理由は雑食性が餌生物への捕食圧を弱めたり，最下位の植物への直接的摂食によって，植物へのプラスの効果を弱めることにある．しかし，雑食が群集の複雑さを増すとしても，その役割を正しく理解することは群集を理解するうえで欠かせない (Polis and Strong 1996).

(2) アユと雑食性魚類の関係

最上位の捕食者が植物と植食者の両方を摂食する場合，植物への摂食が直接的に植物の現存量を減らす一方で，植食者への捕食は間接的に植物の現存量を増やす．先に述べたウグイの例では間接効果の方が強く，全体として植物量は増加した．それでは，どれほど雑食性の捕食者が植物食に偏ると，栄養カスケードは検出されなくなるのだろうか．Katano et al. (2006) はこの点について，ウグイのほかにカマツカ，オイカワ，アユを用いて調べてみた．最初の実験は，プールにカマツカ，ウグイ，オイカワ，アユのいずれかを5尾ずつ放流した区と無魚区の5処理区で4プールでの繰り返しとし，20日間の実験を2回行った（藻類現存量実験）．また次の実験では，最初の処理区にアユを5尾ずつ加えたものとし，22日間の実験を2回行った（アユ成長実験）．

実験に用いた魚種の胃もしくは消化管内容物を自然河川と実験プールで比

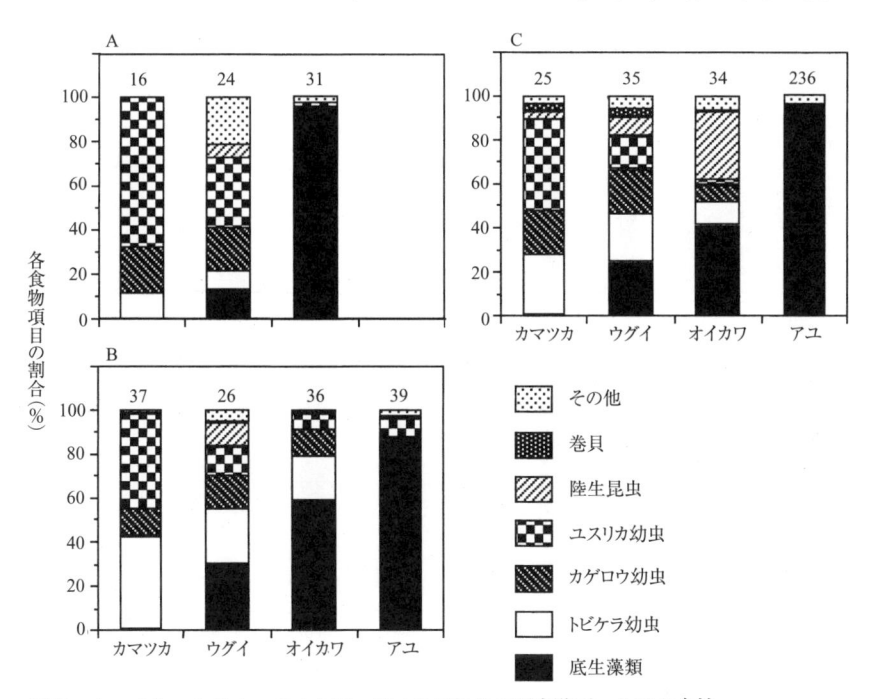

図7 カマツカ，ウグイ，オイカワ，アユの河川および実験プールでの食性.
(A) 長野県浦野川 (7月9日)，(B) 藻類現存量実験：単独で実験プールに収容した場合，(C) アユ成長量実験：アユとともに実験プールに収容した場合．棒グラフの上の数字は調べた個体数を表す．個体ごとに食物の各項目の体積％を求め，その平均値を示した．(Katano et al. 2006 より)

較すると，図7のようになった．このうち図7Aは，カマツカ，ウグイ，オイカワの3種がいて，アユのみがいない長野県浦野川における食物を表す．また図7B，図7Cは，上述した実験における食物を示す．いずれの魚種も雑食性であるが，藻類を摂食する割合は，アユ，オイカワ，ウグイ，カマツカの順に高かった．アユはほとんど藻類を摂食し，カマツカはほとんど動物食であった．また，アユが生息しない浦野川では，オイカワの藻食の程度は大きかった．

　藻類現存量の実験では，ウグイ区とカマツカ区でカゲロウと巻貝の個体数は少なくなり，一方藻類の現存量は高かった (Katano et al. 2006)．オイカワ区でも無魚区に比べれば藻類は増加したが，アユ区では藻類の増加は認められなかった．つぎにアユを加えたアユ成長実験では（図8），処理区のあいだで

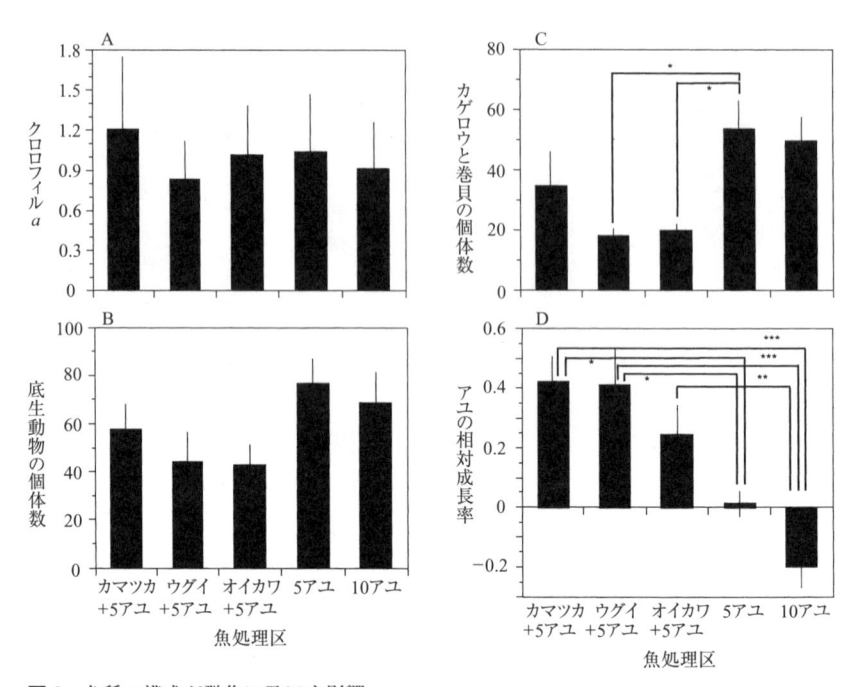

図8 魚種の構成が群集に及ぼす影響.
5尾のアユのほかに,5尾のカマツカ,ウグイ,オイカワ,アユを加えた実験プールにおける底生藻類の現存量 (A),カワラ1枚あたりの底生動物の個体数 (B),カワラ1枚あたりのカゲロウと巻貝の個体数 (C),およびアユの成長率 (%/日) (D).実験期間は22日間で繰り返し数は4×2ピリオド.対比の結果 (Scheffé のF値) *$P<0.05$;**$P<0.01$;***$P<0.001$.(Katano et al. 2006 より)

藻類の現存量に違いは認められなかった.これはアユが増加した藻類を刈り取ったからだと考えられる.アユ以外の魚がいる実験区では,カゲロウと巻貝の個体数は少なかった (図8Cにおける左側の三つの棒グラフ).一方,アユの成長量は,アユが5尾の実験区ではかろうじてプラスであったが,アユが10尾の実験区では著しくマイナスの値になった (図8D).これに対して,カマツカ,ウグイ,オイカワのいる実験区では,アユの成長率はアユが5尾の区と比べて20倍以上高かった.とくにカマツカ区とウグイ区で著しく高かったが,オイカワ区ではそれほどではなかった.これはオイカワがカマツカとウグイより藻類を直接摂食する割合が高かったからだと考えられる.

オイカワは多くのコイ科魚類の中でももっとも藻食性が強い魚であるが,それでも藻類を増加させるということは,雑食性魚類のほとんどがアユに対

してプラスの影響を与えるということになる．ここでは，栄養カスケードの強さは，魚がどれだけ藻類を摂食するのか，そしてカゲロウや巻貝をどれだけ減らすのかという2点によって決まると考えられる．ただし，アユの個体密度を増やしてもアユによる藻食性の強さは変わらず，アユが水生昆虫類を捕食して栄養カスケードを生じさせることはなかった．

　実際の河川では，河床の複雑さの程度や洪水からの経過時間によって，栄養カスケードの強さは異なるであろう．河川によっては，カワゲラやヤゴ類など捕食性の水生昆虫類が多く，それによる栄養カスケードへの影響があるかもしれない．しかし，日本のほとんどの魚類が雑食性であり，このほか動物食のサケ科魚類などがいることを考えると，魚類の藻類への栄養カスケードやアユへの間接的な影響は広汎に生じていると推察される．

(3) 体サイズが他の生物に与える影響

　体サイズは，個体によってまた環境によって変異に富む形質である．体サイズが大きいことは，その生物の代謝量や摂食量が大きいというだけでなく，群集における他の生物にさまざまな影響をもたらす (Warren 2005; Cohen et al. 2003)．多くの動物では体サイズは口器の大きさと比例し，雑食性の生物でも大型個体ほど肉食性の傾向が強いことがある．たとえばブルーギルは植物から動物まで何でも食べる雑食性であり，先に述べたように異なる体型と摂餌型があるが，そのうえで大型個体ほど魚食性が顕著である．また，逆に大型であるほど捕食者に呑みこまれる危険は小さくなる．ブルーギルでは，小型個体ほどブラックバスなどの捕食者に捕食されやすくなるので，岸際の浅場や水草帯にすみ場所を変えることが多い．また大型個体は共食い (cannibalism) をすることも多い．共食いは，他種への直接的捕食や，栄養カスケードなど食物連鎖を通した間接効果を弱めると考えられる (Polis et al. 2000)．さらに大型個体は，同一ギルド内において相対的に小型の他種個体を捕食し（同一ギルド内の捕食 intraguild predation, Polis and Holt 1992），食物網を一層複雑にすることもある．

　体サイズの違いが食物網における個体群動態に重大な帰結をもたらすことを示した理論的研究もある．Diehl (1993) は，食物資源も中間摂食者も利

用する最上位の摂食者の影響について考察した．最上位の摂食者は雑食性であり，最下位の食物資源を減らす直接効果と，中間摂食者を捕食することによって間接的に最下位の食物資源を増加させる間接効果の両方をもつ．最上位の摂食者の個体数を操作した22の実験結果を調べると，最上位の摂食者が食物資源である植物を増加させたのは2例だけだった．この結果は，間接効果の重要性を示すこれまでのモデルでは説明できない．ここでDiehl (1993) は3者の体サイズを考慮に入れ，最上位の摂食者の体サイズが最下位の食物資源や中間摂食者よりも著しく大きな場合，最上位の摂食者が最下位の食物資源に与える負の影響は正の間接効果よりも大きいことを示した．逆に，中間摂食者が十分に大きいと，最上位の摂食者はエネルギーとして価値のある中間摂食者を好んで捕食し，その結果，最下位の食物資源への間接効果は強くなる．このような体サイズを考慮に入れた相互関係が群集の食物網の理解に必要であることは，既存のデータからも裏づけられているように思われる．先に述べたウグイなどの雑食性の魚-水生昆虫類-底生藻類についての実験では，魚にとって水生昆虫類は藻類よりも大型で栄養価値は大きく，どちらも利用できる場合には水生昆虫を好んで捕食するように思われた．このことはDiehl (1993) の説明を支持すると考えられる．

　体サイズが大きいことは，その生物の体が他の生物に住み場所や隠れ家を供給する場合には，とくに大きな意味をもつ．動物にとって隠れ家は，その体を完全に隠すほどに大きくなければ意味がない．したがって，一定の大きさをもたない空間は用をなさない．また植物の大きさは，それを食物資源として利用する動物にとっては供給量の大きさを示すことになる．とくに大型の植物は根，幹，枝，葉などさまざまな部位を複雑に発達させることにより，それぞれの部位に特有の生物群集を宿すことになる．したがって，体サイズが大きい樹木などは生態系エンジニア (ecosystem engineer: 生態系に大きな影響を与える生物，Jones et al. 1994) になりうると考えられる．一方，植物にとってみると，体サイズが大きいと動物に発見される危険は大きいが，動物によって部分的に摂食されても致命的な影響を受けにくい．このようにある生物の体サイズの違いは，食物関係にとどまらず，さまざまな点で群集の間接相互作用に影響を及ぼすと考えられるが，操作実験において体サイズを操

作した試みは案外少ない．今後活発に進展すると思われる課題である．

　以上のように，雑食性と体サイズの変異は，さまざまな相互作用を生み出す源泉となっている．ある種から他種にいたる相互作用の経路は一つとは限らず，雑食性や個体による体サイズの違いによって，いくつものルートが形成される．この過程では，個体の性質も変わることがあり，この点については次の節で取り上げたい．

4 形質の変化を介した間接効果

(1) 形質の変化とは？

　形質とは，生物の形態や行動などの特徴のことである．相互作用に関わる生物の形質は必ずしも一定ではない．たとえば，被食者は捕食者が接近すると，活動時間や活動量を減少させたり群れをつくることが多い (Sih 1987; Godin 1997)．形質の変化は，直接作用する2種の生物だけでなく，間接的に他の生物に影響を与える．このような効果を，形質の変化を介した間接効果 (TMIE, trait-mediated indirect effect; Abrams et al. 1996)，もしくは行動的な間接効果 (behavioral indirect effect) という (Abrams 1995; Werner and Peacor 2003; これらの用語については本巻1章も参照)．一方，形質の変化をともなわずに，個体密度の変化だけが影響する場合を，個体密度を介した間接効果 (DMIE, density-mediated indirect effect; Abrams et al. 1996) という．ただし，DMIEとTMIEを明確に区別することができなかったり，後述するように両者が同時にはたらく例もある．

　捕食者-被食者関係は直接的な相互作用であり，捕食者の接近による被食者の活動の変化が捕食者に影響する事例などは，形質の変化をとおした直接相互作用とみなされる．この効果に比べて，TMIEは十分に解析されていない場合が多い．しかし，群集においていかにTMIEがはたらくかは，生物間の相互作用を考えるうえで，きわめて重要な問題である．そこでこの節では，これまでに報告されたTMIEについての研究事例を紹介したい．興味深いこ

とに，これらの事例の多くは TMIE を実証しようとした結果ではなく，後からその視点でふりかえってみると TMIE を示したことになっていた．

(2) トップダウン型の TMIE

水中の群集でよく知られた TMIE は，Turner and Mittelbach (1990) によるブラックバス-ブルーギル-動物プランクトン系の研究であろう．バスはブルーギルをほとんど捕食しないが，バスがいると中小型のブルーギルは安全な岸近くの水草帯に移動する．その結果，池の中央ではブルーギルが少なくなるので，ブルーギルに捕食されなくなった動物プランクトンは増加し，とくにミジンコなどの大型のグループは 5～7.5 倍になった．一方，岸近くでは大型の動物プランクトンは著しく減少した．ここで，岸近くの水域における大型動物プランクトンと小型動物プランクトンとの競争を考えると，ブラックバスは間接的にブルーギルを介して，大型プランクトンに不利になるようにはたらくことになる．この事例は，本章 2 節の競争排除の最後に触れた，2 種間の競争関係への第三，第四の他種による間接効果を示している．

河川において，カゲロウの幼虫は強い藻食性を示し，藻類を減少させる．Peckarsky and McIntosh (1998) は，カゲロウにその捕食者であるマスとカワゲラの刺激だけを与える実験を行った．すなわち，マスについては水槽で飼育し，その匂いのついた水だけをカゲロウのいる水槽に流入した．カワゲラについては，その口器を接着し，カゲロウを追うことはあっても捕食できないようにした．その結果，マスとカワゲラの刺激を与えるだけで，藻類の現存量が 30 % 以上増えることを明らかにした．この変化は魚やカワゲラに怯えたカゲロウの行動変化によるものである．すなわち，カゲロウの捕食者への警戒が高まり，藻食率が減少したと考えられる．

ニュージーランドの河川では在来魚であるガラクシアス科（キュウリウオの仲間）の小魚が食物網の頂点に立つ捕食者であったが，近年，外来魚であるブラウントラウトの侵入によって置き換えられている．この小魚はカゲロウなどの水生昆虫を捕食するが捕食圧は弱く，カゲロウは石の表面で活発に藻類を摂食する (Townsend 2003; Eby et al. 2006)（図 9）．一方，ブラウントラウトは強力な捕食者であり，水生昆虫への捕食圧が高いので，カゲロウは

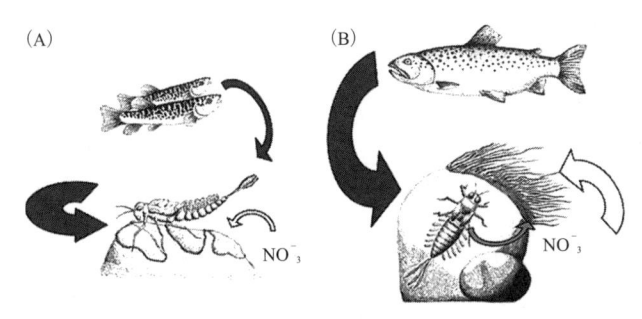

図9 小型魚類と大型魚類が食物網に及ぼす影響の比較.
ニュージーランドの河川におけるガラクシアス科の小魚がいる場合 (A) とブラウントラウトに置き換わった場合 (B) の食物網の比較. 矢印の太さは摂食率や吸収率の高さを表す. (Eby et al. 2006 より)

警戒のあまり藻類を摂食できない. ブラウントラウトがいないと藻類生産の75％が水生昆虫に摂食されたが, ブラウントラウトがいるとその割合は21％にまで低下した. その結果, 藻類の現存量はブラウントラウトの存在下では5倍になり, 硝酸態窒素の吸収率も増大した. 魚とカゲロウの関係に生じた変化は, 物質循環にも影響したことになる. ここでは, ブラウントラウトは, カゲロウの個体数を減少させ, さらにカゲロウの摂食行動も低下させたので, DMIE と TMIE の両方がはたらいたことになる.

多くの動物は捕食される危険の中で生きている. 安全な場所では摂餌成功は低いことが多く, 安全性と摂食成功はトレードオフの関係にある. 摂食できなければ飢えて死ぬしかないので捕食されずに摂食を試みようとするが, 敵の分布や行動をすべて知ることはできない. その結果, 生物は捕食の危険がある場合には, 少し臆病にふるまうことが多い. このように捕食者によって被食者の行動が変わり, それによって最下位の食物資源への間接効果が生じる相互作用をトップダウン TMIE (top-down TMIE) という (Werner and Peacor 2003).

(3) その他の TMIE

多くの動物では飢餓状態にあると, 飢死を避けるために摂食活動が盛んになる. しかし, 活発になると今度は捕食者に狙われやすくなる. Anholt and Werner (1995) はオタマジャクシをコンテナに収容し, その底部にあらかじ

め入れておく粉状の人工餌の量を $1m^2$ あたり 0.68g と 13.7g に操作した．すると，オタマジャクシにとって食物が少ないと，多い場合と比べて，ヤゴに捕食される割合が 1.6 倍に増大した．オタマジャクシが食物を求めて動き回る割合が高まり，それによって捕食される個体が増えたと推測される．Peacor and Werner (1997) も同様に，食物をめぐる競争者を導入すると，オタマジャクシは探餌行動を活発化させ，ヤゴの捕食による死亡率が 35％増加することを明らかにした．このように，ある群集における食物や栄養塩類の条件が，それを利用する生物とその捕食者や競争者との相互作用に，形質の変化を介して間接的に影響することをボトムアップ TMIE (bottom-up TMIE) という (Werner and Peacor 2003)．

TMIE は複数の捕食者もしくは被食者間でもはたらくことがある．1 種の捕食者と 2 種の被食者からなる系では，捕食者が 2 種の被食者のうち個体数が多い方を選択的に捕食することがある．この場合には，2 種の被食者は競争関係になく，それぞれの個体数の増加は互いに対して間接的にプラスの影響を与える．このように，被食者の個体数に応じて捕食の対象を切り替えることをスイッチング捕食 (switching predation) という (Teramoto et al. 1979)．スイッチング捕食において，被食者間で生息場所や対捕食者行動が異なると，捕食者の探餌行動や捕食行動が変わることがある．たとえば，実験的にグッピーにイトミミズとショウジョウバエの成虫を与えると，イトミミズは水槽の底まで沈むが，ショウジョウバエは水面に浮く (Murdoch et al. 1975)．グッピーがこれらの餌を食べようとすると，底部か水面近くのいずれかで異なる探餌活動を行う必要がある．実験では，水槽に投入するイトミミズとショウジョウバエの数の比率を変えながら，実際に摂食される餌の数を比べたところ，予想どおりに捕食行動の変化をともなうスイッチング捕食が確かめられた．この事例も TMIE とみなされる．ただし，見かけの競争について第 1 節で説明したように，中長期的には一方の餌種の増加は，捕食者の増加を介して他方の餌種に間接的にマイナスの影響を与えることがある．したがって，2 種の被食者間の間接的な影響は，対象とする生物や調査期間によって異なると考えられる．

　2 種の捕食者とそれらに襲われる被食者からなる系においては，2 種の捕

食者の頻度に応じて，被食者の対捕食者行動が変わることがある．アフリカのタンガニイカ湖において，Hori (1987) は 2 種のスケールイーター（他種の鱗を狙って捕食する魚）について観察した．そのうち *Perissodus microlepis* は底に沿って獲物に接近し，離れた所から被食者に突進する．これに対して，もう一方の *P. straeleni* はゆっくりと藻食魚のように被食者に近寄り，近くからいきなり襲いかかる．どちらも単独や同種の他個体が近くにいる場合に比べて，もう一方のスケールイーターがいる方が鱗食に成功することが多かった．その理由は，異なる捕食者から同時に逃避することがむずかしいからである．片方のスケールイーターが増加すると，鱗を狙われる魚はそのスケールイーターを強く警戒するようになる．その結果，もう一方のスケールイーターは有利になるので TMIE が生じる．2 種類のスケールイーターは同じ資源を取りあう関係にあるが，被食者を死滅させることはなく，失われた鱗は再生する．したがって，両種間の競争はあったとしても小さいと考えられる (Hori 1987)．

　Nakano et al. (1999) は，北海道の幌内川において水面への陸生節足動物の落下をビニールカバーによって抑制し，オショロコマが水生昆虫や底生藻類に与える影響を操作実験によって解析した．オショロコマは陸生昆虫も水生昆虫も捕食するが，藻類は摂食しない．陸生節足動物の落下が抑制されると，オショロコマはもっぱら水生昆虫を捕食し，とくに藻食性のグレーザーを減少させた．その結果，河床の藻類の現存量は栄養カスケードによって増加した．この例では，陸生節足動物の供給量の変化が魚類の摂食行動を変化させ，間接的にオショロコマと水生昆虫類との関係を変えたことになる．オショロコマが陸生動物と水生昆虫をその供給量に応じて食い分ける場合に，スイッチング捕食が生じたか否かは明らかでないが，陸生動物と水生昆虫の間にはたらく間接効果は，1 種の捕食者を介している．これに対して，オショロコマが底生藻類に与える間接効果は，水生昆虫を介する栄養カスケードである．ここでは，二つの間接効果がオショロコマの摂食行動の変化をともなって同時に生じている．

　競争関係にある他種によって，ある種の摂餌様式が変化させられる食物転換 (diet switch) はよく知られている (Keddy 2001)．たとえば，スカンジナビア

半島の湖に生息するホッキョクイワナは，単独で生息する場合には湖のほぼ全域を利用し，トゲウオなどの小魚のほか，ヨコエビや水生昆虫などの底生動物と陸上から供給される昆虫類を摂食する．ところが，同じ湖にブラウントラウトも生息する場合には，ホッキョクイワナの活動場所は沖合いの底層だけになり，主な食物は動物プランクトンと小魚に限られる（Langeland et al. 1991）．このように，競争関係にある他種の有無によって食物やその取り方が変わることは多いので，その行動変化は栄養カスケードなどを介して植物量に影響すると考えられる．このような現象については，これまでの TMIE についての議論でもほとんど触れられていないが，競争種の影響を受けた食物転換による TMIE はかなり普遍的に見られると考えられる．

　形質を介した間接効果はこのほか昆虫の陸上植物への影響が間接的に他の動物に与える影響や潮間帯における貝類の行動を介した影響などで報告されている．これらについても，近年多くの新しい情報が明らかにされており，本巻の 4 章と 5 章でくわしく紹介されている．

(4) 行動圏と間接効果

　Schmitz et al.（2004）は，捕食者と被食者の行動圏と間接効果のはたらき方との関係について，興味深い仮説を提唱した．捕食者と被食者の行動圏については，それぞれ狭く集中した地域を利用する場合と，広い範囲を動き回る場合が考えられる．両者ともに狭い行動圏を利用し，それが重複する場合には，被食者は捕食者と活動時間を違えると想定される．被食者が広い行動圏をもち，捕食者がその一部だけを利用する場合には，被食者は捕食者が近づいたときにだけ活動を低下させると考えられる．そして，両者ともに広い行動圏をもつ場合には，どちらも生息場所や活動を変更しない．この分類には捕食者の行動様式も関係し，待ち伏せ型（sit-and-wait）の捕食者は被食者に大きな損害を与えないが，追跡型（active hunting）の捕食者は被食者の行動や死亡率に大きな影響を与える．行動圏の狭い待ち伏せ型の捕食者が引きおこす植物への間接効果はほぼ TMIE だけであり，ここで生じる被食者の死亡率は捕食者が不在の場合に起こる自然死亡率と大差がない．また，追跡型の捕食者が狭い行動圏をもつ場合にも，被食者の行動圏が広かろうと狭かろうと

TMIE が生じることが多い．一方，追跡型の捕食者が広い行動圏をもつ場合には，被食者の行動圏が狭い場合には TMIE，広い場合には DMIE が起きると予想される．この仮説がさまざまな動物の活動にあてはまるか否かの実証は，今後の課題である．

　行動圏は種間で異なるだけでなく，種内でも個体差が大きい．個体の大きさや順位などの社会的地位，食物資源の分布や量，捕食者の動向などに応じて，個体の行動範囲は変異に富み，中には住みなれた生息場所を離れて未知の世界へ移動するものもいる．たとえばサケやマスの仲間では，順位が低くよい採餌場所を占められない個体は別の場所に移動しやすい．このほか，同じ条件下でも広い範囲を動き回る個体と定住性の強い個体がおり，前者は移動個体（mover）もしくは放浪個体（strayer）などとよばれ，後者は定住個体（resident）とよばれる（片野 1991）．

　個体の定住性が群集に影響を与えることを明示した研究もある．Iwasaki (1993) は，岩礁性潮間帯のヒトデ，貝類，藻類などから成る群集について研究した．貝類のうち，キクノハナガイでは個体によって強弱があり，2個体が出会ったときに，劣位の個体は押しあいの結果その場所から排除される．順位の高い個体はホーム（家）をもち，ホームの周りで活動し，捕食者に襲われるとホームに固着して逃れることができる．一方，順位の低い個体はホームをもつことができずに放浪し，個体密度の低い潮間帯の中間部へと移動する．移動した個体は，移動先で葉状藻類であるピリヒバの芽生えやアオノリなどを摂食し，これらを減少させることによって，競争的に劣位の藻類であるイソガワラの分布域を拡大させる．

　以上のように，個体の形質の変化や多様性が群集の間接相互作用に大きな影響を与えることが実証されるようになってきた．しかし，その成果は食物連鎖における捕食−被食系に偏っているように思われる．本章の第1節で述べたように，生物間の相互作用はプラスとマイナス，直接的と間接的で分けても多様である．しかも，相互作用は環境や資源に応じて変わりやすい．今後は TMIE について，さまざまな相互作用で解析が進められると期待される．また，生息場所の環境や時期の変化に応じて，DMIE と TMIE がどう変わるのかをフィールドで追跡する研究が必要である．

5 相互作用系から見た群集生態学の展望

(1) 相互作用のスケール

　Polis et al. (2000) は栄養カスケードについて「種レベルのカスケード」(species-level cascades) と「群集レベルのカスケード」(community-level cascades) に分けて議論した．種レベルのカスケードとは，群集もしくは食物網の一部，たとえば捕食者の個体数の変化が数種の植物の個体数や生物量に影響することである．一方，群集レベルのカスケードとは，生態系全体にわたる植物量の変化のことであり，Hairston et al. (1960) による「緑の地球仮説」(Green World Hypothesis, GWH) とも通じる概念である．緑の地球仮説では，地球が緑に被われているのは，植物を摂食する植食者の個体数がその捕食者によって制限されているためだと考える．すなわちその捕食者は，植食者を介して植物の量や分布に大きく影響することになる．ここでは，植物の分布の大幅な変更を含む景観の違いが生じるような問題を重要視する．確かに，景観の違いにまで影響する群集の変化を説明できる仮説は魅力的である．植物の量や物質循環を大きく変化させるような相互作用は，間接的にさまざまな生物に影響を与えるであろう．したがって，相互作用を広い生態系の中でとらえる見方は重要である．しかし一方で，広い範囲の現象をとらえようとすると，そこに含まれる相互作用の解析が粗くなり，その結果，群集の変化についてダイナミックなとらえ方ができなくなる恐れがある．

　Schmitz et al. (2004) は，捕食者の存在が植食者の行動を変える結果，植物量が変わる場合と変わらない場合があることを示した．植食者が1種類の植物を利用する場合，捕食者は植食者の活動量を低下させて植物に対する損害を小さくする (図10)．一方，植食者が2種類の植物を捕食者に依存して食べ分ける場合，すなわち捕食者の脅威があるときには安全な場所の植物 (Ps)，ないときには好みの植物 (Pp) を摂食するような場合には，捕食者によって全体の植物の量は変化しない．しかし，捕食者がいる場合といない場合とでは，植食者によって摂食される植物の種類は異なり，この違いは植物

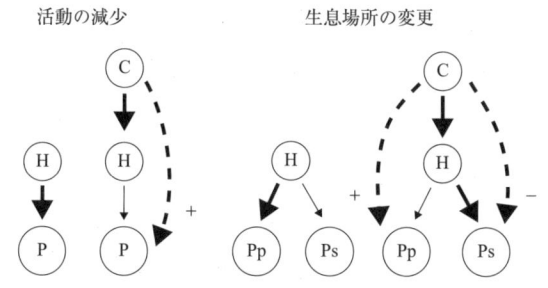

図10 食物網の形態と間接効果．
植食者（H）が捕食者（C）を行動的に避けることから生じる．直線は直接効果，破線は間接効果を示し，線の太さが相互作用の強さを表す．捕食者の存在は植食者（H）の活動の減少を通して植物への食害を軽減する．また植食者の生息場所の変更はより好まれる植物（Pp）への食害を軽減し，安全な場所の植物（Ps）への食害を増加させる．これらの結果，捕食者は植物にプラスとマイナスの間接効果を与える．（Schmitz et al. 2004 より）

を利用する昆虫類などにも多大な影響を与える．このような相互作用は，植物の現存量全体の変化だけを見ていると，見逃すことになる．

第2節で，植食者と送粉者の両方を減少させる捕食者がいると，植物に対してプラスとマイナスの影響が加わり，結果として植物量が大きく変化しない場合があることを述べた．この事例でも，植物量だけを見ていると，そこに含まれる相互作用のメカニズムをとらえられないことになる．

結局，スケールの大きさと解析の精密さのどちらも備わっていればいうことはないが，労力が限られていれば，どちらかを省略せざるをえない．したがって，スケールが小さいからといって劣った研究だと考える必要はない．しかし，相互作用の強さや方向は空間-時間スケールの中で変わるので，これを認識したうえでさまざまなレベルの解析を進めることが必要である．

(2) 本章のまとめと今後の展望

最後に，相互作用の研究についての今後の展望を考えてみよう．本章では，まずはじめに生物間の相互作用には直接的作用と間接的作用があり，それが種によって固定的ではなく，環境条件や群集によって変わることを説明した．ある種から別の種にいたる相互作用の経路も一つとは限らず，雑食のように直接効果と間接効果の両方を含むこともある．直接相互作用は比較的

よく知られているが，間接的な相互作用についてはようやくそれが知られるようになった．アユとウグイの例で述べたように，食性や形態が似ていることは，必ずしも競争関係にあることを意味しない．真の種間相互作用のあり方を理解するには，他の生物も含めた間接的な相互作用を調べることが必要である．また，相互作用のネットワークを2種から3種へ，3種から4種へと拡げることによって，群集についての理解が深まるはずである．アユと数種の他魚種との相互作用については，第3節で説明した．しかし，これらの相互作用にしても，夏季の成魚間の関係を実験的に解析したにすぎず，生息場所や発育段階によっては異なる相互作用が認められるかもしれない．

　つぎに，群集における相互作用においては，形質の違いや変化が重要な役割を果たすことを説明した．形質の違いとしては，体サイズや食性の違いが重要である．形質の変化としては，捕食者による被食者の活動の変化や，食物資源量の増減による摂食者の活動量の変化などが知られている．実際には，形質の変化を介した効果は，個体密度の変化を介した効果と同時にはたらくことが多いので，これらを区別する実験的研究が期待される．また，生物間の間接相互作用は捕食-被食系に限らず，群集におけるさまざまな局面で生じるので，そこでどのような形質の変化が生じるのかを明らかにすることが必要である．

　群集においては，種間の形質の違いとともに，種内の個体差が重要であることが少しずつ明らかになってきた．個体差には，体長の違いなどに認められるような連続的なものと，性や摂餌タイプのような質的な違いがある．また，いくつかの行動に影響するような性格の違いのような形質も報告されている (Clark and Ehlinger 1987; 片野 1991)．たとえば，淡水魚のカワムツでは，体長や順位に関係なく，活発な性格や不安定な性格，臆病な性格などが報告されている (片野 1991)．個体差については，平均値とばらつきによって統計的に扱ったり，相互作用の結果を体長などの変量と回帰させる解析があり，これらはとくに新しい方法ではない．一方，個体差をいくつかの類型に分け，それによって相互作用が異なるか否かを検討する解析は，本章でもアメマス，オショロコマ，キクノハナガイなどで紹介したが，群集の研究ではまだその端緒についたばかりである．その理由は，種の属性やその他種との

間接的な相互作用すら不明な段階で，個体差を取り入れた群集研究を進めることはできなかったからであろう．一方で，近年にいたる動物社会学や行動学の進展は，生物の個体がかつて考えられていたよりも，はるかに多様であることを明らかにしている．個体差の重要性は群集や生物によって異なるであろうが，それを野外での観察や実験計画に反映させて，どのように意味があるのかを問う研究は，今後盛んになるであろう．

　群集生態学は確かに進展しているが，それでもなお私たちの群集についての知識は限られている．そのために，これまでの群集生態学においては，群集内で生じるさまざまな相互作用の結果に対して，十分な確度をもって予測することはできなかった．ある群集にある生物を移入したらどうなるのか，ある生物を取り除いたら何が起こるのか，さらに環境条件が変わると生物間の相互作用はどう変わるのか．このような問いは，生物を保全したり，利用したりするうえでますます重要になっている．しかし，それにもかかわらず，生態学はこれらの疑問に自信をもって答えることは多くの場合できなかった．その理由は群集生態学が十分に発達していなかったからであり，直接的あるいは間接的な相互作用の実態についての理解が足りなかったからである．

　相互作用を現実の生物群集において理解するためには，フィールドでの記載的研究からはじめるとしても，最終的には相互作用を解析して検証するための実験研究が欠かせない．対象とする相互作用が環境要因によってどう変わるのか，そして形質の変化や多様性がどう相互作用に影響するのかはむずかしい問題であるが，最上位の捕食者や個体数の多い摂食者，植物など扱いやすい生物を操作することからはじめて，しだいに相互作用系への理解が深まればよいと思う．そして，解析した要因がその相互作用において重要ではないということが判明したとしても，それは一つの前進である．群集を予測という視点で見れば，単純な群集ほど理解しやすい．何度調べても，誰が調べても同じ結果になるような相互作用は，予測性が高いとして評価される．また，予測という点では，間接効果も，個体の多様性も，行動の可塑性も省略できれば省略できた方がよい．どの部分を省略できるのかが明らかになれば，それは意味があると考える．

群集は複雑系である．この場合の複雑系とは，多様な要素が強弱さまざまな関係を直接・間接的に結んでおり，しかも，それが時間と空間の中で変動していることをさす．このような系を理解するには，常に新しい見方で群集をとらえようとする意欲と，群集の動態についての予測性を少しでも高めようとする努力の両方が必要である．このように考えると，さまざまな相互作用を明らかにし，その強さの決まり方を検証するとともに，一見重要ではないように思われる生物間関係についても査定し，群集内の諸過程における予測の精度を上げていくことが，今後の群集生態学にとって重要であると考える．この道のりは労力をともなうものであるが，群集の研究にはまだまだするべきことがあるともいえ，それはそれでまた楽しいという見方もできよう．

第3章

相互作用の変異性と群集動態

堀 正和

🔑 *Key Word*

岩礁潮間帯　相互作用網　弱い相互作用　安定性　環境変動
時間的・空間的変異性

　野外における相互作用の研究によって，生物群集の構造を決めるさまざまなタイプの強い相互作用を見出されてきた．しかし，これまでに見出された強い相互作用の多くは，特定の条件のもとでしか生じない．そのため，すべての生物群集に共通するような相互作用の一般的な特徴は明らかになっていない．過去の研究によると，相互作用は時間的・空間的に大きく変化し，また群集の構造や動態に決定的な影響を及ぼすほど強い相互作用は相対的に少なく，弱い相互作用が多い傾向が見られる．これまでは相互作用の強さと群集動態の関係について一般則を発見することは難しいと考えられてきた．
　本章では，一般則を導く際に障害となっている相互作用の強さのばらつきと弱い相互作用が普遍的であることに注目し，この二つの特徴を組み合わせることで，逆に一般則を見出すことができることを紹介したい．最近の研究では，弱い相互作用ほど時間的・空間的な変異性が高く，変異性が大きい相互作用は強い相互作用に匹敵するほどの影響を群集動態に与えることがあることが示されている．これは，相互作用の時間的・空間的な変異を平均値で表した「強さ」に加え，「ばらつき」を考慮することにより，群集動態をよりよく理解できることを示唆している．

1 はじめに

　相互作用の研究は，生物群集が形成されるプロセスやその構造を維持するメカニズムを明らかにし，生物群集を動的にとらえることに大きく貢献してきた．私たち人類が地球環境を大きく変化させている現在，自然界の生物群集が地球規模の環境変動によってどのように変化していくかを予測し，生態系の劣化や種の絶滅などの負の影響をできる限り減らすことがますます必要となっている．その取り組みのなかで，生物群集の動的な側面を扱う相互作用研究が果たす役割はきわめて重要となるだろう．たとえば，環境変動によって生じる生態系の物理的・化学的環境の変化に対して，生物群集の構造や個々の種間相互作用の調節作用がどのようにはたらくかを明らかにすることは重要なテーマとなろう．また，環境変動にともなう生物多様性の変化のプロセスを種間相互作用から推定することによって，われわれに生態系の産物やサービス (ecosystem goods and services: Chapin et al. 2000) を提供する生態系機能への影響を予測することも，相互作用の研究の重要な役割である．

　相互作用の研究の大事な目的の一つは，種間の直接効果と間接効果，および両者の総合効果 (net effect: 以下，純効果とよぶ) の挙動を解明することである．直接効果とは，「相互作用する 2 種間において，ある種がもう片方の種の密度や形質に直接及ぼす効果」と定義される (Menge 1995; Abrams et al. 1996)．捕食や干渉型競争などがこれに該当する．間接効果とは，「ある種がもう片方の種の密度に対して第三者をとおして及ぼす効果」と定義される (Menge 1995; Abrams et al. 1996)．その例として，消費型競争や，後述のキーストン捕食 (Paine 1966, 1969, 1974) などが挙げられる．さらに間接効果は，第三者の密度を介するか，形質を介するか，第三者が相互作用する 2 種に提供する環境を介するかによって，密度を介する間接効果，形質を介する間接効果，環境を介する間接効果の三つに大別される (Wootton 2002)．また，2 種間ではたらく直接効果と間接効果を合わせた総合的な効果は，純効果とよばれる．これら三つの効果から群集動態を解明することに，多くの研究者が取り組んできた．

第3章　相互作用の変異性と群集動態

　相互作用の研究は，現在新しい発展を見せている．まず，扱う種が多くなるにつれ直接・間接効果の経路は複雑になり，個々の効果は時間的・空間的に大きく変化することが明らかとなった (Menge et al. 1994)．さらに，群集動態に対する直接・間接効果の相対的な重要性は場所や条件に大きく依存することもわかってきた (Schoener 1993; Abrams et al. 1996)．今日では，従来のように数種の個体群からなる群集を想定し，かつ平衡状態を仮定した相互作用網では，野外群集の動態を予測できないとの認識が広まりつつある (Polis et al. 1996; Underwood 2000)．複雑な挙動を示す群集動態を説明するためには，複雑に絡みあう相互作用を紐とき，まずその時間的・空間的な変異のパターンを解明することからはじめなければならない．

　さらに近年では，複雑な群集ほど安定であるという再認識が広まり，生物群集では強い相互作用は相対的に少なく，むしろその多くは弱い相互作用であることが明らかになってきた．そのために，群集動態に対する弱い相互作用の影響が注目されはじめた (McCann et al. 1998)．相互作用は時間的・空間的に大きく変動するため，局所的に強い効果をもっていたとしても，平均すると大半が弱いと判断されることがある．とくに，正負の符号が逆転して相互作用の強さが変化する場合には，弱い相互作用を示すことが多いだろう (Hori and Noda 2001a)．また，種間の相互作用の強さは直接効果と間接効果を足し合わせた純効果で決まるため，双方の変化によっても時間的・空間的に変わりうるだろう．このような弱い相互作用が群集全体に波及するような強い影響をもつことはあるだろうか？

　本章では，相互作用の時間的・空間的な変異とその変異の大小との関係に焦点をあてて，弱い相互作用の群集動態への影響について考えたい．まず，野外での相互作用の研究における直接効果と間接効果に関する研究の進展を整理し，相互作用の時間的・空間的な変化に注目したいくつかの研究を紹介する．つぎに，相互作用の変異の大小と弱い相互作用との関係について検討し，弱い相互作用が群集動態に及ぼす影響に関する仮説を提示したい．最後に，この仮説を検討するために，筆者が取り組んできた岩礁潮間帯の生物群集の研究を例にとり，弱い相互作用が群集動態に与える影響について議論したい．

2 野外における相互作用の研究の歴史 (1)
── 相互作用網への道のり

　全ての生物は生息場所において生物環境と物理環境から影響を受けている．また，同種の他個体やその他多くの他種個体との間にさまざまな相互作用をもつことで，その場所に特異的な生物群集の構造と機能を作り出している．群集構造の形成メカニズムや動態のプロセスを明らかにするためには，これらの相互作用を評価することが不可欠である（Paine 1992）．相互作用の研究の歴史は，ロトカーボルテラ（Lotka-Volterra）型のモデルを基礎とした数理モデルの研究と，野外での操作実験を用いた実証研究の二通りの研究手法によって進められてきた．前者の数理的研究については本巻の1章で詳しく述べられているので，本章では，おもに野外における種間相互作用の研究について整理したい．

　相互作用の研究では，相互作用（効果）の強弱を表す尺度として「相互作用強度」（interaction strength）がよく用いられる．しかし，この尺度は研究者や論文によってしばしば定義が異なっている．たとえば，野外研究と数理的研究の間で異なるだけでなく，野外研究者の間でも異なる尺度が用いられることがある（Berlow et al. 2004；本巻1章を参照）．そのため，まず本章で用いる相互作用強度を定義する必要がある．

　野外で特定の種を除くなどの操作実験を行う場合，数多くの種が含まれる野外群集ではすべての直接・間接の相互作用を特定するのは不可能である．したがって，厳密にいえば，野外操作実験によって検出される相互作用は純効果であり，個々の種の密度や種組成の変化から直接効果と間接効果を推定していることになる．そこで本章では，操作実験で測定された純効果，あるいはそこから推定される直接効果と間接効果の大きさを「相互作用強度」と定義する．その例として，動的指数（dynamic index: Wootton 1997; Laska and Wootton 1998）やペインの指数（Paine's index: Paine 1992）などが挙げられる（詳細は本巻1章を参照）．ではこの定義をもとに，相互作用の研究の変遷について海洋での研究を中心に紹介しよう．

　野外での種間相互作用の研究は，対象とする種の密度や現存量を操作する

ことで，その種と相互作用する他種の密度や現存量の変化を測定することからはじまる．したがって野外での相互作用の研究の歴史は，野外操作実験の歴史といってもよいだろう．まず，初期の操作実験には，20世紀前半から木本種や草本種の間の種間競争に関したものがある（たとえば Korstian and Coile 1938; Robertson 1947）．しかし当時は，実験は室内の閉鎖環境で行うもので，野外では現存量や分布の記載を行うもの，と考えられていた傾向があり，そのためこれら初期の野外実験はあまり注目されていなかったようである．

　種間相互作用の検証を明確な目的とし，緻密な実験デザインを用いて野外操作実験の可能性を示したのは，Connell（1961a, b）のフジツボ 2 種の種間競争に関する研究であった．この研究は，一方の種を除去することにより，あるフジツボの分布下限はもう一方のフジツボとの場所をめぐる競争によって制限されていることを初めて実証した．そのため，種間競争の代表論文として多くの書籍や論文において取り上げられている．この研究以降，生物の分布を制限する要因として物理環境だけでなく生物間の相互作用，とくに種間競争に対して注目が集まった（競争仮説）．その後，Connell 自身が別種のフジツボを対象にした実験や，別の海岸で同様の実験を行った結果，フジツボの分布下限は別種のフジツボだけではなく，捕食者の存在によっても制限されることを見出した（捕食仮説：Connell 1961b, 1971）．また，Paine（1966, 1974）も岩盤上に付着する二枚貝のイガイ類を対象に同様の実験を行い，分布下限がヒトデの捕食によって制限されていることを明らかにした．

　これらの研究により，競争のような栄養段階内の横の相互作用と，捕食-被食作用のような栄養段階間の縦の相互作用の双方が，種の分布を制限する要因として重要であると認識されるようになった．これに加えて，Paine（1966, 1969, 1974）がキーストン捕食仮説を提唱し，多種からなる群集の中で種間の横と縦の関係を総合的に研究することが主流になった．Paine によってキーストン捕食仮説が検証された生物群集では，固着性の二枚貝類が空間をめぐる干渉型の競争において優勢であり，他種を圧倒的に排除している（図 1）．これを大型のヒトデが好んで捕食し，密度を低く抑えている．このために競争に弱いフジツボなどが二枚貝による排除を受けずに生息できているが，ヒトデを除去すると二枚貝がすべての空間を占有してしまった．この

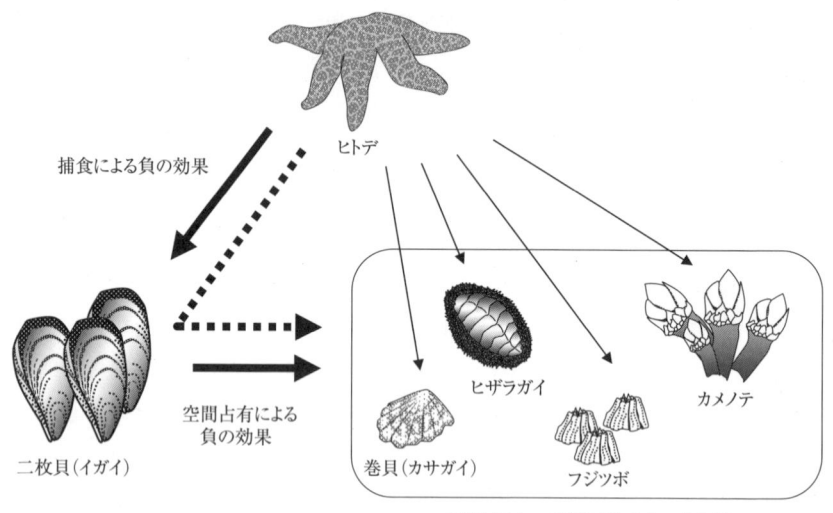

図1 キーストン捕食仮説が検証された岩礁潮間帯の相互作用網.
生物は付着するための岩盤（空間）をめぐる競争関係にある．実線の矢印の向きと太さは捕食と競争の効果の強さを表す．破線の矢印が間接効果としてはたらくキーストン捕食を示す．ヒトデが二枚貝を大量に捕食することで二枚貝の競争的な排除の効果を緩和しているため，ヒトデは他の生物群の密度に正の効果を与えていることになる．Paine（1966）を改変．

発見が相互作用の研究，すなわち捕食などの栄養関係と競争などの非栄養関係の双方を含む相互作用網の研究の始まりであるといえよう．

　キーストン捕食仮説の注目すべき点は，栄養段階内と栄養段階間の相互作用を繋ぐことにより，種間の関係には作用しあう2種間ではたらく直接効果に加えて，第三者を介した間接効果があることを明らかにしたことである．以降，野外での群集動態を解明するためには，直接効果だけでなく間接効果の評価が不可欠であるとの認識が広まった．その結果，直接効果と間接効果の双方を分けて評価するために，複雑な操作実験が組まれるようになった（Morin et al. 1988; Schoener 1993; Menge et al. 1994; Menge 1995; Schmitz 1997）．たとえばMenge and Sutherland（1987）は食物網構造を制限する物理的攪乱に着目し，攪乱強度の勾配に対して食物網の構成種と種間の相互作用の変化を記述モデルによって表した．この研究の本来の目的は群集構造の維持・形成要因として物理的ストレスの重要性を示すことにあったのだが，この複雑か

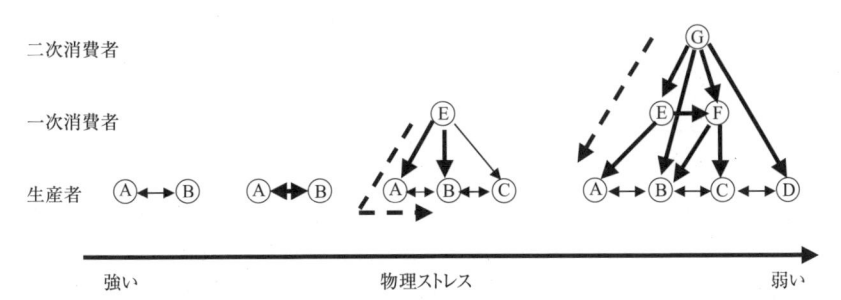

図2 種間相互作用の時空間的な変異の例.
実線は直接効果, 破線は間接効果の例を示す. 矢印が強い相互作用であることを示している. たとえばA種とB種間の種間相互作用は直接効果, 間接効果ともに環境ストレスの強さに依存して変化する. Menge and Sutherland (1987) を改変.

つ緻密な操作実験の結果には, もう一つの重要な示唆が含まれていた. それは, 直接効果と間接効果の双方が物理ストレスの強さの変化によって時間的・空間的に大きく変わることである (図2). 物理ストレスが強いときにはA種とB種の個体数が低く抑えられるため, 両者間での直接効果 (競争) は弱く, 物理ストレスが弱まるにつれて密度依存性が生じて種間競争が強くなる. さらに, 物理ストレスが弱まると捕食者E種が侵入し, A種を捕食することでA種がB種へ及ぼす競争の効果が弱まり (E種からB種への正の間接効果), 同時にB種を捕食することで負の効果を与える. もっと環境ストレスが弱まると最上位の捕食者G種が侵入し, 消費者を介在した直接・間接効果によりA種とB種の密度が低く抑えられ, その結果A種とB種間の相互作用はふたたび弱くなる. つまり, 2種間ではたらく直接効果と第三者を介した間接効果の双方が周辺の環境に依存して変化することを示している. この解釈は, 直接効果と間接効果の総和で決まる2種間の相互作用, すなわち純効果も状況によって大きく変わる可能性を示している.

3 野外における相互作用の研究の歴史 (2)
— 状況依存性の発見

種間相互作用における直接効果, 間接効果, および純効果の時間的・空間的な変異性に対する認識は, 二つの相反する研究動向を生み出すこととなる.

なった．その一方は，相互作用が条件によって大きく変化する（状況依存性 context dependency）ために，すべての生態系に共通する一般則は得られないだろうという悲観的な考えであった（Petreitis 1990）．相互作用がさまざまな条件によって変わることは多くの生態系において普遍的に生じており，キーストン捕食や栄養カスケード（trophic cascade）など，これまで群集構造を決定するといわれてきた重要な相互作用も状況に依存して出現した．そのため，これらの強い相互作用はすべての群集に共通するような制御機構になりえなかった．この認識に基づき，相互作用の研究は生物群集の構造と機能の解明にあまり寄与しないだろうと考えられたのである（Lawton 1999）．Lawtonはさらにこの悲観的な考えを群集生態学全体にまで拡大し，相互作用を重視する群集生態学は生態学の進歩や生態系の理解にあまり貢献していないと結論づけ，群集生態学者にマクロ生態学など他分野への鞍替えを推奨している．

　これに対し，一般則は得られなくても状況に応じて変化する相互作用や群集動態を評価することは重要だという正反対の考えもある（Simberloff 2004）．確かに法則やモデルなどは個々の状況にあわせるために局所的になってしまうが，その局所的な群集動態のパターンやプロセス，さらにそれらが生じる条件を解明することは，さまざまな生物群集が今後起こりうる環境変化に対してどう変化するのか，その応答を評価するためにきわめて重要であるとしている．このように，相互作用の研究におけるもう一方の方向性は，相互作用の時間的・空間的な変化と群集動態との関係を明らかにすること，つまり相互作用の時間的・空間的な変化に意義を見出す積極的な考えである（Polis et al. 1996）．たとえばMengeらはまずこれまで公表された複数の相互作用網を解析しなおし，直接と間接の相互作用の時間的・空間的な変異のパターンの傾向を探り，また群集の動態に対する直接と間接の相互作用の相対的な貢献度を評価している（Menge et al. 1994; Menge 1995）．また，河川の生物群集を対象にしたPower et al. (1996) は，遷移の過程にともなって入れ替わる種の違いと攪乱の複合効果により，直接的・間接的な種間相互作用の強さが時間的に変化し，その結果として遷移後の群集構造が変わることを示している．さらにPolis and Hurd (1996) は，海洋生態系から陸上生態系へ供給されたデトリタス，すなわち異地性流入（allochthonous input: 宮下・野田 2003）の空間

的な変異により，陸上生態系の栄養カスケードが変化することを報告している．その栄養カスケードはエルニーニョ現象に関係しており，降水量の年変化に連動して変化することも述べられている（Polis et al. 1997）．このような研究の蓄積により，近年では相互作用は条件によって時間的にも空間的にも変わりうることを前提にした研究が増えている（Wootton 1994b; Navarrete 1996; Berlow 1999; Navarrete and Belrow 2006; 本章4節を参照）．

　相互作用の時間的・空間的な変異性の理解に加えて，キーストン捕食仮説（Paine 1966, 1974）の研究に端を発した野外操作実験は，新たに相互作用の重要な側面に光を当てた．それは，生物群集内の相互作用の強さの出現頻度には偏りがあり，その頻度分布には規則性が見られるというものである．さまざまな生物群集を対象にして相互作用強度が測定された結果，多くの群集でキーストン捕食を発生させるような強い相互作用は少なく，弱い相互作用が相対的に多いことが明らかになった（Paine 1992; Fagan and Hurd 1994; Power et al. 1996; Raffaelli and Hall 1996; Wootton 1997）．Wootton and Emmerson（2005）はこれらのデータを同じ基準で比較するために動的指数として計算しなおし，その頻度分布が弱い相互作用の方へ偏った形，すなわち「強少弱多」型の分布になることを示している（図3）．この相互作用の「強少弱多」型の分布は，従来の理論研究に用いられることの多かった正規分布や一様分布とは異なっていた（May 1973, Pimm 1982）．この発見は，相互作用と群集の安定性の関係に関する議論を再燃させ，その議論は今日まで続いている（McCann 2000; Wootton and Emmerson 2005; Ives and Carpenter 2007）．いくつかの研究では，数理モデルを用いて相互作用の強弱が群集動態や安定性に及ぼす影響について検証が行われており，いずれも強い相互作用が少ない場合に群集動態が安定になるという結果が得られている（McCann et al. 1998; Kokkoris et al. 1999; Drossel et al. 2004; Emmerson and Yearsley 2004）．

　これらの結果を受け，現在では，少数の強い相互作用と多くの弱い相互作用による「強少弱多」型のパターンが一般則となりうると示唆されている（Wootton and Emmerson 2005）．しかし，本書の第1章で難波が詳細に述べているように，その見解についてはまだ議論の余地がある．たとえば図3のように相互作用の全体を1とした相対頻度分布で見れば，弱い相互作用が多く，

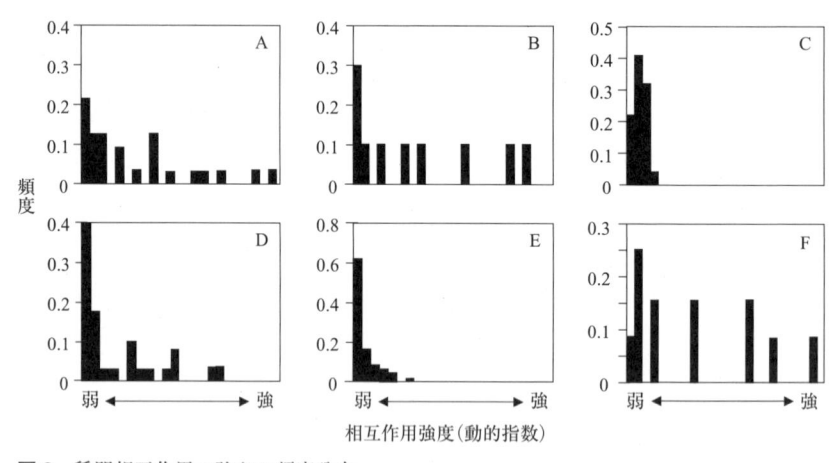

図3 種間相互作用の強さの頻度分布.
Wootton and Emmerson (2005) を改変. A:Paine (1992), B:Raffaelli and Hall (1996), C:Sala and Graham (2002), D:Wootton (1997), E:Fagan and Hurd (1994), F:Levitan (1987).

強い相互作用が少ないように見える.しかし,理論研究でよく使われる正規分布などと比べると意外に強い相互作用の方へ尾を引いた分布をしていることから,弱い相互作用が多いにしても,強い相互作用は必ずしも少なくないという主張もできる.したがって現段階では,相互作用は弱いものが多いという点については一致した見解が得られているが,強い相互作用の相対的な多さ(少なさ)や相互作用強度の分布については結論が得られていないと考えるべきであろう.野外実験で相互作用を評価する状況を想定してみれば,弱い相互作用が多くなることが予想できる.操作実験を行う場合,野外の環境は多種多様であり,時空間的な異質性が高いことから,実験要因にブロック要因を入れて環境の異質性に対処することが多い.しかし,すべての環境要因を認識することは不可能である.そのため,未知の環境異質性を内包することによって,相互作用の強弱が実験プロットごとに変化することが多いだろう.このとき,多くの相互作用は平均で見ると弱くなるために,相対的に弱い相互作用が多くなると考えられる.つまり,未知の環境異質性に対して,どの状況にも強い相互作用強度を示すものだけが,強い相互作用として認識されるはずである.そのような相互作用は相対的に少ないだろう.そこで,野外実験の結果を主体にした本章でも,Wootton and Emmerson (2005) に

述べられているように，種間相互作用には弱いものが多いという立場で話を進める．

　以上のように，約半世紀にわたる相互作用の研究では，間接効果の概念などいくつもの重要な視点が示されてきた．しかし，相互作用は状況に応じて変化し，非常に複雑な動態を生み出すことから，群集構造のパターンや動態を説明する一般的な法則は得られないと否定的に考えることもできるだろう．確かにすべての相互作用に共通する特徴は見られなかったが，裏を返せばすべての相互作用が条件に依存して大きく変わりうるという事実がわかったのである．また別の見方をすれば，状況への依存性を生み出している環境要因などを評価基準として相互作用のはたらきを検証すれば，一般則とよべるようなパターンが見出せるのではなかろうか．こう考えると，一般則が得られないと結論づけるには時期尚早であると感じざるをえない．そこで現在では，「強い相互作用よりも弱い相互作用が相対的に多く，この強少弱多のパターンは群集の安定性に関与している」こと，「相互作用は状況に依存して変化し，時間的・空間的に大きな変異を示す」ことの2点に注目して，これらに関連した新たな課題に取り組んでいく必要があろう．

　現在，相互作用の状況への依存性に対する悲観的な見方に加え，温暖化など長期的な環境変動への対処のために観察調査による研究の重要性が再認識されつつある（Underwood et al. 2000）．そのためか，野外操作実験を用いた相互作用研究が減少した感がある．しかしその一方，状況への依存性や時間的，空間的な変異性が生じるメカニズムを明らかにしていくことや，群集動態への影響の解明に取り組むために，相互作用研究の意義はますます重要になっている．次節ではこのような例をいくつか紹介したい．

4　相互作用の時空間的な変異性と非線形な反応

　相互作用は条件によって時空間的に変化するという事実は，相互作用の研究に大きな転機をもたらした．野外で相互作用を測定する際に，これまでは特定の時間断面のスナップショット的な相互作用を扱ったり，あるいはキー

ストン捕食など平衡群集を仮定した静的な相互作用が対象にされてきた．これに対して，最近の研究では時間的，空間的な変異性を示す動的な相互作用を評価するために，非平衡群集を仮定したり，相互作用の非線形性が考慮されるようになってきた（Wootton and Emmerson 2005）．

　本巻1章や前節で述べたように，相互作用強度の定義は一つではない．そこで Berlow et al.（2004）は現在までに数理的研究と野外研究の双方で用いられている相互作用強度を検討し，それぞれの手法の長所と短所について整理している．相互作用の非線形性を考慮した手法では，捕食者の餌の処理時間の制限による機能の反応を取り入れた数理研究がある（たとえば，Abrams and Ginzburg 2000; Wootton 2002）．現状では，非線形な相互作用を生み出す要因として以下の指摘がなされている．第一に，捕食者や被食者など2種の個体群動態に見られる密度依存性により，非線形性がしばしば生じる．たとえば上述の捕食者の機能の反応は，被食者密度に対する捕食圧の非線形反応の典型である（Ruesink 1998; Sarnelle 2003）．また，間接効果も相互作用の非線形性を生じさせる．間接効果には密度変化が媒介するものだけでなく，第三者の形質変化が媒介したり，2種間の生息環境の変化が媒介したりするものもあるため（Wootton 2002; 本章1節を参照），間接効果の種類によっても相互作用の線形・非線形性が異なることが予想される．たとえば第1章で例として挙げた Wootton（2002）は，鳥類によるカサガイ捕食に対して，フジツボが及ぼす環境を介する間接効果（interaction modification）について調べている．個体群あたりの鳥のカサガイへの効果がフジツボの被度を横軸にとった場合に単峰型になる，つまりフジツボの被度が中程度の時に捕食の影響が最小になることを示している（図4）．これは，フジツボがある程度の被度で存在するとカサガイ類に捕食から逃れる場所を提供する一方，フジツボの密度が高くなりすぎるとカサガイが基質に付着できなくなり，逆に鳥がカサガイを取りやすくなるためである．

　また近年では，時間的・空間的な変異性を考慮して相互作用を検証するために，動的な非平衡状態を扱う手法もいくつか報告されている（Berlow et al. 2004）．そのうち捕食-被食作用については，餌種の個体数の時間変化を考慮する手法として前述の動的指数がある（Wootton 1997; Laska and Wootton 1998）．

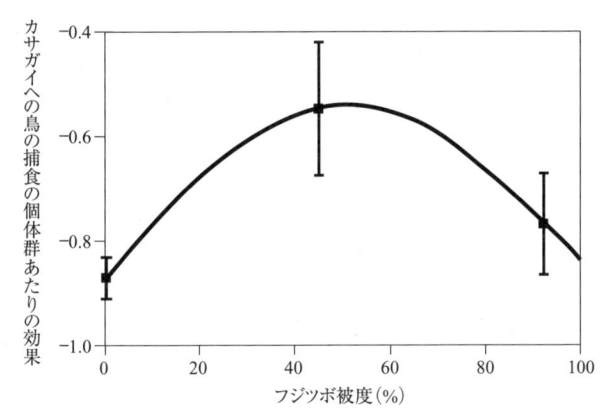

図4 環境を媒介した間接効果が示す非線形反応.
カサガイの生息環境であるフジツボが鳥のカサガイ捕食に影響しており，野外操作実験で測定された値（Wootton 1992）を用いて推定されている．Wootton（2002）を改変．

 このように動的な非平衡状態や非線形を加味した手法があるといっても，それらを実際に野外において検証した例はまだ少ない．Abrams（2001）は，多くの野外での相互作用の研究が，個体あたりの成長率が密度の非線形関数であることを考慮していないと批判している．この批判に対して，野外実験で個々の独立した影響を予測する際には，線形で予測した方が良い場合もあるとの反論もある（Wootton and Emmerson 2005）．野外では実際の非線形の形がわかりにくいことや，実験結果の解析が困難になるなど，非線形を扱うことに不利な点があるためである．そこで，操作実験による相互作用の線形な測定結果とパス解析を組み合わせることで多種への相互作用の効果の波及プロセスを推定する方法（Wootton 1994b）や，短期的な実験結果を用いてシミュレーションを行う方法（Wootton 2001）などが提唱されている．このようにさまざまなアプローチを用いて群集動態の時空間的な変異性を明らかにすることは重要であるが，その反面，異なる手法で行われた研究結果を比較できないといった弊害も生じる．一般論の構築には数理研究と野外研究の連携が不可欠であり，今後はさらに相互作用の非線形性の種類やそれを生み出す要因について，体系的な整理が求められる．そのような作業は野外研究の範疇であり，今後の研究においては，相互作用が非線形であることを十分に考慮し

なければならない．

　さらに，野外で相互作用の強さを評価する際には，時空間スケールによって結果が大きく異なることに注意しなければならない．たとえば2種間の相互作用の純効果を求める場合，密度を介した間接効果は発現するまで時間がかかる場合が多いので，その結果は実験期間とともに変化することが知られている（Schoener 1993; Abrams et al. 1996）．また，一般的に餌種の個体数密度は時間とともに変化することから，短期的な直接効果の強さとして測られる動的指数であるが，個体群密度の季節変化がある場合などには，測定する時期によって動的指数そのものが大きく変化することもあるだろう．

　このような相互作用の例を，岩礁潮間帯の生物群集にも見ることができる（Hori and Noda 2001a; Hori et al. 2006）．対象の生物群集は，平磯の一面に芝生を敷き詰めたようなターフ状のマット構造を作り出す海藻のヒトエグサ類に，それらを採食する植食性の水鳥類，海藻ターフ内に生息するヒザラガイ類，それらを捕食する鳥類の4群からなる（図5a）．この群集を対象にして水鳥類の植食圧を操作する実験を行い，直接効果として水鳥類-海藻間の植食と鳥類-ヒザラガイ類間の捕食を評価した．さらにこの群集では，水鳥類が海藻ターフを変化させることで海藻によるヒザラガイの隠蔽効果を変化させ，その結果として捕食性の鳥類の捕食圧を変化させる環境を介する間接効果がはたらくことが明らかとなっている．まず水鳥類と海藻間の直接効果では，水鳥類が大型の海藻を選んで採食するため，実験初期には強い負の植食圧がかかる（図5b）．しかし大型個体の急激な減少により，海藻内の生息場所をめぐる密度依存的な競争が緩和されるのに加え，空きスペースに新規加入が生じるため（図5c），実験後期には植食圧は正の効果をもつようになる（図5b）．この直接効果の時間的な変化にともなって，環境を介する間接効果も変化する（図5b）．環境を介する間接効果は密度を介する間接効果に比べ発現するまでの時間が短いため（Wootton 1993），実験初期における海藻ターフの減少にともない，ヒザラガイ類は水鳥類から負の間接効果を受ける．その一方で，後期になると海藻ターフの増加にともなって正の間接効果を受ける（図5b）．

　このように相互作用の結果は時間スケールに依存し，とくに間接効果の

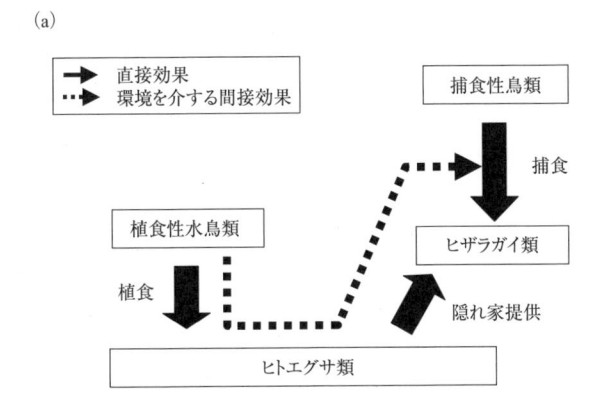

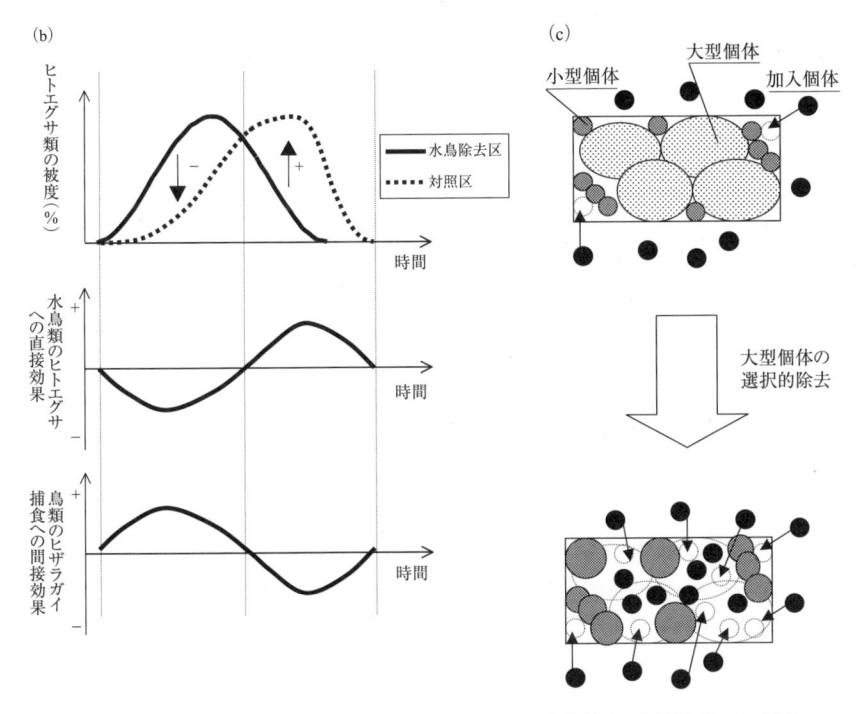

図5 対象とした岩礁潮間帯の生物群集.
(a) 群集構造と種間の相互作用を示す．実線のうち，ヒトエグサ類からヒザラガイ類への直接効果が非栄養的作用，その他の直接効果は栄養的作用．(b) 水鳥の植食を操作した野外実験の結果の概念図．Hori and Noda (2001a) を改変．(c) 水鳥類の植食が海藻類の密度依存性を緩和する作用の概念図．

結果はその種類と実験期間などの条件に依存して発現するタイミングが異なる (Menge 1997). 時空間スケールの変化にともなう相互作用の強弱や符号（正の効果がプラス（＋），負の効果がマイナス（－））の変化は岩礁潮間帯の生物群集に特有の現象ではなく，多くの生態系で普遍的なものである (Abrams 2001).

5 時空間的に変化する相互作用
―― 平均値とばらつきの意味

　上で述べたように，時間的・空間的に変化する相互作用を強弱という一つの尺度で判断することに対しては，おそらく誰しもが疑問を抱くであろう．たとえば，相互作用の強さを従来のように平均値で見れば，測定する時空間スケールによって強い期間もあれば弱いと判断される期間もある．とくに相互作用が正負の符号をまたいで変化する場合，正と負の効果がそれぞれの局面で強い影響があったとしても，平均すればゼロに近づく．そのため，ある時間断面における相互作用の強さの平均値が，群集動態に対してどのような意味があるか判断することは難しい．こういった場合には，個々の相互作用が群集動態に及ぼす影響をどのように評価すればよいのだろうか？

　Berlow (1999) は岩礁潮間帯の生物群集を対象に野外実験を行い，この問題に対して一つの解決策を導き出した．この研究は肉食性の巻貝と餌生物である2種類の固着性の動物（フジツボとイガイ）に注目し，この3群間ではたらく相互作用の強さの時間的・空間的な変化をペインの指数を使って調べた（図6）．巻貝はイガイを捕食することで負の直接効果を与えている．さらに，フジツボがイガイに対して加入を促進させる正の直接効果を及ぼしているため，巻貝はフジツボの捕食を介した負の間接効果もイガイに及ぼしている．ところがフジツボの加入が多く着底密度が高い年には，巻貝による捕食が適度にフジツボ個体を間引くことで密度依存的なフジツボの脱落が減少し，逆にフジツボに正の効果を与えることがある．この作用により，イガイへの間接効果も正に変わる．フジツボの加入量が異なる年のあいだで巻貝の密度を操作した実験を行った結果，フジツボを常に除去しつづけた実験区では，巻

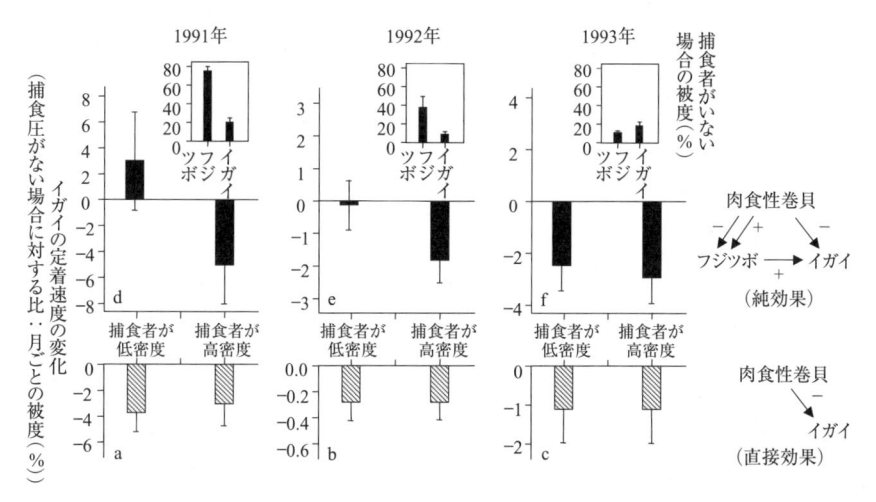

図6 岩礁潮間帯における肉食性巻貝，フジツボ，イガイの3者関係の結果．
肉食性巻貝の密度を2段階に操作した実験において，イガイの被度変化を対照区との相対値として示してある．(a)–(c)：フジツボを常時除去して肉食性巻貝とイガイの直接効果だけに操作した実験区の結果，(d)–(f)：フジツボを介した純効果として測定された結果を示す．Berlow (1999) を改変．

貝によるイガイ捕食の直接効果は巻貝の密度にかかわらず一定の負の影響であった（図6a–c）．その一方で，この直接効果にフジツボによる加入の促進効果を介した間接効果を加えると，純効果は巻貝の密度が高い場合は直接効果と同様にイガイに対して常に一定の負の効果であり，巻貝の密度が低い場合は年によって大きな違いが見られた（図6d–f）．フジツボの加入が少ない年には巻貝の密度が高い場合と同等の負の効果を示したが，フジツボの加入が多い年では逆に正の効果を与えていた．つまり，この3群からなる単純な相互作用網であっても，捕食による直接効果が弱い場合には，間接効果の年変異により巻貝がイガイへ及ぼす純効果が大きく変化し，その結果として，巻貝の密度が低い場合に群集構造の変化がより大きくなったのである．この結果は，相互作用の平均値が時空間的に変化する場合であっても，相互作用が群集動態に及ぼす影響を評価できることを示している．

巻貝の密度が低い場合では，巻貝のイガイに対する捕食の純効果を平均するとゼロに近い値になる（図6d–f）．しかし，正の効果と負の効果で示した値の幅は約5.3であり，これは巻貝の密度が高い場合に見られた捕食効果の

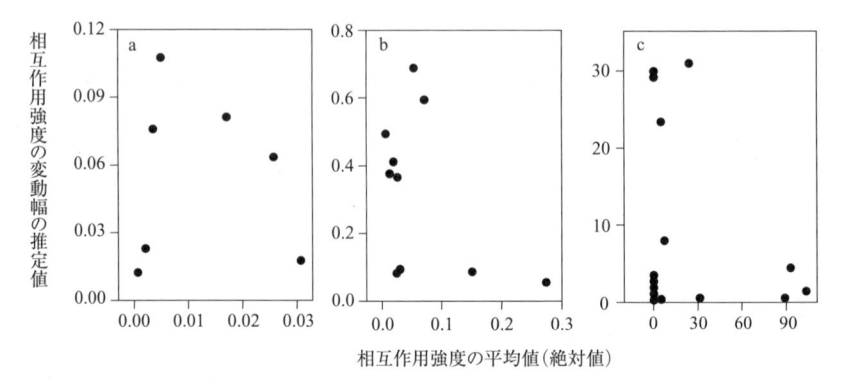

図7 相互作用強度の平均値と変動幅の関係.
以下の三つのデータを用いて計算している. a：Paine (1992), b：Fagan and Hurd (1994), c：Raffaelli and Hall (1996). Berlow (1999) を改変.

平均値5.0よりも高い. つまり群集動態に対しては, 場合によっては平均値の小さい弱い相互作用のばらつきが重要な役割を果たすことを見出したのである. このように平均値のみならずデータのばらつきに着目することは, 複雑な関数を仮定するよりも簡便であり, 野外での応用価値は高い. またこの手法であれば数理と野外研究の双方において同様に用いることもでき, 比較研究を可能にする一つのアイデアとなるだろう.

さらにBerlow (1999) は, 相互作用強度の平均値が低いほど時空間的なばらつきが大きいという大変重要な結果も見出している (図7). この研究では, 巻貝の個体あたりの捕食圧は巻貝の密度に関係なく一定であることが確かめられており, 巻貝の密度の高低はそのまま相互作用の強弱と見なせる. つまり, 相互作用強度の平均値が小さく弱い効果と見なされる相互作用は, 時空間的な変異性によってばらつきが大きく, 強いと見なされる相互作用はばらつきが小さいことになる. つまり, この結果は"弱い相互作用ほど群集動態に及ぼす影響が強い"可能性を示しているのである.

この相互作用の強度と時間的・空間的な変異性との関係の発見が契機となり, 野外研究は状況依存性という難題に対処できるようになったといっても過言ではないだろう. この成果によって, 従来のように平均値で強い効果として考えられていた相互作用だけでなく, 弱い相互作用も群集の構造と動態に何らかの影響を果たしていることが認識されるようになった. さらに, 前

節で説明した"少数の強い相互作用と大多数の弱い相互作用"という分布パターンが発見されたことで，大多数の弱い相互作用が群集動態に果たす役割の解明という新しい課題が注目されはじめた．そこで次節では，この弱い相互作用の群集動態への影響について考えてみたい．

6 弱い相互作用が群集動態に果たす役割

　野外研究で見出された相互作用の"強少弱多"という分布型(図3)は，つぎに数理的な手法によってさらに詳しく研究されるようになった．そのいくつかでは，多数の弱い相互作用が群集の動態や安定性に何かしら関与する可能性が示唆されている(Wootton and Emmerson 2005)．McCann et al. (1998)は，3栄養段階にわたる強い相互作用だけからなるモデル食物網の動態解析を行った．その結果，強い相互作用だけではカオス振動を示したが，弱い相互作用をもつ中間種を追加すると動態が安定化することを見出した．またKokkoris et al. (1999) は40種からなる種の集合を仮定し，そこから侵入してくる種によって組み立てられるロトカ-ボルテラ競争系を用いて解析を行ったところ，競争の強さの平均と分散が減少し，種間相互作用の分布が強少弱多型で安定することを示した．Emmerson and Yearsley (2004) は4種からなるロトカ-ボルテラ型の食物網を解析した結果，強少弱多型の相互作用の分布は雑食がある時にだけ局所および大域的な安定性を促進し，雑食を含む安定な群集では，弱い相互作用に偏った相互作用の分布が雑食のループに現れることを示した．これらの理論研究については，本巻1章でさらに詳しい説明がなされている．

　これらの研究によって，強少弱多の分布型や弱い相互作用には群集を安定化させる効果があることがわかってきた．しかし，これら一連の研究の解釈には注意を要する点もある(Berlow et al. 2004)．その最たるものとして，野外で測定された相互作用強度と数理モデルで用いられている相互作用の指標とは異なることが挙げられる(Berlow et al. 2004; 本巻1章を参照)．たとえば前節で述べたように，野外研究においては操作実験の制約上，ペインの指数

など厳密には純効果を相互作用強度とみなすことが多い．その一方で数理的研究では，ロトカ–ボルテラ方程式をもとに，相互作用する片方の種の密度変化によるもう一方の種の個体あたりの成長率の変化か，あるいは個体群の成長率の変化によって直接効果を表すことが多い．また本巻1章で説明されているように，野外研究でも捕食者と被食者の体サイズ比のアロメトリーを使って種間の動的指数を推定し，それをもとに群集の理論的な安定性を計算しているものもある (Emmerson and Raffaelli 2004)．相互作用強度の強少弱多型のパターンは野外研究と数理的研究に共通して見られるが，数理的研究で弱い相互作用が群集を安定化させることがわかっても，それをそのまま野外に適用することはできないだろう．そのため，強少弱多型の相互作用の分布や弱い相互作用の群集動態への影響について理解を深めるには，野外での研究の蓄積が急務であるといえる．しかし，野外で相互作用の強少弱多型の分布と群集の安定性について解析した研究はいまだに少なく，明確に弱い相互作用を対象とした研究例も Berlow (1999) 以降はあまりないといった現状である．

　野外の研究では，これまでの数理的研究のように，まず群集内の弱い相互作用の数や割合等の分布型が群集の構造や動態に及ぼす効果を検証することが必要である．これに加えて，個々の弱い相互作用が発現するメカニズムや群集動態へ影響が及ぶプロセスの解明など，機能的な側面の解明も重要な課題となる．Berlow (1999) が相互作用の強さの平均値が小さいと値のばらつきが大きいことを明らかにしたことから，野外で見出される弱い相互作用は時空間的な変動が大きいと考えられる．言い換えれば，弱い相互作用ほど周囲の状況に応じて柔軟に変化しているのではないだろうか？　野外における生物群集の多くは，周辺の環境などによって，その構造や動態は時間的・空間的に大きく変化するはずである．したがって，弱い相互作用ほど環境変動との関連が強いと考えることはできないだろうか？

　このような考えを念頭に，野外における弱い相互作用と群集の安定性について考えてみよう．まず弱い相互作用自体は大きく変動するため，局所的な安定性は得られそうにない．その反面，環境変化に対してすぐに反応できることから，変化した環境が元の状態へ戻るとき，環境が変化する前の群集の

状態に戻りやすいかもしれない．また，ばらつきが大きいことで環境変動に対する群集構造の変化を緩衝あるいは増幅する可能性も無視できない．これらを安定性の基準（Begon et al. 1996）と照らし合わせると，①環境変動からの復元速度を上げる，あるいは②環境変動に対する抵抗性を高める，などが考えられよう．数理的研究では相互作用に柔軟性があれば群集は大域的に安定することが示されているので（Kondoh 2003），変動性の大きい，つまり柔軟に変化できる弱い相互作用が安定性に関与していることは十分に考えられる．

次節では，この考えを少しでも信憑性の高い仮説にすることを試みたい．著者が研究を行ってきた岩礁潮間帯の生物群集を対象に，弱い相互作用と安定性の関係についての検証の試みを紹介する．これをもとに，環境変動下にある群集において，弱い相互作用が群集構造の復元性や抵抗性にどのように関与しているか議論してみたい．

7 検証
—— 岩礁潮間帯の生物群集

岩礁潮間帯とは，文字どおり岩でできた海岸のうち，干潮時には海面から露出し，満潮時には海中に没する範囲のことをいう．岩礁潮間帯に生息する生物のほとんどは小型の海産無脊椎動物と海藻類である．その他には，干潮時に陸上から鳥類などが飛来し，満潮時には魚類などが来遊する．岩礁潮間帯では海藻類をはじめ，イガイ類，フジツボ類などが平らな岩盤上に固着し，三次元構造をつくりだしている．この景観が陸上生態系において草本や木本類が創り出す景観構造と類似し，かつ陸上生物より圧倒的に小さい時空間スケールで成立しているために，生態学研究における理論実証の場として用いられることが多かった（Underwood 2000）．とくに，初期の相互作用の研究の多くが岩礁潮間帯の生物群集を対象に行われてきた経緯がある．

著者が研究を行ってきた岩礁海岸は，北海道南部の津軽海峡に面した海域にある．この海域は日本海を北上する対馬海流の分流（暖流）と太平洋岸を南下する親潮（寒流）の潮目に相当し，暖流と寒流の勢力が年によって変化

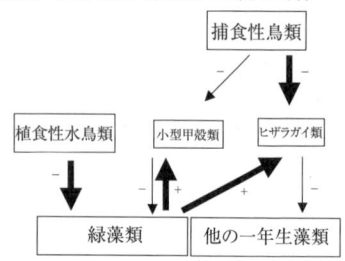

図8 北海道南部の岩礁潮間帯における部分食物網.
破線は間接効果，実線は直接効果を示し，太い矢印が有意，細い矢印が有意でない相互作用を表している．通常時には，植食性の水鳥類が緑藻類へ及ぼす植食圧は負の効果から正の効果へ時間変化する．また，暖流の勢力が増加したときには，常に負の符号を示す．

する (Hori 2008). 調査地の海況はこの海流の勢力の変化に依存する. 通常は寒流の勢力を相対的に強く受けているが, 近年は暖流の勢力が強くなりつつある (西田ら 2003). 岩礁潮間帯の食物網は約100種を含み, その多くが寒流系の海洋生物である. またこの食物網構造は高次消費者である鳥類の時空間的な餌の食い分けによって, それぞれの鳥を頂点とした部分的な食物網に分割される (Hori and Noda 2001b; Hori 2008). これらの部分食物網のうち, 解析には水鳥類と一年生海藻を主要な構成種とする部分食物網を対象とした (図8). この部分食物網はいくつかの操作実験によって相互作用網が明らかにされており (Hori and Noda 2001a; Hori et al. 2006), 結果の解釈がしやすい利点がある.

これらの食物網では, 寒流と暖流の勢力が異なる年によって, 構成種の現存量の割合が大きく変わる (図8). 寒流の勢力が強い年には, 一次生産者のうち厚いターフ構造をつくる寒流系の緑藻類が優占し, 小型甲殻類とヒザラガイ類ともに現存量が多くなる. 一方で暖流の勢力が強い年には, 一次生産者のうち他の紅藻類, 褐藻類や付着珪藻類など, ターフを形成しない種群が多くなり, 小型甲殻類・ヒザラガイ類の現存量が少なくなる. この群集を対象にして, 前節で仮説として挙げた復元性と抵抗性の2点を検証した. ここでは, 抵抗性と復元性を以下のように定義する. まず, 常時の寒流から非常時の暖流へ変化した際に群集構造の変化が小さいほど抵抗性が高いと定義する. つぎに, 暖流から常時の寒流へ海況が戻る際に, 群集構造が常時の状態

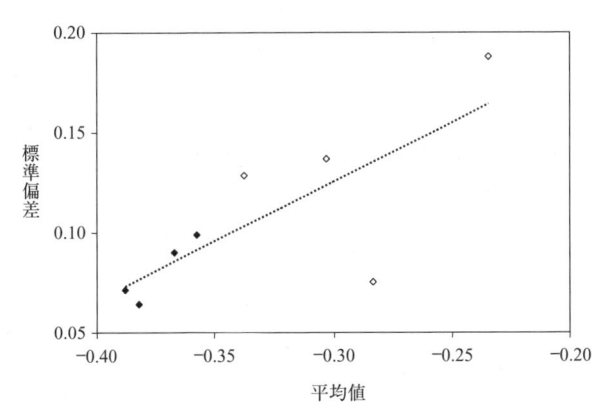

図9 対象の部分食物網における，水鳥類と緑藻類間の相互作用強度の平均値と標準偏差との関係．

相互作用が強い（負の値）ほど，ばらつきが小さい結果になった．八つのプロットのうち，◆で示した上位四つのプロットを相対的に強い相互作用，◇で示した下位四つのプロットを弱い相互作用と見なした．

へ近づくほど復元性が高いと定義する．

　この抵抗性と復元性の二つの安定性が相互作用の強弱とどのように関係するか，緑藻類に対する水鳥類の植食圧を操作した実験の結果を見てみよう．解析には，実験1年目は寒流の勢力が強く（常時），2年目に暖流の勢力が強くなり（非常時），3年目はまた寒流の勢力に戻った（常時）3年分の時系列データを利用した．また，弱い相互作用の実験区と強い相互作用の実験区を以下のように定義した．まず，対象とした水鳥類-緑藻間の相互作用の強さは時間的に大きく変化するため (Hori and Noda 2001a)，操作実験で相互作用の強さを測定する際に，緑藻の密度変化率が一定と見なせる短い時間間隔で区切るなど，近似的な工夫が必要となる．そこで，空間変異からばらつきと平均値を計算した Berlow (1999) の例を時系列データに応用し，時系列を2週間ごとに区切ってペインの指数を測定し，その相互作用強度（以下ISとする）の平均値と標準偏差を計算した．この平均値と標準偏差から，相対的に平均値が低くばらつきが大きい実験区を弱いIS区と定義し，平均値が高くばらつきが小さいものを強いIS区と定義した（図9）．また，抵抗性と復元性は以下のように求めた．まず1年目から2年目にかけて各実験区内の緑藻の被度を求め，その差を非常時変化率とした．つぎに3年目の最大被度と1

表1 標準化ユークリッド距離を用いた実験区間での安定性の比較.

	非常時変化率	常時変化率 (緑藻類のみ)	常時変化率 (緑藻類＋その他の藻類)
弱いIS区	20.031	0.075	0.283
強いIS区	24.415	1.280	2.740
植食除去区	22.362	2.521	2.598

非常時変化率と常時変化率において，それぞれの実験区間で相対的に値が小さいほど変化が小さいと解釈される．非常時変化率の計算では，1年目と2年目にそれぞれ各実験区で半月毎に計12回被度を測定し，その平均値を用いて標準化ユークリッド距離を求めた．常時変化率の計算では，各実験区で1年目と3年目の最大被度が得られた月（4月後半）のデータから平均値を計算し，それを用いて標準化ユークリッド距離を求めた．なお，常時変化率については緑藻類のみで計算した場合と，緑藻類とその他の海藻類をあわせた一年生藻類全体で計算した場合の2通りで値を求めている．

年目の最大被度の差を求め，それを常時変化率とした．この二つの値を比較した場合，非常時変化率と常時変化率がともに小さければ，海藻被度は3年間でほとんど変化していないと見なせる．したがって，この組み合わせのときは抵抗性が高いと考えられる．また，非常時変化率が大きく常時変化率が小さければ，海藻被度は暖流になった2年目に大きく変化し，さらに寒流に戻った3年目に大きく変化して1年目の被度に近づいたと見なせる．したがって，この組み合わせのときは復元性が高いと考えられる．なお，非常時変化率は1年目と2年目の各月の緑藻の被度の差として表され，常時変化率は1年目と3年目に最大被度に達した4月における緑藻類と他の藻類の被度の差の総和として計算した．これらの差の計算には，ピタゴラスの定理を用いて対象の2点間の最短距離を示す標準化ユークリッド距離を用いている．

解析の結果を表1に示す．弱いIS区で相対的に非常時変化率と常時変化率がともに小さいことから，弱いIS区で最も抵抗性が高いという結果が得られた．とくに常時変化率においては，緑藻類と他の海藻類の両方で弱いIS区の変化率が小さいことから，一次生産者の割合が常時とさほど変化していないと考えられよう（図10）．これらの結果が生じるプロセスについては，水鳥類による緑藻の植食によって説明できる（図5; Hori and Noda 2001a）．水鳥の植食圧が弱い場合（弱いIS区）は，食われずに残った緑藻の大型個体から新しい個体が放出されることに加え，大型個体が適度に除去されたことで新しい個体が加入できる空間が生じる．これにより，緑藻の世代交代が促

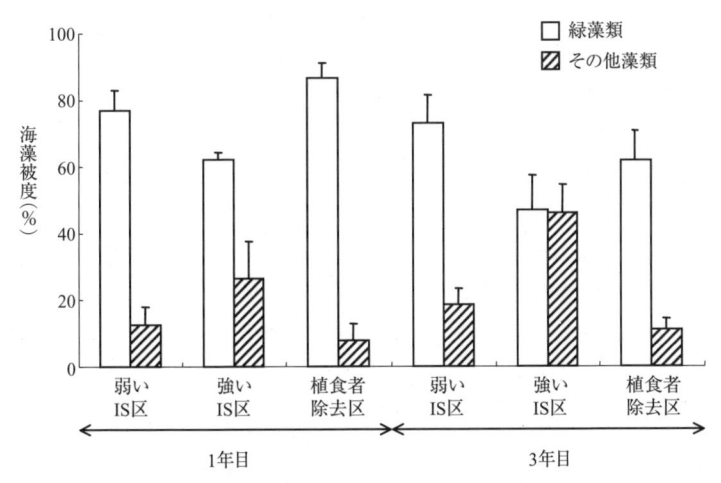

図 10 一年生海藻類の被度の比較.
常時の寒流の勢力下にある 1 年目,および暖流から寒流の勢力へ戻った 3 年目における強い IS 区,弱い IS 区,水鳥類除去区間で比較した(平均値 ± 1 標準偏差).

進される.そのため暖流の勢力が強くなった年でも,新しい個体が空間を占有する.したがって,他の海藻類と置き換わることが少なく,抵抗性が相対的に強くなる.一方,植食圧が強い場合(強い IS 区)には,過度に個体が食われることによって新しい個体が加入できる空間は生じるものの,そこに加入する個体が不足する.そこへ暖流に強い他の海藻類が成長することで,緑藻と他の海藻類の被度の割合が変化してしまう.つまり水鳥類の植食によって緑藻が減少し,他の海藻が増えるキーストン捕食が生じるわけである.そのため翌年に寒流の勢力が強い常時に戻った際,緑藻の密度自体が低くなるために加入個体がさらに不足し,常時変化率が大きくなるために復元性が低くなってしまう(図 10).つまり,強い相互作用は環境変動下において元の環境下の群集構造から新しい環境下の群集構造へのシフトを早めた可能性が高い.

　この結果が示すもう一つの興味深い点は,弱い IS 区が水鳥類の植食を除去した区よりも非常時変化率と常時変化率がともに小さかったことである(表 1).水鳥類の植食を完全に除去した場合では,初期に加入した大型個体が長い期間にわたって空間を占有し,新しい個体との交代が相対的に少な

くなる (Hori and Noda 2001a, Hori et al. 2006). そのために一年目の緑藻被度はもっとも高いが (図10), 暖流の勢力への変化によって加入個体が減少するため, 寒流に戻った翌々年に常時変化率が大きくなった (図10). つまり環境変動下においては, 水鳥類の弱い植食がなければ漸進的に緑藻が消失する可能性があることを示唆している.

以上の結果をまとめると, 弱いIS区では, 水鳥による緑藻個体の適度な間引きによる新規加入と成長促進の効果が短期的 (季節的) な被度変化を大きくしたが (図5), 一方で長期的な抵抗性を相対的に高めたといえるだろう. この作用により個体群に複数世代が混在することで, 環境変動に対して生活史あるいは生活環のストレージ効果がはたらき, その結果として安定性が増したと考えている. ストレージ効果とは, ある種が短期間の好適な環境下で成長し, その成長分を休眠種子や体組織として貯蔵することで不適な環境を乗り切る状況に類似した現象をさす (Chesson 1990). 水鳥と緑藻の相互作用では, 緑藻の加入個体が貯蔵されることで, 不適な暖流の時期を乗り切っていると見なせる.

さらに, 水鳥類の植食による海藻類の被度の変化の影響は, 上位の栄養段階や食物網レベルにまで波及する. 対象とした部分食物網では, 海藻ターフを生息場所とする小型甲殻類やヒザラガイ類が出現し, またこれらを捕食する鳥類が含まれている. 小型甲殻類とヒザラガイ類はともに海藻ターフという生息環境を介在した間接効果の影響を受けているため, これらの構成種は海藻ターフの変動によって個体数が変化する (Hori et al. 2006). すでに述べたように, 環境を介する間接効果は密度変化を介さない分, 効果が早く現れるため (Wootton 2002), 海藻ターフの変化に対して即座に反応したと考えられる. つまり, 環境を介在した間接効果は, その時の状況に合わせて臨機応変に発生すると考えられる. このような植食者による一次生産者の構造の変化が他者に波及する効果は, 生態系エンジニア (ecosystem engineering) 効果として多くの生態系で見られる (Jones et al. 1994). たとえば植食性昆虫によって草本や木本類の形質が変化し, その変化が他種への間接効果として波及する例はその典型である (たとえば大串, 本巻5章). これらは, 環境変動が群集動態に及ぼす影響を予測する場合に, 発生のタイミングに柔軟性がある形質

や環境を媒介した間接効果に注目することの必要性を暗示している．こういった意味でも，捕食被食の密度を介する効果のみに注目してきた食物網より，非栄養関係の相互作用にも注目した相互作用網の解明が重要になるだろう．

8 まとめ

　本章では，相互作用の時空間的な変異性と弱い相互作用に注目して，環境変動に対する群集動態の安定性について議論した．Berlow (1999) と本章の結果をまとめれば，弱い相互作用は実在の生物群集の動態や安定性に対しても少なからず正の影響を与えているようである．Berlow (1999) は，弱い直接効果と時間的・空間的に大きく変化する間接効果をあわせた純効果を対象としていた．この研究では，純効果の強さの平均値と，空間的なばらつきの最大値と最小値の差を比較し，その差が平均値より大きいことに群集動態に対する強い影響を見出していた．本章では，新たに時間変化の大きい直接効果に注目し，短い時間間隔で区切って求めた相互作用の強さの平均値とばらつきから，相互作用の強弱を判定した．Wootton and Emmerson (2005) が述べたように，操作実験によって野外での相互作用の大きな時間的変化を扱うことはきわめて難しい．この手法は，いわばその時間変化を克服するための苦肉の策である．そのためいくつかの弱点もある．とくに，この手法で用いた短時間の相互作用は，時系列データを反復測定した見せかけの繰り返しサンプルであることが挙げられよう．このため，時系列データの独立性の検定を行うなど，弱点を補う手順が必要である．

　この時系列データを用いた結果は，弱い植食圧によって海藻の個体群構造が複雑化することでストレージ効果が生じ，環境変動に対して安定性が相対的に高くなるという仮説を提示した．季節変化という短い時間スケールで見れば，水鳥の植食による海藻の被度への影響は，弱い相互作用ほど図 5b のように負から正へ変化する．したがって弱い相互作用ほど被度の変化幅は大きいが，この短い時間スケールでの変化が緩衝としてはたらき，結果的

に年変動という長い時間スケールで被度が安定したと解釈できよう．この水鳥類の植食圧の結果と同様に，相互作用が時間的・空間的に変化することで群集が安定になることを示した研究がある（Navarrete and Berlow 2006）．彼らは Berlow (1999) と同じ生物群集を用い，物理的攪乱と肉食性巻貝による捕食がフジツボの被度に与える影響について検証した．この研究によれば，相互作用がはたらくパッチレベルの空間スケールでは，加入によってフジツボの被度が増加すると平衡な被度レベルから逸脱してしまうが，巻貝の捕食によって即座に平衡レベルにまで戻る（加入による変化を緩衝）．また，パッチよりも大きい空間スケールでは，攪乱が大規模にフジツボ被度を減少させるが，そのような場所では巻貝の捕食の効果が弱いため，フジツボの被度は平衡レベルにまで回復するらしい（攪乱による変化を緩衝）．つまりこの研究も，相互作用の時間的・空間的な変化が環境変動の効果を緩衝し，より大きな時空間スケールで群集構造が持続的に安定になることを示している．このように，時空間スケールに見られる階層性についても考慮することが，弱い相互作用，すなわち時間的・空間的に変化する相互作用と群集の安定性の関係を検証するために重要である．

　また本章の解析では，植食者と植物優占種というほぼ 1 種対 1 種の直接関係を対象としたため，重なりあう世代のような個体群構造の複雑性ともよべるパラメータが安定性に関係していたが，これを多種系に適用した場合も同様の結果が得られると予想している．たとえば捕食者と複数の餌種を含む群集を想定する．弱い捕食圧によって餌の種間の密度効果（競争）が適度に緩和されて多種が共存する場合，環境変動に対していずれかの種が対応可能であれば，群集全体としては安定性が増す．Kondoh (2003) のスイッチングによる柔軟な相互作用が群集の安定性を増す場合も，捕食者がスイッチング可能な多種の餌が含まれることが必要であろう．また，McCann et al. (1998) も，性質の異なる多種が含まれることで安定性が増すことを示している．したがって，本章の解析結果が示唆する議論も May (1973) からはじまる複雑性（あるいは安定性）と多様性の関係についての議論と同じであり（たとえば Yachi and Loreau (1999) の保険効果（insurance effect）など），時間的・空間的変異と弱い相互作用による複雑性の創出が，ストレージ効果として安定性を高め

ると考えている．

　以上，野外研究においては，弱い相互作用は時空間的な変異性により生じるケースがあることはおわかりいただけたかと思う．そして，通常は弱い相互作用であっても状況によって強い影響を与える場合や，相互作用のばらつきの幅が動態に影響する場合など，扱う時空間スケールに依存して異なる結果が得られることもある．したがって，これからの相互作用の研究では，正の効果，あるいは負の効果など，一つの相互作用の一断面の結果に焦点をおくのではなく，相互作用の時間的・空間的な変異性が群集に与える影響やそのメカニズムを解明することが重要となろう．このように大きく時空間的に変化する直接，間接効果を含む相互作用と群集動態との関係を解明するためには，検証したい仮説や事象に適切な時空間スケールを明確にすることが必要である．将来，地球温暖化やそれにともなう大規模な環境変化が生物群集の動態や構造に及ぼす影響を解明し，その変化を予測していくことがますます求められるだろう．たとえば，本章で示した緑藻類と水鳥類の相互作用のように，植物と植食者の相互作用においては，植物のフェノロジーが温暖化によって少し変わっただけであっても植食者との相互作用が大きく変化することが考えられる．このような事態に対処するために，相互作用の研究においてますます時系列データが多用されるだろう．このため，時系列データをどのように扱っていくかは，その手法の開発も含めて今後の重要な課題である．

第4章

生物群集のキーストン
アリの役割

市岡孝朗

🔑 *Key Word*

アリ類　陸上生態系　相利共生系　間接効果　群集構造

　陸上生態系の生物群集のなかで大きな存在量を占め，集団生活を営んで広い空間を占有するアリは，大きなコロニーを形成し，侵入者を排除し，土壌条件や植物の物理構造を改変し，他の生物の採餌行動や資源利用に強い影響をもたらす．また，アリは，しばしば採餌行動を柔軟に変化させ，広食性捕食者や分解者，ときには植食者としての役割を示す．さらに，花外蜜を分泌する植物，アリに巣場所を提供するアリ植物，甘露を分泌する半翅目昆虫，アリに種子散布を委ねている植物など多様な生物とのあいだに変化に富んだ相利関係を成立させている．このようにしてアリは，直接的には相互作用することのない複数の生物のあいだに介在し，それらを間接的に結びつけている．このように，アリは間接作用の媒介者としての機能をしばしば発揮することが近年明らかになってきた．本章では，そうした，いわば陸上生物群集のキーストン（key-stone，要石）的な制御者としてのアリのはたらきについて考える．

1 はじめに

　生物群集を構成する個々の種は，種間競争，食う食われる関係，植物と植食者のあいだの植食-被食関係，相利共生，生物の死体と分解者の関係など，さまざまな生物間相互作用の連鎖をとおして互いに結びついている．ある生物種は，直接相互作用をもつ生物からの影響を受けるだけでなく，相互作用の連鎖を経由して，直接には相互作用をもたない生物からも種々の間接的な影響を受けている（Paine 1980; Price et al. 1980; Itioka 1993; Polis et al. 2000; Ohgushi 2005; Ohgushi et al. 2007b）．ある生物と他の生物のあいだに，直接的な相互作用が強くはたらいているのか，直接的な関係はないが第三（あるいは第四，第五，……）の生物との相互作用を経由して間接的な相互作用がはたらいているのか，あるいは，両者がともにはたらいているのか．また，群集のなかに見られる相互作用の連鎖網の構造や機能はいつも一定なのかあるいは絶えず変化しているのか，変化しているとすればその背景にはどのような要因やしくみが隠されているのか．生物群集において相利共生，捕食回避のための形質変化，植物などへの非致死的な影響が他に間接的に波及することはないのか．生物群集の多種共存機構や群集構造の特性・動態をより正しく理解するためには，このような疑問に答えていく必要がある．

　これまで，生物群集の構造の特性を記述し，その動態を解析して特性を決定する要因や群集内部に組み込まれている機構を解明する際に，食物網という生物群集のとらえ方が広く採用されてきた．食物網は，食う-食われる関係を重視した，生物の量の変化や物質の流れを基盤にした生物間相互作用の連鎖網である．複雑な要因が絡みあう生物群集の基本構造をうまく抽出することのできる「食物網」の概念は，これまで群集解析において数多くの成果をもたらしてきた（Pimm 1982）．しかし，食う-食われる関係に含めることのできない非栄養的効果（non-trophic effect）や，量の変化をともなわない，形質の変化が介在することによってもたらされる間接効果（trait-mediated indirect effect）などを食物網は包括することができない．そのため，それらの効果が関わる，上に述べたような数々の疑問に対しては，食物網を用いた群集解析

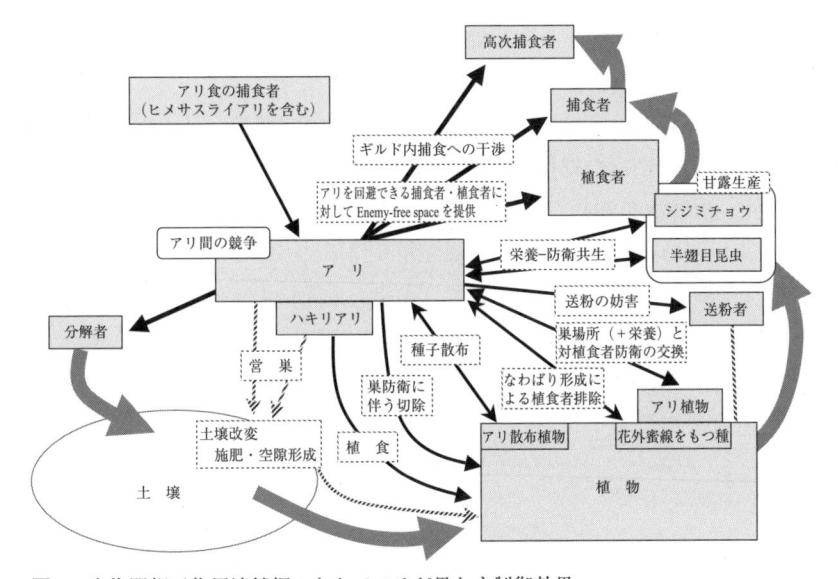

図1 生物間相互作用連鎖網のなかでアリが果たす制御効果.
「アリ」から伸びる片矢印の実線は，アリのなわばり形成による排斥効果と捕食作用の片方あるいは両方を示しており，これら以外の付随効果は線上に記した．両矢印の実線はアリとの間の相利関係を，破線はその他の（相互）作用を示す．（灰色の）太い矢印線はアリが関与しない物質の流れを示す（ただし，分解者については土壌への流れのみを示した）．

では適切に答えることができない．生物間の相互作用には，食う食われることで生じる物質の流れそのものや生物の量の変化に還元することの難しい種類のものが数多く含まれるほか，それぞれの相互作用は隣接する別の相互作用から間接的に影響を受けている．生物群集の動態特性や多様性創出・維持の機構の解明には，そうした側面を重視した生物群集観が必要であるとの認識が深まってきた (Ohgushi 2005; Ohgushi et al. 2007b)．

本書の主題であるこの認識にたつと，アリは，陸上の生物群集において，各種の間接効果や非栄養的効果を群集の広い範囲にもたらす，群集の「キーストン (key-stone) 制御者」ともいうべき，重要な位置を占める存在である（図1）．なぜなら，アリは，存在量では優占的な位置を占め，広い空間にわたって侵入者を排除する「なわばり」を形成し，種々の強い非栄養効果を他の生物にもたらすからである．また，アリは，多様な生物群と同時に相互作用をもちつつ，それらの量的・質的変化や周囲の環境変動および群集構造の変化

に対応して柔軟に採餌や防衛行動などをコロニー単位で変化させるなど，相互作用をもつ生物にさまざまな非栄養効果を与える．

　本章では，まず，他の生物にはない特異なアリの習性，とくに，アリのもつ多様で可塑性に富む採餌習性，コロニー単位で形成する占有空間（なわばり）や強い攻撃性を備えた集団行動について概観する．つぎに，多様な生物群とのあいだの相利関係を含む多様な相互関係について，最近の研究成果を紹介しながら，生物群集のなかでアリが果たす間接相互作用の創出者および媒介者としての役割を解説する．そして，アリが生物群集におけるキーストン制御者としてどのような役割を果たしているのかについて，今後の研究課題とともに考察する．

2　特異なニッチを占めるアリ

　アリは幅広い食性をもっている．専食化が進んだ一部の種類をのぞき，無毒で栄養に富むものは何でも食べるといってよいほどの広食者である．生きた動物を襲って食べるほか，動物の死体（ときに排泄物），植物由来の糖溶液（花蜜，花外蜜，破壊された組織からの滲出液・樹液）や果実・種子なども食べる．種類によって餌の好みの違いはあっても，多くのアリ種が餌の存在量の変化に応じて利用する餌の種類を変える（Traniello 1989; Hölldobler and Wilson 1990; Bonser et al. 1998; Mooney and Tillberg 2005）．つまり，異なる栄養段階にまたがるような食性の可塑的な変化をしばしば示す．こうしたアリの性質（食性）の変化は，食物網の枠組みに収めることが困難である．アリは，環境変動や群集内の他の生物のはたらきによってもたらされた，生息場所の属性や直接関係をもつ生物の量や形質の変化を，アリと関わる他の生物へ媒介して強い影響をもたらす．このようなアリを介した変化の伝搬は，まさしく，（アリの）形質の変化をともなった間接効果であるといえる．

　すべてのアリが社会生活を営み，集団によって採餌行動をとっていることも他の多くの生物にはない特性である．多くの真社会性昆虫にみられるように，アリはコロニーの構成員のあいだで化学物質などを介した情報伝達

を行っている．そうした情報伝達を巧みに駆使して統率されたコロニーの成員の行動によって，しばしば一つのコロニーがまとまった空間（なわばり（territory））を占有する（Hölldobler and Lumsden 1980; Hölldobler and Wilson 1990）．同種内のコロニー間や種間に，餌，採餌空間，巣場所として好適な構造物や微小空間などをめぐって，常に強い競争がはたらいている（Fellers 1987; Hölldobler and Wilson 1990）ので，なわばりを形成することで，アリは餌や採餌空間を確保し，巣場所やコロニーを効率よく防衛することができる．なわばりを形成すると，他の生物の侵入も排除するため，アリが餌として利用しない生物に対しても大きな影響を与えることになる．採餌空間における餌の所在は，コロニー内の情報伝達によって短期間のうちにコロニー全体に伝えられ，どの餌をどの程度の成員で採餌するのかという意思決定がなされる（Traniello 1989; Hölldobler and Wilson 1990; Adler and Gordon 1992, 2003; Brown and Gordon 2000; Mailleux et al. 2000, 2003）．生息場所の環境変動に対する採餌行動の変更は，餌や空間利用パターンに変化をもたらし，アリと他の生物の種間関係や生息場所を共有する他の生物のあいだにはたらく相互作用の特性を変化させる可能性がある．

多くのアリはコロニーの防衛や集団育児のために営巣するが，その際に，地面や地上の構造物をしばしば改変する．この構造改変は，生態系エンジニア（Jones et al. 1994）としての効果を他の生物にもたらす．

アリは，相利系の相手の生物の生存や繁殖過程，個体群過程に大きな影響を与える．相利共生においては，2者間に多かれ少なかれ利害の対立があるのが常であり，利害対立の帰結は両者の状態，生息場所の環境条件，周囲の生物群集からの影響の違いに依存して，時間的・空間的に絶えず変化している（Hölldobler and Wilson 1990）．また，相利共生によって得られる利益も絶えず変化するだろう．このように，ある一つの相利共生に見られる変化は，いずれかの共生相手に連なる他の種間相互作用に波及して，他の生物へと間接的に影響する．後述するように，アリは植物や半翅目（カメムシ目）昆虫とのあいだの栄養-防衛共生，種子散布をアリが担っている植物とのあいだの相利共生など，陸域のいたるところでさまざまな生物との相利系に関与している．アリのコロニーが示す集団行動の可塑的な変化は，それらの相利共生関

係をとおして共生相手の生存や繁殖に影響を与え，さらに共生相手を介して他の生物に広がっていく．たとえば，アリの関わる栄養−防衛共生関係の変化は，植食者や半翅目昆虫を攻撃する捕食者に対して，また，アリによる種子散布の効率の変化は種子捕食者に対して，それぞれ間接的な効果を与える．

以上のように，アリは柔軟性に富み，幅広く多面的な機能を兼ね備えた生活形態をもつことで，他の生物にはあまり見られない特異なニッチを占めているといえる．注目すべきは，このような特異なニッチを占めるアリの存在量の大きさである．アリの現存生体量（biomass）は全陸上動物の約2割という大きな割合を占めている（Stork 1987; Hölldobler and Wilson 1990; Davidson et al. 2003; Dial et al. 2006）．単に量が多いだけでなく，生息空間も多岐にわたっており，地中から地表を経て樹上まで，微小な空間に入り込み，多くの生物とのあいだに直接的な相互関係を結んでいる（Hölldobler and Wilson 1990）．一つのコロニーの単位でみても，しばしば，同時に，複数の生物を含むさまざまな餌資源を利用することで，食う−食われる関係や資源をめぐる種間競争においては互いに直接相互作用することのない複数の生物のあいだに介在して，それら複数の生物を間接的に結びつけて相互に影響させる媒介者としての機能を果たしている．

3 アリが生み出す間接相互作用

(1) 捕食者としての役割

(a) 強力な捕食者であるアリ

ほとんどのアリ種はさまざまな種類の生物を狩って餌としており，しばしば，捕食者として植食者に対して強い抑制効果を示す（Skinner and Whittaker 1981; Risch and Carroll 1982; Way and Khoo 1992; Karhu 1998; Floren et al. 2002）ほか，土壌動物に対してその群集構造に強い影響を与える「キーストン捕食者（key-stone predator）」としてふるまう（Lenoir et al. 2003）．なかでも，ときに数十万頭を超える膨大な量の攻撃性の強いハタラキアリを擁するグンタイアリ

(army ant) とよばれるいくつかのアリ種は群集に強い影響を与える．彼らは放浪生活をつづけながら，遭遇するあらゆる種類の小動物を手あたり次第に襲って餌とすることにより，食物網の大きな部分に強い攪乱効果をもたらすことが知られている (Hölldobler and Wilson 1990; Gotwald 1995). 巨大なコロニーが消費する餌は膨大な量になるうえ，大型の肉食動物が狩らないような微小な生物をも捕獲するので，食物網や生物間相互作用網の全体の構造に与える影響はきわめて大きい．

グンタイアリの行進と採餌行動によって逃げまどう小動物を餌として利用するために，グンタイアリのコロニーに随伴しながら採餌を行う鳥類が知られている (Coatesestrada and Estrada 1989; Roberts et al. 2000). それらの鳥類の採餌効率はグンタイアリの採餌行動に強く影響される．

また，アリのみをおもな餌として利用するアリ食性のグンタイアリ（ヒメサスライアリ *Aenictus* 属など）も知られており (Gotwald 1995; Hirosawa et al. 2000)，他のアリ種の個体数や分布，アリ種間の競争関係（以下に詳述）にも大きな影響を与える．グンタイアリの他にも，大きなコロニーを形成して膨大な量の生物を捕食するアリは多数存在し，それらが群集の多様性や安定性，あるいは生物間相互作用網の形状や機能にどのような影響を与えているのかという問題は，解明すべき点が多い興味深い課題である．

(b) アリの空間占有と他の生物によるアリの忌避

捕食者としてのアリは，実際に捕食を行わない場合でも，存在するだけで他の生物に対して潜在的な影響を及ぼしている．なぜなら，アリは空間占有行動（なわばり形成）によって他の動物を排除するからである．多くのアリは営巣場所や好適な餌場の付近あるいは餌場と巣やコロニーのあいだの空間などを集団で防衛し占有する (Hölldobler and Lumsden 1980; Hölldobler and Wilson 1990; Morrison 1996; Davidson 1998). そのようなアリでは，コロニーの成員の多くが一定の範囲の空間を頻繁に巡回したり，一定の間隔で配置して待機したりすることによって空間を占有する．そのような，なわばり（territory）とよばれる占有空間では，侵入してきた他の生物（侵入者）に対して多数のアリが攻撃をしかける．アリはなわばりを形成することによって，巣やコロニー

の防衛を行いながら,餌を効率よく発見して獲得することができる.

なわばり内のアリを避けるために,アリの攻撃を受けやすい,昆虫をはじめとする小動物は,なわばりに接近することをやめたり,そこでの滞在時間を短くすることがある (Haemig 1996; Van Mele and Cuc 2000; Offenberg et al. 2004; Mooney 2006). たとえば,樹上で昆虫などを採餌するシジュウカラは,餌の量が同じであっても,アリの密度が高くアリによる攻撃を受けやすい樹木個体への訪問頻度を減らし,そのような樹木での滞在時間を短くする傾向があることが知られている (Haemig 1996). このように,なわばりの形成によって,たとえアリによる捕食がなくても,他の生物の資源利用は影響を受ける.つまり,アリは,獲物とした生物に捕食者としての直接的な影響を与えるだけでなく,共存するあらゆる動物に対して潜在的に間接的な影響を与えている. このような効果は,以下に述べる植物や半翅目昆虫との栄養−防衛共生の基盤ともなっている.

なわばりで示す巡回や防衛行動はアリ種によって異なり,他の生物への影響も異なっていると考えられる.したがって,なわばりを形成するアリの種構成とそれぞれのなわばりの空間配置などによって,アリをとりまく食物網が受ける影響は異なってくるはずである.このような効果は,栄養の量的な流れを見るだけでは検出されにくい.こうしたアリの効果が今後明らかになれば,これまで予想もしなかった生物がアリの影響を受けていることがわかるだろう.

(2) 植食者としての役割

(a) 強い植食圧をもたらすハキリアリ

中南米の熱帯域から亜熱帯域の広い範囲にハキリアリが分布している.ハキリアリはしばしば一つのコロニーが数十万頭,ときには百万頭をこえるハタラキアリからなる巨大なコロニーを形成する.その膨大な数のハタラキアリが巣場所の周囲にある植物から葉を切り取って巣に持ち帰る (Hölldobler and Wilson 1990). アリは地中に作った巣内で葉に菌類を植えつけて栽培し,成長した菌類を餌とする.ハキリアリは膨大な量の葉を集めるため,巣場所周辺の植物に対して大型草食獣に匹敵する植食圧を与えており,周囲の植食

性昆虫の資源利用に与える影響は小さくない (Vasconcelos and Cherrett 1997). ハキリアリは菌の栽培に適した植物種を好み,植生の状態と葉の持ち帰りのコストと効率をある程度評価して採餌場所を決めている (Cherrett 1968; Vasconcelos 1997). したがって,植物の種によってハキリアリから受ける影響は異なる. また, ハキリアリの空間分布やその採餌様式の特性によって, 植物群集の特性や構造が異なることが予想される. ハキリアリが示す種間変異と資源様式の変動が植物群集に与える効果は, 興味深い問題である.

(b) アリ散布植物

アリを種子散布者として利用しているいくつかの植物群がある (Beattie 1985; Hölldobler and Wilson 1990). このような植物は,「アリ散布植物」とよばれ, さまざまな分類群に見られる. 多くのアリ散布植物は, 脂質に富んだ栄養物の塊であるエライオソーム (elaiosome) とよばれる構造物を種子に付着させている. アリはエライオソームを好んで巣に持ち帰り餌とするが, 硬い殻で守られた種子は利用しない. 種子本体は他の老廃物や不要物とともに巣内や巣の周辺に捨てられ, その後発芽する. アリの巣やその周辺は, 種子捕食者の攻撃を受けることがほとんどなく, 一緒に捨てられたアリの老廃物などが肥料となるので, 発芽した種子にとって生存や成長に良い条件が整っている. さらに, 巣内は, アリの体から分泌された抗菌物質によって種子に感染する病原菌の密度も低く抑えられている. このように, アリによる種子散布は植物にとっていくつかの点で有利である.

鳥類や哺乳類が果実を食べることによって種子を散布する植物はきわめて多い (Howe and Smallwood 1982) が, アリのなかには鳥類や哺乳類の糞とともに散布された種子を巣に運ぶことによって, 二次的に種子を散布する種類がいる (Kaspari 1993; Levey and Byme 1993; Pizo and Oliveira 1999; Passos and Oliveira 2002, 2004). 鳥類や哺乳類によって長距離を運ばれた後に, さらにアリによって種子捕食者や病原菌による加害を受けにくい土壌中に運ばれれば, 種子にとってはきわめて好都合である. このようなアリによる二次的な種子散布に植物がどれほど依存しているのか, 植物側が二次的なアリ散布に適応的な形質を備えているのかどうかについては今後のより詳細な研究が待たれ

る.

　果実とともに散布された種子から，種子周辺の果肉などの付着物をアリが採餌することで種子の発芽率がよくなることも明らかになってきた (Oliveira et al. 1995; Passos and Oliveira 2003; Ohkawara and Akino 2005). アリによる付着物の除去と抗菌物質の分泌によって種子が清潔に保たれ (seed cleaning), 菌類の発生が抑えられることによって種子の生存率が高まる.

　また，種子の散布だけでなく，発芽後の実生の成長にもアリのはたらきが有利になることがある．発芽後も同じ場所でアリの営巣がつづけば，アリ植物（後述）が共生アリから受けるような対植食者防衛や栄養分の補給を種子から発芽した実生はアリから受けることができる．そうした関係が顕著になると，その種子がアリの巣場所やなわばり域内に運ばれてくる植物群がそこで優占して生育するようになる．着生植物内の巣場所に運び込まれた種子から発芽した実生の密集状態 (Davidson 1988) は, アリ庭園 (ant garden) とよばれる特異な外観をもった微小環境を作り出す．アリ庭園が植物群集の構造に与える影響については，十分に調べられていない．

　アリには種子そのものを餌とするように特殊化した種類もいる (Hölldobler and Wilson 1990; Taber 1998) が, そのようなアリに収穫された種子の一部は摂食を免れて発芽する場合もある．このような偶発的な散布が植物あるいは植物群集全体に及ぼす影響はほとんど明らかになっていない．散布を担ったアリの種類によって，散布能力，散布後の発芽への影響，発芽後の生存や生育条件，清掃効果などは異なっている (Levey and Byrne 1993; Bas et al. 2007). したがって，種子散布者以外のアリ種を含めたアリ全体の分布様式や空間利用様式の変化が，散布者あるいは清掃者としてのアリと植物の相互関係に影響を及ぼし，さらに植生全体の特性や植物と関係をもつ他の生物へも間接的な影響を与える可能性がある．今後の研究が待たれる．

(3) 生態系エンジニアとしての役割

(a) 土壌改変効果

　ハキリアリが群集全体に与える効果は，植生に対する食害効果にとどまらない．ハキリアリは，菌類を栽培するために，しばしば深さ数メートル,

10メートル四方を超えるような巨大な空洞を地中に形成する (Hölldobler and Wilson 1990). この空洞形成は, 土壌を耕す効果をもつと同時に, 大量の栄養分を土壌に供給する (Verchot et al. 2003; Moutinho et al. 2003). このような「土壌改変効果」は周囲の植物の成長に大きな影響を与えている (Farji-Brener 2005; Sternberg et al. 2007). また, 土壌中の巨大な空洞は, しばしば周囲の樹木, とくに高木の倒壊を誘発して, 林冠ギャップの形成をうながす (Garrettson et al. 1998; Farji-Brener and Illes 2000). 林冠ギャップは, 森林内の樹木の世代交代や樹種の多様性維持にきわめて大きな意義をもつ微小環境であり, 植物以外の生物にとっても森林環境に異質性をもたらす微小環境としても重要な意味をもっている (Hubbell et al. 1999). ハキリアリの営巣は土壌改変だけでなく, ギャップ形成をうながし, 森林更新に大きな影響を与えている.

　ハキリアリ以外の地中営巣性のアリも, 土壌に耕起効果と施肥効果を与えている. 採餌活動によって持ち帰った餌のなかには, アリが破砕や消化できないものも含まれており, アリの遺体・老廃物・排泄物と一緒に巣内または巣の近辺に廃棄される. こうした廃棄物には植物の生育にとって「肥料」となるような栄養分が含まれている. アリが持ち帰った餌に由来する栄養分によって営巣場所近辺の植物の生育が促進される効果が一部のアリで確かめられている (Woodell and King 1991; Karhu and Neuvonen 1998). こうした効果を考えると, アリの採餌活動の強さや採餌様式の特性が, 巣場所の周囲の土壌特性に影響を与え, さらに, それが植物の生理状態や生育状況に間接的な影響を与えるという相互作用の連鎖を想定することができる. これまで, このような効果が顕著になりやすい大型のコロニーを作るアリの土壌改変効果が検出されてきたが, 大型のコロニーを作らないアリの効果については, 今後の研究を待たねばならない.

(b) 環境の構造改変効果

　アリは, 同種の他コロニーの個体や他のアリ種によるコロニーへの攻撃を防ぐために, また巣内の温湿度の調節のために, あるいは採餌活動を円滑にするために, 巣場所の構造や営巣場所周辺の物理環境を改変することがある (Hölldobler and Wilson 1990). とくに, 樹上に営巣するアリやアリ植物

の共生アリは，巣やコロニーへの進入経路を制限したり遮断したりするために，営巣する樹木に接触する他の樹木やつる植物などをしばしば切除する (Davidson et al. 1988). また，アマゾンの流域には，アリ植物であるアカネ科の一種 (*Duroia hirsuta*) に共生するアリが周囲の植生を蟻酸によって枯らし，その樹種が優占する森林を形成する (Frederickson et al. 2005; Frederickson and Gordon 2007). こうしたアリによる物理環境や植生の改変は，他の生物にも少なからぬ影響を及ぼしているだろう．

前述のハキリアリの営巣による林冠ギャップの形成促進も，大きな物理構造の改変といえる．逆に，ハキリアリの営巣場所選択には，森林の物理環境や種類構成なども影響していると考えられており (Perfecto and Vandermeer 1993; Brener and Silva 1995; Vasconcelos 1997; Penaloza and Farji-Brener 2003), 森林の構造とハキリアリの営巣場所選択の関係，さらにハキリアリの採餌様式と植生へ与える植食効果など，アリが介在する間接的な相互作用の連鎖は，生物群集の構造とその動態を強く規定していると思われる．

4 アリ共生が生物群集の構造に果たす役割

(1) 植物との栄養−防衛共生

ここまでに述べたように，アリが空間を占有するだけで，他の動物をそこから遠ざける効果をしばしば発揮する．この効果を対植食者防衛に利用するような形質を進化させた植物が多数知られている．

(a) 花外蜜腺をもつ植物とアリの栄養−防衛共生

アリを利用するための形質として，多様な分類群の植物種に見られるのが「花外蜜腺」である．アリは花外蜜腺から分泌された糖溶液（花外蜜）に誘引され，これを餌として利用する (Janzen 1977; Beattie 1985; Hölldobler and Wilson 1990; Koptur and Truong 1998; de la Fuente and Marquis 1999). 花外蜜腺に誘引されたアリは周囲の空間をしばしば占有し，植物に近づく植食者を攻撃するた

め，植食者に対する防衛効果をさらに高める．こうして，花外蜜腺をもつ植物とそれに誘引されるアリとのあいだに，餌（栄養）と対植食者防衛を交換する相利共生関係（栄養-防衛共生といわれる）が成立する．

　誘引されるアリの量は花外蜜腺の量や質によって変化する（O'Dowd 1979; Blüthgen and Fiedler 2004a; Blüthgen et al. 2004）．花外蜜腺の量や質は植物の種類によって異なるほか，光条件や水分条件といった環境条件によって異なるので，アリが植物にもたらす防衛効果は時間的・空間的に大きな変異がある（Blüthgen et al. 2000; Linsenmair et al. 2001）．このような変異は，植食者群集の構造に強い影響を与える（Blüthgen et al. 2000）だけでなく，植食者に連なる他の生物にも間接的に影響を与えるだろう．植食者の攻撃が植物の化学防衛を誘導するように，植食者による食害が以後の花外蜜の分泌量を増加させることも知られており（Ness 2003; Choh and Takabayashi 2006），同じ寄主植物を利用する複数の植食者の一方から他方への効果を花外蜜に誘引されるアリが媒介して伝えていることになる．一方，花外蜜量が増加してアリの数が増えても，アリの攻撃を回避することのできる植食者はそれにともなって増えるので，かえって植物にとっては損失が大きくなることがある（Koptur and Lawton 1988）．

　花外蜜を分泌する植物の種類や個体は，アリの存在量がとくに多い熱帯地域に多い傾向がある（Oliveira and Oliveira-Filho 1991）．樹上の動物群集に占めるアリの割合を熱帯域とそれ以外の地域の森林で比べると，種数と総重量のいずれも熱帯域で顕著に高い（Stork 1987, 1988）．また，樹上において花外蜜や後で述べる半翅目昆虫の甘露を主な餌としているアリの割合も他の地域に比べて高い（Davidson 1997; Davidson et al. 2003）．こうしたことから，とくに熱帯林では，花外蜜腺の有無や誘引効果，誘引されるアリの種類相が，植物に対する植食者の加害状況を大きく左右し，さらに森林全体の生物群集の特性に強い影響を与えていると考えられている（Blüthgen et al. 2000）．

(b) アリ植物

　アリ種間には餌資源をめぐる競争だけでなく，営巣場所をめぐる激しい競争がある（Savolainen and Vepsalainen 1988; Hölldobler and Wilson 1990; Deslippe and

Savolainen 1995; Bestelmeyer 2000; Philpott and Foster 2005）．他のアリ種や同種の他コロニーによる巣への攻撃を防衛するうえで，防衛に好都合な閉鎖空間に営巣できるかどうかはコロニーの命運を左右する．アリの存在量が多く，好適な巣場所をめぐる競争が強くはたらいていると考えられる熱帯では，好適な巣場所が常に不足しているのだろう．熱帯には，茎や葉を変形させて小さな閉鎖空間を作り，それをアリに巣場所として利用させる「アリ植物」という植物がさまざまな分類群で進化している（Davidson and Mckey 1993; Mckey and Davidson 1993; Heil and Mckey 2003）．このような場所に営巣するアリは，花外蜜に誘引されるアリに比べて，侵入者に対してはるかに強い攻撃性を示す．すなわち，アリ植物に営巣するアリは，多くの場合すぐれた対植食者防衛を示す．

　アリ植物は大きく二つのタイプに分けられる．一つは，「栄養提供型」というべきもので，マメ科のアカシア属，セクロピア科のセクロピア属，トウダイグサ科のオオバギ属などにこのタイプのアリ植物が多様に分化している（Janzen 1966; Longino 1991; Young et al. 1997; Fiala and Maschwitz 1989）．このタイプの植物は，巣場所を提供するだけでなく，花外蜜や種類によってさまざまな形態をもつ食物体とよばれる栄養物を，共生するアリに提供していることが多い．このタイプの植物の多くは地表に根をおろしており，共生するアリに栄養分を与えることはあっても，アリからもらう栄養分はほとんどない（Sagers et al. 2000 はセクロピアの一種が共生アリから養分を供給されていると報告しているが，これについては検討を要する）．もう一方のタイプは「養分吸収型」というべきもので，多くは着生植物型のアリ植物に見られる．着生植物は乏しい空中土壌からわずかな無機塩などの養分を得ているにすぎないので，たえず土壌養分の欠乏状態におかれている．このタイプのアリ植物は，共生アリにはほとんど栄養物の供給を行わず，かわりに巣内に捨てられた餌の残滓や排泄物などに含まれる養分を巣場所の内部にある吸収器官から得ている（たとえば，Janzen 1974）．以下に，それぞれ二つのタイプのアリ植物上の栄養-防衛共生が，生物間相互作用網にどのような影響を与えうるのかについて，最近の研究成果を紹介しながら検討する．

栄養提供型アリ植物：このタイプには，それぞれのアリ植物に特殊化した

特定のアリ種が営巣（共生）するものが知られ，アリと植物が相互に強く依存して，両者の全個体がほぼ常に共生関係を結んでいる「絶対共生」に達しているものが多い（Davidson and Mckey 1993; Mckey and Davidson 1993; Heil and Mckey 2003）．とくに，共生アリが餌資源をアリ植物から供給される栄養にほとんど依存している系では，相互依存度が高く，アリ植物は対植食者防衛を共生アリに全面的に委ねている．

このようなアリ植物の代表的な例として，オオバギ属のアリ植物がある．オオバギ属の絶対共生型のアリ植物では，通常，共生アリの強い攻撃性によって，植食者が徹底的に排除されている（Fiala and Maschwitz 1989; Fiala et al. 1994; Itioka et al. 2000）．しかし，必ずしも植食者に対する防衛は完全ではなく，個体群内には加害をうける個体がみられる．あるオオバギ種では，攪乱を受けてから時間があまりたっていない初期の遷移段階にある森林地においては，特殊化の進んだ共生アリが消滅して，対植食者防衛能力の低いアリが営巣するようになる（Murase et al. 2003）．

オオバギの一部のアリ植物種では，キツツキ類が共生アリのコロニーを採餌するためにオオバギの茎を破壊することがある．このような破壊は，アリの防衛能力を極端に低下させてしまう．また，共生アリを捕食する別のアリ，クモ類，捕食性カメムシ類，トカゲ類などもしばしば見られ，これらの捕食により対植食者防衛の強度が低下する（Itioka et al. 未発表データ）．対植食者防衛が低下すると，通常は見られない広食性の植食者が急激に増加する（Itioka et al. 2000）．オオバギのアリ植物種は対植食者防衛を共生アリに依存しており，おそらくその代償として通常の植物が備えているような物理的あるいは化学的な防衛の強度が低くなっている（Nomura et al. 2000）．したがって，広食性植食者にとっては，共生アリが何らかの原因で著しく減少したり消滅したりしたオオバギは，きわめて利用しやすい資源になる．このように，アリ植物における栄養-防衛共生の変動は，植食者による寄主植物の利用様式の変化をとおして植食者にまで波及し，寄主植物と植食者の生存・繁殖過程に少なからぬ影響を与えているものと思われる．

オオバギ属のアリ植物を専食する植食者の一群に，シジミチョウ科のムラサキシジミ属（*Arhopala* 属）がある（Maschwitz et al. 1984）．この幼虫は，共生

アリに分泌物を与え，攻撃性をなだめて手なずけ，アリによって排除されることなくオオバギの葉を摂食することができる．共生アリはムラサキシジミの幼虫に随伴するので，結果的には，ムラサキシジミの幼虫の天敵を排除することになる．このようにして，オオバギのアリ植物を利用するこれらのムラサキシジミは，アリとオオバギの栄養-防衛共生に入り込んだ「寄生」種である．それらは個々のオオバギ種に対して特殊化が進んでおり，1種のムラサキシジミが利用できるオオバギ種はきわめて狭い範囲に限られている．オオバギの種間では，共生アリによる防衛とアリ以外の物理的あるいは化学的な防衛の強度の組み合わせが異なっており，2種類の防衛手段の強度には負の関係が認められる（Fiala et al. 1994; Heil et al. 1998; Itioka et al. 2000; Nomura et al. 2001）．おそらくこの組み合わせの違いに適応する必要があったために，ムラサキシジミの専食化が進んだものと推定される．興味深いのは，随伴する共生アリがムラサキシジミの天敵に振り向ける防御をかいくぐって，ムラサキシジミを攻撃する捕食寄生者が同所的に複数種おり，それらのムラサキシジミに対する選好性が捕食寄生者の種間で異なっていることである（Okubo et al. 2009）．これらの捕食寄生者の寄主利用は，これまで述べてきたようなアリ-オオバギ間の相利共生の強度の時間的・空間的な変化に反応して変わる可能性がある．なぜなら，これらの捕食寄生者の寄主選好性は，それぞれの寄主に随伴するアリの防衛強度の違いと強く関わっている可能性が高いからである．先に述べたように，オオバギ種間ではアリ防衛の強度が異なっている（Itioka et al. 2000）．

　アリ植物に共生するアリの多くが，光などをめぐって競合する植物，とくにアリ植物に絡まって登ろうとするつる植物を除去する．これは，つる植物を通って巣場所に侵入しようとする他のアリを未然に阻止して巣場所を防衛するという効果と，アリ植物個体の光合成の阻害を防ぐという効果をもつ（Davidson et al. 1988; Suarez et al. 1998; Stanton et al. 1999; Yumoto and Maruhashi 1999; Federle et al. 2002）．アリ植物の共生アリ以外にも見られる，先に述べた樹上営巣性のアリが示す植生改変効果と同様のこうしたアリの行動は，周囲の植物の成長や生存さらには周囲の植生の特性に大きな影響を与えるだろう．

　植物がアリに与える報酬は，光合成によって生産することができる栄養分

の量に大きく依存する (Davidson and Fisher 1991). いくつかのアリ植物では, 光環境の違い (Folgarait and Davidson 1994; Kersh and Fonseca 2005) や土壌中の養分量の違い (Folgarait and Davidson 1995; Linsenmair et al. 2001) によって, アリに配分される栄養分の量が変化する. アリへの報酬の変化は, アリの防衛強度の変化をもたらし, 植食者の活動に影響を与える可能性がある. こうしたアリ植物をとりまく植生や土壌環境の変化が, アリ植物とその共生アリの変化をとおして, 周囲の生物へ与える影響も興味深い問題である.

アリ植物上のアリの攻撃性が植食者の侵入や加害によって強化され, 以後の植食者の侵入に対してより過敏に, より激烈に防衛行動を示すようになることが知られている (Agrawal 1998a; Agrawal and Rutter 1998; Agrawal and Dubin-Thaler 1999). このような, 植食者の侵入や加害によって誘導された共生アリの攻撃性の強化は, 植物の物理的・化学的防衛における誘導反応 (Karban and Myers 1989; Karban and Baldwin 1997) と同様に, 利用期間の異なる植食者間に寄主植物を介した間接的な相互作用 (Karban et al. 1987; Denno et al. 1995, 2000) を生みだす.

養分吸収型アリ植物：東南アジアに見られるアリノスダマ (*Hydnophytum* 属と *Myrmecodia* 属) とよばれるアリ植物では, 肥大した茎の内部に迷路のように入り組んだ空隙がつくられ, そこに共生アリが営巣している. 共生アリは植物から離れて採餌活動を行い, 餌を巣に持ち帰る. 運ばれてきた餌の一部は, コロニーの老廃物や排泄物とともに巣内に貯蔵される. 植物は貯蔵物に含まれる窒素などの養分を, 巣内の内壁にある特別な器官をとおして吸収している (Janzen 1974; Huxley 1978). アリノスダマの他にも, 共生アリが持ち込んだ餌に由来する養分を利用する養分吸収型のアリ植物もいくつか知られている (Treseder et al. 1995; Fischer et al. 2003). 養分をアリの採餌活動に依存している養分吸収型のアリ植物では, 共生アリが持ち帰る餌の量や質によって成長が大きく左右される可能性がある. しかし, アリの採餌活動量や効率とアリ植物の成長量の関係についてはほとんどわかっていない. ましてや, アリ植物を利用する植食者との関係についてもほとんど調べられていない.

アリノスダマの共生アリが運んできた栄養分を横取りしようと, 巣の中に根をしのばせてくる寄生的な着生植物が知られている (Janzen 1974). このよ

うな植物の生存や成長に及ぼすアリ植物共生の変化の効果や，そうした植物に対する植食者の加害活動への影響，あるいは，寄生種が逆にアリ植物共生に及ぼす影響などの効果の評価はこれからの課題である．

(c)「2者系の共進化」から相互作用網へ

以上見てきたように，アリ植物と共生アリのあいだの相利関係の強さには，時間的・空間的な変異が存在するのは間違いない．オオバギ以外のアリ植物においても，共生アリの攻撃をかいくぐったり，攻撃性が何らかの原因で弱まったりしたときをねらうなどして，アリ植物を利用しようとする植食者や共生アリを直接攻撃しようとする捕食者，アリ植物と光などの資源をめぐって競争関係にある植物などが存在する．アリ植物共生系に連なる，そうした多くの生物の個体群過程や群集構造を正しく把握するためには，相利共生系の時空間変動がそれらの生物との相互作用にどのような影響を与えているのかを，今後解明していかなくてはならない．

アリ植物には共生アリとの関係が絶対共生に達するほど非常に緊密なものが多く，共生相手なしでは生存できない種も少なくない．このような特殊化が進んだ相利共生系（共進化系）は，進化生物学的な観点から多くの研究者の興味をひきつけ，その起源や進化過程と維持機構，共生者間の利害対立，共生に見られる特異性と相互依存関係の強さを決める要因などについて数多くのすぐれた研究がなされてきた (Bronstein 1998; Heil and Mckey 2003)．しかし，アリ植物が周囲の群集に与える影響についての研究は，最近徐々に盛んになりはじめてはいるが，これまで多くの関心を集めてこなかった (Heil and Mckey 2003)．とくに，多くのアリ植物が分布する熱帯域においては，群集の多様性創出や維持に果たすアリ植物の役割が今後明らかになってくるだろう．

(d) 送粉共生系への影響

巣内での菌類や病原菌の蔓延を防ぐために，ほとんどのアリは体表にある腺器官から抗菌作用のある物質を分泌している．この抗菌物質は，花粉管の伸張に悪影響を及ぼすといわれており (Beattie et al. 1985)，そのことがアリに

送粉者としての役割を果たす種類がほとんどいないことの理由の一つであると考えられている（Beattie et al. 1984, 1985）．花周辺で活動しているアリを送粉者が忌避し，そのために送粉効率が低下してしまう場合がある（Tsuji et al. 2004; Gaume et al 2005）．この送粉への悪影響を回避しようと，植物のなかにはアリを花から遠ざけるために，花序の特定の部分からアリに対して忌避効果を示す物質を分泌したり（Feinsinger and Swarm 1978; Ghazoul 2001; Nicklen and Wagner 2006），花粉を放出し送受粉が生じる時間帯に合わせて，花序から離れた場所にある花外蜜の分泌量を増やしてアリを遠ざけたり（Willmer and Stone 1997; Raine et al. 2002）しているものもある．

　花の近辺で活動するアリや送粉者の種類の違いによって，訪花や送粉がアリから受ける影響は異なるだろう．しかし，どのようなアリがどの植物のどの送粉者に対してどのような効果を与えるかについては，十分に調べられていない．先に述べたように，アリと送粉者とのあいだに接触がなくとも，送粉者の行動が影響を受けているかもしれない．アリによる対植食者防衛が送粉者間の資源をめぐる競争や送粉者群集の資源利用様式に与える効果は，今後解明すべき興味深い課題である．

(2) 半翅目昆虫との栄養-防衛共生

　半翅目（Hemiptera）昆虫に属するアブラムシ・カイガラムシ・ヨコバイ・ツノゼミ類などは，おもに師管を流れる師管液を吸汁している．師管液には光合成産物である糖が大量に含まれているが，これらの昆虫の成長にとって必要な一部のアミノ酸はほとんど含まれていない．そのために，彼らは大量の師管液を吸汁して必須アミノ酸を得ようとする（Dixon 1998; Stadler and Dixon 2005）．その際に捨てられる高濃度の糖分を含んだ大量の排泄物は「甘露（honeydew）」とよばれ，多くのアリはこの甘露を餌として利用する（Way 1963; Buckley 1987; Hölldobler and Wilson 1990; Stadler and Dixon 2005）．一部のアリは，甘露を生産する半翅目昆虫に随伴して，持続的に生産される甘露を継続して採餌する．随伴するアリは，多くの場合，半翅目昆虫に接近する侵入者に攻撃を加えて排除する（Way 1963; Buckley 1987; Bristow 1991; Ito and Higashi 1991; Seibert 1992; Itioka and Inoue 1996a, b, c）．このようにして，アリと半翅目

昆虫のあいだの栄養-防衛共生が成立する．

　アリ-半翅目昆虫間の栄養-防衛共生では，共生種の組み合わせに見られる種特異性は，絶対共生化が進んだごく一部の場合（移牧アリ（Maschwitz and Hänel 1985）やアリノタカラ（Williams 2004）など）を除いて小さく，お互いに複数の種を共生相手としていることが多い（Buckley 1987; Stadler and Dixon 2005; Blüthgen et al. 2006）．そのため，どの種類が共生相手となるかは時と場所で違っており，それによって相利関係の強さや受ける利益は大きく異なっている（Itioka and Inoue 1999; Del-Claro and Oliveira 2000; Stadler et al. 2002; Kaneko 2003a, b; Katayama and Suzuki 2003a; Suzuki et al. 2004）．また，寄主植物の特性や半翅目昆虫の示す属性（たとえば，生産する甘露の量と質，密度や集団サイズなど）によってもアリの随伴強度あるいは捕食者に対する攻撃性が大きく変化する（Breton and Addicott 1992; Bonser et al. 1998; Fischer et al. 2002; Katayama and Suzuki 2003a; Floate and Whitham 1994; Itioka and Inoue 1996a; Sakata 1999; Völkl et al. 1999; Morales 2000; Morales and Beal 2006）．

　植物との栄養-防衛共生のように，なわばりを形成するアリが侵入者や餌となる生物に対して攻撃行動を示すので，半翅目昆虫の捕食者を利用するさらに上位の捕食者や，同じ寄主植物上に現れる他の生物もアリによって排除される．他の植食者を攻撃してそれによる食害を減少させる効果が高い場合には，半翅目に随伴するアリが寄主植物の成長にとって有利な効果を間接的に与える（Messina 1981; Ito and Higashi 1991）．このような場合，半翅目昆虫の増加によって随伴アリが増える傾向があると，前者の増加が寄主植物へ直接与える被害の増加をもたらす一方で，後者の増加がそれにともなう他の植食者の減少によって寄主植物の被害を減少させる．逆に，随伴アリの増加にともなって，寄主植物に接近する他の捕食者が減少する場合（Mooney 2006）には，半翅目昆虫による加害の増加と捕食者の減少による他の植食者の増加が相乗的にはたらいて，寄主植物に大きな負の効果がもたらされる．また，半翅目昆虫の捕食寄生者と高次の寄生者・捕食性昆虫との相互作用や，捕食者間に潜在的にはたらくギルド内捕食（intraguild predation: Polis and Holt 1992; Holt and Polis 1997）をともなう種間競争は，随伴アリが示す排除行動に大きく規定されている．天敵の種類によって随伴アリによる排除効果は異なり，すば

やい逃避行動やアリの同巣個体認識フェロモンを獲得することによって，アリの攻撃を回避する寄生蜂などがしばしば現れる（Takada and Hashimoto 1985; Kaneko 2002）．随伴アリの攻撃を回避できる半翅目昆虫の捕食寄生者は，アリの半翅目昆虫への随伴によって生じる他の捕食者や高次寄生蜂の攻撃を受けない空間（enemy-free space: Jeffries and Lawton 1984）を利用することができる（Völkl 1992; Kaneko 2002）．先に述べたようにアリの随伴と攻撃の強度はさまざまな環境要因によって変化する．また，ここで述べたように，アリと半翅目昆虫間の栄養–防衛共生には複数の天敵間の複雑な相互作用が絡んでくる．さらに，甘露を生産する半翅目昆虫を含めた植食者全体の存在様式やそれぞれの種の加害様式と密度，捕食者の種類相と量も環境要因の違いによって時間的空間的に大きく変異している．こうしたさまざまな変異が，異種生物に対するアリの排除行動が寄主植物を中心とする生物群集の構成種に与える効果に大きな影響を及ぼしている（Völkl 1992; Wimp and Whitham 2001）．

Wimp and Whitham（2001）は，アブラムシとアリの栄養–防衛共生に見られる時空間的な変異が，寄主植物に集まる他の植食者や捕食者などを含む生物群集の種構成を大きく変えることを示した．アブラムシのわずかな形質の差がアリの随伴程度を変化させ，それが群集全体に波及するという事例で，アリが群集全体にはたらきかける作用の潜在的な強さを示している．

一方，半翅目以外の植食者による寄主植物への食害は，光合成活動の低下や誘導防衛反応などの寄主植物の質の変化をもたらし，それがアリの随伴する半翅目昆虫の密度あるいは甘露の量や質を大きく左右することがある（Cushman and Whitham 1989; Dixon 1998; Wimp and Whitham 2007; ただし，Hembry et al. 2006）．このような間接効果に注目すると，植食者の食害が植物の質の変化を経由してアリと半翅目間の栄養–防衛共生を変化させ，さらにその影響が群集内の他の多くの生物に波及していくことも考えられる（本巻5章参照）．

甘露をもとめて半翅目昆虫に随伴するアリは，必ずしも共生相手に利益を与えるわけではない．アリと半翅目昆虫のあいだに利害対立が生じているのがふつうであり（Sakata 1994, 1995, 1999; Stadler and Dixon 1998, 1999, 2005; Fischer and Shingleton 2001; Stadler et al. 2001），利害対立をめぐってアリの栄養

要求や半翅目の分泌する甘露の量や質は微妙に変化し（Yao et al. 2000; Yao and Akimoto 2001, 2002），これにともない，相利共生の強さや状態は常に変化している．半翅目が提供する利益やアリの栄養要求などの種間変異や時空間的な変化に応じて，アリは半翅目昆虫に対して捕食や排除といった敵対的な行動をしばしば示す（Sakata 1994, 1995; Offenberg 2001）．提供される甘露の量が少ない場合には，それまで共生していた半翅目昆虫を攻撃して捕食することさえある．また，共生相手となるアリをめぐって甘露を生産する半翅目昆虫の種間に競争が生じることもある（Cushman and Addicott 1989; Sakata and Hashimoto 2000; Fischer et al. 2001）．このような相利共生における相互依存度の変化や，相利共生から敵対行動への変化は，相利共生から派生する他の生物との相互作用系にもさまざまな影響を与えるであろう．

以上のように，栄養（甘露）と天敵に対する防衛を交換するアリと半翅目昆虫の相利共生関係は，それを中心とする生物群集内の相互作用網に重要な間接効果を与えるだけでなく，アリが他の相互作用から受けた間接効果をさらに他へ伝える役割も果たしている．アリ−半翅目共生系に連なる相互作用網を含む生物群集の解析には，この相利系のはたらきに十分注意を向けなければならない．

(3) 栄養−防衛共生をめぐる植物と半翅目昆虫の対立

花外蜜腺をもつ植物に甘露を分泌する半翅目昆虫が発生することがある．このような状況では，栄養−防衛共生の相手となるアリをめぐって植物と半翅目昆虫のあいだに利害対立が生じる可能性と，逆に，花外蜜と半翅目昆虫の分泌する甘露の総量の増加によって随伴するアリ数が増加して，双方の防衛効果がともに大きくなる可能性がある（Becerra and Venable 1989, 1991; Engel et al. 2001; Katayama and Suzuki 2003b; Gaume et al. 2005）．アリをめぐる競争がはたらくような状況では，アリがどちらを選好するかによって植物と半翅目昆虫が受ける効果は大きく異なり，食物網全体の構造も異なってくるだろう．半翅目昆虫の甘露にアリが誘引されて半翅目昆虫ばかりを防衛し，花外蜜に誘引されるアリが減ってアリが防衛しない植物上の領域が増えると，寄主植物への他の植食者が増えて寄主植物が被害を受けるかもしれない．半翅目昆

虫は，花外蜜のアリ誘引効果に便乗することで，防衛効果のあるアリを誘引するために払っている経費（Yao et al. 2000）を節約している可能性もある．また，植物側も半翅目昆虫の存在によって花外蜜の量を調節しているかもしれない．

以上のように，花外蜜と甘露を生産する半翅目昆虫が同じ植物上に共存する場合，3者のあいだにはさまざまなタイプの利害関係の対立や協同が考えられ，周辺の生物群集はまったく異なる影響を受けることが予想される（図2）．半翅目昆虫と植物が協同してアリを誘引する効果を相乗的に高めると，その植物周辺に現れる捕食者と他の植食者の両方の個体数や種数が減り，群集の多様性は低下する．半翅目昆虫と植物のあいだにアリをめぐる競争がはたらくと，植物が優位にたった場合には半翅目昆虫を餌として利用する捕食者は増加し他の植食者は減少するが，半翅目昆虫が優位にたった場合はこの増減が逆転する．実際には，この3者間には，半翅目昆虫の吸汁による植物への加害や，花外蜜への資源配分と植食者に対する化学防衛への資源配分の植物内部におけるバランスの可塑的変化，半翅目昆虫に誘引されたアリによる植食者に対する間接的な忌避効果などもはたらいており，これらの影響もこれらをとりまく生物群集に及ぶだろう．環境の異質性に対して食性や行動を可塑的に変化させることのできるアリは，花外蜜と甘露の双方の質や量，空間配置などの違いにも柔軟に反応して行動を変化させている（Sakata 1994, 1995; Sakata and Hashimoto 2000）．その詳細は今後の研究課題である．また，アリを中心に，花外蜜を介した植物との栄養-防衛共生と，甘露を介した半翅目昆虫との栄養-防衛共生の二つが関わることにより，両者のあいだの相互作用系は互いに影響を与えあって変動し，さらにその変動が周囲の生物群集に大きな効果を与えることが予想される．

シジミチョウ類には，半翅目と同様に，アリとのあいだに栄養-防衛共生を成立させている種類が多く含まれている．アリと半翅目昆虫の栄養-防衛共生と類似の現象が見られ，数多くの研究がなされている（Pierce et al. 2002）．共生相手のアリ種によって防衛効果が異なるうえ，アリの巣内に入り込んでその幼虫などを摂食するシジミチョウもおり，アリに利益を与え相利的な関係を示すものから寄生者としてふるまうものまで多様な種が見られる．半翅

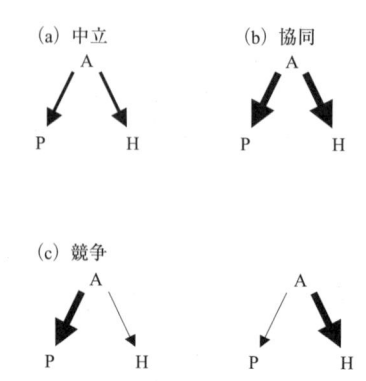

図2 アリをめぐる，植物と半翅目昆虫の利害関係．
花外蜜を分泌する植物（P）とその植物を寄主として甘露を分泌する半翅目昆虫（H）の栄養-防衛共生の相手となるアリ（A）の随伴強度が互いの存在に影響されることなく決まる場合，両者の関係は中立(a)である．花外蜜と甘露が相乗的にアリを誘引する効果を高めると，それぞれが独立にアリを誘引するよりも多くのアリを誘引することができる（協同(b)）．いずれか一方がより多くのアリを誘引し，他方へ随伴するアリの数が減る場合，両者は共生相手のアリをめぐって競争関係(c)にある．

目と同様に，アリと共生するシジミチョウの多くは植食性なので，アリの防衛効果の変異がシジミチョウ-寄主植物をとおして他の生物へ間接的に波及する可能性がある．シジミチョウのなかには，アリと共生する半翅目昆虫などを餌とする種類もおり，複雑な栄養-防衛共生がもたらす群集への効果は非常に興味深い．

5 種間競争を介した侵入アリによる生態系の攪乱

これまでに見てきた，アリが関与するさまざまなタイプの種間相互作用や，他の生物種間相互作用に間接的な効果をもたらすアリのはたらきは，アリの種によって効果の大きさや様式が異なってくる．体サイズ，採餌様式，営巣様式，コロニーサイズ，攻撃性，空間占有性，生活史などはアリの種類によって異なっており，同じタイプの相互作用に関与していても，その強さや相互作用の特性は異なるはずである．したがって，アリと直接あるいは間接に相互作用をもっている生物がアリから受ける効果は，アリ群集の種構

成，構造，利用空間の分割様式などによって異なってくるだろう．

　先に述べたように，アリの種間にはふつう激しい競争がはたらいている（Fellers 1987; Hölldobler and Wilson 1990）．環境要因の変動やアリ群集に与える他の生物からの影響，たとえばアリの捕食者やアリの餌資源の一部となる生物の量や質の影響を受けて，アリ種間の競争の優劣も変化する．アリ種間の競争の帰結は，アリの群集構造の決定に大きく関わり，他の生物との種々の相互作用に関与するアリ種も競争の結果に大きく左右されるだろう．したがって，アリの種間競争は，アリが直接あるいは間接に関与する生物相互関係の状態や相互作用網の構造や機能に大きな影響を与える可能性がある．たとえば，アリ種間の競争によって，半翅目昆虫の共生相手となる随伴アリの種が入れ替わると，半翅目昆虫の天敵に対するアリの効果が変化したり（Itioka and Inoue 1999），花外蜜と半翅目昆虫を含めた蜜源をめぐってアリ種間に競争がはたらき，それが群集構造に影響を与えることも示唆されている（Blüthgen and Fiedler 2004b）．このように，アリの種間競争とアリをとりまく相互作用網や環境はそれぞれ影響を及ぼしあい，その影響はフィードバックしてそれぞれの特性に変化をもたらしていると考えられ，その動態は興味深い．

　アリ食性の捕食性アリであるヒメサスライアリ（Hirosawa et al. 2000）やアリを捕食する脊椎動物は，アリ種間の競争関係やアリ群集の構造に大きな影響を与える．しかし，その詳細については十分に解明されていない．ましてや，アリに対する捕食によってもたらされたアリ群集の変化が，これまで述べてきたようなアリの要石制御者としての機能にどのような影響を及ぼし，生態系内の他の相互関係にどのように波及していくのかという問題は今後解明されなければならない大きな課題である．

　アルゼンチンアリ（*Linepithema humile* Mayr），ヒアリ（*Solenopsis invicta* Buren），アシナガキアリ（*Anoplolepis gracilipes* Smith）などをはじめとする多くのアリが原産地を離れて世界各地に侵入し，侵入先の生態系に多大な影響を与えている（Williams 1994; Holway et al. 2002）．これらの侵入アリは，在来アリ種を種間競争によって排除しながら分布を広げ，在来種が占めていたニッチに入り込んで，他の生物との相互作用を変えてしまう．しばしば在来種に比べて

高い捕食能力を発揮し，さまざまなニッチを占める幅広い分類群の在来生物の個体数を劇的に減らし，ときには局所的絶滅を引き起こす (Suarez et al. 2005)．また，花外蜜をもつ植物や半翅目昆虫などをはじめとする昆虫類との栄養-防衛共生系の相手となって，その系の状態を変える (Helms and Vinson 2002; Kaplan and Eubanks 2005) ほか，種子散布や送粉系にも影響を与える．さらに，それらの系に連なる別の生物間相互作用をとおして，在来生物群集の幅広い生物種に間接的な，しかし時に重大な影響を与える．たとえば，ヒアリは侵入先に生息する植物上のアブラムシと栄養-防衛共生を結ぶので，ヒアリが植物上の節足動物群集に与える排除効果や個体数の制御効果はアブラムシの存在によって増幅される (Kaplan and Eubanks 2005)．アシナガキアリが侵入したインド洋の孤島では，侵入前には大量に発生していたカニの一種がアリによって排除され，カニが制御していた樹種の実生が繁茂するようになったため，森林植生が大きく変化してしまった (O'Dowd et al. 2003)．このように，アリの侵入による在来生物群集の多様性の喪失や大きな構造の変化がしばしば生じており (Holway et al. 2002; Ness and Bronstein 2004; Causton et al. 2006)，はからずも，アリが生物群集の構造決定において，きわめて大きな影響力をもっていることを示す結果となっている．侵入アリの問題に対処するためには，アリが生物間相互作用網において多面的で可塑的な機能を果たすことを考慮して，幅広い地域において相互作用網の複数の経路に与えるアリの多様な間接効果を見きわめる必要があるだろう．

6　今後の展望

　Ohgushi et al. (2007b) は，他の生物による植物への作用が植物の形質変化を引き起こし，それが群集の構造や生物多様性の決定要因として重要な影響力をもっていることを豊富な事例をもって強調している (本巻5章参照)．確かに植物への非致死的な効果とそれにともなう形質変化は，多様な間接作用を含む変化に富んだ生物間相互作用を生み出し，生物群集の多様性創出に大きく貢献しているだろう．以上見てきたように，アリは，①個体数や存在量

が多い，②可塑性に富む幅広い食性をもつ，③集団生活を営みしばしば広い空間を占有する，④多様な生物と相利共生関係を結ぶ，といった数々の特徴を備え，陸上の生物群集のなかで独自の地位を築いている．アリは統合されたコロニー生活を送り，環境の変動，とくに相互作用の相手に生じた変化に対応して柔軟に行動を変えることができる．こうした性質は，植物が示す非致死的（非栄養的）作用にともなう形質変化に類似するものである．また，しばしば，アリは大型のコロニーを形成し，単独生活を送る動物では考えられないような多面的な活動を同時に行っている．一つの大型コロニーは広い採餌空間やなわばり空間のあちらこちらで，同時に多種の生物とのあいだに相互作用を生みながら，営巣活動や採餌活動を行っている．これは，一つの植物の異なる部位に生息する生物（とくに植食者）が，その植物を介在して間接的に相互作用するというしくみに類似している．

　これまで，真社会性の動物であるアリは，おもに社会生物学の中心的な研究対象であった．同時に，その集団生活を高度に制御・統合するしくみを解明しようと生理学的，行動学的な研究も数多くなされてきた．しかし，アリが生物群集あるいは生物間相互作用網のなかで果たす役割については，古くから多くの関心を集めてきたとはいえ，決して中心的な研究課題ではなかった．近年，ようやく，アリがもつ陸上生物群集のキーストン種としての機能に注目が集まりつつある．その生物多様性の圧倒的な豊かさによって社会的関心の高まりつつある熱帯雨林には，とくにアリの種類や量が多く，世界中で深刻化する生物の移入種の問題にアリが深く関わっている．生物群集や生態系の機能を深く理解しようとする試みのなかで，アリがもつ多面的な生態的機能の解明は，今後ますます重要性を帯びてくるに違いない．

第5章

食物網から間接相互作用網へ

大串隆之

Key Word

間接効果　非栄養関係　相利片利関係　生物多様性
相互作用ネットワーク

> 　生物群集の構造は，これまで食う食われる関係に基づく「食物網」ネットワークによって理解されてきた．このため，食物網に描かれていない非栄養関係・(形質を介する)間接効果・相利片利関係が，生物群集の構造を決める役割についてはわかっていない．しかし，自然生態系では，これらは生物多様性の維持と創出に不可欠な関係である．筆者は植物の「被食による形質の変化」に注目して，食物網にこれらの関係を組み込んだ「間接相互作用網」という考え方を提唱した．陸上植物の上では，被食による植物の成長や質の変化が，それを利用する節足動物のあいだに思いがけない相互作用の連鎖を作り出し，生物群集の多様性と複雑性を増大させている．それは，植物の変化が多くの間接相互作用・非栄養関係・相利片利関係を生み出し，新たなニッチを創出しているからである．さらに，時間的・空間的に住み分けている生物や系統的に異なる生物も，植物を介して，互いに影響しあっていることがわかってきた．生態系は，生物間相互作用の連鎖が頻繁に生じることで，多様性を自ら生み出しつづける，いわば「生物多様性の自己増殖」システムである．この見方は，生態系と生物多様性のつながりの解明を目ざす研究の，新たな方向性を示している．

1 はじめに

　この地球上に生息する数多くの生物は，捕食・被食・競争・相利・片利などさまざまな関係で結ばれており，このような生物間の相互関係が絡みあって生物群集が作られている．生物間相互作用の解明は，生物群集はもとより，適応進化，個体群動態，生態系機能，生物多様性を理解するためにも避けては通れないとりわけ重要な課題である（Paine 1980; Hunter and Price 1992; Chapin et al. 2002; Berlow et al. 2004; Weisser and Siemann 2004; Borer et al. 2005; Thompson 2005; de Ruiter et al. 2005; Callaway and Maron 2006）．

　生態系は，エネルギーや物質が循環する自然のシステムであると考えられている（Chapin et al. 2002）．このため，自然生態系における生物の相互作用ネットワークの研究では，エネルギーや物質の循環を作り出している食物連鎖のネットワーク，つまり食物網（food web）が対象とされてきた（Pimm 1982; Polis and Winemiller 1996）．食う食われる関係（栄養関係）に基づく食物網の研究によって，生態系の構造，安定性，機能に関する理解が大きく進んだことはいうまでもない．しかし，生物間の相互作用はこれだけではない．それ以外の非栄養関係，たとえば，資源をめぐる種間競争や相利片利関係は生物群集の中でもごくふつうに見られる関係であり，食う食われる関係よりも卓越していることさえある．ところが，これらの非栄養関係は，従来の食物網ではほとんど取り上げられることはなかった．ようやく最近になって，植物と送粉者（Memmott and Waser 2002; Jordano et al. 2006）やアリと植物（Guimarães et al. 2006）による相利関係や寄生者と宿主（Lafferty et al. 2006a）が作り出す相互作用の多様なネットワークが明らかになりはじめた．さらに，後述するように，1990年代以降，第三者の密度の変化を介した間接効果（たとえば，見かけの競争（apparent competition）や栄養カスケード（trophic cascade）など）の生物群集に果たす役割が認識されるようになり，その重要性を明らかにした理論研究や実証研究が飛躍的に発展してきた（Holt and Lawton 1994; Wootton 1994a, 2002; Menge 1995; Abrams et al. 1996; Pace et al. 1999; Polis et al. 2000; Morris et al. 2004）．このため，食物網研究においても，密度の変化を介した間接効果

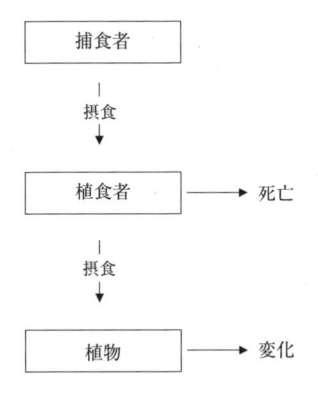

```
        ┌─────────┐
        │ 捕食者  │
        └─────────┘
             │
             │ 摂食
             ▼
        ┌─────────┐
        │ 植食者  │──────▶ 死亡
        └─────────┘
             │
             │ 摂食
             ▼
        ┌─────────┐
        │  植物   │──────▶ 変化
        └─────────┘
```

図1 動物と動物の食う食われる関係と動物と植物の食う食われる関係の違い．
食べられた後の結果に注目．

が注目されるようになってきた（van Veen et al. 2005）．最近になって，被食者の行動や形態などの形質の変化にともなう間接効果が非栄養関係を生み出し，それが生物群集の複雑なネットワークを形づくる可能性が指摘されはじめた（Werner and Peacor 2003; Ohgushi 2005, 2008; Ohgushi et al. 2007a）．このため，従来の食物網研究では無視されてきた相互作用が，生物群集を作り出し，ひいては，生物多様性を維持し促進するうえできわめて重要な役割を担っていることが指摘されている（Power et al. 1996b; Stachowicz 2001; Berlow et al. 2004; Ohgushi 2005; Thompson 2005; Boogert et al. 2006; Hudson et al. 2006; Bascompte et al. 2006; Ohgushi et al. 2007a）．つまり，食物網は，自然界で普遍的に生じており，生物群集の構造を形作るうえで不可欠な①形質を介した間接効果と②非栄養関係が組み込まれておらず，生物間相互作用ネットワークを理解するためには，きわめて不十分といわざるをえない．

　陸上生態系では動物同士の食う食われる関係と動物と植物の食う食われる関係のあいだには大きな違いがある（図1）．それは食べられた後の変化だ．動物は捕食者に食べられると死んでしまう．ところが，植物は食べられてもめったなことでは死なず，そのかわりにさまざまな形質，たとえば二次代謝物質・窒素・炭素の量，成長パターン，形態，フェノロジーなどを大きく変える（Karban and Baldwin 1997）．植物は昆虫の食害に反応して，防衛化学物質であるアルカロイドやフェノールを作り出し，その後の攻撃に備える．これ

は，植食者が誘導する防衛反応（herbivore-induced defense）としていまでは広く知られている（Karban and Baldwin 1997; Agrawal 1998）．植物の誘導防衛反応の研究が盛んになるにつれ，食べられた後の形質の変化は，木本，多年生草本，1年生草本，被子植物，裸子植物，シダ植物にいたるまでさまざまな生活型の植物で頻繁に起こっていることがわかってきた．一方，植物の上には多くの節足動物やその捕食者が生息しており，被食に対する植物の変化がこれらの生物群集に大きな影響を与えている可能性がある．

　本章では，陸上植物の上の生物群集の相互作用ネットワークを例にとり，植食者が誘導する植物の変化による間接効果が生物群集の構造をどのように作り出しているか，を明らかにする．とくに，陸上生態系の基盤生物である植物が支える生物群集において，植物の形質の変化によって生み出される間接効果の役割に焦点をあてたい．このため，とくにことわらない限り，本章で扱う間接効果は「密度」の変化ではなく，「形質の変化」に基づく間接効果である．さらに，生物多様性の維持と創出の過程における相互作用ネットワークの意義についても考えてみたい．ここでは主として，植物と昆虫の相互作用を対象にした．それは，両者の間には多様な食う食われる関係が知られており，昆虫の利用による植物の形質の変化がもっともよくわかっているからである．

2　生物間相互作用のネットワークを生み出す間接効果

　2種類の生物間の関係は第三種の介在によりしばしば変更されることがあり，これを2種間の直接効果（direct effect）に対して，間接効果（indirect effect）とよぶ．つまり，間接効果とは3種以上からなる相互作用系に特有の効果であり，2種間の相互作用では間接効果は決して生じない．被食・捕食や競争などもっぱら2種間の関係を扱ってきた従来の生態学では，ほとんど注目されなかった関係だ．しかし，複数の種が互いに影響を与えあっている自然生態系では，このような間接効果がむしろ一般的であることは容易に想像できる．1990年代から生物群集を形づくるうえでの間接効果の役割が注目され

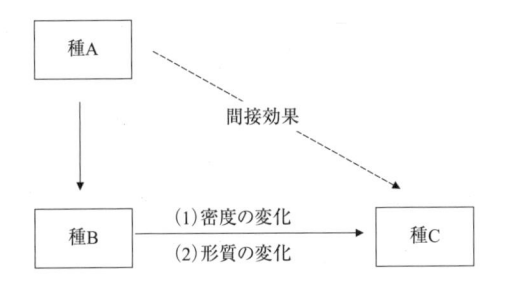

第5章　食物網から間接相互作用網へ

図2　二種類の間接効果.
(1) 密度を介する間接効果，(2) 形質の変化を介する間接効果.

はじめ，この研究分野は飛躍的に発展してきた（Strauss 1991a; Holt and Lawton 1994; Wootton 1994, 2002; Menge 1995; Abrams et al. 1996）．今日では，間接効果の解明なくしては生物群集を理解することはできない，という認識が広がりつつある．

間接効果が生じるメカニズムには，第三種の密度の変化によるものと，行動・生理・形態といった個体の形質の変化によるものものの二つに分けられる（図2）．密度を介する間接効果 (density-mediated indirect effect) とは，A種がB種の密度を変化させ，B種の変化がC種の密度や適応度を変化させる場合の，A種がC種に与える効果のことである．これに対して，形質を介する間接効果 (trait-mediated indirect effect) とは，A種の作用によりB種の形質が変化し，B種と関係するC種の密度や適応度が変化する場合の，A種がC種に与える効果である．これまで理論的・実証的な研究が進んでいる栄養カスケードや見かけの競争は，密度を介する間接効果の代表例だ（Holt and Lawton 1994; Pace et al. 1999; Polis et al. 2000; Bonsall and Hassell 1997; Morris et al. 2004; Knight et al. 2005）．これに対して，形質を介する間接効果の生物群集における重要性は広く認められているにもかかわらず（Werner and Peacor 2003; Schmitz et al. 2004; Ohgushi 2005; Ohgushi et al. 2007b），野外での実態の解明は大きく遅れている．これは，形質の変化による効果を明らかにするためには，野外でのパターンの検出のみならず，そのメカニズムを特定するための巧妙な操作実験が必要になるからである．ようやく最近になって，被食者の形態や行動の変化による捕食リスクの軽減（Werner and Peacor 2003; Schmitz et al. 2004; Preisser et al. 2005; Prasad and Snyder 2006; Kishida and Nishimura 2006）や植食者の食害による植物間の競争関係の変化（Callaway et al. 2003; Rand and Louda 2004; Russell and Louda 2005）などが明らかになってきた．しかし，被食によっておこる植物の形質の変化が，その後に植物を利用する生物の生存や繁殖に大きな影響を与えること，そしてその普遍性と生物群集における重要性が指摘されはじめたのは，つい最近になってからである（Ohgushi 2005）．

3 植食者が誘導する植物の変化

　植物は植食者に食べられても死ぬことはめったにないが，その後で防衛化学物質や成長パターンなどを変化させる．この形質の変化とその大きさは，時間的・空間的に変異が見られる．形質の変化は個葉から茎，枝，幹，花，種子などの各器官だけでなく植物全体にまで及ぶこともあり，持続する期間も数日から数年にわたる．このような被食による植物の形質の変化は，言い換えれば，環境ストレスに対する生物の反応，つまり表現型可塑性（phenotypic plasticity）である．被食後の植物の変化についてはすぐれた総説があるので（Karban and Baldwin 1997; Strauss and Agrawal 1999; Denno and Kaplan 2007），詳細はそちらに譲り，ここでは簡単に触れるにとどめたい（表1）．

(1) 誘導防衛反応

　植物が食害を受けると，アルカロイドやフェノールなどの二次代謝物質を生産することはよく知られている．これらの化学的な誘導防衛反応はさまざまな植物で報告されており，その生化学的なメカニズムについても明らかになりはじめた（Constabel 1999; Thaler 2002）．誘導防衛物質は昆虫や菌類の成長や生存を低下させ，その後の被害を軽減させるので，誘導防衛反応は植物の適応戦略と考えられている（Agrawal 1998）．誘導防衛反応の大きさは，植物の種間や種内でも異なり，また，光条件や土壌条件，被食時期によっても変わりうる（Coley et al. 1985）．

　タンニンやアルカロイドのような二次代謝物質だけでなく，食害に反応し

表1 生育初期に葉が食べられた後に見られる植物のさまざまな変化.

植物の器官／構造	変化
光合成器官	二次代謝物質（フェノール，タンニン，アルカロイドなど）の増加 刺やトリコーム（表面の細かい毛）の増加 葉の硬化 未成熟葉の落下 揮発性物質の生産 窒素含有率や含水率の増加／低下 光合成活性の増加／低下
繁殖器官	開花数の減少 花粉量の減少 花粉活性の低下 花蜜量の減少 結実率の低下
貯蔵器官	根の現存量の減少 根の二次代謝物質の増加
構造	枝の増加 新葉の増加 枝の伸長の促進 複雑さの増加

て植物は揮発性物質も作り出しており，これらは捕食者や捕食寄生者を誘引するための手段である（Dicke and Vet 1999）．このような揮発性物質は，食害を与えた植食者の種によって異なることもあり，食害がない場合には放出されないものもある（Turlings et al. 2002）．さらに，昆虫の産卵によって揮発性物質が誘導されることもわかってきた（Hilker and Meiners 2006）．

これらの化学物質の誘導だけでなく，食害が物理的な防衛形質を変えることもある．植物は被食されると，刺やトリコーム（葉や茎に密生する細かい毛）を増やすことがある（Pullin and Gilbert 1989; Gómez and Zamora 2002）．また，食害に反応して植物が未成熟葉を落とす現象も，虫こぶ（ゴール）をつくるような定着性の昆虫に対する防御と考えられている（Williams and Whitham 1986; Preszler and Price 1993; Chapman et al. 2006）．さらに，マメ科などの植物には花外蜜腺という蜜を分泌する器官があり，これによって植食者を排除するアリを誘引する．これはアリを使った間接防衛として知られているが，花外蜜腺

から分泌される蜜量も被食の後には増加する (Ness 2003).

(2) 栄養的な質の変化

食害はしばしばその後に展開してくる葉の栄養条件を変える．葉に含まれる窒素の量は植食性昆虫の成長や繁殖を大きく左右するため，食物の栄養状態の指標である (Mattson 1980; Scriber and Slansky 1981). また，植物の師管液に含まれる窒素やアミノ酸は，アブラムシなどの吸汁性の昆虫の発育や生存に欠かせない (Dixon 1985). 植食性昆虫や草食動物による食害によって，このような植物の質が大きく低下することがある (Denno and Kaplan 2007). しかし，逆に，植食が窒素や水分の含有量を増加させ，質をよくすることもある (Danell and Huss-Danell 1985; Gange and Brown 1989). 一方，被食だけでなく，ハマキガの幼虫などによって葉巻のような構造物が作られると，栄養条件（窒素含有量）がよくなることがある (Fukui et al. 2002).

(3) 形態の変化

植食者による被食は，植物のその後の形や構造を変える (Mopper et al. 1991; Whitham et al. 1991). 陸上植物は食害を受けると，損失分を補償するために，休眠芽が成長を開始する補償反応 (compensatory response) を示す (Strauss and Agrawal 1999). この補償反応の結果，植物は，しばしば食害を受ける前に比べてより複雑な構造になる (Whitham and Mopper 1985). さらに，食害だけでなく，アワフキムシの産卵，タマバエの虫こぶ形成，コウモリガの幼虫による穿孔などの物理的な損傷も，新たな枝の伸長をうながす (Nozawa and Ohgushi 2002; Nakamura et al. 2003; Utsumi and Ohgushi 2007). この補償反応の大きさも，光や土壌条件，種間競争，遺伝的な変異，被食の強度と時期などに依存する (Maschinski and Whitham 1989; Whitham et al. 1991; Strauss and Agrawal 1999).

(4) 繁殖器官の変化

葉や茎のような栄養器官に対する食害は，繁殖器官の量や質にも大きな影響を与えることが明らかになってきた (Strauss 1997). たとえば，生育初期

に受けた葉の食害が，繁殖期の花のサイズや数 (Strauss et al. 1996; Lehtilä and Strauss 1997)，花粉や花蜜の量 (Strauss et al. 1996; Krupnick et al. 1999)，花粉の活性度 (Quesada et al. 1995) などを大きく変える．さらに，タバコの葉がスズメガの幼虫の食害を受けると，花蜜に含まれるアルカロイドが増加する (Adler et al. 2006)．また，葉の食害は植物の交配システムまでも変えてしまうことがある．自殖の閉鎖花と他殖の開放花をつけるツリフネソウの近縁種 (*Impatiens capensis*) では，葉の被食により開放花や花のサイズが減少し，他殖の割合が大きく低下した (Steets et al. 2006)．

(5) 生態系エンジニアによる植物の改変

生態系エンジニアとは，生物の物理的構造を変えることにより，他の生物の資源を作り出す生物のことである (Jones et al. 1994)．最近になって，このような生物による環境改変が新しいニッチを作り出す役割の重要性が指摘されている (Odling-Smee et al. 2003; Boogert et al. 2006)．これは，植物自身の反応による変化ではないが，植物の構造が大きく変わるという点で，植食者の利用による植物の質的な変化である．生態系エンジニアの代表例としては，これまでビーバーなどの哺乳類や魚などの大型の生物が取り上げられることが多かった (Reichman and Seabloom 2002; Moore 2006)．しかし，植物を利用するハマキガの幼虫，葉の中にもぐる潜葉性昆虫，虫こぶをつくるゴール形成昆虫，枝や幹の中の材を食い進む穿孔性昆虫などは，植物の上で構造物を作り出すことにより他の生物に生息場所を提供しており (Cappuccino 1993; Larsson et al. 1997; Nakamura and Ohgushi 2003; Kagata and Ohgushi 2004)，彼らは生態系エンジニアの機能をもっている．植物上で見られる生態系エンジニアは，その他にもチョウやガの幼虫，ハバチ，ゾウムシ，ハムシ，アブラムシ，カミキリムシ，キクイムシ，バッタなど多くの分類群にわたっており，彼らが作り出す多彩な形をした構造物は，木本・草本・灌木・シダなどさまざまな植物の上で頻繁に見られる (Marquis and Lill 2007)．

4 植物が支える相互作用のネットワーク

　陸上の植物の上には植食性昆虫が作る数多くの食物連鎖がある．これら複数の食物連鎖が互いにつながることにより，生物群集の構造，すなわち生物間相互作用のネットワークが形づくられている．それにもかかわらず，これまでの植物と昆虫の相互作用の研究では，1種対1種の食う食われる関係（単一の食物連鎖）がもっぱら注目されてきた．生物群集の構造を理解するためには，それを構成する相互作用が他の相互作用とどのようにつながっているかを明らかにしなければならない（Ohgushi 2007）．植食者の利用で生じる植物の形質の変化による間接効果が，どのように複数の相互作用をつなぎ合わせる役割を担っているかを理解するために，ここではヤナギとセイタカアワダチソウの上の相互作用ネットワークを見てみよう．

(1) エゾノカワヤナギ上の相互作用の連鎖

　北海道の石狩川流域に生育しているエゾノカワヤナギ（*Salix miyabeana*）は，茎から汁を吸うマエキアワフキ（*Aphrophora pectoralis*），葉を巻いて巣を作る23種類のハマキガなどの幼虫，葉を食べるヤナギルリハムシ（*Plagiodera versicolora*）という三つの摂食タイプの昆虫に利用されている．言い換えれば，3種類の植物と昆虫の食う食われる関係が見られる（図3a）．そして，これらの昆虫による利用はヤナギにさまざまな変化をもたらし，彼らのあいだに思いもよらない相互作用の連鎖を生み出した（Nozawa and Ohgushi 2002; Nakamura and Ohgushi 2003; 図3b）．マエキアワフキは夏の終わりにヤナギの枝の中に卵を産み込むため，枝の先端部分は枯れてしまう．しかし，翌春になると，卵を産み込まれた枝の基部からたくさんの新しい枝が伸びはじめた．このように，枯れたり食べられたりした後に新しい枝が成長することは，多くの植物によく見られる現象で，補償成長とよばれている．このヤナギの枝の補償成長によって数多くの新葉が作られ，柔らかい葉を綴って巣を作るハマキガの幼虫が増えた．前年のアワフキムシの産卵が翌年のヤナギの枝の成長をうながし，幼虫の巣となる新葉を増やしたからだ．初夏になると，ハマキガの幼

(a) 食物網

```
[アワフキ]      [ハマキガ]              [ハムシ]
   │①            │②                    │③
   │−            │−                    │−
   ▼            ▼                     ▼
┌─────────────────────────────────────────┐
│             エゾノカワヤナギ              │
└─────────────────────────────────────────┘
```

(b) 間接相互作用網

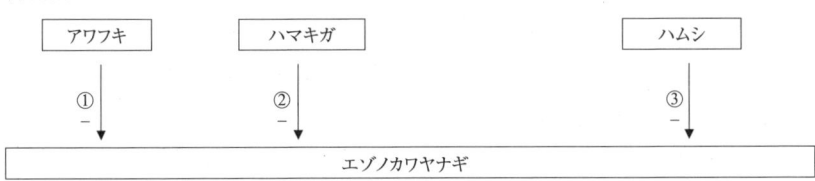

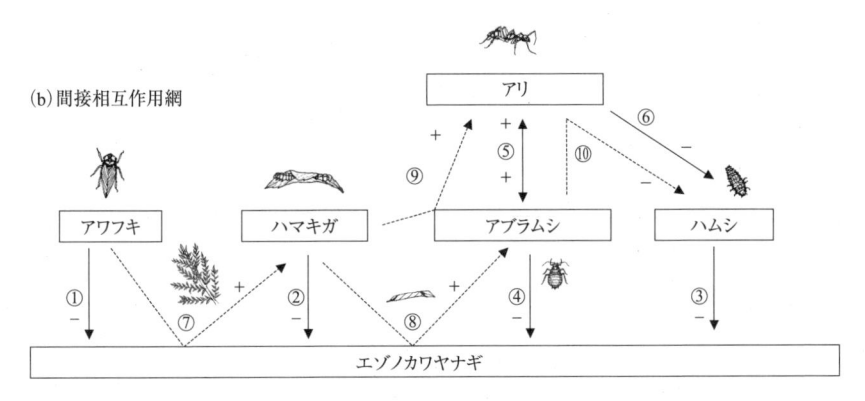

```
                        [アリ]
                     +  ↑ +   ⑥
                    ⑨  ⑤    ↘ −
                    +  │ +  ⑩  ↘
[アワフキ]  [ハマキガ]   [アブラムシ]   [ハムシ]
   │①   +    │②   +    │④           │③
   │−   ⑦   │−   ⑧   │−           │−
   ▼        ▼         ▼            ▼
┌─────────────────────────────────────────┐
│             エゾノカワヤナギ              │
└─────────────────────────────────────────┘
```

図3 エゾノカワヤナギ上の (a) 食物網と (b) 間接相互作用網．
実線と点線は，それぞれ直接効果と間接効果を表す．＋と−は相手に対するプラスとマイナスの効果を示す．Ohgushi (2007) を改変．

虫は成虫になって巣から出ていってしまうが，残された葉巻はヤナギクロケアブラムシ (*Chaitophorus saliniger*) の格好の住み家となる．実際，空き家になった葉巻の 75％以上がこのアブラムシに利用されていた．興味深いことに，このアブラムシは葉巻のある時期にはそれ以外の場所を利用することはほとんどない．葉巻の中のアブラムシのコロニーが大きくなると，クロオオアリ (*Camponotus japonicus*)，ハヤシケアリ (*Lasius hayashi*)，エゾクシケアリ (*Myrmica jessensis*) がアブラムシの甘露を舐めに集まってくる．人工の葉巻を用いた野外実験によって，これらのアリは他の昆虫を追い払うため，葉巻の周辺ではハムシの幼虫が 60％近くも減少することがわかった．

　エゾノカワヤナギの上で繰り広げられる植食性昆虫の思いもよらない相互作用の連鎖は，ヤナギの形質の変化とアリの排除行動によって，複数の食う食われる関係が結びつけられた結果である．これによって，食物網では何の

関係もなかった複数の食物連鎖がつながった．なかでも，マエキアワフキの産卵に対するヤナギの補償成長，ハマキガの幼虫によって作られる葉巻，その中のアブラムシの甘露に誘引されるアリが，相互作用の連鎖を作り出す役割を果たしていた．

(2) ジャヤナギ上の相互作用の連鎖

　われわれは，さらに，ヤナギの枝に虫こぶを作るヤナギマルタマバエ（*Rabdophaga salicivora*）からはじまる相互作用の連鎖を，ジャヤナギ（*Salix eriocarpa*）の上で見出した（Nakamura et al. 2003）（図4）．ヤナギマルタマバエは，5月中旬にジャヤナギの当年枝に丸い虫こぶを作る．虫こぶができると，ヤナギはその周囲から多数の側枝を伸長させる．新たに伸びてきた枝は多くの新葉をつける．この側枝や新葉に反応して，アブラムシやハムシが集まってきた．事実，ヤナギアブラムシ（*Aphis farinosa*）の密度は，虫こぶのない枝に比べて，4倍にも増えた．さらに，新葉を好むヤナギルリハムシとムナキルリハムシ（*Smaragdina semiaurantiaca*）の個体数も3〜10倍に増加した．アブラムシとハムシの増加は，新たな枝や新葉の増加だけでなく，食物資源としての質がよくなったことにもよる．虫こぶの形成によって新たに成長した枝や葉の窒素や水分は，前者は30〜53％，後者は17〜20％も増えたのに対して，硬さは30％も低下した．つまり，枝や葉を利用する昆虫にとって，栄養価の高い使いやすい資源が出現したのだ．また，アブラムシのコロニーが大きくなると，甘露を求めてアリが増え，周囲のハムシの幼虫を排除することも観察された．

　この相互作用の連鎖では，虫こぶの形成に反応した側枝の伸長とアブラムシの増加にともなうアリの侵入が新しい関係を生み出している．前者は栄養価の高い食物資源を増やすことによりアブラムシとハムシを増加させ，後者はアリの排除行動によりハムシを減少させた．このジャヤナギで見られた相互作用の連鎖も，①虫こぶの形成に対するジャヤナギの補償成長と②それにともなうアブラムシとアリの相利関係によってなり立っており，これが複数の食物連鎖を結びつける役割を果たしていた．

(a) 食物網

(b) 間接相互作用網

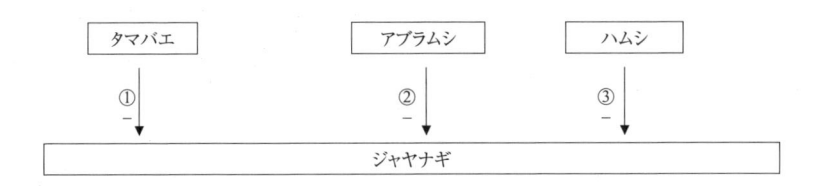

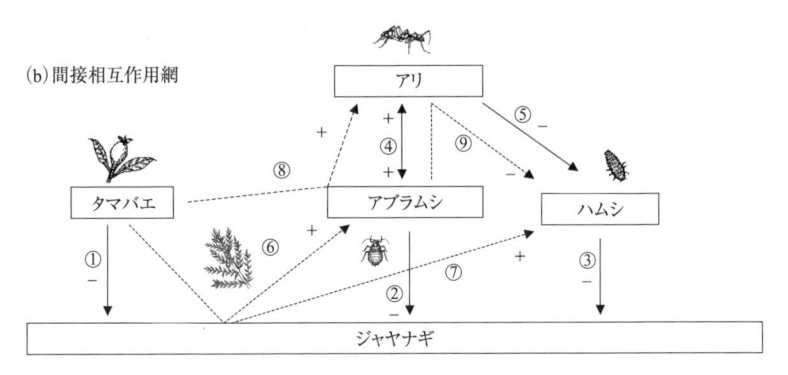

図4 ジャヤナギ上の (a) 食物網と (b) 間接相互作用網.
実線と点線は，それぞれ直接効果と間接効果を表す．＋と－は相手に対するプラスとマイナスの効果を示す．Ohgushi (2007) を改変．

(3) セイタカアワダチソウ上の相互作用の連鎖

　複数の植物と昆虫の食う食われる関係をつなぐ連鎖は，ヤナギのような木本植物だけに限ったことではない．われわれは同じような相互作用の連鎖を，多年生草本のセイタカアワダチソウ (*Solidago altissima*) の上でも明らかにした (Ando and Ohgushi submitted)（図5）．セイタカアワダチソウは約100年前に北米から日本各地に侵入し，その後，全国に分布を広げた帰化植物の代表である．セイタカアワダチソウは春から夏にかけてセイタカヒゲナガアブラムシ (*Uroleucon nigrotuberculatum*)，ツマグロヨコバイ (*Nephotettix cincticeps*)，シャクガの幼虫などに利用される．秋になると彼らはいなくなるが，代わりにオンブバッタ (*Atractomorpha lata*) やクロカタカイガラムシ (*Parasaissetia nigra*) が現れる．なかでも，個体数がもっとも多いのはセイタカヒゲナガアブラムシで，5月中旬から8月上旬に現れる．このアブラムシもまた北米か

(a) 食物網

```
[アブラムシ]  [ヨコバイ]  [シャクガ]     [カイガラムシ]  [バッタ]
    ①↓−        ②↓−       ③↓−              ④↓−         ⑤↓−
[────────── セイタカアワダチソウ ──────────]
   ←── mid-May–Aug. ──→           ←── Sep.–Oct. ──→
```

(b) 間接相互作用網

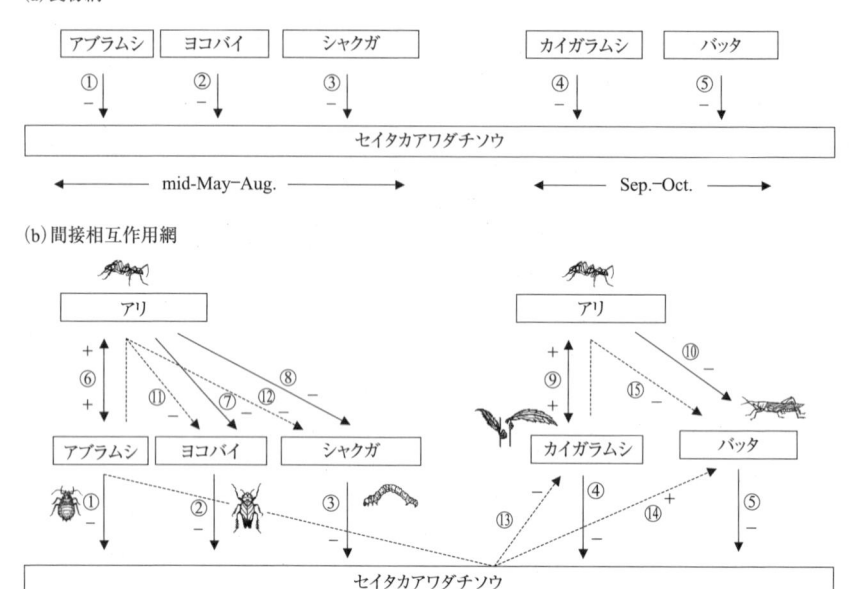

図5 セイタカアワダチソウ上の (a) 食物網と (b) 間接相互作用網.
実線と点線は，それぞれ直接効果と間接効果を表す．＋と−は相手に対するプラスとマイナスの効果を示す．Ohgushi (2007) を改変.

らの帰化昆虫で，1990年代初めに確認され，急速に分布を広げている．このアブラムシとアリのあいだには密接な相利関係はないが，アブラムシの甘露がコロニーの周辺に撒き散らされるため，アブラムシが増えるとクロヤマアリ（*Formica japonica*）が多数集まってくる．このアリによる除去効果は大きく，アブラムシを取り除くとツマグロヨコバイとシャクガの幼虫の数は実に8倍に増えた．これはアリがいなくなったからである．つまり，アブラムシはアリの排除行動を介して，これらの昆虫に対して間接的に大きなマイナスの影響を与えていたのである．

　興味深いことに，アブラムシは彼らがいなくなった後に現れるオンブバッタやクロカタカイガラムシに，思いもよらない大きな影響を与えていた．アブラムシの食害を受けた株では，春から夏にかけて栄養状態や成長の変化は見られなかったが，彼らがいなくなる秋になると，多数の側枝が伸長し，そ

の上の新葉の枚数は273％，窒素量は47％も増えた．また，アブラムシを除去すると，アブラムシの食害を受けた株に比べて，カイガラムシの個体数は4倍に増えた．アブラムシに吸汁された株では師管液の質が低下すると考えられる．さらに，カイガラムシの甘露にもクロヤマアリが誘引されるため，カイガラムシが増えたアブラムシ除去株では，アリが増えた．逆に，オンブバッタの食害はアブラムシの食害株で増加した．この理由としてそれぞれ，アブラムシの食害株では，①バッタが食べる葉の枚数や窒素量が増加する，②カイガラムシの減少によりアリの排除効果が低下する，ことが考えられる．春から夏に出現するアブラムシは，季節的に住み分けているカイガラムシには師管液の質の低下をとおしてマイナスの，バッタに対しては栄養に富んだ葉の増加とアリの排除行動の低下をとおして間接的にプラスの影響を与えていたのだ．

　ここでも，アブラムシによるセイタカアワダチソウの質と量の時間の遅れをともなう変化と，アブラムシやカイガラムシとアリの相利関係が複数の食物連鎖を結ぶ役割を果たしていた．とくに，カイガラムシとアリの関係の強さは，アブラムシによる植物の質の変化に大きく依存することを指摘しておきたい．

　ここで注意しなければならないのは，いずれの実例でも植食性昆虫のあいだに直接的な資源競争が起こる可能性はほとんどないということだ．その理由は，①食害レベルが低く，資源競争が生じるレベルにはほど遠いこと，②昆虫間に（種間競争から期待される）負の関係はなく，むしろ多くの場合は正の関係が認められること，③これらの植食性昆虫は異なる資源を利用するギルドに属していること，④季節的に住み分けており，直接的な干渉は起こらないこと，である．さらに，セイタカアワダチソウの昆虫群集について行った（直接効果と間接効果を分離する）共分散構造解析でも，植食性昆虫間に有意な資源競争は認められなかった．以上の事実は，多くの植物上の昆虫群集においては，直接的な資源競争よりも植物の形質の変化を介した間接効果がより重要であることを示している．

5 植物の変化による間接相互作用と生物群集

　ここで述べた三つの相互作用のネットワークでは，いずれも，植食者が誘導する植物の変化（側枝の伸長，植物の質や量の変化，生態系エンジニアによる生息場所の提供など）が，食物網の中の複数の食物連鎖を結びつけていた．さらに，アリによる排除行動もアブラムシやカイガラムシのような甘露を排出する昆虫と他の昆虫のあいだに負の間接的な関係を生み出していた．アリは植食性昆虫の個体群動態や群集に多大な影響を与えるキーストン種（keystone species, Power et al. (1996)）としての機能をもっており（Fowler and MacGarvin 1985; 本巻4章参照），アリとアブラムシのような相利関係では，アリの排除行動が，他の植食性昆虫や天敵の密度や種構成を大きく変えている（Floate and Whitham 1994; Wimp and Whitham 2001, 2007）．実はこのアリによる効果も，植物の変化によって影響を受けることに注意したい．被食による植物の質の変化は，アリに随伴されるアブラムシやカイガラムシの密度を左右する（Dixon 1985; Cushman 1991; Wimp and Whitham 2007）．さらに，葉の食害は花外蜜腺の蜜量を増やし，より多くのアリを誘引する（Ness 2003）．このため，アリを介する間接効果の強さは，植食者が誘導する植物の形質の変化に大きく依存するのだ．植食性昆虫の利用による植物を介する間接効果は，このように多栄養段階にわたる昆虫群集の構造を決めるうえでとても大事な役割を演じている．さらに，葉巻のような生態系エンジニアが作り出す構造物が，植食性昆虫や捕食者の種多様性や個体数を増加させることも明らかになりはじめた（Lill and Marquis 2003; Marquis and Lill 2007）．

　一方，植物上の相互作用には少なからぬ相利片利関係が見られた．これは，植食によって引き起こされる補償成長が，栄養に富んだ葉や茎を増やすことや（Nakamura et al. 2003），生態系エンジニアによって作られる構造物が，二次利用者にとって好適な生息地になるからである（Marquis and Lill 2007）．相利関係はさまざまな生物群集で卓越しているにもかかわらず（Stachowicz 2001; Bruno et al. 2003; Callaway 2007），これまでの群集生態学では，目を向けられることが少なかった．その理由は，負の関係の代表である種間競争と捕

食が，生物群集を形作るうえでもっとも重要であると考えられていたからである．

6 植物の変化が生み出す間接相互作用

　最近になって，生態学者は生物群集の中で間接効果が生み出す相互作用の連鎖に気づきはじめた（Jones et al. 1998; Brown et al. 2001; Wardle 2002; Strauss and Irwin 2004）．植物を介する昆虫間の間接相互作用の研究をレビューしたOhgushi (2005) は，①植物の形質変化による間接効果はきわめて頻繁に生じること，②植物を介する間接相互作用は時間的・空間的に住み分けている生物間や系統的に異なる生物間にも生じること，③植物資源の質の改善や量の増加などによって，植食者間に相利片利関係が生じること，を指摘した．ここでは，植物の形質の変化が生み出す間接相互作用の特徴を理解するために，具体的な事例について簡単に紹介していきたい（表2）．

(1) 時間的・空間的に住み分けている生物間の相互作用

　植食者の被食に対する二次代謝物質の増加や補償成長などの植物の反応は，多かれ少なかれ時間の遅れをともなう．これが，時間的に住み分けている生物のあいだで間接相互作用が頻繁に生じる理由である．Denno and Kaplan (2007) は，植食性昆虫間の種間競争は，直接的なものよりも，植物の誘導防衛や質の低下をともなう間接的なものの方がはるかに多いことを指摘している．たとえば，春先の新葉の食害は，その後の葉の質や量の変化をとおして，季節の後半に現れる昆虫の生存・繁殖・個体群の成長に対して負の影響を与える．Denno et al. (2000) は汽水域に生育するイネ科の雑草を利用している2種類のウンカ（*Prokelisia dolus* と *P. marginata*）のあいだに負の間接相互作用を見出した．*P. dolus* が吸汁した株をその後 *P. marginata* が利用すると，成長が悪くなり発育期間が長くなった．これは，吸汁された株ではウンカの発育に必要なアミノ酸が低下したことによる．しかし，必ずしも負の影響を与えるものばかりではない．食害の後に出てくる葉の栄養がよく

表2 植食者が誘導する植物の形質の変化を介する植食性昆虫間の間接相互作用．種Aの植物と種B（群集）の形質に対する効果を示す．Ohgushi（2005）を改変．

相互作用のタイプ	種A→種B	変化した植物の形質	種Aの種Bに対する効果	変化した種Bの形質	文献
共存している種	ガの幼虫→アワフキムシ；アブラムシ→アブラムシ；ウンカ→ウンカ	葉の質と量，落葉	マイナス	生存率，成長率，繁殖率	Inbar et al. (1995), Karban (1986), Matsumura and Suzuki (2003)
時間的に住み分けている種	アブラムシ→アブラムシ；ガの幼虫→ガの幼虫・アブラムシ・ハバチ・ゾウムシ・ウンカ・ハムシ；ウンカ→ウンカ；ハムシ→ハムシ；アザミウマ→マルハナバチ；ケシキスイ→マルハナバチ	葉の質，成長，防衛物質，トリコーム，花蜜と花粉の量	マイナス	生存率，発育率，産卵選好性，訪花率，密度，種多様性	Agrawal (1998b, 2000), Denno et al. (2000), Faeth (1986), Harrison and Karban (1986), Hunter (1987), Karban and Strauss (1993), Krupnick et al. (1999), Leather (1993), Neuvonen et al. (1988), Petersen and Sandström (2001), Riihimäki et al. (2003), Staley and Hartley (2002), Waltz and Whitham (1997), West (1985), Wise and Weinberg (2002)
	アブラムシ→ガの幼虫；ガの幼虫→ガの幼虫・タマバエ；ノミハムシ→カミキリムシ；ガの幼虫・タマバエ→アブラムシ・アワフキムシ	葉の質，再成長	プラス	発育率，密度，種多様性	Damman (1989), Dickson and Whitham (1996), Hunter (1987), Pilson (1992), Strauss (1991b), Tscharntke (1989), Waltz and Whitham (1997), Williams and Myers (1984)
空間的に住み分けている種	アブラムシ→アブラムシ；タマバチ→コガネムシ；コメツキムシ→ガの幼虫	葉の質と量，防衛物質，種子生産量	マイナス	発育率，密度	Bezemer et al. (2003), Masters and Brown (1992), Moran and Whitham (1990), Salt et al. (1996)
	コガネムシ→アブラムシ・タマバチ・ミバエ；ゾウムシ・ガガンボ→ミバエ	葉と茎の質，開花時期	プラス	発育率，産卵数，成虫の寿命	Gange and Brown (1989), Masters and Brown (1992), Masters et al. (2001)
時間的・空間的に住み分けている種	ガの幼虫→アブラムシ・ハナバチ・ハナアブ；コガネムシ・ハムシ・バッタ→スズメガ	花粉の量，花の数とサイズ，花の形態，開花時期	マイナス	生存率，訪花率，滞在時間	Lehtilä and Strauss (1997), Mothershead and Marquis (2000), Strauss et al. (1996)
	タマバエ→ハムシ・アブラムシ；コメツキムシ→ミツバチ・ハナアブ・マルハナバチ	葉の質，再成長，花蜜量	プラス	訪花率，密度	Nakamura et al. (2003), Poveda et al. (2003)

時間的に住み分けている種（病原菌と昆虫）	ハダニ→萎縮病菌；ハムシ→さび病菌；萎縮病菌→ハダニ；さび病菌→ハムシ	葉の量，防衛化学物質	マイナス	生存率，発育率，産卵数，密度，感染率	Hatcher et al. (1994), Karban et al. (1987), Simon and Hilker (2003)
	ハムシ→さび病菌	−	プラス	感染率	Simon and Hilker (2003)
時間的に住み分けている種（草食動物と昆虫）	ヒツジ・アイベックス→ハムシ；マメジカ→ハバチ	花数，果実数，葉の質	マイナス	密度	Bailey and Whitham (2003), Gómez and Gonzáles-Megías (2002)
	オオヘラジカ→アブラムシ・キジラミ・潜葉性昆虫；ウサギ・オオヘラジカ・トナカイ・マメジカ→ハバチ；ビーバー→ハムシ	再成長，質，防衛化学物質	プラス	発育率，密度，種多様性，防衛能力	Danell and Huss-Danell (1985), Bailey and Whitham (2002), Hjältén and Price (1996), Martinsen et al. (1998), Olofsson and Strengbom (2000), Roininen et al. (1997)
空間的に住み分けている種（菌根菌と昆虫）	ガの幼虫・カイガラムシ→外生菌根菌；内生菌根菌→ガの幼虫・ミバエ	C/N比，防衛化学物質	マイナス	生存率，発育率，ゴールサイズ，コロニー定着率，密度	Gange and Bower (1997), Gange and West (1994), Gehring and Whitham (1991), Gehring et al. (1997), Vicari et al. (2002)
	内生菌根菌→ガの幼虫・ゾウムシ・アブラムシ	葉の質と量，防衛化学物質	プラス	生存率，発育率，産卵数，密度	Borowicz (1997), Gange et al. (1999), Goverde et al. (2000)
空間的に住み分けている種（内生菌と昆虫）	内生菌→アブラムシ・ガの幼虫	葉の質，防衛化学物質	マイナス	生存率，発育率，密度	Bultman et al. (2004), Omacini et al. (2001), Raps and Vidal (1998)
	内生菌→アブラムシ・バッタ	茎の直径，葉の量	プラス	生存率，産卵選好性	Kruess (2002)
空間的に住み分けている種（病原菌と昆虫）	葉枯病菌→アブラムシ	茎の質，防衛化学物質	プラス	生存率，発育率，密度	Johnson et al. (2003)
生態系エンジニア	ガの幼虫→ガの幼虫・アブラムシ・トビムシ；虫こぶ形成ハバチ→アブラムシ	構造物の付加	プラス	密度，種多様性	Bailey and Whitham (2003), Cappuccino (1993), Cappuccino and Martin (1994), Kagata and Ohgushi (2004), Lill and Marquis (2003), Lill and Marquis (2004), Martinsen et al. (2000), Nakamura and Ohgushi (2003)

なり，それを利用する昆虫の成長や密度が増加することもある（Williams and Myers 1984）．さらに，補償成長はしばしば食物資源としての質の改善や量の増加により，その後に利用する昆虫の密度を増やす（Pilson 1992; Nakamura et al. 2003）．すでに述べたように，春から夏にかけてセイタカアワダチソウがアブラムシに吸汁されると，秋になって葉の窒素量と側枝が増える．このため，質のよい食物を利用したオンブバッタが増加したのである．

　一般に，植食性昆虫は，葉や茎などの特定の部位しか利用できないことが多い．しかし，葉の被食に対する植物の変化は，他の部位，たとえば根や花にまで波及する．これが，利用場所が異なる生物のあいだに間接相互作用が生じる理由である．その典型的な例は，地上部と地下部を摂食する昆虫間の相互作用に見ることができる．Moran and Whitham (1990) は，アカザ (*Chenopodium album*) の葉に虫こぶを作るアブラムシ (*Hayhurstia atriplicia*) と根を利用するアブラムシ (*Pemphigus betae*) のあいだに植物を介した間接相互作用を見出した．葉を利用するアブラムシが増えると根が小さくなり，根を利用するアブラムシがほとんどいなくなってしまった．逆に，ウスチャコガネ (*Phyllopertha horticola*) の幼虫がナズナ (*Capsella bursa-pastoris*) の根を食害すると，茎から吸汁するマメクロアブラムシ (*Aphis fabae*) が増えた（Gange and Brown 1989）．これは植物体の窒素含有量が増えたためと考えられている．

(2) 植食者と送粉者の相互作用

　葉の食害は送粉者に対する報酬の質や量を変化させ，送粉者と植物の相利関係の維持に少なからぬ影響を与えている（Mauricio et al. 1993; Mutikainen and Delph 1996; Strauss 1997）．このため，葉食者と送粉者のあいだには繁殖器官の変化を介した間接相互作用が生じる（Strauss and Irwin 2004; Bronstein et al. 2007）．Strauss et al. (1996) と Lehtilä and Strauss (1997) は，モンシロチョウ (*Pieris rapae*) の幼虫の葉の食害が野生のダイコン (*Raphanus raphanistrum*) に訪花する送粉者への報酬に与える影響を実験的に調べた．葉を食べられると，ダイコンの花の数と大きさは著しく低下した．ハナバチなどの送粉者はこの変化に反応して，食害を受けた株への訪花頻度を減少させ，訪花した場合でも滞在時間が短くなった．植食者から送粉者への影響は，光合成器官で

ある葉の食害に限ったことではない．貯蔵器官である根の食害が送粉者に対してプラスの間接効果をもたらすこともある．Poveda et al. (2007) は，ナガミノハラガラシ (*Sinapis arvensis*) の根がコメツキムシの一種 (*Agriotes* sp.) の幼虫の食害を受けるとミツバチ (*Apis mellifera*) の訪花頻度が 16% も増えることを見出した．これは花蜜の成分の変化によるものと考えられている．花と送粉者の相利関係に関する従来の研究では，葉や根の被食の効果についてはほとんど考慮されることがなかった．しかし，植食者と送粉者の植物を介した間接相互作用は頻繁に生じており，この間接効果の実態の解明は，植物と送粉者の相利関係の研究に新たな展開をもたらすものと期待されている (Bronstein et al. 2007)．

(3) 系統的に離れた種間の相互作用

種間競争が異なる分類群のあいだでも頻繁に起こる可能性については，1990年代のはじめに指摘されていたにもかかわらず (Hochberg and Lawton 1990)，このような生物間の相互作用はほとんど注目されることがなかった．植物は，昆虫だけでなく，草食動物・鳥・菌類・微生物などさまざまな生物によって利用されている．このため，被食に対する植物の変化によって，系統的に大きく異なるこれらの生物のあいだにも間接相互作用が生じることが予想される．

(a) 草食動物と昆虫の相互作用

草食動物は植物の採食をとおして昆虫に種々の影響を与えている (Gómez and Gonzáles-Megías 2007)．オオヘラジカ (*Alces alces*) による採食を受けた2種類のカンバ (*Betula pendula* と *B. pubescence*) では，葉が大きくなり窒素やクロロフィルの含有量が増える．この変化に反応して，アブラムシや潜葉性昆虫などが増えた (Danell and Huss-Danell 1985)．同様に，オオヘラジカやウサギに採食されたポプラ (*Populus balsamifera*) とヤナギ (*Salix novaeangliae*) では，被食に反応して新たに伸びた枝の新葉に虫こぶを作るハバチの密度が通常の枝に比べて 1.3〜2 倍に増加した (Roininen et al. 1997)．これら植食性昆虫の増加は，草食動物に食べられると，補償作用によって多くの栄養に富んだ葉や

枝が作られるからである．ビーバー（*Castor canadensis*）によって切り倒されたポプラは，切り株から新しい枝が盛んに伸びてくる．これらの枝や新葉にはフェノール配糖体や窒素が多く含まれる．このため，若葉を食べて二次代謝物質を取り込み，それを天敵に対する防御に使っているハムシ（*Chrysomela conuens*）や葉の縁を折りたたんで虫こぶを作るハバチ（*Phyllocolpa* sp.）の数は10倍以上にもなった（Martinsen et al. 1998; Bailey and Whitham 2006）．

(b) 微生物と昆虫の相互作用

　最近になって，同じ植物を利用する昆虫と微生物（病原菌，内生菌，菌根菌など）のあいだにも植物の形質の変化による間接的な相互作用があることがわかってきた（Gehring and Whitham 2002; Chaneton and Omacini 2007; Gange 2007）．たとえば，ヤナギルリハムシ（*Pragiodera versicolora*）はさび病菌（*Melampsora alliifragilis*）に感染したヤナギの葉を摂食させると，成長が悪くなり死亡率は2倍になった（Simon and Hilker 2003）．これは，摂食阻害物質が新たに作られたからと考えられている．一方，さび病の感染率はハムシの食害株では半分近くに低下した．ハムシに食べられるとヤナギは抗菌物質を誘導するためである．逆に，微生物が昆虫に対してプラスの効果をもつこともある．カンバの葉に寄生する糸状菌（*Marssonina betulae*）に感染すると，アブラムシ（*Euceraphis betulae*）の密度が増えた（Johnson et al. 2003）．感染した葉で飼育したアブラムシは感染していない葉で飼育したものよりも成長がよくなり，大きな成虫になった．感染した葉はアミノ酸の量が多くなり，これによってアブラムシの成長がよくなり個体数も増加したのである．

　植物に寄生する内生菌はマイコトキシンという毒を作り，昆虫に対する植物の防衛効果を高めている（Clay 1997）．このため，内生菌に感染した植物を摂食した昆虫の生存率や密度が低下する．たとえば，内生菌に感染したライグラス（*Lolium perenne*）の葉を摂食したヨトウガの一種（*Spodoptera frugipeda*）の幼虫の生存率と体重は，感染していないライグラスを摂食した場合の半分近くまで減少した（Clay 1991）．一方，カエデ（*Acer pseudoplatanus*）に内生菌が寄生すると，2種類のアブラムシ（*Drepanosiphum platanoidis* と *Periphyllus acericola*）の密度が増加し，個体サイズや産子数も増えた（Gange 1996）．これ

は，感染した葉の窒素含有率が高くなったからである．

　陸上植物の大半は地下で菌根菌と相利関係を結んでいる (Kiers and van der Heijden 2006)．菌根菌は植物に窒素やリンなどの栄養塩類を供給し，植物からは炭素を受け取る．このため，植物の質の変化をとおして植食性昆虫とのあいだに間接相互作用が生じる (Gehring and Whitham 2002; Gange 2007)．これまでの研究から，植食性昆虫に対する菌根菌の影響はプラスからマイナスまで広範囲にわたることが明らかになっている．内生菌根菌に感染したヘラオオバコ (*Plantago lanceolata*) では，葉に含まれる二次代謝物質が増えるため，食葉性昆虫や潜葉性昆虫の密度は低下したが，アブラムシ (*Myzus ascalonicus* と *M. persicae*) の体重や産卵数は逆に増加した (Gange and West 1994)．一方，植物が昆虫の食害を受けると，外生菌根菌の感染率が低下する (Gehring and Whitham 1994)．その理由は，地上部の食害は植物体の炭素量を減少させるため，菌根菌に十分な炭素を供給できなくなるからである．

(4) 構造物を介した間接相互作用

　生態系エンジニアは他の生物に生息場所を提供するため，構造物を介して二次利用者との間にさまざまな間接的な相互作用を生み出している (Marquis and Lill 2007)．陸上植物の上では，生態系エンジニアが作った種々の構造物を多くの植食性昆虫や捕食者が利用している．これらの構造物は，二次利用者に対して捕食の回避 (Damman 1989)，低温や乾燥からの回避 (Hunter and Willmer 1989; Larsson et al. 1997)，質のよい食物の獲得 (Sagers 1992; Fukui et al. 2002) という恩恵を与えている．たとえば，カンバ (*Betula papyrifera*) の葉を巻くマダラメイガの一種 (*Acrobasis betulella*) が成虫になって出ていった後には，空になった葉巻に多くのガの幼虫やクモが住み込む．人工の葉巻を用いて，彼らの生存率を葉巻のある枝とない枝で比較したところ，葉巻がある枝では生存率が有意に高くなった (Cappuccino 1993)．また，カワヤナギの例で見たように，空になった葉巻のほとんどがアブラムシによって利用されており，それがアブラムシとアリの相利関係の基盤になっていた．

7 間接相互作用網
―― 食物網に非栄養関係と間接効果を組み込む

近年,生物群集や生態系のダイナミクスと維持にきわめて重要な役割を担っている非栄養関係や間接効果を相互作用のネットワークに組み込むことが強く求められている(Jones et al. 1997; Brown et al. 2001; Werner and Peacor 2003; Whitham et al. 2003; Berlow et al. 2004; Wardle and Bardgett 2004; Goudard and Loreau 2008).この観点に基づき,Ohgushi (2005) は,生物群集を形作る相互作用のネットワーク構造をより現実に即して理解するために,食物網に非栄養関係と(形質を介した)間接効果を取り入れた「間接相互作用網(Indirect interaction web)」という生物間相互作用の新たなネットワークを提案した.

(1) 間接相互作用網を描く

間接相互作用網の実態を見る前に,それを描く手順(ルール)を説明しよう.つまり,どの種を入れるべきかと,どの相互作用を描くべきか,という二つのルールである.

まず,「どの種を入れるべきか」については,われわれの研究では,ネットワークの構成種として優占種と(機能の面から予測される)キーストン種を選んだ.現実の生物群集では,群集構造に大きなインパクトをもつ種の多くが優占種である.この事実は多くの先行研究によって支持されている(Raffaelli and Hall 1996; Whitham et al 2003; Morin 2003).本章で取り上げたヤナギとセイタカアワダチソウの例では,描かれた種の個体数はすべての種の個体数のうち75〜90%を占めていた.つぎに,個体数に比して植物の形質の変化に大きな効果をもつキーストン種を含める.キーストン種の特定は必ずしも容易ではないが,種の機能に基づく摂食ギルドによりある程度予測できる.なぜなら,摂食部位と摂食のしかたによって植物の反応とその大きさが変わるからだ.エゾノカワヤナギの例では,アワフキムシとハマキガがこれに相当する.アワフキムシの産卵はヤナギの補償成長を誘導し,ハマキガは多くの昆虫にとってシェルターとなる葉巻を作る.一方,葉巻の中に住み込むアブラムシは,アリを介した間接効果のキーストン種になる.これについ

ても，アリに随伴されるアブラムシの種はわかっている．このため，アワフキムシとハマキガは食物網の構成種（優占種）であり，アブラムシは間接相互作用網でのみ構成種（優占種）になっている（図3）．

　つぎに，「どの間接効果を描くか」という問題に進もう．これは間接効果の主唱者のあいだでもまったくコンセンサスがえられていない（ほとんど考えられていない）問題である．そこで，ある種が起点となる間接効果は伝達経路が増えるにつれて減衰すると考えて，原則として「二つの経路の直接効果で結ばれた間接相互作用（一次の間接効果）」を描く．ここで取り上げた間接相互作用網は，植物の形質の変化とアリの間接効果に注目しているので，これらのメカニズムから，三つ以上の経路を介した相互作用を含める場合もある．このような潜在的な相互作用を取捨選択するための有効な方法は，（直接効果と間接効果を分ける）共分散構造解析により有意でない相互作用を除外することである（Ohgushi et al. 2007a; 本シリーズ第1巻コラム参照）．つまり，要素間の相互作用が有意であるものを残せばよい．この二つのルールに則って，間接相互作用網を描くことができる．

(2) 間接相互作用網と生物多様性

　では，本章で取り上げたヤナギとセイタカアワダチソウの実例に基づいて，上のルールで描いた「間接相互作用網」の構造とそれによって作り出される生物多様性の関係を明らかにするために，従来の「食物網」と比較しながらその違いを見てみよう．従来の食物網とは，言い換えれば，植物の形質の変化がないと仮定した場合のネットワークである．

　エゾノカワヤナギ上の食物網は，エゾノカワヤナギとマエキアワフキ・ハマキガの幼虫・ヤナギルリハムシの3種類の食う食われる関係で表される（図3a：相互作用1，2，3）．これに対して，間接相互作用網では次のような4種類の間接相互作用が新たにつけ加わった（図3b）．側枝の伸長を介するマエキアワフキとハマキガの幼虫のプラスの関係（相互作用7），葉巻を介するハマキガの幼虫とアブラムシのプラスの関係（相互作用8），アブラムシの葉巻への定着を介するハマキガの幼虫と3種類のアリのプラスの関係（相互作用9），アブラムシに誘引されたアリの排除行動によるアブラムシとハムシ

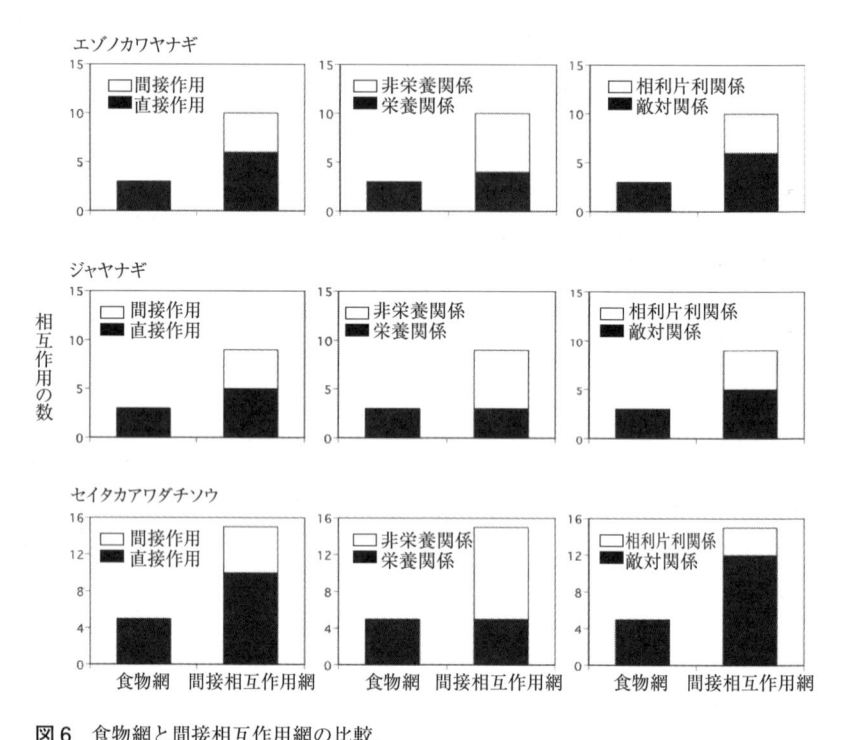

図6 食物網と間接相互作用網の比較.
各種の相互作用（直接作用と間接作用，栄養関係と非栄養関係，敵対関係と相利片利関係）の数を食物網と間接相互作用網で比較した．

のマイナスの関係（相互作用10）である．増えたのは間接作用だけではない．ヤナギクロケアブラムシは葉巻が利用できるようになってはじめて現れるので，次のようなアブラムシに関わる3種類の直接作用も新たに加わった．アブラムシとヤナギのマイナスの関係（相互作用4），アブラムシと3種のアリの相利関係（相互作用5），アリとハムシのマイナスの関係（相互作用6）．このため，3種類の直接作用で表された食物網に対して，間接相互作用網は6種類の直接作用と4種類の間接作用を明らかにしたのだ．とくに，食物網にはなかった間接相互作用，非栄養関係，相利片利関係が，すべての相互作用のそれぞれ40％，60％，40％と大きな割合を占めていることがわかった（図6）．それだけではない．植食性昆虫の種類数を調べたところ，植物の変化がない場合に比べて4倍に増えていた．これは，おもに，アワフキムシの産卵

による補償成長によって質のよい新葉が増えたことと，ハマキガの幼虫が作る葉巻という住み場所が増えたことにより，これまで利用できなかった昆虫がヤナギに定着できるようになったからである．

　ジャヤナギ上の食物網は，ジャヤナギとタマバエ・アブラムシ・ハムシの3種類の昆虫との食う食われる関係によって表される（図4a：相互作用1, 2, 3）．これらの昆虫は異なる摂食ギルドに属しており，直接的な競争関係はない．これに対して，間接相互作用網では新たに4種類の間接相互作用が加わった（図4b）．虫こぶの形成に反応したヤナギの補償成長による食物資源の質と量の増加を介したタマバエとアブラムシ・ハムシのあいだのプラスの関係（相互作用6, 7），アブラムシの増加に反応して集まってきたアリとタマバエとのプラスの関係（相互作用8），アブラムシの甘露に集まるアリの排除行動を介したアブラムシとハムシとのマイナスの関係（相互作用9）である．これに加えて，アブラムシとアリの相利関係（相互作用4）およびアリとハムシ幼虫のマイナスの関係（相互作用5）という2種類の直接作用も加わった．食物網では3種類のマイナスの直接作用のみであったのに対して，間接相互作用網は9種類，つまり5種類の直接作用と4種類の間接相互作用を明らかにした．ここでも，食物網にはなかった間接相互作用，非栄養関係，相利片利関係がそれぞれ，44％，67％，44％を占めていた（図6）．

　セイタカアワダチソウ上の食物網は，春から夏にかけてアブラムシ・ツマグロヨコバイ・シャクガの幼虫（相互作用1, 2, 3），秋になるとカイガラムシ・オンブバッタ（相互作用4, 5）という5種類の植物と昆虫の食う食われる関係によって成り立っていた（図5a）．春と秋の植食性昆虫は季節を住み分けているので，彼らのあいだには直接的な資源競争は起こらない．一方，間接相互作用網には5種類の間接相互作用がつけ加わった（図5b）．春から夏にかけてアブラムシに誘引されたアリとツマグロヨコバイ・シャクガの幼虫とのマイナスの関係（相互作用11, 12）が見られた．秋になると，すでにいなくなったアブラムシとカイガラムシの植物の質の変化を介したマイナスの関係（相互作用13），質のよい葉の増加を介したアブラムシとオンブバッタのプラスの関係（相互作用14），カイガラムシの甘露に誘引されたアリの排除行動を介したカイガラムシとオンブバッタのマイナスの関係（相互作用15）が検出

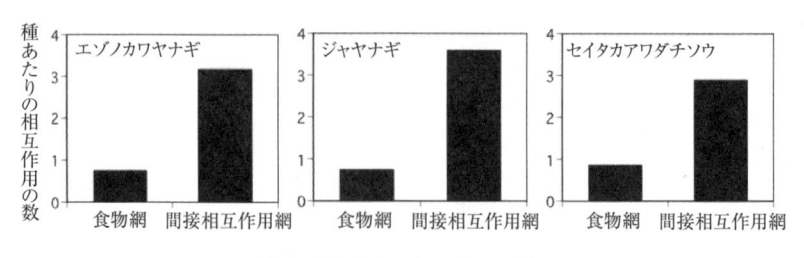

図7 種あたりの相互作用の数.
食物網と間接相互作用網を比較した.

された.さらに,5種類の新たな直接作用も明らかになった.これらは,アブラムシとアリとの相利関係(相互作用6),アリとツマグロヨコバイ・シャクガ幼虫とのマイナスの関係(相互作用7,8)であり,秋になって見られるカイガラムシとアリの相利関係(相互作用9),アリとオンブバッタのマイナスの関係(相互作用10)である.このように,間接相互作用網は10種類の直接作用と5種類の間接作用を明らかにしたのに対して,食物網を構成していたのは,ただ5種類の直接作用だけである.ここでも,全体の相互作用の33%,67%,20%は,食物網には含まれない間接相互作用,非栄養関係,相利片利関係であった(図6).

ここで描かれた間接相互作用は,操作実験などにより,その効果が確かめられたものである.アリはヤナギやセイタカアワダチソウに対して栄養カスケードによるプラスの間接効果を与える可能性があるが,この効果は確かめられていない.これが実際に作用しているなら,間接相互作用はさらに一つ増えることになる.また,植食性昆虫に対するアリの効果は,捕食によるよりも主として排除行動によるものである.このため,ここでは非栄養関係として扱っている.

植食者に誘導される植物の形質の変化が生み出す間接効果,非栄養関係,相利片利関係に基づく相互作用の多様化は,相互作用ネットワークの構造をより複雑なものにしている.ネットワークを構成する1種が何種類の他の種と相互作用しているかを調べたところ,いずれの場合も,食物網に比べて4倍にも増えていた(図7).このように,植食者による植物の変化は,昆虫群集の種の多様性,相互作用の多様性,ネットワークの複雑性に多大な影響を

及ぼしていたのだ．

(3) 間接相互作用網はなぜ気づかれなかったのか？

　間接相互作用のネットワークは，決してヤナギやセイタカアワダチソウの上だけで見られる特別なものではない．誘導防衛や補償成長など植食者によって誘導される植物の形質の変化は，さまざまな生活型の植物に広く認められている（Karban and Baldwin 1997; Strauss and Agrawal 1999; Ohgushi 2005; Denno and Kaplan 2007）．さらに，多くの昆虫が植物上で葉巻や虫こぶを作っており，彼らは生態系エンジニアの役割を担っている（Marquis and Lill 2007）．このため，植物の形質の変化が生み出す植食者間の間接相互作用も陸上植物の上では普遍的に生じていると考えられよう．

　このように一般的な現象であるにもかかわらず，植物上の相互作用ネットワークの形成メカニズムはなぜ気づかれなかったのだろうか．その大きな理由は，1960年にHairstonらが提唱した有名な「世界は緑（World is Green）」仮説の考え方によるものと思われる．彼らは，陸上では植物が食いつくされることはまれで，植食者は植物による制限を受けていないという仮説に基づき，植食者の資源をめぐる種間競争は重要ではないと考えた（Hairston et al. 1960）．彼らの「世界は緑」仮説は，その後の群集生態学の考え方に大きな影響をもちつづけた．たとえば，生物群集の成立過程での種間競争の役割が注目されていた1980年代半ばにおいてさえ，植食性昆虫だけはその例外とされていた（Schoener 1983; Strong et al. 1984b）．しかし，植物の形質の変化による間接的な相互作用は，食害が顕著になるとその効果が大きくなる資源競争とは対照的に，食害の低いときにより頻繁に生じることがわかってきた（Ohgushi 2005, 2008; Ohgushi et al. 2007b; Kaplan and Denno 2007）．たとえば，昆虫の食害によって誘導される防衛形質の変化は，食害によるダメージがまだ小さいときに起こる．食害が進み，食いつくされる寸前になってはじめて防御物質を生産するのでは遅すぎるからである（Karban and Baldwin 1997）．また，補償成長が起こるためには，成長に投資するだけの資源の蓄積が必要である（Whitham et al. 1991; Huhta et al. 2000）．逆に，食害が顕著になると，このような植物の変化は起こらなくなる．陸上生態系の植物はたかだか10～20％程

度しか食べられていない (Cyr and Pace 1993; Polis 1999). この低い被食レベルは, 植物の形質の変化による間接的な相互作用が, 陸上では頻繁に生じていることを強く示唆している. 資源が制限されるほど種間競争が強くなるという従来の考え方が, 植食者間の相互作用を過小評価してしまったのだ. 過小評価のもう一つの理由は, 相互作用は時間的・空間的に共存する種や近縁種のあいだでもっともよく起こるはずだという考え方にある. このため, 時間や空間を住み分けた種や系統的に大きく異なる種の関係に目が向けられることがなかった. しかし, すでに述べたように, このような生物のあいだにも植物を介する間接相互作用がつぎつぎと明らかになっている (Ohgushi 2005; Ohgushi et al. 2007b).

8 今後の展望
── 生物多様性科学の開拓

　食う食われる関係に基づいた食物網は, 生態系の物質循環を理解するために大きく貢献してきた. しかし, 陸上生態系の植物上の昆虫群集やそれに基づく生物多様性を理解するためには, 食物網はきわめて不十分なものといわざるをえない. とくに, 従来の食物網の対象にはならなかった非栄養関係・相利片利関係・(形質を介する) 間接効果は, 複数の食物連鎖を結びつけるという大事な役割を担っており, それが生物多様性を生み出す基盤を提供していた. いわば, 食物連鎖というこれまでの「縦糸」に新たに非栄養関係や間接効果という「横糸」をしっかりと織り込むことにより, 間接相互作用網という現実のネットワークの姿がはっきりと浮かび上がってきたのである. そして, この「横糸」を生み出しているのが, 被食に対する植物の形質変化 (表現型可塑性) なのだ. これは, 形質の変化を介在する間接効果が, 生物群集や生物多様性の成立過程でいかに大事であるかを物語っている. この個体の形質から生物多様性の維持・創出機構を解明する新たな研究分野は, 今, 飛躍的な発展を遂げようとしている (Ohgushi et al. 2007b; Ohgushi 2008).

　近年, 植物の遺伝子型が生物群集の個体数や種の多様性に大きな影響を与えていることが明らかになってきた (Whitham et al. 2003, 2006; Agrawal and Van

Zandt 2003; Hochwender and Fritz 2004; Johnson and Agrawal 2005; Johnson et al. 2006; Bailey and Whitham 2007）．一方，間接相互作用網は植食に対する植物の反応の表現型可塑性に注目することにより，植食が植物個体の形質に変異を生み出し，それを利用する生物に新たなニッチを提供することを明らかにした．この多様な植物の反応は，植食者との共進化の過程で植物が獲得してきた形質にほかならない．間接相互作用網は，誘導防衛反応に代表される適応的な表現型可塑性が，間接効果をとおして植物上の生物群集や生物多様性にいかに大きな影響を与えているかを明らかにし，生物の適応進化と生物群集や生態系のネットワークをつなぐ新たな道筋を提供した．

　本章を終わるにあたって，間接相互作用網の視点から得られる予測とその意義について，簡単にまとめておきたい．

(1) 間接相互作用網による予測

　Ohgushi et al.（2007a）は，間接相互作用網を生み出している植物の形質変化を介する間接効果とそれが生物群集と生物多様性に果たす役割について，以下の予測を行っている．①ニッチ創出効果によって，植食者と捕食者の種の多様性を増加させる．②非栄養関係と間接相互作用の連鎖を生じさせることにより，相互作用の多様性を増加させる．③異なる時間や空間あるいはニッチを占める生物が相互作用をする機会を増やす．④資源の質や量の向上により，植食者間に相利片利関係を生み出す．⑤植物個体のみならず，植物群集やランドスケープのような大きな空間スケールにおいても，生息場所間の資源の異質性を高めることにより，種と相互作用の多様性や個体数を増加させる．⑥種数・リンク密度・結合度を増加させることにより，相互作用ネットワークの複雑性と安定性を高める．⑦植食者による被食は，植物からのフィードバックとしての栄養段階をとおしたボトムアップ栄養カスケードを生じさせる．⑧海洋生態系では一次生産者の多くが植物プランクトンであり，彼らは動物プランクトンに食べられると死んでしまうため，その後の形質が変化することはない．このため，個体の形質の変化を介した間接効果の頻度は，陸域生態系に比べて低い．これらの予測の検証は，生物群集と生物多様性の維持および創出のメカニズムについての理解を大きく進展させるこ

とになろう．これらの一部，たとえば，植食者が誘導するボトムアップ栄養カスケードやそれにともなう植食者・捕食者の種多様性や個体数の増加についての予測はすでに実証されつつある（Kagata et al. 2005; Nakamura et al. 2006; Utsumi and Ohgushi in press）．

(2) 異なる研究分野の統合

　間接相互作用網は，これまで異なる分野で研究されてきた生物間相互作用が密接に関連することを明らかにした．植物を介する間接効果は，植食と送粉や種子散布の関係，地上部と地下部の相互作用の関係，微生物と昆虫や草食動物の関係を生み出しており，これまで交流がなかった異なる研究分野の統合を迫っている．そればかりではない．生態系機能に対する間接相互作用の重要性も指摘されており（Brown et al. 2001; Wardle and Bardgett 2004; Schweitzer et al. 2005; Bailey et al. 2006; Crutsinger et al. 2006），両者の関係を理解するためには，相互作用と物質循環や分解過程などの異分野間の障壁を取り除くことが大事である．この課題について，われわれは間接相互作用と物質循環のつながりを生態化学量論（stoichiometry）の視点から解き明かすアプローチを提唱している（Kagata and Ohgushi 2007; 本シリーズ第4巻1章参照）．さらに，間接相互作用網は，植食者が誘導する植物の二次代謝物質や揮発性物質を介した生物間相互作用の解明を目指している化学生態学（Thaler et al. 2001; Kessler et al. 2004）が，群集生態学の発展に大きく貢献できる可能性を示唆している．また，これから生態学が目指すべき新たな課題として個体の形質進化と生物群集の相互作用の重要性が指摘されているが（Agrawal et al. 2007; Johnson and Stinchcombe 2007），個体の適応的な表現型可塑性が，間接相互作用を介して，群集構造に与える影響を解明するという間接相互作用網の考え方は，個体・個体群・群集・生態系という階層に分断されてきた従来の生態学の各分野を統合する絶好の機会を提供しているといえよう．

(3) 生物多様性の保全：種からネットワークの保全へ

　生物多様性は生物種の進化とそれらの相互作用によって成り立っている．このため，生物多様性を長期にわたって維持するには，生物種だけではなく，

相互作用の多様性の保全が何よりも大切である（Thompson 1996; Vázquez and Simberloff 2003; Ebenman and Jonsson 2005; 本シリーズ第6巻参照）．しかし，もっぱら種を保全の対象としてきた保全生物学は，生態系ネットワークの要である相互作用の多様性の役割を十分に認識できなかった．最近になって，間接効果，相利関係，弱い相互作用が生物群集や生態系の安定性と攪乱に対する抵抗性を増大させることが理論的に示されている（McCann et al. 1998; Berlow 1999; McCann 2000; Cardinale et al. 2002; Neutel et al. 2002; Worm and Duffy 2003）．このため，これらの関係に焦点をあてた間接相互作用網アプローチは，自然界における相互作用の多様性を保全するために重要な知見を与えるはずだ．

　間接相互作用網の見方は，植物上の昆虫群集に限ったものではない．環境要因に対する生物のさまざまな反応は，植物のみならず，両生類や魚類をはじめとする多くの動物や微生物さらには動物プランクトンや植物プランクトンにまで広く見られる表現型可塑性である（Agrawal 1998; Miner et al. 2005）．この表現型可塑性が，間接効果を介して相互作用の連鎖を生み出す可能性はきわめて高い．その理由は，生物群集は2種の直接的な相互作用系ではなく，間接効果が必ずはたらく多種の生物よりなる相互作用系であるからだ．多栄養段階の相互関係（Gange and Brown 1997; Olff et al. 1999; Tscharntke and Hawkins 2002），複数の相互作用の連関（Sih et al. 1998; Strauss and Irwin 2004; Ohgushi 2005），多種系における共進化（Stanton 2003; Strauss et al. 2005; Thompson 2005; Althoff 2007），などが群集生態学が挑戦すべき新たな課題として取り上げられているのは，このような「2種系から多種系へ」という相互作用研究の視点の大きな転換がその理由である．

　生態系は，エネルギーや物質が循環する自然のシステムであると考えられてきた．このため，エネルギーや物質の循環を作り出している食物連鎖に基づいて生態系ネットワークをとらえてきたのは当然だ．しかし，食物網は生態系ネットワークの一部分でしかない．「エネルギーや物質の循環システム」というこれまでの見方では，豊かな生物多様性を育んでいる生態系ネットワークの役割を明らかにできなかった．本章で見たように，植食者に対する植物の反応が，複数の生物が間接的に相互作用する機会を増やし，さらに，植食者や捕食者群集において種や相互作用の多様性を増大させるフィード

バックループを生み出していることが明らかになりはじめた (Nakamura et al. 2006; Utsumi and Ohgushi in press)．生態系では，このような生物間相互作用の連鎖が頻繁に生じ，新たなニッチが提供されることにより，生物種や相互作用の多様性が生み出されている．われわれは，生態系を「生物多様性の自己増殖システム」という新たな視点から見直すべきである．これによって，絶滅が危惧されている生物だけでなく，豊かな生物多様性を支え生み出しつづける相互作用ネットワークを保全する意義が明らかになるからだ．「生物の進化に基づく生物間相互作用のネットワークが生態系の真の姿である」，という視点が生物多様性の保全にもっとも必要とされている．

第6章

中立モデルとランダム群集モデル

時田恵一郎

Key Word

中立モデル　ランダム群集モデル　多様性　安定性
種個体数分布

　生物群集は互いに相互作用する多くの種からなる複雑なネットワークである．これまで数理科学が対象としてきたもののなかでも，これほど規模が大きく複雑なものはない．はたして数学的に厳密で定量的な予測が可能な生物群集の理論は構築できるのだろうか？　もちろん，少数の種からなる単純な群集についての研究は，ここ数十年のあいだに大きく発展した．しかし，異質な生物種がさまざまな相互作用を介して多数集まる生物群集を，その複雑性をそこなうことなく理解するには，まったく違った方法論が必要となる．そこで役立つのが複雑系の科学であり，物理学で発展してきた理論と集団遺伝学で培われてきた理論が突破口となって，新たな枠組みがつくられつつある．多数の要素からなる系の性質を理解するには，異質性を最小限に抑え，単純な仮定のもとに組み立てられるモデル——ミニマルモデル——を解析する方法が有効である．ここでは，二つのミニマルモデルに注目する．いわゆる「中立モデル」と「ランダム群集モデル」である．これらには，現実の生物群集がもつ特徴を過度に単純化しすぎているという批判もある．しかし，ミニマルモデルは，帰無仮説としての役割だけではなく，多数の種からなる群集の多様性と安定性の関係についての理解を発展させ，種個体数分布を生み出す機構を提示してきた．この章では，これらのモデルの歴史的背景から最近の研究までを概説し，今後の発展の方向を探る．

1 ミニマルモデル

多くの種からなる巨大な群集の構造に見られるパターンを説明するために，古くから種多様性（species diversity）や種個体数分布（species abundance distribution: SAD）および種数 – 面積関係（species-area relationships: SAR）などが注目されてきた（本シリーズ第1巻）．群集生態学において，このようなパターンに注目し，それを生み出すメカニズムを調べるために，すべての可能な要因を操作するような野外実験を行うことはできない．理論研究の果たす役割の一つは，観測されるパターンに必須の要因とそうでない要因を選り分けるモデルを構築することである．そのためには，最低限の要素からなる生物群集の「ミニマルモデル」を作成し，そのモデルから得られるパターンを現実の生物群集のパターンと比較することが必要である．本章では，ミニマルモデルに関する研究の歴史と最新の成果を紹介する．

ここで注目するのは，種が異なっても出生率などの個体群パラメータが同じであること，すなわち，種間相互作用が種に固有の性質にはよらないことを仮定するモデルと，逆に，多様な種間相互作用を仮定するモデルである．前者は，集団遺伝学において木村資生が確立した「分子進化の中立説」（Kimura 1968; 木村 1986）と同じ考え方を，Kendall（1948）や Caswell（1976）が生物群集に適用し，Hubbell（2001）が発展させてきた，いわゆる「中立モデル（neutral model）」である．後者は，「生態学のパラドックス」（May 1999）や「複雑性と安定性の関係」についての論争（McCann 2000）を巻き起こした，Gardner and Ashby（1970）および May（1972）らにはじまる「ランダム群集モデル（random community model）」である．ランダム群集モデルは，種間相互作用を表す行列の各要素がある統計分布にしたがう確率変数であることを仮定し，雑食を含む捕食，競争，相利関係で結ばれた複雑な生物群集をモデル化している．

これらのミニマルモデルに注目する理由の一つは，それらが微分方程式や差分方程式などで個体群動態のダイナミクスを記述し，それを解くことによって，多様性や種個体数分布さらには種数 – 面積関係などを，数学的にあ

る程度厳密に導くことができることである．それにもかかわらず，これらのモデルは不自然な仮定に基づき過度に単純化されており，このため現実の生物群集を説明できるものではないと考えられてきた（Chave 2004; McCann 2000; 本巻コラム1）．しかし，現在でも，多様性や種個体数関係および種数−面積関係を定量的に予測できる多種系の群集理論は限られている．上記のミニマルモデルは，モデルを組み立てる前提としてニッチ分割を仮定したり，種数を固定したりすることなく，出生，死亡，絶滅および分散などの，現実的な生物的過程に基づいて群集のパターンを予測する数少ない理論である．これも，ミニマルモデルに注目する理由の一つである．ここでは，ニッチ分割のモデルや，多様性などをパラメータとして与える現象論的なモデルには触れない．より包括的な群集集合（community assembly）の研究の経緯と現状については，平尾らの総説（平尾ら 2005）や，本シリーズ第5巻の深見や瀧本の章を参照されたい．

　種個体数関係や種数−面積関係では，さまざまな群集に共通のパターンが見られることから，個別の群集に特徴的な生物的過程が群集のパターンを規定するのではなく，さまざまな群集に共通する種間関係などが共通のパターンを生み出している可能性がある．そこで，ミニマルモデルにおいては，群集のパターンは，多様な生物的過程や種間関係の詳細にはよらず，群集全体の性質を決めるごく少数のパラメータだけに依存すると仮定する．もちろんこのような仮定が，現実の生物群集にあてはまるかどうかについては，今後の検証が必要である．

2　中立モデル

(1) 中立モデルとは何か

　生物群集の成立についての二つの主流の見方は，「ニッチ集合（niche-assembly）」的な見方と「分散集合（dispersal-assembly）」的な見方である．前者は，限られた資源をめぐる種間競争などの相互作用によって群集を構成す

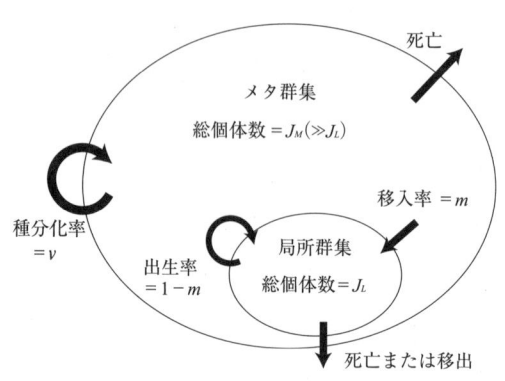

図1 現代的な中立モデルの概念図.
Etienne and Alonso (2007) をもとに改変.

る種が決まり，群集は「平衡状態（equilibrium state）」にいたると考える．後者は，偶然や歴史，ランダムな分散と確率的および局所的な絶滅により，群集はその種構成が変化しつづける「非平衡状態（nonequilibrium state）」にあると考える．たとえば，R・H・マッカーサーとE・O・ウィルソンによって提唱された島の生物地理学（island biogeography）の理論（MacArthur and Wilson 1967）は，分散集合的な見方の代表例である．また，木村によって分子進化の中立説が提唱される以前から，個体や種が中立的であるという考え方が分散集合的な見方に取り入れられてきた（Kendall 1948）．分散集合の理論のすべてが個体や種の中立性を仮定しているわけではないが，（島への移入率や絶滅率が種によらず一定であることを仮定する）マッカーサーとウィルソンの理論を含め，個体や種の中立性が暗に仮定されているものも少なくない（マッカーサーとウィルソン自身は中立性を強調しなかったので，島の生物地理学モデルが中立モデルであるという認識は一般には薄い）．

中立モデルの概略を図1に示す．ここで観測の対象となる「生態学的群集（ecological community）」とは，一次生産者，消費者，および分解者などのように，群集における役割によって分類された種のグループの一つ，すなわち単一の機能群（functional group）に属し，同所的に生活し，空きパッチなどの同一もしくは類似の資源をめぐって競争する種のみから構成される「局所群集（local community）」のことである．たとえば，動物プランクトン，珊瑚礁のサ

ンゴ，熱帯雨林の樹木などの群集がその対象であり，食物網（food web）や異なる機能群や栄養段階にまたがる相互作用網（interaction web）などは含まれない．このような局所群集は，いわゆる「ニッチ分割」（Tokeshi 1999）が対象とするものに近い．また，類似の資源を似た方法で利用する種のグループである「ギルド（guild）」にも似ているが，植食性昆虫のように同一機能群でありながら，葉食性ギルドや種子食性ギルドなどのように異なるギルドに分けられることもあるので，厳密には同じものではない．さらに，同一ギルドに属する局所群集でも，ギルド内捕食（本巻1章と2章参照）があるような場合は対象外である．

　また，中立モデルにおいては，局所群集への種の供給源としての「メタ群集（metacommunity）」を考える．そこでのメタ群集の定義は，①単一機能群に属するすべての種を含み，②ニッチ重複とそれによる種間の競争はない（大陸などに広がる）大きな群集である（Hubbell 2001）．同様の用語をもつ分野に，多くのパッチからなる生息場所での「単一種」の個体群動態を対象とするメタ個体群生物学（metapopulation biology）（Hanski and Gilpin 1997）がある．そこでは，対象を単一の個体群から個体群の集合体（群集）へと拡張したものがメタ群集とよばれているが（Leibold et al. 2004; Holyoak et al. 2005），ここではHubbellの定義にしたがい，上記の①と②の条件を満たす群集をメタ群集とよぶことにする．ただし，あとで示すように，中立モデルにおいても，パッチで構成される局所群集やメタ群集を考えることが多い．

　今日，もっとも制限が少なく広くコンセンサスの得られている生態学的な中立性（neutrality）の定義は，「単一機能群中のすべての種のすべての個体の1個体あたりの出生率，死亡率，移動率，種分化率が（種レベルではなく）個体レベルで同じであること」である（Hubbell 2001）．しばしば誤解され混乱を招いているが，この定義に基づく中立性の仮定は，決してそれぞれの種の特徴やそれに基づく種間相互作用を無視するわけではない．ただ，それらが，1個体あたりの出生率，死亡率，移動率，種分化率には差をもたらさないと仮定しているのである．なぜそのような見方ができるのかについては，対象となる個々の局所群集およびメタ群集に特有の条件から個別に検証される必要がある．同様に，中立性の仮定では，各々の種が異なる生態学的地位を占

めていてもよい．もともと植物群集に関しては，中立性の概念は新しいものではない (Hubbell 1979)．たとえば，ある樹種は大量の種子を作るが発芽後の成長が遅く，一方，別の樹種は少量の種子しか作らないが成長が速いという場合には，空きパッチに対するこれら2種の入植率を同じと見ることもできる．

(2) 現代的な中立モデル

　上記の中立性の仮定のもとで，ハベルは，生態学的浮動 (ecological drift)，ランダム移動 (random migration) およびランダム種分化 (random speciation) を仮定したときに現れる群集のパターンについて理論的に検討した (Hubbell 1979, 1997, 2001)．生態学的浮動は集団遺伝学における遺伝的浮動を生態学に適用したものであり，人口学的な確率性 (demographic stochasticity) と基本的には同じものである．さらに，ハベルは，生態学的浮動をもたらす機構のうちの一つだけ，すなわち「ゼロサム (zero-sum) 型」の生態学的浮動の重要性を指摘した．ゼロサム型とは，局所群集が飽和しており，単位時間あたりの個体数の増減がゼロとなり，つねに総個体数が一定であることと同じである．ハベルの著書 (Hubbell 2001) をはじめとして，中立モデルの論文では，このゼロサムという用語がよく登場するが，以下ではよりわかりやすい「総個体数一定」を用いる．Hubbell (2001) は，総個体数一定の条件のもとでの生態学的浮動が，対数正規型の種個体数分布をもたらすと主張している．なぜなら，樹冠に空きの少ないマレーシアのパソー (Pasoh) やパナマのバロコロラド島 (Barro Colorado Island) では個体数が飽和しており，総個体数一定の条件がよく満たされていると考えられるが，そこでの樹木の種個体数分布は対数正規型になっているからである．一方，樹冠に空きが多く総個体数一定の条件が成り立っていないと思われるインドのムドゥマライ (Mudumalai) では，種個体数分布は対数正規型ではない．

　今日の中立モデルにおける重要な仮定は，上記の，①個体の中立性，②生態学的浮動，③総個体数が一定の他に，④メタ群集内の種分化率が一定である，ことが挙げられる．中立モデルにおいては，メタ群集内の種分化メカニズムはもっとも単純なものが仮定されている．すなわち，単一の突然変異に

第6章 中立モデルとランダム群集モデル

表1 群集生態学と集団遺伝学における中立理論

特性	群集生態学	集団遺伝学
システム（サイズ）	メタ群集（J_M）	集団（N）
サブシステム（サイズ）	局所群集（J_L）	デーム
中立性の単位	個体	遺伝子
多様性の単位	種	対立遺伝子
分散（分散率）	移入（m）	移住（m）
確率過程	生態学的浮動	遺伝的浮動
多様性を生む基盤	種分化（v：種分化率）	突然変異（μ：突然変異率）
基本生物多様度数	$\theta = 2J_M v$	$\theta = 4N\mu$
基本分散数	$I = 2J_L m$	$\theta = 4Nm$
システムの相対分布 $\Phi(x)$（大 J_M 近似）	$\theta x^{-1}(1-x)^{\theta-1}$	$\theta x^{-1}(1-x)^{\theta-1}$
共通祖先から分化後の時間（小 θ 近似）	$-J_M x(1-x)^{-1}\log(x)$	$-Nx(1-x)^{-1}\log(x)$
観測データ	個体数	対立遺伝子数
モデル	島の生物地理学モデル	島モデル
		飛び石モデル
	分散制限（$m<1$）	距離による隔離
	メタ群集-局所群集	大陸-島モデル

注）集団遺伝学において基本分散数に対応するものは，基本生物多様度数に対応するものと同じ変数 θ が使われることが多いのでここでもそれにならった．

よって，親とは異なる新種が生まれるものとし，異所的種分化は考えない．そのような仮定のもとでメタ群集内の種分化率を一定と見なすのは，集団遺伝学における点突然変異モードと同じである．

表1に，群集生態学と集団遺伝学の中立理論の対応関係を示した（Hu et al. 2006; Alonso et al. 2006）．相対個体数 x は種の個体数をメタ群集全体の個体数 J_M で割ったものであり，非常に大きなメタ群集（$J_M \gg 1$）では連続変数（$0<x<1$）とみなせる．これにより，メタ群集の相対種個体数分布（relative species abundance distribution）$\Phi(x)$ が表中の式 $\theta x^{-1}(1-x)^{\theta-1}$ で与えられ，$\Phi(x)dx$ は，メタ群集における相対個体数 x が区間（$x, x+dx$）に入る種数となる．v をメタ群集における種分化率とすると（図1），パラメータ $\theta = 2J_M v$ はメタ群集の多様性の増大率に対応し，「基本生物多様度数（fundamental biodiversity number）」とよばれている．ここでは Hubbell（2001）にしたがい，死亡個体の置き換わりが集団遺伝学におけるライト-フィッシャー・モデル（Fisher 1930; Wright 1931）と同じ場合の定義によるが，モラン・モデル（Moran 1958）

を用いた異なる定式化も行われている (Etienne and Alonso 2007). m はメタ群集から局所群集への新種の移入率であり，基本分散数 (fundamental dispersal number) $I=2J_L m$ は単位時間あたりの局所群集における種数の増加に対応する．ここで，J_L は局所群集全体の総個体数である．一般に，中立モデルには，空間が考慮されていないが，図1に示すように，メタ群集と局所群集という異なる空間スケールのシステムを区別しており，それらのあいだの個体の移動を考慮するという意味で，もっとも簡単な空間生態学的なモデルである．また，中立モデルでは，メタ群集も局所群集も多くのパッチによって構成され，一つのパッチを占めることができるのは1個体に限られている．

　上記のパラメータを用いて，一般に，中立モデルは以下の確率過程によって定式化される．まず，メタ群集の総個体数 J_M は局所群集の総個体数 J_L よりもずっと大きな ($J_M \gg J_L$) 定数であり，モデルによっては無限大と見なされることもある．単位時間ごとに1個体が死亡し，空きパッチを確率 v で種分化によって出現した新種が占有し，確率 $b_i^M = (1-v)M_i/J_M$ で既存の一つの種 i が占有する (M_i はメタ群集における種 i の個体数)．一方，局所群集においても単位時間ごとに1個体が死亡し，空きパッチを確率 m で，新種がメタ群集から新たに移入して占有し，確率 $b_i=(1-m)N_i/J_L$ で既存の種 i が占有する (N_i は局所群集における種 i の個体数)．これらの過程は，たとえば局所群集においては，種 i の増殖率を b_i，死亡率を $d_i=N_i/J_L$ とすると，個体数が N_i から N_i+1 へ1個体が増加する確率，個体数が N_i のまま変わらない確率，および N_i から N_i-1 へ1個体が減少する確率（これらを遷移確率という）が，

$$\begin{cases} \Pr(N_i \to N_i+1) = b_i \\ \Pr(N_i \to N_i) = 1-(b_i+d_i) \\ \Pr(N_i \to N_i-1) = d_i \end{cases} \quad (1)$$

であるような確率過程として記述できる（メタ群集でも同様）．遷移確率 b_i と d_i は，一般にはおのおのの種の個体数に依存するが，それらに含まれる種分化率 v や移入率 m などのパラメータがすべての種で同じ値になるという点が中立説である．このような確率過程では，一つの種に注目して，時刻 t にその種が N 個体いる確率 $P(N,t)$ が時間とともにどのように変化するかを示

第6章 中立モデルとランダム群集モデル

表2 主要な中立モデルの分類

モデル	メタ群集	空間	総個体数一定(メタ)	総個体数一定(局所)	種間相関	解析的	SAD(メタ)	SAD(局所)
Kendall 1948	×	×	×	×	×	○	×	LS
Caswell 1976	×	×	×	×[(1)]	×	○	×	LS
Hubbell 1979	×	×	×	○	○	×	×	ZSM_0
McKane et al. 2000	×	×	×	○	×	○	×	LS, LN
Etienne and Olff 2004	×	×	×	○	○	○	×	EtF_0
Hubbell 1997, 2001	○	×	○	○	○	×	EwF	ZSM_1
Bell 2001	○	○	○	△[(2)]	○	×	(LS, LN)[(3)]	×
Chave et al. 2002	○	○	○	△[(2)]	○	×	(LN)[(3)]	×
Volkov et al. 2003	○	×	×	○	×	○	LS	ZSM_2
Vallade and Houchmandzadeh 2003; Alonso and McKane 2004; Etienne and Alonso 2005								
	○	×	○	○	×	○	EwF	$ZSM^{(4)}$
Etienne 2005	○	×	○	○	○	○	EwF	EtF
Volkov et al. 2005	○	×	×	×	×	○	LS	$\theta x^n/(n+x)$
He 2005	○	○[(5)]	×	×	×	○	LS	θx^n
Volkov et al. 2007	○	×	×	×	×	○	LS	$CMD^{(6)}$
Haegeman and Etienne 2008	○	×	○[(7)]	○[(7)]	×	○	$GEwF^{(8)}$	$GEwF^{(8)}$

「メタ群集」の欄は、メタ群集と局所群集の両方を考慮するモデルは○、メタ群集を考慮しないモデルは×とした。「空間」の欄は、格子シミュレーションなどのように空間の効果を取り入れたモデルは○、そうでないものは×とした。「総個体数一定」欄は、メタ群集、局所群集それぞれについて、総個体数一定の条件を満たすモデルは○、総個体数一定ではないが総個体数有限のモデルは△、満たさない場合(総個体数無限大)は×とした。「種間相関」欄は、直接的な多種のシミュレーションや解析的な方法により種間の相関を考慮したものに○、種間の相関を実質的に考慮せず近似的にマスター方程式を解いているものは×とした。「解析的」の欄は、数学的に種個体数分布 (SAD) を得ている場合は○、シミュレーションによるものは×とした。「SAD」には各モデルが予言する種個体数分布を記した。

(1) 数値シミュレーションにより、総個体数一定の条件の有無は結果に大きな違いを与えないとしている。
(2) 空きパッチが許される二次元格子パッチ上のシミュレーションのため、総個体数一定の条件が常に満たされる飽和群集には対応していない。
(3) 数値シミュレーションによって対数級数 (LS) や対数正規分布 (LN) と似たような分布が得られたという意味。
(4) メタ群集の総個体数が有限/無限、分散制限の有 ($m<1$) 無 ($m=1$) のそれぞれの場合についての結果が Etienne and Alonso (2005) にまとめられている。
(5) 局所群集からメタ群集に戻る「相互分散」も考慮。
(6) 複合多項ディリクレ (compound multinomial Dirichlet: CMD) 分布。ディリクレ分布はベータ分布を多変量に拡張して一般化したもので、確率変数が $[0,1]$ などの有限の範囲で定義される分布の一つである。
(7) 出生率、成長率、移入率が局所群集サイズ J_L に依存するクラスの中立モデルにおいても、総個体数有限の条件の有無によらず同じ SAD が得られることを示した。
(8) 集団遺伝学におけるユーエンス公式を一般化したもの。

す（「マスター方程式（master equation）」とよばれる）一連の方程式を書き下すことができる（Van Kampen 2001）．メタ群集および局所群集における種の個体数の変動は，それぞれのマスター方程式を解くことで，ある場合には数学的に厳密に，ある場合にはシミュレーションによって調べることができる．長時間ののち，系は定常確率分布 $P_{steady}(N)$ で特徴づけられる動的平衡に達する．動的平衡では，個体数の確率分布は一定であるが，死亡と出生による個体の入れ替わりは常に起こっている．すべての種でパラメータの値が同じと仮定しているので，$P_{steady}(N)$ は平衡状態において任意の種が個体数 N をもつ確率である．この確率を用いて，メタ群集の総個体数が非常に大きな場合 ($J_M \gg 1$) には，表1の相対種個体数分布が $\Phi(x) = P_{steady}(xJ_M)$ で与えられる．また，総種数 S をかけた $F(N) = SP_{steady}(N)$ は，個体数 N をもつ種の数であり，種個体数分布とよばれる（May 1975）．Hubbell（2001）が考えた上記の過程だけでなく，メタ群集の個体群動態を考慮しないもの，メタ群集の種個体数分布の関数形を先験的に仮定するもの，メタ群集のサイズを無限大にするもの，さらには，総個体数一定の条件を緩めるものなど，さまざまな中立モデルが検討されている．それらのうち主要なものを表2にまとめた（McGill et al. 2006）．

(3) 中立モデルの発展

　群集生態学の多くの研究では，個体を採取（サンプル）することにより，群集全体の個体数を推定する．サンプリングは，植物に対する半永久的なプロットや，昆虫などを捕獲するトラップ，個体の数え上げの方法などによって行われる．Fisher et al.（1943）は，ポアソン分布にしたがってサンプリングを行うときに，種個体数分布が対数級数型になることを示した（図2 (a)）．また，Preston（1948, 1962a, b）は，さまざまな群集の種個体数分布が対数正規分布（本シリーズ第1巻）によく適合することを指摘した（図2 (b)）．マッカーサーの折れ棒モデル（MacArthur 1957, 1960）は，R・A・フィッシャーらのサンプリング理論の特別な場合になっており，種個体数分布は指数分布になる（図2 (c)）．しかし，これらの種個体数分布の理論では，種数はモデルを決めるときに自由に選べるパラメータであり，モデルの解析から理論的に導かれるも

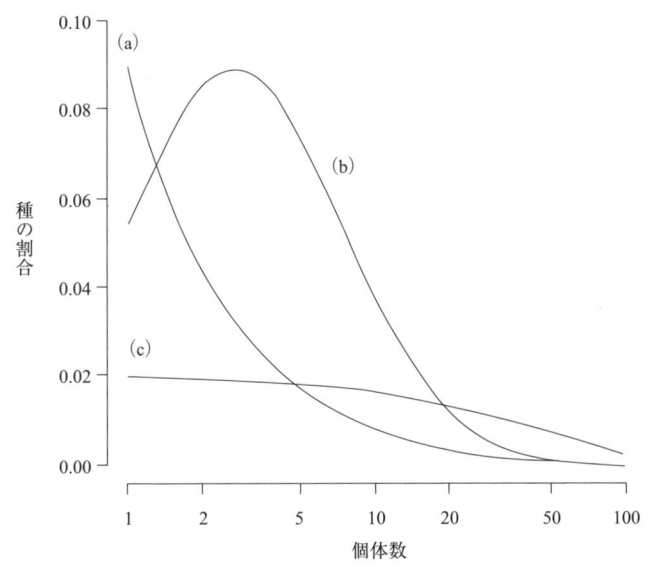

図2 種個体数分布の例.
(a) フィッシャーの対数級数, (b) プレストンの対数正規分布, (c) 指数分布（マッカーサーの折れ棒モデル）. これらは離散分布で与えられることが多いが，ここではわかりやすさのために，対応する連続分布を示す.

のではなかった（元村 1932; Cohen 1968; Sugihara 1980 など）. つまり，そこでの種個体数分布の関数は，渡慶次（Tokeshi 1999）の言葉によれば「統計的あてはめ（statistical descriptor）」であり，相互作用の特徴や個体群動態などの生物的過程から導かれるものではない. 一方，中立モデルは，出生，死亡，絶滅および分散などの，現実的な生物的過程に基づいて種数や種個体数分布を与えるものである. 以下では歴史に沿って，主要な中立モデルを見ていこう.

「個体が同じ機能をもつ」という中立説は，木村が分子進化の中立説を提唱するずっと以前にさかのぼる. この考えを最初に提案したのは，Kendall（1948）である. 彼は，種個体数分布がフィッシャーの対数級数（logseries, 表2中の"LS"）であるという観測結果を説明しようとして，単純な中立モデルを提案した. D・G・ケンドールのモデルにおいては，メタ群集は考えられておらず，さらに現代的な中立モデルの主要な仮定の一つである総個体数一定の条件も考慮されなかったため，局所群集の総個体数は増大する一方で

あった．これに対して，集団遺伝学の分野では，Moran (1958) や Karlin and McGregor (1967) らが，遺伝的多型の維持メカニズムとして中立モデルの解析を進めた．ケンドールのモデルとは異なり，総個体数一定の条件をみたしている点で初期の重要な理論的貢献である．それに引きつづいて，遺伝子の系図を表現する「合祖 (coalescence) 過程」とよばれる確率過程の研究が行われた．そこでは，Ewens (1972) が，突然変異がすべて異なる対立遺伝子を生み出すと仮定する「無限対立遺伝子モデル」を解析し，中立な突然変異のもとで，集団からランダムに取り出した任意個数の遺伝子サンプルの中にある異なる対立遺伝子の数とその組み合わせについて「W・J・ユーエンスのサンプリング公式」とよばれる分布を導いた．Watterson (1974) も，種数－面積関係について，集団遺伝学と群集生態学に関係があることを議論している．

　ケンドールにつづいて生態学的な中立性がもたらす性質を理論的に調べたのは Caswell (1976) である．彼は Watterson (1974) の議論なども引用して，出生率と死亡率が同じである確率過程を考えた．これはいわゆるランダムウォークと同じであり，時間無限大の極限でフィッシャーの対数級数型の種個体数分布を導くことを示したが（表2中の "LS"），彼自身が提案したモデルのシミュレーションでは対数級数型にはならなかった．さらにケンドールのモデルと同様に時間無限大では総個体数が発散してしまうため，実際の局所群集に適用することができなかった．そこで，総個体数一定の条件を加え，出生，死亡および分散の過程を修正したモデル（Caswell (1976) の中のモデル II および III）も調べた．彼は，最初のモデル（モデル I）とさほど変わらぬ結果を得たと述べているが，その詳細は明らかではない．数学的な貢献はさておき，集団遺伝学との類似性や，出生，死亡および分散の過程が具体的に取り入れられた種個体数分布のモデルの重要性を最初に指摘したという点で，H・キャスウェルの中立モデルは重要な役割を果たしたといえよう．

(4) ハベルの中立モデル

　本当の意味で最初に個体レベルでの中立性を考慮し，かつ総個体数一定の条件を入れたものが，Hubbell (1979) のモデルである．このモデルではメタ群集からの移入を考えず（$m=0$），死亡した個体のパッチはすぐさまランダ

ムに選ばれた他個体の子に占有されるため，局所群集の総個体数 J_L は一定に保たれる．これは式 (1) において増殖率と死亡率が等しい場合 ($b_i = d_i = N_i/J_L$) に相当する．遺伝的浮動になぞらえて，このような総個体数が一定という条件を保つ個体数のランダムウォークをハベルは「生態学的浮動」とよんだ．移入がないため一度絶滅した種は復活できず，種数は時間とともに単調に減少し，最終的には1種のみが優占することになる．ハベルは，この初期過程の，種数が比較的多い状況では，種個体数分布が対数正規分布に近いものとなり，時間が経過して種数が減ってくると対数級数型になることを示した．ハベルはこのような総個体数が一定という条件がもたらす種個体数分布を「ゼロサム多項 (zero-sum multinomial: ZSM) 分布」(表2の"ZSM_0")とよんだ．ハベルは移入がある場合 ($m > 0$) もシミュレーションによって，分散の効果 m が大きいときには対数正規型，小さいときには対数級数型になることを示した．これに対し，McKane et al. (2000) は，対応するマスター方程式を解いて，同様の結果を解析的に示した (表2)．ゼロサム多項分布は対数正規分布に似たベル型の分布だが，希少種の頻度をより高く予測するため，実際の群集データによく見られる「左に歪んだ対数正規分布 (Nee et al. 1991)」に近いものである．

　上記のハベルのモデルは，類似した環境における複数の局所群集に普遍的に見られる一定の種構成を説明することができなかったために受け入れられなかったが (Chave 2004)，メタ群集からの分散を考慮したその後のモデル (Hubbell 1997, 2001) ではこの問題が解決されている．Hubbell (1997) は，メタ群集の種個体数分布は既知として，局所群集の種個体数分布が，メタ群集の種個体数分布，移入率 m の値，および基本生物多様度数 θ にどのように依存するかをシミュレーションによって調べた．θ が小さいと分布は対数級数型となり，θ がある程度大きいとゼロサム多項分布が，パソーやバロコロラド島の熱帯林のデータに，対数正規分布がよりよく適合することを示した．後にこのモデルも解析的に解かれ，メタ群集の種個体数分布，移入率 m および総個体数 J_L をパラメータとする局所群集の種個体数分布がその時間依存性とともに導かれている (McKane et al. 2004)．

　ハベルが2001年に公表したモデルは，メタ群集および局所群集の両方に

対して総個体数一定の条件を取り入れて，そのあいだの分散と個体群動態を考慮した最初の中立モデルである（表2）．メタ群集の個体群動態は集団遺伝学におけるライト−フィッシャーモデルと同じものを仮定したので，その種個体数分布は上で述べたユーエンス公式と同じ分布となる（表2の"EwF"）．表1におけるメタ群集の相対種個体数分布 $\Phi(x)$ は，ユーエンス公式において総個体数無限の極限（$J_M \to \infty$）をとったものである（Hubbell 2001; Vallade and Houchmandzadeh 2003）．また，ユーエンス公式において，種分化率 ν すなわち基本生物多様度数 θ が小さい極限をとると対数級数となる．局所群集の種個体数分布（表2の"ZSM$_1$"）については，分散制限がない場合（$m=1$）には，メタ群集の種個体数分布と同じになる．一方，分散制限がある場合（$m<1$）には，数値計算により移入率 m に対する依存性が調べられ，m が大きいときにはメタ群集の種個体数分布により近い形となり，θ が小さいときには対数級数型になることが示された．逆に，m が小さいときには，希少種がより多く見出される「左に歪んだ」対数正規分布に似た形のゼロサム多項分布になった．ハベルのモデルは，現実的な生物的過程に基づき，パラメータの値に応じて，フィッシャーの対数級数とプレストンの対数正規分布（に似た分布）を同時に予測したという意味で画期的である．

　ハベルの理論のオリジナルな点は，①相互作用する個体の等価性を仮定し，②個体レベルの確率過程を，③分散の制限のもとで数学的にかなり厳密に取り扱ったところにある．それは，集団遺伝学における中立対立遺伝子のサンプリング理論に基づいているため，総個体数がきわめて大きな場合だけでなく，有限サイズの群集のサンプルの種個体数分布を与えることができる（中立モデルの理論においては，局所群集はしばしばメタ群集から採取されたサンプルと同等に扱われる）．そのため，実際に得られたデータとの比較が可能である．一方，マッカーサーの折れ棒モデルなどのようなニッチ理論に基づくモデルのほとんどは，原理的にサンプリング理論ではありえない．

　集団遺伝学から中立モデルを持ち込んだのはハベルが最初ではないが，ハベルの議論で重要なのは，中立的な浮動だけでなく，ランダムな分散も群集集合を決定する要因であることを指摘した点である．集団遺伝学でもランダムな分散は「移住（表1参照）」として扱われていたが，遺伝的浮動より

も重要であると見なされていたわけではない．とくに，分散制限(dispersal limitation, 図1で$m<1$の場合)がある場合が重要である．分散制限がない場合は，空きパッチを必ずメタ群集からの新種が占有するという非現実的な状況に対応するからである．群集生態学の分野でも，以前から分散制限が種の共存を促進する可能性が指摘されていた(Tilman 1994; Hurtt and Pacala 1995; Loreau and Mouquet 1999)が，その種個体数分布に対する決定的な役割に気づいたのがハベルである．

(5) 中立モデルの最近の理論的発展

ハベルのモデル(Hubbell 2001)は，その前提となる中立性についての仮定が強く批判されてきた．また，現実的な分散制限がある場合($m<1$)については，シミュレーションによる結果を示しただけで数学的に厳密な定式化がなされなかったために，対数正規分布などの帰無仮説との比較検証も十分ではなかった．シミュレーションによって平衡状態での種個体数分布を得るためには，平均や他のモーメントを正確に評価しなければならないが，比較的小さな群集サイズに対しても膨大な計算時間を必要とするからである．実際，McGill (2003) は，バロコロラド島の樹木群集データに対して，シミュレーションで求めたハベルのゼロサム多項分布よりも対数正規分布の方がよくあてはまるとしたが，Volkov et al. (2003) は McKane et al. (2000) の解析をもとに，ゼロサム多項分布を解析的に求めることに成功し(表2)，同じバロコロラド島のデータに対して，ゼロサム多項分布が対数正規分布よりもよくあてはまることを示した．このヴォルコフらの研究は，メタ群集に対しては総個体数一定を仮定せず，総個体数が無限大の極限($J_M \to \infty$)の近似を用いたものの，メタ群集と局所群集の両方の個体群動態とそれらのあいだの分散，さらに局所群集の総個体数一定を考慮したほぼ完全な中立モデルをはじめて解析的に取り扱ったものである．その後の中立モデルの定量的な検証への道を開いたという意味でも，中立モデルの研究におけるもっとも重要なステップの一つである．

ヴォルコフらの研究につづいて，メタ群集の総個体数一定を考慮した完全な中立モデルの解析解も得られている(Vallade and Houchmandzadeh 2003;

Alonso and McKane 2004; Etienne and Alonso 2005;表2).これらによって,中立モデルのマスター方程式を解析して,局所群集の種個体数分布を求める数学的方法が確立された.

一方,このようにして得られた種個体数分布を,モデルの適合性の検証に使ううえでの問題点も指摘されている.マスター方程式を解いて得られる種個体数分布 $F(N)$ は,あるサンプルに含まれる種数の期待値であり,これだけを実際のデータと比較するだけでは不十分である(Harte 2003).より正確にモデルの適合性を比較するためには,分布のパラメータに対する最尤推定を行わねばならない(Etienne 2005; Etienne and Olff 2005).そのためには,種数 S,総個体数 J のサンプルにおいてそれぞれの種の個体数が $D = (n_1, n_2, \cdots, n_i, \cdots, n_S)$ という組み合わせになる「多変量分布(multivariate distribution)」$P(D|\Theta, J)$ を尤度関数とする必要がある(Θ は表1における基本生物多様度数 θ や基本分散数 I などのパラメータを表す).この多変量分布をもちいて,種個体数分布が以下の式で与えられる.

$$F(N) = \sum_{|D|} \Phi_n(D) P(D|\Theta, J) \tag{2}$$

ただし,$\Phi_n(D)$ はサンプル D で個体数 n をもつ種の数であり,和 $\sum$ は総個体数 J をもつすべてのサンプルに対する和を表す.局所群集の種個体数分布に対しては $J=J_L$ であり,これはサンプルした総個体数と見なせるから,式(2)は種個体数分布がサンプルのしかたに依存することを示している.

この問題に関連する最近の中立モデルの最大の成果は,この多変量分布がR・S・エティエンらによって導かれたことである.Etienne and Olf (2004) は,本節(3)で見たユーエンス公式(Ewens 1972)を分散制限のある場合($m<1$)に拡張して,多変量分布 $P(D|\Theta, J)$ を導いた(表2の EtF$_0$).これは種数が多い場合には膨大な項の和を含むために厳密な計算が困難な分布で,数値計算のためにモンテカルロ法などが必要であったが,エティエンはそれを大幅に簡略化する公式を導いた(Etienne 2005)(表2の EtF).エティエンはこの多変量分布を,ユーエンス公式になぞらえて「サンプリング公式」とよんでいる.この公式は群集に対する完全な多変量分布を与えるので,種個体数に関する

あらゆる統計量を計算することができる．上で述べたように，多変量分布がわかれば，与えられた個体数データに対するパラメータの尤度も計算できるので，パラメータの推定やモデルの比較にも利用できる．これにより，現実の生物群集のデータによる多変数の種個体数分布に関する定量的な研究がはじめて可能になった．

さらに，Etienne and Alonso（2005）は，サンプリングについて考察を進め，メタ群集の基本生物多様度数 θ が同じであれば，局所群集の種個体数分布 $E(S_n|\Theta, J)$ は，メタ群集サイズ J_M には依存しないことを示した．このことは，逆に，種個体数分布のデータだけからは J_M や θ を推定することができないことを示唆している．一方，メタ群集サイズが種個体数分布に関係しないので，いつでもメタ群集サイズを無限大と仮定した理論を構成することが可能になった．総個体数無限大の極限（$J_M \to \infty$）では，より簡潔な形で種個体数分布を導くことができる（Etienne and Alonso 2005）．

また，Etienne et al.（2007）は，メタ群集の総個体数が有限の場合と無限大の場合で，導かれる局所群集の多変量分布 $P(D|\Theta, J)$ が同じになることを示した．したがって，個体数一定の条件よりも分散制限の方が種個体数分布には本質的だとして，"dispersal-limited multinomial（DLM）"（「分散制限ありの多項」分布）という用語を提案している．これを受けて，最近では総個体数一定の条件を緩めた中立モデルの解析も行われている（表2の Volkov et al 2005; He 2005; Volkov et al 2007; Haegeman and Etienne 2008 など）．たとえば，Volkov et al.（2005）は，総個体数一定の条件の代わりに，「対称な」（負の）密度依存性をもつモデルを考え，希少種の有利性の効果を厳密に計算している．新旧3大陸の六つの熱帯雨林の種個体数分布の実証データを用いて，このモデルがこれまでのモデルと同じようによく適合することを示した．

一方，Dornelas et al.（2006）は，サンゴ礁群集のデータを用いて，種個体数分布も局所群集間の類似度も中立モデルの予測とは合わないことを示した．珊瑚礁は相互の移出入が起こる局所群集によってメタ群集が構成されているので，大陸と島のように種プールから局所群集への一方向的な移入を仮定する中立モデルは適用できない．ハベルは，種数－面積関係を考えるために空間を考慮して，タイル状に配置された局所群集からなるメタ群集を考えてい

る(Hubbell 2001)が，数学的に厳密な解析はなされていない．

最近では，Muneepeerakul et al. (2008) が，ミシシッピー川およびミズーリ川流域の淡水魚の多様性に関する群集パターンが中立モデルの予測によく合うことを報告している．これらの淡水魚は複数の栄養段階に属しており，局所群集間の移動もあるメタ群集になっているので，中立モデルの仮定を満たさないが，捕食関係よりも餌資源をめぐる競争が強くはたらいているために，結果的に同一機能群に属する中立な群集と見なせるのかもしれない．

これまで見てきた中立モデルの最近の発展は，すべて「分散制限のもとでの選択的に中立な対立遺伝子に対するサンプリング理論」として，ユーエンス公式を拡張する形で集団遺伝学の分野に逆に応用することができる．分散制限がある場合に，対立遺伝子型が中立的に維持されるかどうかを検証することができるだけでなく，それが由来する局所集団間の分散制限(もしくは隔離)の程度を推定することもできる．さらに，分散制限のある集団における対立遺伝子の年齢を推定できる．

一方，種の寿命(種が絶滅するまでの時間)が非現実的なほど長くなるとして，中立理論は厳しく批判されてきた(Lande et al. 2003; Nee 2005)．しかし，それは中立仮説そのものの問題ではなく，他の仮定によるものかもしれない．たとえば，Nee (2005) の推定は，θ がゼロかつ分散制限のない場合 ($m=1$) のユーエンス公式を用いたものである．これに対して，Griffiths and Lessard (2005) は任意の θ に対する式を用いることで，種の寿命が数桁下がることを示しており，分散制限がある場合には種の寿命がまったく異なる可能性がある．また，群集サイズの非平衡動態やゆらぎが種分化の時間スケールに影響するのかもしれない．

単一の種個体数分布への適合性よりも強力な中立性に対する検証は，同じメタ群集に属し，それからの隔離の度合いがわかっている二つの局所群集が，中立理論が予測する類似度を示すかどうかを確かめるというものである．上記のサンプリングの枠組みでは，そのような検証も可能である．もちろん空間を考慮する必要があるが，これまでの空間を考慮しないモデルも，パラメータを適切に選択することで，空間が関わる問題の本質をとらえるために使える可能性がある．数学的にはかなりの困難をともなうが，たと

えば,「距離による隔離」などの集団遺伝学のアイディア (Wakerley and Aliacar 2001) が有効な出発点になるかもしれない.

今後の中立モデルの理論的発展の目標は,中立性の仮定の緩和である.中立性は,より一般的な状況で自発的に現れるものでなければならない.現実の生物群集は完全に中立的でもなければ,Tilman (1994) がいうような厳密な階層構造をもつものでもない (Calcagno et al. 2006). むしろ,大きなメタ群集の中に中立的な局所群集が多数含まれていて,それらのサブ群集どうしは互いに非中立的な過程で関係している可能性がある (Alonso et al. 2006).

中立モデルは確立したニッチモデルと対立するものと見なされがちだが,ニッチモデルと中立モデルは相補的なのであり,決して合い入れないものではない (Chave 2004). 中立モデルは基本的に (熱帯雨林や珊瑚礁などのように) 種数が豊富で,とくに希少種が多く含まれる群集を対象としており,そこでは個体レベルでの確率性が重要な役割を果たす.一方,ニッチ分割による共存の理論の多くは,純粋に決定論的な過程 (deterministic process) に関係するものであり,たとえばロトカ−ボルテラ方程式 (Lotka-Volterra equation) で記述されるような,決まったルールで相互作用する少数種に対するものである.これらの二つの理論を統一する試みは,これまで数学的に厳密な取り扱いの困難さにより妨げられてきた.次節では,そのような試みのうちの一つであるランダム群集モデルを紹介する.

3　ランダム群集モデル

(1) 複雑性と安定性の関係

熱帯雨林などの種の多様性が高い地域での生物の個体群動態が比較的安定しているという事実などから,1960年代までの生態学者は,生態系の安定性をその多様性や複雑性と結びつけて考えていた (MacArthur 1955; Elton 1958). しかし,1970年代に,サイバネティクスの観点から Gardner and Ashby (1970) が,さらには May (1972) が逆の結論を導いたため,生態系の安定性

と複雑性についての論争がつづいてきた (McCann 2000; 佐藤ら 2001; 本巻コラム 1 も参照).

Gardner and Ashby (1970) は，離散的な時間に対する S 次元の線形写像

$$\vec{x}(n+1) = A\vec{x}(n) \tag{3}$$

を数値計算によって調べた．式 (3) は，S 種からなる群集の個体群動態が非線形の差分方程式にしたがうとき，その平衡点のまわりでの線形動態を表す式である．式 (3) の原点が安定ならば，もとの差分方程式の平衡点も安定である．このとき $S \times S$ 行列 A はヤコビ行列とよばれ，A のすべての固有値の絶対値が 1 より小さければ式 (3) の原点は安定である．M・R・ガードナーと W・R・アシュビィは，A の対角成分を $[-1, -0.1]$ の一様乱数から，非対角成分を $[-1, 1]$ の一様乱数から選び，さらに各要素は確率 $1-C$ で 0 であると仮定した（$0<C<1$ は結合度 (connectance) とよばれる）．このように各要素が乱数で与えられる行列を「ランダム行列 (random matrix)」とよぶ (Crisanti et al. 1993)．ここでは，A の各要素は独立な乱数であると仮定されたので，A は「実非対称 (real asymmetric)」ランダム行列である．このように，複雑な群集の相互作用をランダム行列で近似するモデルを，「ランダム群集モデル (random community model)」とよぶ．ガードナーとアシュビィは，多くのランダム行列を生成して，A のすべての固有値の絶対値が 1 より小さくなる割合，すなわち式 (3) の原点が安定な割合を調べた．その結果，$S=4$ または 7 など種数が少ない場合には，C が大きくなるほど式 (3) の原点が安定な割合が下がったが，$S=10$ に対しては，結合度がある閾値以下 ($C<C_c \cong 0.13$) であればほぼすべてのランダム行列で安定，それ以上 ($C \geq C_c$) では不安定となり，その値付近での急激な転移が見出された．これは，「多様性が高く，多くの種が関係しあう，より結合度の高い複雑な群集は不安定」ということを意味し，それまでの生態学における定説とは逆の結果であった．

これを受けて，May (1972) は S 次元の時間連続な線形微分方程式

$$\frac{dy_i}{dt} = \sum_{j}^{S} m_{ij} y_j \quad (i=1, 2, \cdots, S) \tag{4}$$

の安定性をランダム行列の理論を用いて解析した (Crisanti et al. 1993)．これ

は，ロトカ－ボルテラ方程式やレプリケーター方程式（Hofbauer and Sigmund 1998）を含む一般的な多種群集の個体群動態を記述する力学系

$$\frac{dx_i}{dt} = F_i(\vec{x}) \tag{5}$$

を，平衡点

$$\vec{q} = (q_1, q_2, \cdots, q_S)$$

の周りで線形化したものに対応する（本巻コラム 1 参照）．ただし，

$$\vec{y} \equiv \vec{x} - \vec{q}$$

である．メイは，ヤコビ行列

$$M = (m_{ij}) = \left(\frac{\partial F_i}{\partial x_j}(\vec{q})\right)$$

が，対角要素がすべて -1，非対角要素が確率 $1-C$ で 0，確率 C（結合度）で平均 0，分散 v の互いに独立な乱数からなる，$S \times S$ 実非対称ランダム行列で与えられるとした．ヤコビ行列 M の固有値の実部の最大値を E とすると，式（4）の長時間のふるまいは

$$|\vec{y}| \sim \exp(Et)$$

で与えられるので，$E<0$ ならば，式（5）において平衡点 $\vec{q}$ は局所安定となる．すべての種 i に対して $m_{ii}=-1$ であることと，「ウィグナーの半円則（Wigner's semi-cirular law）」（Wigner 1958; Crisanti et al. 1993）により実非対称ランダム行列の固有値は半円状に分布することから，種数が多い極限では $E=\sqrt{vCS}-1$ である．すなわち，「$vCS \leq 1$ で安定，$vCS>1$ で不安定」という結論が解析的に導かれる．この結果は，ガードナーとアシュビィの結果に加えて，相互作用強度の分散が結合度と同じように系を不安定にすることを示している．生態学的には，「種間相互作用が種内競争よりも相対的に強ければ系は不安定」ということである．これも，それまでの「多くの種が互いに強く結びあう生態系ほど安定である」という実証研究者の主張と相反する結論であった．

これらの意外な結論は，多くの群集生態学者の議論をよんだ．現実の食物網データを用いて，S, v, C が安定条件を満たしているかどうかの検証が試みられたが (Begon et al. 1996)，v や C を定量的に測定するのは困難であり，現在も野外データが理論を積極的に支持するか否定するかの結論を引き出すまでにはいたっていない．

　野外データと理論の食い違いを，理論の前提条件に求める議論もなされている．Pimm (1991) は，メイによる平衡点の局所安定条件とは異なる「群集の安定性」を定義した (本巻コラム 1 も参照)．たとえば，「種の突発的な絶滅 (除去)」に対して残りの群集が崩壊せずに新たな平衡点で共存することを条件とする「安定性」については，メイとは反対の結果を得た．また，草原の植物群集においては，S と C は独立ではなく，反比例の関係も見られるので，多様性が高い群集でもメイの安定条件が満たされることもありうる (McNaughton 1977)．競争系においては，複雑性が安定性に寄与することもあり，相互作用の分散だけではなく平均値も重要である (Rozdilsky and Stone 2001; Jansen and Kokkoris 2003)．さらに，室内での管理されたモデル生態系や大規模な野外操作実験系においては，種数が多いほど群集全体の総個体数の変動幅が小さく動的に安定化することがあり (Lawton 1995; Tilman 1996)，多様性が群集レベルでの安定性に寄与しているという議論もある (本シリーズ第 1 巻参照)．他にも複雑性と安定性のパラドックスについて数多くの生物学的な機構が提案されているが (McCann 2000)，理論研究は少数種からなる系を対象にしたものが多く，ここで扱うような多くの種によって構成される群集モデルに組み込んだ場合にも同様の結果が得られるかどうかはわかっていない (本巻コラム 1 も参照)．

　さらに，ランダム群集モデルの欠点として，種間相互作用の独立性 (無相関で非対称) と，種間相互作用のリンクによってつながるネットワークが非常に長いループ (ある種からはじまるリンクをたどって元の種に戻る経路) を多数もつことが挙げられる．しかし，実際には j 種が i 種に与える影響 m_{ij} とその逆 m_{ji} は強く相関するし，現実の生態系では非常に長いループが多数あるとは考えにくい．したがって，生態系における種間相互作用は各要素が無相関な非対称ランダム行列で記述されるのではなく，特別な相関が系の安定

性をもたらしていると考えるべきである．また，式 (4) は，線形の機能の反応 (functional response; 本巻 1 章参照) を仮定しているが，非線形の機能の反応では異なる結果が得られる可能性がある．

たとえば，①消費者の同化率が低いか，②高次の栄養段階で自己抑制が強いか，③消費者の成長への資源密度の増加の寄与が大きい (donor control) ときには，結合度が大きくなるとより安定になるという結果が得られている (De Angelis 1975)．また，最近も，オランダの砂地土壌にみられる，生物遺体や排泄物，バクテリア，菌類，繊毛虫，線虫およびダニなどからなる地中食物網に関する異なる場所での初期遷移の四つの段階の研究によって，食物連鎖の底辺に近づくほど生物量が相対的に多くなり，全体としてピラミッド型の分布が形成されていることが示されている (Neutel et al. 2007)．そのような食物連鎖の構造や雑食のループに沿った種間相互作用強度に特有の性質 (Neutel et al. 2007) があれば，複雑性は不安定化の要因にはならない可能性もある (本巻 1 章参照)．

(2) ランダム群集モデル

筆者が最近注目している生態学的な群集構造は，相互作用行列の対称性や要素間の相関である．これに関しては，より一般的な，要素間に相関がある $S \times S$ 実ランダム行列

$$a_{ii} = -1, \quad \overline{a_{ij}} = 0, \quad \overline{a_{ij}^2} = v, \quad \overline{a_{ij}a_{ji}} = \gamma v \qquad (6)$$
$$\overline{a_{ij}a_{kl}} = 0 \quad \text{for} \quad (i,j) \neq (k,l) \quad \text{or} \quad (i,j) \neq (l,k)$$

へとウィグナーの半円則が拡張されている (Sommers et al 1988)．ここで，記号 $\overline{f(a_{ij})}$ はランダム行列の要素の分布による平均を表す．たとえば，ランダム行列の各要素が平均 0 分散 1 の正規乱数の場合には

$$\overline{f(a_{ij})} \equiv \int_{-\infty}^{\infty} \frac{1}{\sqrt{2\pi}} e^{-a_{ij}^2/2} f(a_{ij}) da_{ij}$$

である．パラメータ γ はランダム行列の非対角要素 ($\{a_{ij}\}$ ($i \neq j$)) の「対称度」を表し，$\gamma = 1$ なら対称 ($a_{ij} = a_{ji}$)，$\gamma = -1$ なら反対称 ($a_{ij} = -a_{ji}$) である．メイのランダム群集モデルは $\gamma = 0$ の無相関の場合である．ランダム行列 (6)

では，固有値の実部の最大値が

$$E = (1+\gamma)\sqrt{vS} - 1$$

となり，対称度 γ が不安定化の要因となる．つまり，捕食関係がより多い食物網（$\gamma<0$）が相対的にもっとも安定で，無相関（$\gamma=0$），相利もしくは競争がより多い系（$\gamma>0$）の順に不安定化する（同じ v, S の組み合わせに対して E がより大きくなる）．

　反対称行列（$\gamma=-1$）の場合に $E=-1$ となるのは，対角成分が $a_{ii}=0$ ならば，すべての固有値が純虚数となり虚軸上に分布することによる．よって，任意の v とあらゆる種内競争の値 $a_{ii}\leq 0$ に対して平衡点は局所安定である．

　以上のガードナーとアシュビィおよびメイの理論研究とその拡張は，いずれもランダム群集モデルにおける全種共存平衡解（すべての種が絶滅しない平衡解）の局所安定条件に関するものである．しかし，そもそも相互作用がランダムであれば，一般的な多種群集の個体群動態の力学系 (5) が全種共存平衡解（右辺を 0 とする代数方程式の解）をもつ確率は，種数が無限大の極限（$S\to\infty$）では 0 である．$\vec{q}$ が全種共存平衡解ならそのすべての成分が正でなければならないが，平均が 0 のランダムな a_{ij} に対してそれはありえない．このため，種数が多いランダム群集モデルでは，ここでの解析の前提である内部平衡点はそもそもほとんど存在せず，たとえ全種が共存する初期状態から出発しても絶滅は避けられない．よって，ランダム群集モデルに対する次の興味は，絶滅をともなう「大域的な」ふるまいがどうなるか，最終的にどのような部分系へと収束するか，である．以下では，ランダム群集モデルの例として，ランダム相互作用をもつレプリケーター方程式を紹介し，このモデルの大域的なふるまいについて，対称度で分類してまとめてみたい．

(3) レプリケーター方程式

　以下では，式 (6) と同様の正規分布にしたがうランダム相互作用行列 $J=\{J_{ij}\}$ をもつ S 種レプリケーター方程式（replicator equations）（Diederich and Opper 1989; Opper and Diederich 1992; Tokita 2004; Galla 2006）

$$\frac{dx_i}{dt} = x_i \left(\sum_j^S J_{ij} x_j - \frac{1}{N} \sum_{j,k}^S J_{jk} x_j x_k \right) \quad (i = 1, 2, \cdots, S) \tag{7}$$

についての基本的な性質を説明する．ただし，ここでは上記の論文の表記にならって，相互作用行列の対角要素 J_{ii}，平均 $\overline{J_{ij}}$，二乗平均 $\overline{J_{ij}^2}$，および相関 $\overline{J_{ij} J_{ji}}$ を

$$J_{ii} = -u\,(<0), \quad \overline{J_{ij}} = 0, \quad \overline{J_{ij}^2} = \frac{1}{S}, \quad \overline{J_{ij} J_{ji}} = \frac{\gamma}{S} \tag{8}$$

と定義する．これは，式 (6) のランダム行列のすべての要素を u 倍して，

$$v = 1/(u^2 S)$$

とすることに相当する．レプリケーター方程式はすべての相互作用を定数倍しても解の軌道が変わらないので (Hofbauer and Sigmund 1998)，式 (8) の定義でも式 (6) の定義と同じ結果になる．種内競争 (J_{ii}) の強さは種によらず一定 ($u \geq 0$) と仮定する．正の密度効果 ($u < 0$) は系を不安定にして，1 種が優占し，それ以外はすべて絶滅することになるので (Opper and Diederich 1992)，以下では種内相互作用は競争 ($u \geq 0$) のみを考える．式 (7) の右辺括弧内の第 1 項 $f_i(t) \equiv \sum_j^S J_{ij} x_j$ は，種 i の「適応度 (fitness)」であり，第 2 項は「平均適応度 (average fitness)」$\phi(t) = \frac{1}{N} \sum_{j,k}^S J_{jk} x_j x_k$ である．また，レプリケーター方程式には保存量 ($\sum_j^S x_i(t) = N$) があり，個体数の総和が時刻によらず一定になる．すなわち，中立モデルと同様に，レプリケーター方程式は総個体数が一定の条件を含んでいる．以下では，種数 S も総個体数 N も非常に大きいと仮定する．これは統計力学的な解析を行ううえでは必須の仮定であるが，実際には数百種程度の群集に対してもよい近似となる．よって，式 (7) における本質的なパラメータは，種内競争の強さ u と対称度 γ である．

レプリケーター方程式の重要な性質の一つに，ロトカ–ボルテラ方程式 (Lotka-Volterra equations: LV) との等価性がある．つまり，それらは，変数変換によって，解の軌道を対応づけることができるので，一方を調べることにより他方の性質を知ることができる．レプリケーター方程式はもともとおも

にゲーム理論の分野で研究されてきたが (Hofbauer and Sigmund 1998), このような変換を通じて生物群集のモデルと見なすことができる. その変換において, 対応する LV 方程式の個体数 y_i, 内的自然増加率 r_i および種間相互作用行列の要素 b_{ij} は, それぞれ

$$y_i = x_i/x_M \quad (i = 1, 2, \cdots, S),$$
$$r_i = J_{iM} - J_{MM} = J_{iM} + u, \qquad (9)$$
$$b_{ij} = J_{ij} - J_{Mj}$$

のようにレプリケーター方程式の個体数 x_i と相互作用行列 J_{ij} によって表される (Hofbauer and Sigmund 1998). ここで, $M(y_M = 1)$ は常に個体数が一定の「(光や水などの) 資源に対応する」種で, レプリケーター方程式の S 種のうちの任意の 1 種である. つまり, S 種レプリケーター方程式から $S-1$ 種 LV 方程式へは, S 種類の変換が可能である. レプリケーター方程式の相互作用行列 $\{J_{ij}\}$ が式 (8) で与えられるランダム行列のときには, 式 (9) によって対応する LV 方程式の相互作用行列 $\{b_{ij}\}$ は平均 0, 分散 $2/S$ のランダム行列になる.

以下では, レプリケーター方程式の解のふるまいを, その相互作用行列の対称度 γ によって分類した結果を示す.

(4) 対称ランダム行列モデル

レプリケーター方程式 (7) において, 相互作用行列が対称ランダム行列の場合 (式 (8) で $\gamma = 1$, すなわち $J_{ij} = J_{ji}$ の場合) には, 固体物理学における合金 (スピングラス) のモデル (Sherrington and Kirkpatrick 1978) と同様の統計力学的な解析により, 共存種数や種個体数分布を解析的に得ることができる (Diederich and Opper 1989; Tokita 2004, 2006).

レプリケーター方程式の相互作用が対称 ($J_{ij} = J_{ji}$) であっても, 対応する LV 方程式では対称性が消える ($b_{ij} \neq b_{ji}$) ので, ここで扱っているモデルは, 生態学的には, 捕食関係, 相利共生, 競争, 分解過程, さらにはそれらによってつながる種を結ぶ経路にループをもつ生物群集に対応する. さらに, レプリケーター方程式からの変換によって得られる LV 方程式の種内相互作用係

数 b_{ii} は内的自然増加率 r_i と $b_{ii}=J_{ii}-J_{Mi}=-u-J_{iM}=-r_i$ の関係で結ばれる．したがって，生産者の種内相互作用は競争的（$b_{ii}<0$）で，消費者のそれは相利的（$b_{ii}>0$）であるような群集に対応する．また，ここではすべての種がすべての種と相互作用する（結合度が1の）群集を考えているが，式（7）の相互作用強度の分散の分母に S があるので，多数の弱い相互作用（Neutel et al. 2002; Wootton and Emmerson 2005）で結ばれた相互作用をもつ群集に対応している．式（9）から，内的自然増加率 r_i は平均 u，分散 $1/S$ の正規分布にしたがうので，r_i が正である割合，すなわちある種が生産者である割合が誤差関数

$$\text{Prob}(r_i>0) = \int_{-u\sqrt{S/2}}^{\infty} \frac{dt}{\sqrt{\pi}} \exp(-t^2)$$

で与えられる．u が大きいほど生産者の割合が増えるので，ここで考えている対称ランダム行列モデルの唯一のパラメータ u は，系の「生産力」に対応する．進化生態学モデルのシミュレーション（Tokita and Yasutomi 2003）によると，時間の経過にしたがって相互作用行列が対称行列に近づき，u に対応する量も増大することがわかっているので，パラメータ u は生態系の「成熟度」にも関係する．

対称な相互作用（$J_{ij}=J_{ji}$）をもつレプリケーター方程式の特徴は，平均適応度（$\phi(t)\equiv\sum_{j,k}^{S}J_{jk}x_{j}x_{k}$）が時間とともに増大し，解は初期状態に依存して，平均適応度の極大値を与える平衡点（一般的には複数存在する）の一つへと収束することである．実際，相互作用行列の対称性から，$\phi(t)$ が時間に関する非減少関数であることを示すことができる（Hofbauer and Sigmund 1998; Tokita 2006）．この関数 $\phi(t)$ をリアプノフ関数とよぶ．すべてのモデルがリアプノフ関数をもつとは限らない．むしろリアプノフ関数をもつのは例外的であるが，その場合には厳密な解析ができることが多い．平衡状態でどの種が生き残りどの種が絶滅するかは，初期状態に依存する．周期解やカオスなど（本巻コラム1参照）のアトラクターは存在しない．よって，系の平衡状態でのふるまいは，$\phi(t)$ の極大点の性質からわかる．これにより，与えられたパラメータ u に対して，極大点における系のふるまい，たとえば，共存種数および個体数の累積分布関数，またその微分で与えられる種個体数分布が，複

雑な相互作用で結ばれた多種の個体群動態のモデルに対してはじめて解析的に求められた（Diederich and Opper 1989; Tokita 2004, 2006）．

　種個体数分布はゼロで途切れた（truncated）正規分布になるが，ある生産力 u の範囲では，野外でしばしば観測される（希少種をより多く含むような）「左に歪んだ（left-skewed, Nee et al 1991）」対数正規分布（Preston 1962a; 1962b; 図2 (b)）に似た形になる．一方，u がより小さい範囲では，フィッシャーの対数級数（Fisher et al. 1943; 図2 (a)）に似た，北方林などのように種数の少ない群集によく見られる種個体数分布になる（Hubbell 1979）．共存種数は u の単調増加関数となる．生産力が大きな極限（$u \to \infty$）では全種が共存し，生産力が小さな極限（$u \to 0$）では一種が優占となり他のすべての種が絶滅する．このことは，より生産力が高い地域の群集ほど種数が多いという事実と一致する．さらに，最大個体数と総個体数分布のモード（最頻値）を解析的に計算することができる．左に歪んだ対数正規分布に似た種個体数分布を与える u の範囲では，最大個体数と総個体数分布のモードがほぼ等しくなるという経験則（カノニカル仮説）（Preston 1962b; May 1975）が導かれる．

　群集の種構成については，生産力 u が高いほど，相互作用行列 $J=\{J_{ij}\}$ の組み合わせによらず，種構成や個体数の分布が同じになりやすい．一般に，熱帯雨林や珊瑚礁など，高い生産力をもつとされる生態系においては，多数の種が似た形の種個体数分布にしたがって共存しているが（Hubbell 2001），u の大きな領域での種個体数分布はそのような形に似ている．一方，u が小さい領域では，相互作用行列 $J=\{J_{ij}\}$ の組み合わせに強く依存して決まる少数の種が占める個体数の割合が大きい．これは，タイガ（taiga）などでモミやトウヒなどの常緑針葉樹が広大な地域を優占している状況に似ている（Begon et al. 1996; Pastor et al. 1996）．また，ツンドラ，砂漠および高山などの生産力が低い地域では，少数の優占種からなる生物群集が形づくられる可能性がある（Chapin and Körner 1996; Huenneke and Noble 1996）．

(5) 反対称ランダム行列モデル

　ここでも式 (7) のレプリケーター方程式を考える．ただし，前節とは異なり，相互作用行列が反対称行列で表される場合である．この場合は，式 (8)

で，$\gamma = -1$ すなわち $J_{ij} = -J_{ji}$ に相当する．また，反対称性を対角要素にも課すと $J_{ii} = -J_{ii} = 0$ であるから，種内競争がない ($u = 0$) 場合に相当する．この場合，反対称性から任意の時刻で平均適応度がゼロ ($\phi(t) = 0$) となる．反対称レプリケーター方程式は，食物網やゲーム理論における「ゼロサムゲーム (zero-sum game)」や集団遺伝学における「遺伝子変換 (gene conversion)」などにも対応する (Akin and Losert 1984; Chawanya and Tokita 2002; 時田 2004)．式 (9) より対応する LV 方程式では，生産者の種内相互作用は相利的にも競争的にもなるが，消費者のそれは必ず競争的である．

反対称ランダム行列モデルの特徴の一つは，対称ランダム行列モデルのときと同様に，それがリアプノフ関数 $L(\vec{q}, \vec{x}(t)) \equiv \sum_{i}^{N} q_i \log(x_i)$ をもつことである．ただし，反対称ランダム行列のリアプノフ関数は，平衡点 $\vec{q} = (q_1, q_2, \cdots, q_s)$ をパラメータとしてもっている．相互作用の反対称性から，系には平衡点 $\vec{q}$ が一つしかなく，それは中立安定である (Chawanya and Tokita 2002)．任意の初期状態からはじまるダイナミクスは，$L(\vec{q}, \vec{x}(t))$ が最大値をとる状態 (平衡点を含む多数の軌道からなる集合) に収束する．一般にこの状態は非定常なカオスとなり，個体数は不規則に揺らぎながら平衡点のまわりを変動する．この状態ではリアプノフ関数は一定の値を取りつづける．つまり，$L(\vec{q}, \vec{x}(t))$ は保存量となるので，系は「保存系のカオス (Hamiltonian chaos)」となる．この状態においては，小さな擾乱を加えて少数個体を追加しても絶滅した種は復活できない．

相互作用の反対称性から，カオス状態における共存種数は，特殊な例外を除き奇数であることも示される．これは LV モデルで種数が偶数になることと対応している．簡単な組み合わせの議論により，共存種数の平均が $S/2$, 分散が $S/4$ となる (Chawanya and Tokita 2002)．さらに，カオス状態における種構成の一意性も反対称ランダム行列モデルの特徴である．どの種が絶滅し，どの種が生き残るかは，相互作用行列によって決まり，初期状態にはよらない．

なお，反対称性の仮定を少し緩めて，種内競争がある場合 $J_{ii} = -u (<0)$ には，ダイナミクスは平衡点へと収束し，カオス状態にはならない．この場合，

共存種数は対称ランダム行列モデルと同様に u の単調増加関数となり，$u \to \infty$ で全種が共存する．ここでも，対称ランダム行列モデルと同様に，u は系の生産力に対応するので，生産力が高いほど共存種数が多いという予測が得られる．

反対称性がもたらす安定性は，式 (6) の拡張されたウィグナーの半円則からも示唆されるが，ここでは群集動態の大域的な性質としても多種共存解の存在が示されたことが重要である．とくに，反対称ランダム行列の場合は，多数種がそれぞれカオス的に個体数を変動させながら共存する例となっている．つまり，ランダム群集モデルでも，相互作用行列が反対称の場合には，多種が安定に共存することがある．反対称性の度合いが高いほど，つまり対称度 γ が小さく -1 に近いほど，対応するロトカ－ボルテラ方程式において捕食関係が多くなるので，相互作用の反対称性，すなわち捕食関係の多さは，複雑性と安定性のパラドックスを解消するための重要な群集構造の一つである．

さらに，反対称相互作用をもつロトカ－ボルテラ方程式に対する統計力学的な解析 (Kerner 1957) を反対称レプリケーター方程式に拡張することができる (時田 2004)．カオス状態においては，リアプノフ関数 $L(\vec{q}, \vec{x}(t))$ が時間的に一定となることはすでに述べたが，対数で変換した個体数 $v_i \equiv \log(x_i/q_i)$ を使った関数

$$H \equiv \sum_i^K q_i(e^{v_i} - v_i) \equiv -L(\vec{q}, \vec{x}) + \sum_i^K q_i \log(q_i) + 1$$

が保存量になることを用いて，個体数変動の分散や個体数分布などを解析的に導くことができる (時田 2004)．ただし，K はカオス状態において共存する種数である．とくに，初期状態によって決まる個体数の変動の大きさに依存して，これまでよく知られていた種個体数分布である対数級数分布 (Fisher et al. 1943)，折れ棒モデルに基づく分布 (MacArthur 1957)，対数正規分布 (Preston 1962a, b) が，このモデルから得られることもわかっている (時田 2007)．これは，複雑な相互作用を介して結ばれた食物網の個体群動態に基づいて，種個体数分布が理論的に導かれた最初の例である．Hubbell (2001) は，シミュレーションに基づき，密度もしくは頻度依存型のゼロサムゲームでは対数正規型

の種個体数分布にならないと述べているが，反対称ランダム行列モデルはその反証になっている．

(6) 非対称ランダム行列モデル

式 (6) において，任意の γ の値に対応する一般の非対称ランダム相互作用行列をもつレプリケーター方程式では，本節 (4) の対称ランダム行列モデルや本節 (5) の反対称ランダム行列モデルのようにリアプノフ関数や保存量が見つかっていないので，平衡統計力学的な手法を使うことはできない．しかし，物理学における経路積分 (path integral) や生成汎関数 (generating functional) を用いて，共存種数や種個体数分布などを解析することができる (Rieger 1989; Opper and Diederich 1992; Galla 2005, 2006; Yoshino et al. 2007, 2008)．以下では，式 (8) の正規分布にしたがうランダム非対称相互作用をもつ場合 (Opper and Diederich 1992; Galla 2006; Yoshino et al. 2008) を考える．この場合には系を特徴づけるパラメータは u と γ の二つである．$\gamma = 1$ および $\gamma = -1$ の場合は，それぞれ本節 (4) および (5) と同じ結果になる．

この場合にも共存種数が u の単調増加関数であることなど，系のふるまいを解析的に求めることができる (Opper and Diederich 1992; Galla 2006; Yoshino et al 2008)．二つのパラメータ u と γ を軸とする二次元平面上で系のふるまいを分類することができる．$u > u_c(\gamma) = (1+\gamma)/\sqrt{2}$ の範囲では大域的に安定な平衡点が一つだけ存在する．ところが，$u < u_c(\gamma)$ ではその平衡点は不安定になり，解の分岐が起こる．分岐が起こると，リミットサイクルやカオスを含む複雑な軌道をもつようになる．なお，$\gamma = 0$ の場合の $u_c(0) = 1/\sqrt{2}$ が，本節 (1) で述べたメイの平衡点が線形安定な状態から不安定な状態へと転移する転移点に相当する．つまり，ここでの議論は，メイの局所安定性の理論を含んでおり，さらに大域的なふるまいについての予測も可能である．

一定の u の値に対しては，共存種数は γ の単調減少関数になる．つまり，対称相互作用の場合にもっとも共存種数が少なく，反対称相互作用の場合にもっとも共存種数が多い．このことは式 (6) に基づく内部平衡点の線形安定性解析の結果とも一致する．

平衡状態における平均適応度 $\phi(t)$ は，一定の u に対して γ の単調減少関

数となり，一定の γ に対して u の単調増加関数となる．平均適応度はランダムな侵入種に対する群集の抵抗力の強さに関係するので，γ はそれに対する不安定化要因で u は安定化要因である．よって，同じ種内競争の強さに対して，より多くの捕食関係をもつ群集の方が，競争や相利が卓越した群集よりも侵入種に対する抵抗力が強い．これは対称度により群集を分類してランダム群集モデルを解析したことではじめて得られた理論的な予測である．これに対して，競争的な群集ほど侵入されにくいという理論もあるが（Case 1991），カリフォルニアの淡水魚の群集（Baltz and Moyle 1993; Harvey et al. 2004）や北米東海岸のカニの群集（DeRivera et al. 2005）においては，捕食が侵入種に対する抵抗力をもたらす例が報告されている．

　種個体数分布は，一定の γ に対して，u が大きいほど左右対称な正規分布に近づき，共存するすべての種が同程度の個体数をもつ分布となる．また，u が小さいほど，左に歪んだ対数正規型に近づき，優占種と希少種が混在する分布となる．一定の u に対しては，γ が大きいほどより左に歪んだ対数正規型に近づく．つまり，種内競争が強く，より多くの捕食関係をもつ群集ほど各々の個体数が均等な分布となり，種内競争が弱く，競争や相利共生が卓越した群集ほど優占種と希少種が混在する分布となる．これは，群集の相互作用の対称度が種個体数分布のパターンに影響を与えることを示している．

　また，Galla（2006）と吉野ら（Yoshino et al. 2008）は（適応度が $\sum_{j,k} J_{ijk} x_j x_k$ で与えられるような）三体相互作用をもつレプリケーター方程式の解析も行っており，三体相互作用を組み込んだ系が二体相互作用だけからなる系より不安定であることを示している．種個体数分布も3種の相互作用系の方が2種の相互作用系よりも，より左に歪んだ対数正規型に近いものとなり，優占種と希少種が混在する分布となる．これは，3種の相互作用が系の不安定化の要因になることを示しており，モデルに3種以上の個体群密度の積が含まれる「高次の相互作用」（Vandermeer 1969）型の間接効果が系の不安定化につながることを予測している．

　さらに吉野ら（Yoshino et al. 2007）は，資源と消費者を分けた二層モデルで，消費者間には非対称ランダム相互作用もあるような，より現実的なランダム群集モデルの解析を行った．それにより，資源の種類が多いほど，また，そ

れぞれの種が資源を消費する量に差があるほど，系はより安定になることを示した．これは，資源の多様性と資源分割の程度が系の安定性に及ぼす影響に対する理論的予測を与えている．さらに，消費型競争のみの場合には，資源の種類が少ないとき，もしくは資源の利用のしかたの差が小さいときに資源が枯渇する解が現れるのに対し，上位の捕食者を含むランダム非対称相互作用では資源の枯渇が起こらないことが示された．これは Hutchinson (1948) や Paine (1966) らによる，捕食が競争種の共存を促進するという主張を支持している．

上記の経路積分の方法は，相互作用が非対称の場合にも適用できるのが強みであるが，その適用範囲は平衡点が大域的に安定である場合に限られている．とくに，解の分岐が起こる不安定領域では，ヘテロクリニックサイクルやカオス（本巻コラム 1 参照）を含む非平衡状態に関わる複雑な問題をはらんでいるが，そのふるまいを調べるためには，現状では数値計算に頼らざるをえない．理論的な研究は今後の重要な課題である．

4 まとめと今後の展望

本章では，多くの種から構成される群集のふるまいを数理的に研究するための二つのミニマルモデルを紹介した．中立モデルは，個体の出生率や死亡率などが種によらず同じであるという仮定に基づいて，種個体数分布を数学的に導いた．おもにこれは，熱帯雨林の樹木などの，単一の機能群に属する種からなる局所群集の種個体数分布によくあてはまる．最近では，集団遺伝学で発展してきた方法や統計物理学の方法などが応用された結果，種個体数分布をはじめとして生物群集の特徴を数学的に厳密に解析することができるようになり，実証データとの定量的な比較も行われて，活発な議論がつづいている（Volkov et al. 2003; Dornelas et al. 2006; Muneepeerakul et al. 2008）．

一方，ランダム群集モデルについては，最初はランダム行列の理論が，群集の個体群動態を表す方程式の安定性解析に応用された．方程式の平衡点についての局所的な線形安定性の条件を数学的に厳密に与えたメイの研究は，

「生態学のパラドックス」や「複雑性と安定性の関係」についての論争を巻き起こした．これにより，群集に安定性をもたらす相互作用の特徴が模索されるようになった．そのような特徴の一つとして，相互作用の対称性に注目する最近の研究を紹介した．そこでは，中立モデルと同様に統計物理学の方法が応用された結果，方程式の大域的なふるまいがある程度数学的に厳密に解析された．そして，メイによる非対称で無相関な相互作用に比べて反対称性が強まるほど，つまり捕食関係が卓越するほど共存種数が増えることが示され，種個体数分布に対する予測も得られた．また，メイの場合とは異なり，種数が増え結合度が高くなっても，反対称性が強まると多くの種が共存できる．反対称性が強くなることは，競争や相利と比べて捕食が卓越することなので，実証研究においては，捕食も競争も相利も含む生物間ネットワークを研究する必要がある（本巻終章参照）．

最近では，資源利用競争の効果も取り入れたより現実的なランダム群集モデルも研究されている．ランダム群集モデルは，中立モデルとは異なり，食物網などのように非対称な相互作用をもつ群集をモデル化するが，食物網の種個体数分布に関する実証データが乏しいため，理論と実証の定量的な比較はまだない．さらに，ここで考えたランダム群集モデルは，種数や個体数が無限であるような「無限集団」についての理論であるが，今後，実証研究との比較を進めるためには，中立モデルと同様に，サンプリング理論を組み込む必要がある．総個体数の有限性が重要な「有限集団」の理論 (Nowak et al. 2004; Taylor et al. 2004) なども，今後，統計物理学の方法が応用されるべき重要な分野であろう．

前節では，すべての種がすべての種と相互作用をもつような（結合度が1の）ランダム群集モデルを紹介したが，メイの理論のように，結合度が1以下の場合も考えることができる．ランダム群集モデルでも，メイの理論と同様に，結合度の増加は系の不安定化をもたらす (Yoshino et al. 2007)．したがって，今後は，より現実的な結合度やネットワーク構造をもつランダム群集モデルを解析する必要がある．とくに，本巻コラム2でも説明されているように，ニッチモデルなどを使って，最上位消費者・中間種・生産者の種数の比，食物連鎖の長さ，雑食者の割合，平均栄養段階数，クラスタリング係数や平

均最短経路長などの食物網のネットワーク構造を調べる研究が大きな成果をあげている．このような食物網や群集のネットワーク構造に関して，ランダム群集モデルによる予測も興味深い．たとえば，対称ランダム行列モデルでは，生き残った種については，対応するロトカ-ボルテラ方程式の内的自然増加率はほとんどすべて正で，生産者ということになる．このとき，生産者間に，種間競争や正の効果を及ぼしあう促進（facilitation; Bertness and Callaway 1994; Callaway et al. 2002），あるいは内的自然増加率が大きい種が小さい種に負の効果を与え，内的自然増加率が小さい種が大きい種に正の効果を与えるような関係は見られるが，逆の関係は見られない．つまり，生産性の低い種が，生産性の高い種に負の影響を与え，生産性の高い種が生産性の低い種に正の影響を与えるような種間関係はほとんどない．このことは，相互作用が階層的な構造をもつことを意味している（Tokita 2006）．実証研究では，内的自然増加率を多種に対して評価することは難しく，このような階層構造が実在するかどうかは今後の検証を待たねばならないが，中立モデルは種間相互作用によって決まる群集構造を予測できないので，このような予測はランダム群集モデルの役割の一つであるといえる．

　空間の効果も重要な課題である．中立モデルは，メタ群集と局所群集という異なる空間スケールのシステムを二つだけ想定して，それらのあいだの個体の分散を考える．このため，空間の効果を考慮したもっとも単純なモデルである．一方，ランダム群集モデルには空間も個体の分散も考慮されていない．しかし，中立モデルでは分散制限が重要な役割を果たすので，複数のランダム群集モデルのあいだの分散の効果を調べる必要がある．中立モデルにおいても，分散は，大陸と島のように，スケールの異なるメタ群集と局所群集のあいだで考えられることが多い．これに対して，多くの局所群集が集まってメタ群集を構成するような，局所群集間の分散による空間的なつながりが明確に考慮されたモデル（Bell 2001; Chave et al. 2002）を研究するには，いまのところシミュレーションに頼らざるをえない．そのようなモデルに対する理論的研究も今後の課題である．

　中立モデルと同様のマスター方程式をもとにして，ジップの法則とよばれる，べき型の種個体数分布が，書籍の中の単語の分布（蔵本 2007），都市

の人口分布，姓名の分布など，広い分野で調べられている (Zipf 1949)．べき分布は平均が発散するので，現実の種個体数分布が厳密にべき分布にしたがうことはありえない．しかし，単語や人口，姓名などでは，非常に高い頻度で現れるものからめったに現れないものまで，多数の要素が長いすそ野をもつ分布にしたがって混在しており，べき分布にあてはまることが知られている．ジップの法則に特徴的なべき指数を与える確率過程 (Simon 1955) は，複雑ネットワーク（スケールフリーネットワーク，本巻コラム2参照）を生み出す確率過程の一般的な形式である（時田・入江 2006）．現実の生物群集においては，べき分布の例はほとんど知られていないが，入江ら (2005) は，干潟のベントス群集の種個体数分布がべき分布に適合することを報告している．タビネズミ，サバクトビバッタ，チャドクガ，オニヒトデ，さらにはエチゼンクラゲなどに見られる生物の大発生は，種個体数分布の個体数が大きいすそ野の部分に寄与するので，分布全体をべき型に似た形にする可能性がある．今後は，より広範囲の群集で種個体数分布を調べることによって，新しい知見が得られるだろう．

　また，前節では，ランダム相互作用をもつレプリケーター方程式について考えたが，レプリケーター方程式を特別な場合にもつより一般的なランダム群集モデルとして，ランダムな相互作用とランダムな突然変異をもつ「レプリケーター・ミューテーター方程式 (replicator-mutator equation)」があり，進化速度の速いウィルスや病原体，さらに言語進化のモデルとして研究されている (Nowak et al. 2002; Komarova 2004)．レプリケーター・ミューテーター方程式については，相互作用が対称行列であっても，リアプノフ関数が見つかっていない．よって，ここで紹介した平衡統計力学的な取り扱いができないが，非対称ランダム行列モデルで用いた経路積分の方法などを使って，平衡点の安定・不安定転移の解析ができるので，進化速度の速い群集への適用が期待される．

　中立仮説がどのような生物群集にあてはまるかについては，さまざまな群集を対象にして検証が進んでいる．一方，筆者は，ランダム群集モデルに対しても，大規模な食物網における種個体数分布の実証データによる検証を行っている．

ここで取り上げた二つのミニマルモデルは，相互作用に対する単純さと複雑さの両極端の見方を反映したものである．それらの解析がさらに進むことにより，両者のギャップを埋める生物群集のモデルに必要な性質が明らかになり，より現実的なモデルを数学的に厳密に取り扱う方法も充実していくことが期待される．個人的には，ここで紹介したような，最低限の仮定のもとでより多くの性質が創発する系を厳密に取り扱う方法を模索することも，群集生態学の理論研究における挑戦であると考えている．

コラム2

複雑ネットワーク理論の基礎

時田恵一郎

Key Word

次数分布　クラスター性　ランダムグラフ
スモールワールド・ネットワーク
スケールフリー・ネットワーク

　生物群集は，多くの種が相互作用によって結ばれる複雑なネットワークである．一般に，ネットワークは，頂点やノードとよばれる点を，枝やリンクとよばれる線でつないだグラフで表すことができる．複雑ネットワークの研究の発展により，インターネット，人間関係，電力網，細胞内の代謝経路など，さまざまなネットワークのグラフとしての特徴にいくつかの共通点があることがわかってきた．たとえば，現実の世界で見られるネットワークでは，任意の二つの頂点を結ぶ最短経路は意外に短く，「世間は狭い」というスモールワールド性をもつことが多い．また，頂点につながるリンクの数の分布をみると，長いすそ野を引き，平均値だけでは説明できないスケールフリー性とよばれる性質をもつことも多い．さらに，人間関係のネットワークでは，同じ集団内のつながりは，他の集団とのつながりよりも多いことがふつうだが，一般の複雑ネットワークでも，このようなクラスター性とよばれる性質をもつことが多い．これらの特徴は，これまで研究が進められてきた比較的単純なグラフには必ずしも備わっていないため，多くの分野で注目を集めている．
　複雑ネットワークとしての生物群集は，他の複雑ネットワークと共通の性質をもつのだろうか．このコラムでは，複雑ネットワークの基礎およびその歴史的背景と最近の研究を紹介したうえで，とくに生物群集を複雑ネットワークの観点からとらえなおす．

1 背景

　生態系はおそらく自然界に存在する最大かつもっとも複雑なネットワークの一つであろう．その意味では，生態学はまさに複雑ネットワークの科学の活躍が大いに期待できる場である．このように大規模なネットワークが，その複雑性を保ったまま安定して存続できるのだろうか．生態系ネットワークにおける複雑さと安定性の関係は，いまだに論争がたえない群集生態学における大きな課題の一つである（McCann 2000）．その解明のために，実証研究は生物群集を形づくる種間相互作用の検出と同定に力を注いでいる．一方，近年，生物に限らず，さまざまなシステムにおける構成要素間のつながりのパターン（トポロジー）に関する研究が発展してきた．いわゆる「複雑ネットワーク（complex network）」の研究である（バラバシ 2002; 増田・今野 2005）．複雑ネットワークを理解するためには，あらかじめ，いくつかの概念を理解しておく必要があるが，詳しい説明は次節以降に譲り，ここでは主要なネットワークのタイプを簡単に紹介したい．

　一般にネットワークというと，コンピュータや通信のネットワークを指すことが多い．本コラムで考えるネットワーク理論の主な対象は，それだけではなく，人間社会，生物集団，生命体，細胞など，広い意味で「生きているもの」に関わるネットワークである．とくに，複雑ネットワークという場合には，相互のつながりをもつ多数の構成要素からなるシステムを，頂点あるいは「ノード（node）」とよばれる点とそれを結ぶ枝あるいは「リンク（link）」とよばれる線によって抽象的に表現したグラフ（graph）で表すことが多い（図1）．実際には，何をネットワークの要素とするかは決まっておらず，生物群集における種間相互作用のようにリンクの向きや強さが重要な場合もあるが，頂点のつながり方に注目することで，複雑系に対する新たな見方が生まれてきた．

　古典的には，ランダムグラフの理論が，パーコレーション（浸透）理論（percolation theory）に基づいて，P・エルデシュやA・レーニィらによって（Erdös and Rényi 1959; Bollobás 2001）研究された．また，S・ミルグラムによ

●コラム2　複雑ネットワーク理論の基礎●

る人間関係のつながりに関する社会学的な実証実験（Milgram 1967）にも複雑ネットワーク研究の源流を見ることができる．そして，1998年にD・J・ワッツとS・H・ストロガッツが，共演関係によるつながりに基づく俳優のネットワーク，神経回路網，電力網などが，任意の2頂点の最短距離が意外に近く，「世間は狭い」という「スモールワールド・ネットワーク（small-world network）」の性質をもつことを指摘した．そして，それを生成する簡単なモデルを提案（Watts and Strogatz 1998）して以来，統計物理学者を中心にして新たな研究が台頭してきた．さらにA-L・バラバシらが，インターネット上におけるウェブページのリンクのネットワークや細胞内におけるタンパク質の相互作用ネットワークにおいて，相互作用の次数分布（頂点につながるリンクの数の分布）がべき分布になることを指摘した．べき分布では平均が発散し，長いすそ野を引いた分布となる．そのため，正規分布や指数分布などのように，平均によって分布を特徴づけることはできない．バラバシらは，平均のような特徴的なスケール（尺度）をもたないネットワークを「スケールフリー・ネットワーク（scale-free network）」と命名した（Barabási and Albert 1999; Albert and Barabási 2002; バラバシ 2002）．そして，スケールフリー・ネットワークを順次作りあげる「優先的結合（preferential attachment）」の原理を提案して以来，複雑ネットワークの研究は最近の数理科学研究の大きな流れの一つにまで成長した．

　本コラムでは，まず複雑ネットワークを特徴づける三つの重要な量を定義する．つぎに，比較的単純なネットワークである，ランダムグラフ（random graph）と規則格子（regular lattice）がどのような特徴をもつかを見る．ついで，スモールワールド・ネットワークとスケールフリー・ネットワークを概説する．最後に，生物群集での相互作用による種のつながりなどを，ネットワーク理論の観点から調べた実証研究を紹介したい．

2　複雑ネットワークを特徴づける量

　まず，これまで提案されている複雑ネットワークを特徴づける量のうち，

225

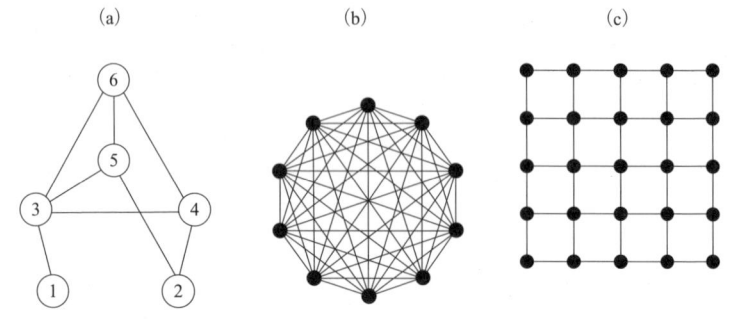

図1 グラフの例.
(a) 6個の頂点と8本のリンクをもつグラフ．(b) 完全グラフ (頂点数 $N=10$, 次数 $z=9$).
(c) 二次元正方格子 (頂点数 $N=25$, 次数 $z=4$, 辺の長さ $M=5$).

もっとも重要な三つの量について説明する (増田・今野 2005). 以下では，N は頂点の総数とする. たとえば, 図1a のグラフでは, $N=6$ である.

一つ目は, ネットワークにおける任意の二つの頂点の近さを表す「平均最短経路長 (average shortest path length) L」である. 一般に, 任意の二つの頂点 i と j の間には複数の経路がある. それらの経路のリンク数の最小値を l_{ij} とする. たとえば, 図1a では, 頂点1と6を結ぶ経路に, 1-3-6, 1-3-5-6, 1-3-5-2-4-6 などがあるが, その中でもっとも短いのは 1-3-6 で, $l_{16}=2$ である. そのすべての頂点ペア $N(N-1)/2$ に対する l_{ij} の平均

$$L \equiv \frac{2}{N(N-1)} \sum_{i<j}^{N} l_{ij}$$

が平均最短経路長である. 図1a の例では, 頂点1と3, 2と5などが最短経路長1, 頂点1と6, 2と6 などが最短経路長2, 頂点1と2が最短経路長3で結ばれ, 平均最短経路長は $23/15 \fallingdotseq 1.53$ になる. 現実の複雑ネットワークの中には, 平均最短経路長 L が頂点数 N に比べて非常に小さい値, すなわち $\log(N)$ 程度になるものがある. たとえば, $N=10000$ でも L は約 9.2 であり, 要素数が非常に多くても, それらのほとんどは少数のリンクによってつながっており, 「世間は狭い」ということになる. これを「スモールワールド性 (small-world property)」とよぶ. すべての頂点間にリンクがある完全グラフ (complete graph, 図1b) では $L=1$ である.

もう一つの重要な量は,「クラスタリング係数 (clustering coefficient) C」で

●コラム2　複雑ネットワーク理論の基礎●

ある．ある頂点iにリンクをもつ他の頂点がk_i個あるとき，そのk_i個の頂点のあいだのリンクの数の割合を考える．図1aの例では，頂点5は頂点2，3，6とリンクをもち，頂点2，3，6の中では，3と6にだけリンクがあるから，この割合は1/3である．この割合を，全ての頂点に対して平均したもの，

$$C \equiv \frac{1}{N}\sum_{i=1}^{N} (k_i 個の頂点間のリンク数)/\{k_i(k_i-1)/2\}$$

がクラスタリング係数である．これは，ネットワークの中の三角形の数の割合に対応する．図1aの例では，頂点1とつながるのは頂点3だけなのでリンクの数も割合も0，頂点2は二つの頂点4と5につながるが4と5のあいだにリンクがないので割合は0，頂点3は四つの頂点1，4，5，6につながり，4と6，5と6のあいだにリンクがあるから可能な6通りに対する割合は1/3である．同様にして割合を計算し，クラスタリング係数を求めると，5/18，約0.28になる．完全グラフの場合には$C=1$である．あとで示すようにランダムに生成したグラフでは，1頂点あたりのリンク数が一定の場合，頂点数Nが大きい極限では$C \to 0$となるが，現実の複雑ネットワークではCはゼロにならず，ある程度の大きさが保たれる場合がある．ある人の友人の集団の中では多くの友人関係がある場合で，このような性質を群れや集団を意味する「クラスター性（clustering property）」とよぶ（Newman 2000）．

最後の一つは，各頂点に接続するリンクの数kの分布，すなわち「次数分布（degree distribution）$p(k)$」である．さまざまな現実の複雑ネットワークにおいて，次数分布がべき分布（power law, $p(k) \propto k^{-\gamma}$）になることが示されている（Barabási and Albert 1999; Albert and Barabási 2002; バラバシ 2002）．指数γは1から3のあいだの定数であることが多い．べき分布は，平均値に近い次数kが頻繁に出現する正規分布や指数分布などに比べて，大きなkが出現する確率が高いのが特徴である．言い換えると，正規分布や指数分布が与える次数kには「平均的・特徴的なスケール（尺度）」があるのに対して，べき分布には，特徴的なスケールがなく，非常に小さなkから非常に大きなkにいたるまでさまざまな値が出現する．つまり，リンクが少ない頂点と，非常に多数の頂点とリンクを結ぶハブとよばれる頂点が混在する．これを「スケールフリー性（scale-free property）」とよぶ．

3 ランダムグラフと規則格子

　グラフ理論の創始者は18世紀の数学者L・オイラーだが，巨大で複雑なグラフを最初に数学的に解析したのはエルデシュとレーニィである．彼らは，N個の頂点が，互いに確率pでリンクをもつような「ランダムグラフ(random graph)」(図2c)を解析し，さまざまな興味深い性質を見出した(Erdös and Rényi 1959)．

　ランダムグラフでは，各頂点は他の$N-1$個の頂点と確率pでリンクをもつから，各頂点の次数の平均は$z=(N-1)p$である．頂点数の大きな極限($N\to\infty$)では，$z<1$でグラフは互いにつながりをもたないいくつかの部分グラフに分かれる非連結グラフとなり，$z>1$では任意の二つの頂点を結ぶ経路が存在する連結グラフとなる．この$z=1$を境に起こるグラフの定性的な変化は「パーコレーション転移」とよばれており，分子がランダムかつ網目状につながりあっているガラスの振る舞いなどをうまく記述することができる．

　また，任意の二つの頂点を結ぶ最短経路長の最大値Dをグラフの「直径(diameter)」とよぶ．図1aの例では，頂点1と2のあいだの最短経路長が3で，これが最短経路長の最大値Dである．つまり，どの二つの頂点も3以下のリンクを経由してつながる．ランダムグラフの場合には$D=\log(N)/\log(z)$となり，Nに比べてはるかに小さい．平均最短経路長Lも$\log(N)$に比例しNに比べてはるかに小さいので，ランダムグラフはほとんどの要素が少数のリンクを介在してつながるスモールワールド性をもつ．

　クラスタリング係数に関しては，ランダムグラフの場合には$C=z/N$となり，zが一定の場合には，頂点数Nの増大とともに0に近づく．よって，ランダムグラフはクラスター性をもたない．

　また，ランダムグラフの次数分布は$p(k)={}_{N-1}C_k p^k(1-p)^{N-1-k}$の二項分布となり，とくに，$z\equiv(N-1)p$を定数とする$N\to\infty$, $p\to0$の極限では$p(k)=e^{-z}z^k/k!$のポアソン分布となる．つまり，すべての頂点の次数は平均値zのまわりに分散zで集中し，特徴的なスケールをもつ．つまりランダムグラフ

●コラム2　複雑ネットワーク理論の基礎●

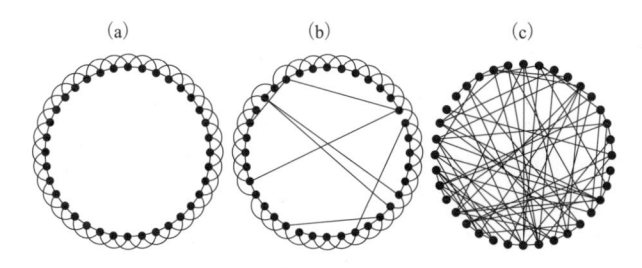

図2　低次元規則格子とそのリンクを張り替えてできるグラフ
(a) 低次元規則格子（次数 $z=4$）．平均最短経路長は $L\fallingdotseq 12$，クラスタリング係数は $C\fallingdotseq 0.5$　(b) ワッツ–ストロガッツ（WS）モデル．(a) の低次元規則格子のリンクをそれぞれ確率 $p=0.1$ でランダムに張り替えて生成したもの．$L\fallingdotseq 2.1$，$C\fallingdotseq 0.44$．(c) ランダムグラフ．(a) の低次元規則格子の全てのリンクをランダムに張り替えたもの．$L\fallingdotseq 2.7$，$C\fallingdotseq 0.1$．頂点数はいずれも $N=36$．

はスケールフリー性をもたない．

　以上をまとめると，ランダムグラフはスモールワールド性をもつが，クラスター性とスケールフリー性をもたない．したがって，自然にみられる複雑ネットワークの多くはランダムグラフではない可能性が高い．

　一方，固体物理学や空間生態学などにおける格子モデルでは，正方格子（次数 $z=4$）や立方格子（$z=6$）などの，「規則格子（regular lattice）」が用いられることが多い（図1c）．ここで，規則格子の辺の長さを M とすると，平均最短経路長 L はたかだか M 程度である．たとえば，二次元正方格子の場合には $M=\sqrt{N}$ である．一般の d 次元規則格子の場合には $N=M^d$ であるから，$M=\sqrt[d]{N}$ となる．これは次元 d が低いと小さな値とはならない．たとえば，$N=10000$ では，二次元正方格子で $M=100$，三次元立方格子で M は 21.5 程度で，$\log(N)$ 程度の場合の約 9.2 に比べて大きい．つまり低次元規則格子はスモールワールド性をもたない．頂点数 N の増大に対して，平均最短経路長 L はゆっくりと増大するので，逆に，高次元（$d \gg 1$）規則格子はスモールワールド性をもつといえる．

　また，一般に，次数 z の d 次元規則格子のクラスタリング係数は

$$C = \frac{3(z-2d)}{4(z-d)}$$

と表されるので，とくに次数が大きい極限 $z \gg 2d$ では $C \to 3/4$ となり，頂点

数 N によらずゼロにはならない (Newman 2000). たとえば，図 2a は $z=4$, $d=1$ の例なので，$C=0.5$ となる. したがって，次数が大きい規則格子はクラスター性をもつ.

なお，規則格子の次数は定数 z である. よって，次数分布は $p(k)=\delta(k-z)$ のデルタ関数型の分布であり，スケールフリー性はない.

まとめると，規則格子はスケールフリー性をもたず，高次元規則格子はスモールワールド的で，次数が大きい規則格子はクラスター性をもつ.

以下では，これらの古典的に研究されてきたネットワークとは異なる，新たな性質をもつ複雑ネットワークとそのモデルについて解説する.

4 スモールワールド・ネットワーク

1960 年代に，ハーバード大学の社会心理学者ミルグラムは次のような実験を行った (Milgram 1967). それは，ランダムに選んだネブラスカ州オマハの住人 (スタート被験者) 160 人に，1300 マイル離れたボストンの株式仲買人 (ターゲット) 宛てに手紙を出してもらうというものである. ただし，スタート被験者がターゲットと「(ファーストネームを知っている) 知り合い」でなければ，スタート被験者はターゲットを知っていそうな自分の「知り合い」一人に手紙を託さなければならない. 手紙を託された知り合いも，ターゲットのファーストネームを知らなければ，自分の知り合いに手紙を転送するのである. 160 通の手紙のうち，ターゲットに到達したのは 44 通だけだったが，その結果は驚くべきものであった. 仲介者の数は最少で 1 人，最大で 11 人，平均でもわずか 5 人だった. 文字通り「世間は狭い (small world)」というこの結果は，6 次の隔たり (six degrees of separation) という言葉とともに広く知られるようになった.

その後，アメリカのある学生が，どの俳優からはじめても，共演した俳優をたどっていくと 3, 4 人目には必ずケビン・ベーコンにたどりつくということを発見し，テレビに出演したことがきっかけで，ケビン・ベーコン・ゲームとよばれるゲームが流行した. ある俳優のケビン・ベーコンまでの「共演

●コラム２　複雑ネットワーク理論の基礎●

ネットワーク」における最少リンク数（ベーコン数（Bacon number）とよばれる）を言いあうのである．インターネット上には，俳優の名前を入れるとベーコン数を答えてくれるウェブサイトがある（http://oracleofbacon.org/）が，ベーコン数が４以上になる俳優を見つけるのは大変である．

1998年には，社会科学者のワッツと数学者のストロガッツが，上記の共演ネットワークの他に，アメリカ西部の電力網や線虫の神経回路網がスモールワールド性やクラスター性をもつことを指摘し，そのようなネットワークを生成する簡単なモデルを提唱した（Watts and Strogatz 1998）．それをきっかけに，数理科学，コンピュータ科学，そして物理学においてスモールワールド・ネットワークについての研究が急増し，生態系における食物網の構造やインターネット上のウェブページのリンク構造など，自然界から人工世界にいたるさまざまな複雑ネットワークがスモールワールド性をもつことがわかってきた．

では，複雑ネットワークを特徴づける構造とは何だろうか．たとえば，ランダムグラフが上記のスモールワールド性をもつことはすでに述べたが，簡単な計算でも確かめることができる．現在の世界の人口を約61億人として，$280^4 \fallingdotseq 61$億だから，もしも人間関係のネットワークがランダムグラフであるならば，一人あたり280人分のランダムな知り合いがいれば，地球上のあらゆる人と平均して3人の友人を通じて4本のリンクを経由して結ばれていることになる．しかし，知り合いのリンクがランダムであるという仮定にしたがうと，二人の人間が共通の知り合いをもつ確率は，$(280/61$億$)^2 \approx 2 \times 10^{-15}$というとてつもなく小さな値になってしまう．これは，「知り合いの知り合いはまた知り合い」という，われわれの日常的な感覚とはかけ離れている．つまり，人間関係のスモールワールド・ネットワークはランダムグラフではない．

では，現実のスモールワールド・ネットワークとランダムグラフを区別する特徴は何か．そこでワッツとストロガッツが提案したのが，クラスタリング係数Cである．すでに見たように，ランダムグラフの場合には$C=z/N$となり，zが一定の場合には，頂点数Nの増大とともに0に近づく．一方，俳優の共演のネットワーク，アメリカ西部の電力網，線虫の神経回路網に対し

ては，クラスタリング係数 C が同じ頂点数とリンク数をもつランダムグラフの C の値よりもずっと大きくなる．つまり，現実のスモールワールド・ネットワークは，ランダムグラフに比べて内部でのリンクを多数もち，他のクラスターとはあまりリンクをもたないクラスターが多い．

さらに，彼らは，低次元の規則格子 (図 2a) の一部のリンクをランダムに張り替えるというモデル (ワッツ-ストロガッツ (WS) モデル．図 2b) を考え，そのようなネットワークの平均最短経路長 L が，上記の実在するスモールワールド・ネットワークと同様に短く，クラスタリング係数 C も大きな値になることを示した．このモデル (とその拡張版) の頂点どうしのつながりの性質に関しては統計物理の手法も応用され，いくつかの厳密な結果が導かれている．ただし，WS モデルに対しては，任意の二つの頂点 i, j 間の最短経路長 l_{ij} の分布 $P(l_{ij})$ や，その平均最短経路長 L の厳密な評価はなされていない (リンクを張り替えるのではなく，リンクを多数もつ新しい頂点を加えるという WS モデルの拡張版に対しては厳密な評価がなされている (Dorogovtsev and Mendes 2000))．また，WS モデルにおいては，次数分布が，リンクを張り替える前の低次元規則格子の次数 z を平均とする分布となるので，スケールフリー性はない．

さらに，すでに見たように，次元 d と次数 z が大きく，$z \gg 2d \gg 1$ が満たされる場合には，規則格子も平均最短経路長 L が小さくクラスタリング係数 C が大きくなる．よって，L と C だけで見る限り，現実の複雑ネットワークが高次元の規則格子である可能性も否定できない (Newman 2000)．つまり，複雑ネットワークを特徴づける量としては，L と C だけでは不十分であり，次節で見るように，次数分布などの他の特性量にも注目する必要がある．

その後，ネットワークの頂点のつながりの性質だけでなく，スモールワールド・ネットワーク上での疫病の伝播などのダイナミクスの問題も議論されている (Newman 2000; 増田・今野 2005)．また，スモールワールド・ネットワークが形成されるメカニズムについても，ネットワーク上の情報伝達効率の局所的・大域的最適化によるとする説明 (Marchiori and Latora 2000) があり，リンク数の最大化と物理的なリンク形成のコストの兼ね合い (Mathias and Gopal 2001) などが指摘されている．

●コラム２　複雑ネットワーク理論の基礎●

　上記のスモールワールド・ネットワークの研究は，現実のさまざまな複雑ネットワークにおいて，相互作用が完全にランダムなものではないということを強く示唆するものであり，均質とランダムのあいだにある，さまざまな自然物や人工物における相互作用の特徴の一つを示したという意味で重要である．

　もう一つの重要なものが，1999年に指摘されたスケールフリー・ネットワークである．

5　スケールフリー・ネットワーク

　単語の使用頻度の分布で有名なジップの法則 (Zipf 1949) などのように，ある具体的なものの量の分布がべき分布にしたがう場合があることは19世紀から知られていたが，グラフの次数という抽象的な関係性がべき分布にあてはまることを最初に指摘したのは，D・J・デ・ソラ・プライスである (De Solla Price 1965)．彼は科学論文の引用回数の分布がべき分布にしたがうことを示し，「引用されればされるほど，さらに引用されやすくなる」という，今日では優先的結合 (preferential attachment) とよばれているものと本質的には同じメカニズムにも言及している (De Solla Price 1976)．

　最近の複雑ネットワークの研究が流行した発端の一つは，バラバシらによる，ホームページのリンク・ネットワークにおけるスケールフリー性の発見である (Barabási and Albert 1999; Albert and Barabási 2002; バラバシ 2002)．バラバシらは，多数の頂点とリンクされて大きな次数をもつ頂点 (人気ホームページ) を「ハブ (hub)」とよんだ．さらに，デ・ソラ・プライスと同様のべき型の次数分布を生み出すメカニズムを提案し，優先的結合と名づけ，生成されたネットワークを「スケールフリー・ネットワーク」とよんだ (バラバシ-アルバート (BA) モデル，巻頭口絵参照)．

　BAモデルは新たな頂点がつぎつぎと追加されていく「成長ネットワーク (growing network)」のモデルであり，新しい頂点のリンクが既存の頂点に結合する確率が，既存の頂点がもつリンクの数に比例する (図3)．すなわち，よ

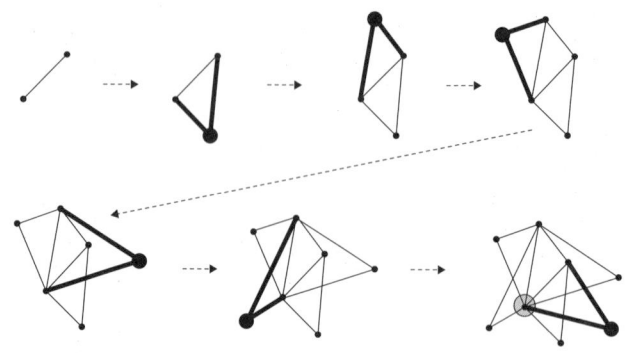

図3　優先的結合によるBAモデルの成長の様子.
リンク数に比例した確率で新しい頂点（大きな黒丸）のリンク先が選ばれる．ここでは，新しい頂点が加わると，新しいリンクが2本ずつ追加されていく．リンクを多く持つ頂点はより多くのリンクを獲得し，リンクを独占する「ハブ」となりやすい（丸で囲んだ頂点）．

り多くのリンクをもつ頂点ほど新たな頂点とリンクが結ばれやすい．この「富める者ほどより富む（rich get richer）」というメカニズムが，スケールフリー性，すなわち，べき分布型の次数分布を生み出しているのである．最初バラバシらは，次数分布の近似解を与えたが，2000年にはこの厳密解が得られている（Dorogovtsev et al. 2000）．

以後，BAモデル以外にも，優先的結合のないBAモデル（次数分布は指数分布），成長はせず各頂点に与えられる重みにしたがってリンクが張られる閾値モデル（次数の大きなところでべき分布），優先的再結合モデル（preferential rewiring process, PRP；スケールフリー性あり）などの，さまざまなスケールフリー・ネットワークの生成モデルが提案されている（増田ら 2006; 林ら 2007）．

複雑ネットワークの構造と安定性に関しては，スケールフリー・ネットワークはランダムなリンクの消失に対しては抵抗性をもつが，ハブを失うとスモールワールド性を失い，グラフが分離するなどの脆弱性があることなどが示された（Albert et al. 2000）．

また，スケールフリー・ネットワーク上での病気伝播のダイナミクスにおいては，病気の流行を左右する感染の閾値がゼロになり，感染力が弱いウィルスでも蔓延する可能性があることなどが指摘されている（Pastor-Satorras and Vespignani 2001）．とくに，性感染症の伝播は，スケールフリー性をもつ対人

関係のネットワーク構造に依存している可能性が指摘されている（Lloyd and May 2001）．

6　生物群集への応用

　生物群集においては，相互作用の強さや各頂点に対応する種の個体数とその変動が群集の安定性に大きな影響を与えている（本巻1章参照）．これに対して，相互作用のネットワーク構造およびそのパターンに基づいて，群集を類型化しようとする研究も行われてきた．さらに最近では，相互作用のネットワークが，複雑ネットワークの特徴をもつかどうかを調べる研究も行われている．以下では，そのような群集の相互作用のつながりのパターンに関する研究を紹介しよう．

　相互作用のつながりのパターンについての研究がもっとも進んでいる対象の一つが，食物網である．食物網の研究は1世紀以上前に遡ることができるが，そのネットワーク構造に見られる普遍的な性質の研究が，一部の相互作用の特徴にとどまらず，ネットワーク全体について定量的に行われるようになったのは，1970年代以降である（Dunne 2006）．結合度と種数がともに系の不安定化の要因であると指摘して，論争を巻き起こしたMay（1972）のランダム群集モデル（本巻6章とコラム1参照）についての理論研究が契機になって，群集における種数S，総リンク数L，結合度Cと，それらの関係が注目されるようになった．たとえば，さまざまな食物網データの解析（Cohen 1978）から，1種あたりのリンク数L/Sが，1から2のあいだの小さな値になることなどが示された．これが種数Sによらないことから，L/Sには「スケール普遍性」があるとされた．ほかにも，捕食者と被食者の種数の比，最上位消費者・中間種・生産者の種数の比，およびそれらの種間のリンクの割合なども，種数によらないスケール普遍的な性質とされた（Cohen and Briand 1984）．

　J・コーエンらは，食物網構造のリンクによって決まるニッチ重複の次元（Cohen 1978; Cohen et al. 1990）や，その一般的性質（Cohen and Newman 1985a, b）

の研究を行った．とくに，種間に序列を仮定し，下位の種は上位の種を食うことができず，上位の種は一定の確率で下位の種を捕食するという「カスケード（cascade）モデル」を提案し，このモデルによって構成される食物網ネットワークが，スケール普遍性をもつことを示した（Cohen et al. 1990）．しかし，1990年代に入って，これらの食物網データにおける種数の少なさや，頂点に対応する分類群の不揃い（頂点が必ずしも種に対応しておらず，食物網内に，種，属，科，目などに対応する頂点が混在すること）などが問題となり，「L/S＝一定」やスケール普遍性は批判され，コーエンらが示唆した古典的な食物網ネットワーク構造の特徴は否定された（Polis 1991; Martinez 1991）．また，食物網の性質は，頂点の決め方，すなわち，「栄養種（trophic species）（Cohen et al. 1993）」とよばれる，餌と捕食者を共有する種をひとまとめにした種群を頂点として食物網ネットワークを作る「種の集約（species aggregation; Martinez 1991）」や，リンクの張り方（linkage criteria; Martinez 1993），およびサンプリング方法（手法や閾値; Winemiller 1989）などに強く依存することがわかり，異なる複数のデータを相互に比較するために基準化する方法なども開発された（Havens 1992）．J・A・デューンらは，複数の食物網データを統計的に解析して，$L=S^{1.5}$に適合することを示し，単純な結合度（L/S^2）一定や「L/S＝一定」は成り立たないことを明らかにしている（Dunne et al. 2004）．

一方，R・J・ウィリアムスとN・マルチネスは，カスケードモデルの序列に関する制限を緩めて，（A種がB種を食い，B種がC種を食い，かつC種がA種を食うような）捕食関係のループや共食いがあってもよい「ニッチモデル（niche model）」を提案した（Williams and Martinez 2000）．ニッチモデルでは，それぞれの種に，ランダムに，「ニッチ値（niche value）」と，その種が捕食できる被食者のニッチ値の範囲が割り振られる．そのようにして作られた食物網ネットワークに対して，最上位消費者・中間種・生産者の種数の比，食物連鎖の長さ，および雑食者の割合などのさまざまな食物網の指標が求められた．その結果，ニッチモデルは，ランダムグラフやカスケードモデルよりも現実の食物網データによりよく適合することが示された．さらに，Dunne et al. (2004) は，植食者の割合，平均の栄養段階数，クラスタリング係数や平均最短経路長なども調べ，ニッチ・モデルの方がよりよく現実のデータを説明で

●コラム2　複雑ネットワーク理論の基礎●

きることを明らかにした.

　現実の食物網がスモールワールド性，クラスター性およびスケールフリー性をもつ複雑ネットワークであると最初に指摘したのはJ・M・モントヤとR・ソーレである (Montoya and Solé 2002). しかし，その後の研究により，平均最短経路長は同規模のランダムグラフと同程度で，スモールワールド性はあるものの，クラスタリング係数がランダムグラフと同程度に小さく，クラスター性をもたないことがわかった (Camacho et al. 2002). さらに，次数分布は，全リンク，捕食リンク，被食リンクのすべての場合においてべき分布型にはならず，スケールフリー性もないことがわかってきた (Amaral et al. 2000; Dunne et al. 2002). むしろ，それらはスケールに依存するパターンをもち，異なる食物網の次数分布を，リンク密度$2L/S$（L：リンク数，S：種数）で正規化することにより，共通の関数になることが示されている (Camacho et al. 2002). 最近のモントヤらのレビューでは，スケールフリー性は普遍的ではなく，食物網の次数分布はむしろ指数的に減衰するべき分布（$p(k)=k^{-\gamma}e^{-k/\gamma}$）によりよく適合することが示されている (Montoya et al. 2006). 一方で，スケールフリー・ネットワークで見られたハブへの攻撃に対する脆弱性と同様の性質が食物網モデルでも見出されている. このため，ランダムな種の除去よりも，ハブに対応する多数のリンクをもつ種の除去が二次的な絶滅を引き起こしやすいことが示されている (Solé and Montoya 2001; Dunne et al. 2002, 2004).

　さらに最近では，社会ネットワークの研究において用いられているネットワークを特徴づける量が，生物群集ネットワークでも調べられている. たとえば，「媒介中心性 (betweenness centrality)」という，頂点やリンクを特徴づける量が生物群集の研究に応用されている. 媒介中心性とは，ある頂点やリンクが，平均最短経路長を短くするのにどれだけ貢献しているかを表す指標である. たとえば, 次数が少なくかつ媒介中心性が高い頂点は, 二つの部分ネットワークをつないで（媒介して）いる可能性が高い. チェサピーク湾の食物網データに対してこの指標を用いることにより，栄養段階によるコンパートメント（部分食物網）ではなく，さまざまな栄養段階を含む表層生物と底層生物のコンパートメントが分離された (Girvan and Newman 2002).

同様に，食物網ネットワークから，コンパートメントを取り出すアルゴリズムが開発されている（Melián and Bascompte 2004）．ほかにも，「クリーク（clique：あるグラフの部分グラフのうち完全グラフになっているもの）」などの，ネットワークの特徴的な部分集合を抽出するアルゴリズムが，おもに社会的もしくは工学的なネットワークの分野で研究されている（林ら2007）．そのようなアルゴリズムを用いて，やはりチェサピーク湾の食物網ネットワークからコンパートメントが取り出されている（Krause et al. 2003）．

このように，ネットワークの部分集合に注目することにより，食物網の新たな特徴が見出されている．たとえば，底層に生息している貝類が，バクテリアや繊毛虫と強い相互作用をもつために表層のコンパートメントに入ることがある（Krause et al. 2003）．また，コンパートメント内の種を除去したり，在来種が周辺の外来種で置き換わるような攪乱が生じた場合，二次絶滅の数や結合度の変化から，攪乱の影響はおもにコンパートメント内に留まり，他のコンパートメントには波及しにくいこともわかった（Krause et al. 2003）．このことは，コンパートメントの存在が系の安定性に寄与することを示唆している．

Milo et al.（2002）は，7種類の食物網ネットワークについて，3個もしくは4個の頂点からなる「ネットワーク・モチーフ（network motif）」（Bascompte and Melián 2005）とよばれる部分ネットワークのパターンを調べた．その結果，二種類の特徴的なモチーフ，すなわち，3種からなる食物連鎖型（three-chain. 1捕食者－1植食者－1生産者．図1aを食物連鎖と見たときの6-3-1, 6-5-3, 6-5-2および6-4-2）と4種からなる双平行（bi-parallel）食物連鎖型（1捕食者－2植食者－1生産者．図1aの6-(4,5)-2）のモチーフが，実際の食物網ネットワークにおいてランダムグラフよりも頻繁に現われることを見出した．このことは，ネットワークの中の三角形の数の多さ，すなわちクラスター性がスモールワールド・ネットワークの指標であるのと同様に，食物連鎖型のモチーフの数が生物群集ネットワークの指標となりうる可能性を示唆している．

Bascompte et al.（2003）は，動物による送粉や種子散布をともなう植物と動物の相利ネットワークには，特有の構造があることを指摘し，これを「入れ子（nested）構造」（図4）とよんだ．相利ネットワークには，動物あるいは植

●コラム2 複雑ネットワーク理論の基礎●

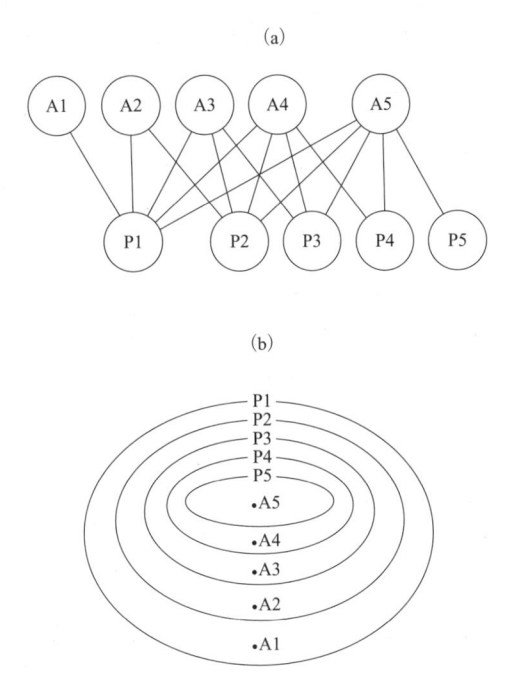

(a)

(b)

図4 相利ネットワークの入れ子構造.
(a) 動物と植物を頂点とする二部グラフ.動物A1は植物P1とのみ相互作用するスペシャリストであり,動物A5はすべての植物と相互作用するジェネラリストである.逆に,植物P1はすべての動物と相互作用するジェネラリストであり,植物P5は動物A5だけと相互作用するスペシャリストである.(b) (a)と同じネットワーク構造を,集合の交わりや包含関係を表す「ベン図(Venn diagram)」で描いた.この図では,植物を,相互作用する動物を要素とする集合で表した.たとえば,植物P3は,その集合に含まれる動物A5,A4,A3と相互作用する.動物を,相互作用する植物を要素とする集合で表しても,同様の入れ子構造を描くことができる.

物どうしのリンクがなく,動物と植物のあいだに多数のリンクがある.そのようなグラフは「二部グラフ(bipartite graph)」とよばれる(図4a).入れ子構造は,少数のジェネラリストの動物が多数のスペシャリストの植物と相互作用し,少数のジェネラリストの植物が多数のスペシャリストの動物と相互作用していることを示している.つまり,相利ネットワークは単なる二部グラフではなく,リンクの大半が,少数のジェネラリストの動物と少数のジェネラリストの植物によって形成されている.このような「入れ子構造」は,図4bのように,各種の植物(動物)を,それと相互作用する動物(植物)を要素とする集合で表し,集合の交わりや包含関係を視覚的に表すベン

239

図 (Venn diagram) を用いて描くことができる.さらに,送粉系だけではなく,アリと植物からなる相利系や,魚と寄生虫からなる寄主-寄生者系のネットワークにおいても,同様の入れ子構造が現れることが示されている (Vázquez et al. 2007; 本巻終章参照).上記の送粉系などの相利系については,「種間関係は特殊化に向かっているのか一般化に向かっているのか」という,いわゆる「特殊化と一般化についての論争 (specialization-generalization debate; Waser et al. 1996)」が続いているが,個々の種レベルでの議論では不十分であり,入れ子構造のような群集全体の構造から考えるというネットワークの視点が重要であることを示唆している.これはまた,共進化を多種の相互作用系の中で理解すべきであるという考え方 (Thompson 1994) にも共通するものである.

7 まとめ

現在までの生物群集ネットワークの構造に関する研究成果を,複雑ネットワークの観点からまとめると,生物群集のネットワークは,スモールワールド性をもつものの,クラスター性やスケールフリー性をもたないと結論づけることができる.この三つのネットワークを特徴づける指標だけで見る限り,生物群集のネットワークは,スモールワールド・ネットワークやスケールフリー・ネットワークよりも,むしろランダムグラフや高次元の規則格子に近い.ただし,生物群集のネットワークには,ランダムグラフや規則格子にはあまり見られないネットワーク・モチーフが数多く含まれている.このため,ランダムグラフや高次元の規則格子であるとも言い切れない.つまり,スモールワールド性,クラスター性,スケールフリー性だけでは生物群集のネットワークを理解することはできない.そこで,生物群集ネットワークを他の複雑ネットワークと区別するための新たな指標が必要なのである.たとえば,媒介中心性やクリークといった,複雑ネットワークの研究によって提案された新たな指標が,生物群集ネットワークに見られるコンパートメントなどの(ランダムでも規則的でもない)構造を取り出すのに有効であった.このため,生物群集以外の複雑ネットワークの今後の研究動向にも注意を払う必要があ

●コラム2　複雑ネットワーク理論の基礎●

る.

　一方，これまでの複雑ネットワークの研究ではあまり重視されなかった，リンクの向きと太さ，すなわち，種間相互作用の符号や強さが群集研究ではきわめて重要である．群集を単なるグラフとみなして，つまり，種間相互作用のつながりのパターンだけに注目して，複雑な群集の性質を知ろうとすることには無理がある．種間相互作用の符号や強さ，つまりリンクのあるなしを超えた定量的な研究を通じて，生物群集の研究は，複雑ネットワーク理論に基づく検証だけでなく，逆に，複雑ネットワーク理論の発展にも貢献できるだろう．

　また，スケールフリー・ネットワークの研究は，次数という事物のあいだの関係性の分布がべき分布型になるという，複雑系に対する新しい見方を提供したが，これに対しては批判（May 2006）があることにも注意しなければならない．たとえば，多くの分野でべき分布型の次数分布が確かに観測される一方で，生命科学の分野（細胞内のタンパク質の反応ネットワーク，神経回路網，社会性昆虫の行動ダイナミクスなど）では，指数分布など他の分布がよりよく適合することが少なくない．このことは，スケールフリー性自体は，複雑ネットワークの普遍的な性質ではないことを示唆している（Amaral et al. 2000; 増田・今野 2005）．

　また，代謝やシグナル伝達などの複雑な生体分子の反応ネットワークには三体以上の分子の反応も存在するが，二つの頂点をリンクでつないで作るグラフは二体反応しか表現することができない．そのため，三体以上の反応では，同じ化学反応に寄与する分子のあいだにリンクを張るなどの方法でグラフが構成される場合があるが，そのようなグラフの作り方そのものも批判されている（Arita 2004, 有田 2007）．生物群集では，「密度を介した間接効果（density-mediated indirect effect）」や「形質を介した間接効果（trait-mediated indirect effect）」（本巻1～3章と5章）が，3種以上が関わる多種の相互作用において現れる．たとえば，B種がいるときにA種がC種に与える影響（3種の相互作用）は，A種がB種に与える影響（2種の相互作用）とB種がC種に与える影響（2種の相互作用）の和だけでは表すことができない．A種とC種の相互作用の強さや性質をB種が変える場合もある．Wootton（1993, 1994a）はこれを「相

互作用の変更（interaction modification）」とよび，A種やC種の頂点ではなく，A種とC種を結ぶリンクにB種からの矢印を描いている．多種間の相互作用のモデルには，3種以上の個体群密度の積が含まれるものがあるが，このような相互作用は「高次の相互作用（higher order interaction）」（Vandermeer 1969）とよばれ，これも2種間のリンクでは表すことができない．このような間接効果を表すには，頂点とリンクだけを扱う従来のグラフ理論を拡張する必要があるが，そのような幾何学的な研究は行われていない．多体の相互作用の効果は物理学においてもあまり研究されていないので，間接効果は多体の相互作用の実例として理論的な研究を行う価値がある．そのような多種からなる群集における間接効果については，ランダム群集モデルを用いた研究があり，系を不安定にすることがわかっている（本巻6章）．

さらに，次数分布のような分布関数を研究するうえでしばしば問題になるのは，観測される分布は，ずっと大きなシステム全体の母分布からのサンプル（標本）分布に過ぎないということである．ところが，二項分布などの例外を除き，一般に，サンプル分布は母分布とは一致しない（大村2002）．実際，Stumpf et al.（2005）は，スケールフリー・ネットワークのサンプルはスケールフリー・ネットワークではなく，逆に，観測されたサンプルがスケールフリー・ネットワークならば，システム全体はスケールフリー・ネットワークではないことを指摘している．しかしながら，これまでに研究されてきたスケールフリー・ネットワークのモデルのほとんどは，母分布がべき分布となることを予測するもので，サンプル分布がべき分布になるものではない．このことは，十分なサンプルを収集することが困難な生物群集ネットワークの研究においても大きな問題となるだろう．スケールフリー性を生み出すメカニズムを探るためには，今後はサンプル分布を予測する理論を構築することが必要である．

さらに，生物群集を理解するためには，種間相互作用のつながりのパターンや次数分布を知るだけでは不十分であり，実証研究が明らかにしてきた種間相互作用の強度（本巻1章と3章参照）も考慮した多変量の相互作用分布の理論を構築する必要がある．本巻1章でも，相互作用強度の分布と次数分布を結びつける必要性が指摘されている．さらに，それは，上記の批判にも応

えられるような，サンプリング（標本抽出）の理論を含むものでなければならない．

また，種間相互作用のつながりのパターンや強度についての研究は，比較的短い期間の観察に基づくことが多いという問題点がある．群集のネットワーク構造は，他の複雑ネットワークと同様に，時間的に変動する可能性がある．実際，食物網のネットワーク構造の時間変動が系の安定性に寄与している可能性も指摘されている（Kondoh 2003）．今後は，このような時間変動が，個体群動態や進化に与える影響についても明らかにする必要があるだろう．

以上のように，複雑ネットワークを特徴づける新たな指標を見出し，その特性を個体群生態学や進化生態学の枠組みに基づいて解明することが今後の課題である．とくに，生物群集ネットワークの場合には，ネットワーク自体は淘汰の単位にはなりえず，人工物ネットワークによって明らかになったネットワーク全体の頑健性などをそのまま適応度に結びつけることはできない．したがって，淘汰の単位である個体の形質の変化が種間相互作用とネットワークの構造に変化をもたらすような進化のプロセスを研究する必要があるだろう．たとえば，送粉系のネットワークになぜ入れ子構造が現れるかを考えるときには，花と昆虫それぞれの特殊化と一般化の進化プロセスを理解することにより，どのような種類の淘汰圧が入れ子構造の形成を促進しやすいかを検討することができるだろう．

そのような進化のプロセスを含むネットワークの構造と動態を理解するためには，たとえば，多数の弱い相互作用（McCann 2000），相利，共生，寄生，分解などの捕食関係ではない種間相互作用（本巻終章参照），分解過程などを含むエネルギーの流れなどに注目する必要がある（Pascual et al. 2006）．また，ニッチ理論のように個体数の変動を平均だけで考える決定論的モデルだけではなく，集団遺伝学のように環境変動や平均のまわりのばらつきも考慮する確率的モデルを研究していく必要もあるだろう．これらは，いずれも上で述べた種間相互作用の符号や強さ，あるいは時間変化を組み込む必要があり，これまでの複雑ネットワーク研究ではあまり注目されていなかったことである．また，空間構造の影響やネットワーク構造と頑健性や安定性との関係，アロメトリーのようなさまざまな種に共通する法則性など，これまでも生態

学における個別の重要な研究課題であったものを，生物群集ネットワーク全体を理解する際には，同時に考慮しなければならない．さらに，非生物を含む複雑ネットワークの研究においては，ネットワーク上の伝搬や同期が議論されている（ストロガッツ 2005）．これらに対応する，物質の流れや個体群動態の同期が種間相互作用の形成や生物群集に与える影響の解明は，群集生態学と生態系生態学，さらには群集生態学と個体群生態学の統合を促進させるだろう．

　複雑ネットワークの概念により，種と種のつながりに注目する従来の生態学の研究方法に新たな光があたり，同時に，生物群集に対するわれわれの視野も広がった．さらなる研究の発展が望まれる．

終章

生物間ネットワークを紐とく

難波利幸・大串隆之・近藤倫生

1 はじめに

　シリーズ群集生態学の中で，本巻は，生物群集を種間相互作用がつなぐネットワークとしてとらえ，種間相互作用の性質を明らかにすることによって生物間ネットワークを紐とくことを試みてきた．とくに，最近注目を集めている間接効果を主要なキーワードとして位置づけ，間接効果を含む種間相互作用をいろいろな角度から眺めてきた．このようなアプローチの目指すべき発展方向の一つとして，異なる型の複数の種間相互作用を組み込んだ生物間ネットワークの理解が挙げられる．しかし，相利と寄生については，それぞれが多くのメカニズムを含む相互作用であり，かつ最近の発展がめざましいため，必ずしも十分な説明ができなかった．この終章では，まず，この巻が目指すさまざまな相互作用を含む生物間ネットワークの研究への橋わたしの意味で，生物群集の基本構成単位（モジュール；本巻1章参照）の動態を概観する．つづいて，相利ネットワークと寄生ネットワークについての説明を補足する．とくに，複数の型の相互作用が関与する，相利への寄生と，寄生を含む食物網の研究についても紹介する．最後に，複数の型の相互作用を含む他の生物間ネットワークの研究を紹介し，今後の発展の方向を探る．

2 生物群集のモジュールの動態

　本巻の各章では，生物間ネットワークの構造と動態を決めるうえで，間接効果がきわめて重要な役割を果たすことが紹介されている．この節では，さまざまな相互作用を組み込んだネットワークのモデルの基礎となる，間接効果を含む，3種または4種からなる生物群集のモジュールの動態を簡単に紹介する．

　餌を共有する生物種の間には消費型の競争（本巻1章図1a）がはたらくことは古くから知られていた（たとえば，Forbes 1887）．消費型競争の数理モデルの研究は，Volterra (1926, 1927) や MacArthur and Levins (1964) の先駆的研究から，MacArthur (1968, 1972) によって一段落する（本シリーズ第1巻参照）．また，植物間の栄養塩をめぐる競争を意識した研究は，Stewart and Levin (1973) や Leon and Tumpson (1975) の重要な貢献を経て，後にデイヴィッド・ティルマンの資源利用競争モデル（resource competition model）とよばれることになる（Tilman 1980, 1982, 1988）．消費型競争のモデルや資源利用競争モデルでは，平衡状態では消費者の種数は資源の種類数を上回ることはできない（消費者の栄養段階に密度効果がはたらけばその限りではない；難波 (2001) 参照）．その後，資源利用競争モデルでの資源と消費者の動態が数値計算によって検討された結果，リミットサイクルやカオスなどの振動状態では，資源の数を大きく上回る種数の消費者が共存できることが明らかになった（Huisman and Weissing 1999, 2001）．

　捕食者（消費者）を共有する被食者（資源）の間に起こる見かけの競争（Holt 1977；本巻1章図1b）については，機能の反応の型に依存して，他の被食者（資源）の密度の増加とともに捕食者（消費者）に食われる率が減少する見かけの相利的なメカニズムがはたらくことがあり，これが食物網の安定化につながることは，本巻1章で説明されたとおりである（McCann and Hastings 1997; McCann et al. 1998）．

　捕食と競争は，これまでもっともよく研究されてきた相互作用であり，Paine (1966, 1969) によるキーストン捕食（keystone predation）の発見もあり，

終章　生物間ネットワークを紐とく

　捕食者1種と，競争関係にある被食者2種のモジュール（本巻1章図1d）の数理モデルは古くから研究されてきた（Parrish and Saila 1970; Cramer and May 1972; Fujii 1977; Vance 1978; Gilpin 1979）．Vance (1978) と Gilpin (1979) によって，生態学における連続力学系（本巻コラム1参照）のモデルでははじめてカオスが発見され，2種のバクテリアと繊毛虫を使った実験的検証も行われている（Becks et al. 2005; Becks and Arndt 2008）．

　Otto et al. (2007) は，II 型の機能の反応をもつ3栄養段階の食物連鎖（本巻1章図1c）の数理モデルのパラメータを決めるために，生態系の代謝理論（Brown et al. 2004）にしたがって，体重あたりの代謝速度が基底種との体重比の $-1/4$ 乗に比例するスケーリング則（アロメトリー）を使った．同じく，Bascompte et al. (2005) は，3栄養段階の食物連鎖で，漁獲にはじまる栄養カスケードの強さにギルド内捕食（本巻1章図1e）が及ぼす影響を調べている．このモデルでは，外温性の脊椎動物などの代謝パラメータに，Yodzis and Innes (1992) がやはり $-1/4$ 乗のアロメトリーを仮定してモデルと実測値から求めた値を使っている．このように，生物群集の動態を記述する力学系モデルのパラメータを，体重とのアロメトリー（スケーリング則）を使って決める「生物エネルギーモデル」(bioenergetic model; Yodzis and Innes 1992; Brose et al. 2006; Otto et al. 2007) とよばれるものが注目されている．自然界における食物網での体重比がモデルの安定なパラメータ領域に入るかどうかが調べられ（Otto et al. 2007; 本巻1章参照），さまざまな機能の反応と捕食者と被食者の体重比の大きさが食物網の安定性に及ぼす影響が明らかになっている（Brose et al. 2006）．

　Kondoh (2008) は，資源とギルド内被食者とギルド内捕食者からなる生物エネルギーモデルに，この3種からなるモジュールに属さない外部の種が与える影響を，一次の項として加えたモデルで，カリブ海の食物網におけるギルド内捕食のモジュールとしての性質を調べた．その結果，カリブ海の食物網では，外部からの作用がなくても存続できる自立したモジュールは偶然に期待されるよりも多く，存続のために外部からの作用が必要なモジュールは，偶然によって期待されるよりも少ないことがわかった．また，外部からの作用なしには存続できないモジュールは，外部からの作用がなくても存

できるモジュールに比べて，ギルド内被食者を有利にする作用を 2.2 ～ 2.8 倍も頻繁に，外部から受けていた．さらに外部からの作用によって存続できるようになったモジュールの 76% が，外部からの作用を必要としない自立したモジュールから正の影響を受けていた．

　これらの結果は，食物網では，モジュール内の相互作用だけではなくモジュール間の相互作用も重要であり，食物網内でのモジュール同士の関係が食物網の安定性に大きく影響することを示唆している．基本モジュールとしてのギルド内捕食では，資源から捕食者への直接経路と間接経路のエネルギー効率の比も重要である（本巻 1 章参照）．

3 相利

　相利は，古くから知られていた種間相互作用であるにもかかわらず，さまざまな生活史やメカニズムが含まれるために，統一的にとらえることが難しい（Holland et al. 2005）．そのためもあってか，現象の背景にある生物的なメカニズムを組み込んだモデルが確立されている捕食や競争に比べて，相利の研究は大きく遅れている（Holland et al. 2002）．ほとんどすべての相利系は，2 種の個体間のエネルギーと栄養の移動を含み，1 種は消費者として，他種は資源として機能する（Holland et al. 2005）．消費者と資源の二分法は，捕食者－被食者の相互作用だけではなく，競争の理解にも貢献してきた（本章 2 節参照）が，相利も栄養関係を含むという点は見落とされがちだった（Holland et al. 2005）．相手からのサービスの見返りとして資源を提供するにはコストがかかるという認識は，相利を理解するためには不可欠である．

(1) 多対多の相利

　かつては，相利は，どちらの当事者にとっても無条件に有利な，固く結ばれた共進化の産物であると考えられていた（Stanton 2003; Strauss and Irwin 2004）．しかし，たとえば植物と送粉者の相利では，特殊化した絶対的な関係は稀で，むしろ多対多の関係が一般的である（Waser et al. 1996; Thompson

2003; Bronstein et al. 2006）．

　相利者のギルド内に共存する種のなかには，密接な系統関係と形態的な類似性のために，これまで知られていなかった種がいる（Stanton 2003）．たとえば，送粉者でありながら幼虫が胚珠に寄生するイチジクコバチとイチジクの相利は，一対一の関係とみられてきたが，調査した種の少なくとも半分に，以前には知られていなかったハチが見つかり，ミトコンドリアの遺伝子解析によって，1万5千年から5万年前に分岐したことがわかっている（Molbo et al. 2003）．また，同じく送粉者でありながら幼虫がユッカの種子に寄生するユッカガも，かつては Tegeticula yuccasell のみであると考えられてきたが，今では数種からなる種群であり（Pellmyr 1999），2種のガの送粉者が一つのユッカ個体群に共存することもわかっている（Addicott 1998; Stanton 2003）．

　サンゴの内部共生者である褐虫藻も，かつては1種であると考えられていたが，実際にはいくつかの大きな遺伝的に多様なグループが存在し，時にはサンゴの一つのコロニーに複数の種が共生し，褐虫藻だけではなく多様なバクテリアなどが共生することもある（Herre et al. 1999; Knowlton and Rohwer 2003; Hay et al. 2004）．また，植物の根に共生するアーバスキュラー菌根菌（AM菌）でも，分子マーカーを使った研究によって，複数の属が存在し，一つの植物の根に複数種の AM 菌が共生することがごく普通に起こることがわかってきた（Sanders et al. 1996; Hoeksema and Kummel 2003）．

(2) 相利ネットワークの構造

　相利によって作られる群集については，ネットワークの観点からの研究も進んでいる．植物と送粉者，植物と種子散布者の相利ネットワークをグラフで表すと，種に対応する頂点から他の頂点につながるリンクの数 k の分布（次数分布）は多くのネットワークで知られているべき分布（power-law distribution）にはならない（本巻コラム2参照）．$P(k) \sim k^{-\gamma} \exp(-k/k_x)$ で表される「すそ野を切ったべき分布（truncated power-law distribution）」にあてはまることが多く，スケールフリー性（本巻コラム2参照）をもたないという報告が多い（Jordano et al. 2003; Bascompte and Jordano 2007）．一方，種数の多い送粉ネットワークでは，リンクの分布にほぼスケールフリー性が成り立つという報告

もある（Memmott et al. 2004）.

　相利関係にある動物と植物の対応を表す二部グラフは，「入れ子（nested）構造」をとることが多い（Bascompte et al. 2003; Bascompte and Jordano 2007; 本巻コラム 2）．入れ子構造をとるネットワークでは，少数のジェネラリストの植物と動物が，互いに多くのリンクを結ぶ種群を形成し，残りの多数のスペシャリストはこの種群に属するジェネラリストと相互作用する（Bascompte et al. 2003; Bascompte and Jordano 2007）．このような構造が，「入れ子」とよばれる理由については，本巻コラム 2 の図とその説明を参照してもらいたい．入れ子構造は，もともと島の生物地理学で提案された概念で，完全な入れ子構造をとる場合には，小さな島に住む種の集合は大きな島に住む種の集合の部分集合になる（Atmar and Patterson 1993）．入れ子構造をとるネットワークでは，多数の植物（動物）のスペシャリストが少数の動物（植物）のジェネラリストと結ばれ，非対称性がきわめて高いネットワークになる（Bascompte et al. 2003; Bascompte and Jordano 2007; 本巻コラム 2 参照）.

　植物と送粉者の相利ネットワークは，送粉者の消失に対して抵抗性が高く，植物とのリンクの数がもっとも多い送粉者から除去していっても，植物の多様性（訪花される植物の割合）は一次関数的な減少にとどまる（Memmott et al. 2004）．Memmott et al.（2004）は，この原因として第一に，大きな送粉ネットワークでは，リンクの分布にほぼスケールフリー性が成り立つことを挙げている（スケールフリーなネットワークではランダムな種の消失に対しては二次絶滅が起きにくい; 本巻コラム 2 参照）．また，送粉者の種数が多いために，このネットワークには冗長性があり，1 種の送粉者からしか訪花を受けない植物はほとんどいない．入れ子構造の相利ネットワークでは，多くの植物を訪問する送粉者とリンクを結ぶ植物は，より多くの植物を訪問する送粉者とリンクを結ぶ植物の部分集合になっている（Memmott et al. 2004）．したがって，ジェネラリストの送粉者が消失しても，多くの植物は，つぎに多くの植物を訪問する送粉者のサービスを受けることができ，すべての送粉者を失うことはない．

　多くの種と相利のパートナーを共有する動物や植物のあいだには，当然，パートナーの提供する報酬やサービスをめぐる競争が起こる．送粉者のギル

ドと，アリとアリ植物 (myrmecophyte) のギルドについて，さまざまな共存メカニズムが検討され，パートナーの質の変異への相利者の適応的で柔軟な対応が，相利の動態にとって重要であることが示唆されている (Palmer et al. 2003).

次数分布がすそ野を切ったべき分布になり，非対称な入れ子構造をとる相利のネットワークを生み出すメカニズムについては，個体数に比例するランダムな相互作用か，口吻と花冠の長さの違いなどの生物的な制約によって禁じられたリンク (forbidden link; Jordano et al. 2003) かについての論争がある (Jordano et al. 2003; Vázquez 2005; Santamaría and Roddríguez-Gironés 2007; Stang et al. 2007; Bascompte and Jordano 2007; Krishna et al. 2008; Ulrich et al. 2009).

入れ子構造と，その度合いを測る入れ子度 (nestedness) の研究は近年きわめて活発になり，2000年以降に120もの論文が刊行されている (Ulrich et al. 2009). しかし，入れ子度を定量化する方法や帰無モデルの作り方にはいろいろな問題点がある (Ulrich et al. 2009). 望ましい性質をもつ帰無モデルの下では，公表されたデータのうちの比較的少数しか有意に入れ子構造をとることはない (Ulrich et al. 2009). さまざまなネットワークで入れ子構造がどれほど普遍的で，どのような生態的あるいは進化的なメカニズムによって成立しているかについては，今後の研究を待たなければならない.

(3) 相利をめぐる生物群集

本巻の4章で説明されているように，アリとアリ植物をめぐる群集では，相利のギルドに属する種は，植食者，捕食者，寄生者，そして餌など，他の多くの生物や資源とも相互作用する (Bronstein 2001; Bronstein and Barbosa 2002; Bronstein et al. 2003; Morris et al. 2003; Strauss and Irwin 2004; Bronstein et al. 2007). したがって，相利をよりよく理解するためには，さまざまな相互作用を含む生物群集のなかにおいて研究する必要がある.

送粉者と相利の関係にある多くの植物は植食者とも相互作用する (Strauss and Irwin 2004; Bronstein et al. 2007). 花食 (florivory) を含む植食は，花の消費による直接効果を送粉者に与えるだけではなく，植物の貯蔵資源を減らし花の生産への資源配分を変えることによる間接効果も与える. 送粉者は損傷を受けた植物や，花食者や捕食者のいる植物を避けることがあり (Strauss and

Irwin 2004；本巻1章，4章と5章を参照），訪花の減少は結実率を下げる可能性がある（Bronstein et al. 2007）．送粉者の捕食者は，植物への栄養カスケードを弱めるという報告もある（Knight et al. 2005, 2006）．

　植食は，植物の開花期や蜜の質，花粉の量や質にも影響する．植物は送粉をせずに蜜だけをもち去る盗蜜者による被害も受けるが，ハナシノブ科の仲間では，薄い蜜を作ることによって，送粉者であるハチドリを遠ざけることなく，盗蜜者であるマルハナバチの訪花を阻止しているという報告もある（Irwin et al. 2004）．植食に対する防御にはコストがかかるが，植食の被害を減らすことによって訪花が増えれば，送粉者への報酬に投資する資源の減少を補うこともできる（Bronstein et al. 2007）．

　ほかにも，蜜を消費するだけではなく，他の送粉者が忌避する匂いを残したり，花の色の変化を誘導したりする送粉者による相利者同士の相互作用もある（Strauss and Irwin 2004）．アルカロイドのような毒物質を生産することで植食者に対する植物の抵抗性を増加させる内生菌（endophyte）は，植物を介して植食者と間接的に相互作用する（本巻5章参照）．植物に菌根を形成し無機栄養塩と炭素を交換する菌根菌は，植食者に間接的な利益を与えるが，ストレスのかかる条件のもとでは，植食者と資源をめぐって競争する（Strauss and Irwin 2004）．植食者と種子捕食者や種子散布者との相互作用，送粉者と種子捕食者の相互作用などもあり，相利をめぐる相互作用系は実に多様である（Strauss and Irwin 2004；本巻4章参照）．さらに，食物体（food body）などを提供してアリを用心棒にしたり，揮発性の化学物質を発散して植食者の天敵を誘引したりする間接防衛（indirect defence; Takabayashi and Dicke 1996; Heil 2008）や，外部寄生者を介する掃除屋（cleaner）と顧客（client）の相利（Hay et al. 2004; Guimarães et al. 2007）もあり，3者系での間接効果を考えなければ理解できない相利も多い．これらについては，本巻4章と5章で詳しく論じられている．

(4) 相利への寄生

　多くの相利には，お返しなしに相利者の1種または複数の種から報酬やサービスを搾取する非相利者がともない（Bronstein 2001; Morris et al. 2003; Bronstein et al. 2006），これらの生物は寄生者（parasite; Janzen 1975; Yu 2001），搾

取者 (exploiter; Bronstein 2001; Morris et al. 2003), 詐欺師 (cheater; Bronstein et al. 2006) などとよばれる. 本巻4章では, アリとオオバギの相利関係に入り込み, アリに守られてオオバギを食うムラサキシジミの例が説明されている.

おのおのパートナーにとっての相利の正味の利益は, 相互作用によって得られる総利益から, 利益を得るための投資のコストを引いたものなので, 協力するよりも搾取する方が利益が大きければ, 相利関係は崩壊する (Bronstein 2001; Sachs and Simms 2006). ユッカの送粉者でありながら実った果実に産卵するユッカガの仲間では, 季節の早期に産卵するグループで1回, 後期に産卵するグループで2回, 詐欺師の分化が起こっている (Pellmyr et al. 1996; Sachs and Simms 2006).

入れ子構造をもつユッカガの系統関係は, 唯一の相利者から搾取者が進化したのではなく, 寄主転換によって同じ寄主を利用することになった2種の送粉者の一方が協力から搾取に転じたことを示唆している (Pellmyr et al. 1996). しかし, そのような「相利からの離脱 (defection from mutualism)」はめったに起らず, 同じパートナーとつきあう相利者と搾取者は, 遠い進化的起源とパートナーとの別のつきあいの歴史をもつことが多い (Bronstein 2001). そして, 相利が寄生に変化することは稀で, アーバスキュラー菌根菌と共生する植物が豊かな土壌では共生から離脱するように, 一方のパートナーが自律 (autonomy) に転ずる「相利の放棄 (abandonment of mutualism)」が多い (Sachs and Simms 2006).

(5) 相利の動態

相利的な相互作用は, 時間的にも空間的にも, また状況にも依存して大きく変わる (Addicott 1984; Bronstein 1994; Holland et al. 2005). 相利の構造とメカニズムについての現実的な仮定を組み込んだ個体群動態モデルを発展させ, 自然の系の動態を詳しく解析することによって, 非平衡状態を含む相利の動態に注目する必要性が古くから指摘されている (Addicott 1984) が, その発展は必ずしも十分ではない.

Olsen et al. (2008) は, グリーンランド北方のザッケンバーグで, 植物と送粉者のリンクを2年間にわたって調べた. 送粉者の5分の1とリンクの3分

の2は1年だけしか見られず,これらは特殊化した稀な種だった.ネットワークに新たに加わった種は,多くの種と結合している種と相互作用する傾向が強かったが,複雑ネットワークの世界で使われる優先的結合（preferential attachment）モデル（本巻コラム2参照）が予測する結合よりは少なく,何らかの拘束を示唆するものだった.

個体レベルでランダムにリンクが結ばれれば,種レベルでは個体数が多い種ほどリンクが増える.しかし,ザッケンバーグでは植物の個体数は結合レベルの12%しか説明せず,開花期や活動期のような季節相（phenophase）の分布が対数正規型で（本シリーズ第1巻3章と本巻6章を参照）,結合レベルの51-69%を説明することがわかった（Olesen et al. 2008）.

このように,時間的変化を追跡することは,ネットワークの構造が形成される過程を知るための有力な方法である.また,ザッケンバーグでは結合レベルをうまく説明できなかったが,種子分散のネットワークでは個体数の増加とともに相互作用する割合が増えていた（Jordano 1987）.したがって,相利ネットワークが形成されるメカニズムの解明は,相利の動態を理解するためにも重要である.

相利の動態を理解するには,数理モデルの研究も必要である.相利の利益とコストを明確に組み入れたモデル,多対多の相互作用を考慮したモデル（Bascompte et al. 2006; Okuyama and Holland 2008; 本巻1章参照）,相利のネットワークにつながる植食者や捕食者や競争者を組み込んだモデル（本章5節参照）,間接相利を考慮したモデルなどを発展させることにより,数理モデルの研究が相利の動態の解明に貢献することができるだろう.

4 寄生

(1) 寄生者の多様性

生態学に一大転機をもたらしたチャールズ・エルトンの『動物生態学』は,12章のうちの1章を寄生者に割いている（Elton 1927）.内部寄生者にとって,

住み場所である寄主の死は大きな問題である．しかし，寄主が食われることを次の寄主への感染 (transmission) に利用する寄生者もいる．たとえば，ウサギに寄生するサナダムシは，ウサギとともにキツネに食われることによってキツネを新たな寄主とし，多くの卵がキツネの排泄物によって植生に蒔かれ，植物とともにウサギに食われることによって生活史を完結する．つまり，腸内寄生者の生活史は食物環 (food cycle; Elton 1927) は食物網のことをこうよんだ) によって回っていることを，エルトンは図を用いて明確に説明している．

寄生者からなる食物連鎖では，上位のものほど体が小さくなるため長さに限界が生じ，最後のリンクはバクテリアやウィルス (バクテリオファージ) によって担われることがあるとも述べている (Elton 1927)．捕食者と寄生者をともに含む仮想的な食物網の図を描き，このような食物連鎖では，体の大きさの関係に逆転が起こるために連鎖が長くなることを説明している．

現在では，140万種余りの生物種が記載されており，未記載種も含めれば3百万種から1千万種とも推定されている (Dobson et al. 2008) が，寄生者の種数も飛躍的に増えた．新たに発見される寄生者の種数は，よく研究されている腸内寄生虫では，一次関数的または指数関数的に増加している (Poulin and Morand 2000; Dobson et al. 2008)．脊椎動物の腸内寄生虫は，脊椎動物の寄主よりも50％以上も多い7万5千種いる (Poulin and Morand 2000)．寄主と寄生者の種数の比については，生息する種の約40％の寄生者が60％の自由生活者に寄生しているという，カリフォルニアとバハ・カリフォルニアの海岸の塩性湿地での調査報告もある (Dobson et al. 2008)．

寄生者は種数が多いのみならず，その生物量も意外に大きい．カリフォルニアとバハ・カリフォルニアの三つの河口を調べた研究では，寄生者の生物量は最上位捕食者の生物量よりも大きかった (Kuris et al. 2008)．吸虫はとくに多く，鳥，魚，アナジャコ類 (burrowing shrimp)，多毛類に匹敵する．また，寄生者の機能群のなかでは，捕食によって次の寄主に感染する寄生者と，巻き貝などを去勢する寄生者 (castrator) が多かった (Kuris et al. 2008)．

(2) 寄主と寄生者を組み込んだ食物網

　寄生は，捕食と同様にエネルギーと物質の伝達経路である．寄生者は複雑な生活史をたどり，捕食によって次の中間寄主や最終寄主に感染することが多いことから，食物網 (food web) に寄主と寄生者を組み込むことが不可欠である (Marcogliese and Cone 1997)．しかし，最近まで食物網に寄生者が含まれることは稀だった (Marcogliese and Cone 1997; Wood 2007; Lafferty et al. 2008; Byers 2009; Amundsen et al. 2009)．

　寄生者と寄主を組み込んだ食物網は，従来の食物網とは，構造も性質も大きく異なる．Huxham et al. (1995) は，イーファン河口 (本巻1章参照) の巻き貝と魚と鳥と寄生者からなる食物網と，レーベン湖の魚と鳥と寄生者からなる食物網を調べた．そして，捕食のリンクだけからなる食物網と比べて，種数が増えるだけではなく，食物連鎖長が長くなり，最上位種の割合と雑食の割合が増えることを報告している (Huxham et al. 1995; Marcogliese and Cone 1997)．とくに，寄生者の生活史の各段階を栄養種 (本巻コラム2参照) として区別すると，雑食とリンク密度 (種間のリンクの数を種数で割ったもの) が増える．

　複雑な生活史をもつ寄生者は，生活史の各段階の寄主が異なるので，複数の栄養段階にまたがって栄養をとる雑食者になることが多い (Lafferty et al. 2008)．南カリフォルニアのカルピンテリア塩生湿地でも (Lafferty et al. 2006b)，ノルウェー北部のタクバツゥン湖でも (Amundsen et al. 2009)，利用する栄養段階の数で測った雑食度は高かった．

　寄主と寄生者を組み込んだ食物網では，ネットワークにおける寄主の位置も注目されている．Chen et al. (2008) は，カルピンテリア塩性湿地，カンパニー湾の干潟，イーファン河口のデータを使い，各寄主の寄生者の種数と，各寄主の栄養位置 (trophic position; 基底種からの平均経路長) の関係を調べた．その結果，寄生者の多様性の高い寄主は幅広い食性と多くの被食者をもつか，より低い栄養段階の種から資源を蓄積できる位置を占める傾向があった．また，多くの捕食者種をもつか，多くの異なる食物連鎖に含まれ，捕食者に食われやすい寄主は，寄生者の寄主への感染に重要である傾向をもつこ

とも示唆された．生物群集において，寄主としての役割と捕食者や被食者としての役割が独立ではないことを示唆する結果で，寄主，寄生者，被食者，捕食者，競争者，相利者などのうち複数の役割を果たす場合の制約について，今後研究が進むことが期待される．

　上位の捕食者にも寄生者がいるため，寄生者を食物網に組み込めば栄養段階の数が増え，食物連鎖は当然長くなる（Lafferty et al. 2006a, b; Amundsen et al. 2009）．また，その種の栄養段階が上がるにつれ，1種あたりの捕食者の数は減るのに対し，1種あたりの寄生者は増える（Lafferty et al. 2006a）か，中間の栄養段階で最大になる（Amundsen et al. 2009）ので，捕食者と寄生者を合わせた天敵の数は中間の栄養段階でもっとも多くなる（Lafferty et al. 2006a; Amundsen et al. 2009）．

(3) 結合度

　結合度（connectance; C）は，ネットワークにおける種間のつながりの程度を表す指標で，種数を S，リンクの数を L としたとき，$C = L/S^2$ と定義される．この定義は，互いに相手（の幼生）を食い合う相互捕食（mutual predation; Begon et al. 1996）と共食い（cannibalism）の可能性を含むもので，有向結合度（directed connectance; Martinez 1991）とよばれる．

　実際のリンクの数を可能なリンクの総数で割った結合度は，かつては，寄生者を入れても変わらないかまたは減少するとされていた（Huxham et al. 1995; Memmott et al. 2000; Thompson et al. 2005）．Lafferty et al.（2006a）は，従来は，結合度の分子に入るリンクとして，捕食者と被食者，寄生者と寄主のリンクしか数えないのに，分母には捕食者と寄生者，寄生者と寄生者のリンクの数も含まれているなどの欠点を指摘した．カルピンテリア塩性湿地（Lafferty et al. 2006b）では，寄生者と寄生者のリンク（寄生者が寄生者に寄生する，言い換えると寄生者の寄主も寄生者であるような高次寄生（hyperparasitism）など），捕食者と寄生者のリンク（捕食者が寄主と内部寄生者をまるごと食べたり，寄生者の自由生活段階の幼生を食ったりする）を加えると，食物網のリンクの78％に寄生者が含まれた．分母の補正を行えば，寄生者を加えると，捕食者と被食者，寄生者と寄主のリンクだけからなる食物網でも，捕食者と被食者だけの

食物網よりも結合度は高くなり，捕食者と寄生者，寄生者と寄生者のリンクを入れると結合度はさらに上がる．

しかし，イーファン河口とレーベン湖 (Huxham et al. 1995) とカンパニー湾 (Thompson et al. 2005) では，補正を行っても，寄生のリンクを入れると，結合度はわずかに増えるか，逆に減少するかのどちらかであった (Lafferty et al. 2006a)．ノルウェー北部のタクバツゥン湖では，捕食者と被食者の部分食物網と比べて，寄生者と寄主の部分食物網で結合度が高く，全食物網ではさらに高くなった (Amundsen et al. 2009)．ニュージャージー州のパインランド保護区のマスキンガム川の，吸虫，回虫，線虫の寄主であるシマトビケラ，ヨコエビ，ケンミジンコ，等脚類と，これらの寄主を食うことによって感染するブルーギルなどの魚からなる食物網でも，Lafferty et al. (2006a) の方法で計算すると，結合度が上がった (Hernandez and Sukhdeo 2008)．

ランダム行列を使った May (1972) の研究では，結合度が上がるほど食物網は不安定になる（本巻6章とコラム1参照）が，一方，結合度が高い食物網は，種の消失にともなう二次絶滅に対して頑健であるという結果もある (Dunne et al. 2002, 2004; Dunne 2006; 本巻コラム2参照)．これらの理論予測に関連した重要な研究課題として，寄生を組み込んだ食物網は，結合度が高いのか低いのか，そして安定なのか不安定なのかを調べる必要がある．

(4) 入れ子度

寄生を組み込んだ食物網で注目されているもう一つの指標が，相利ネットワークで見出された入れ子構造の度合いを測る「入れ子度」である (Bascompte et al. 2003; Bascompte and Jordano 2007; 本巻コラム2参照)．Lafferty et al. (2006a) が，食物網に，寄生者－寄主のリンクだけではなく，寄生者－寄生者，捕食者－寄生者のリンクを入れたところ，入れ子度（相互作用の非対称性）は439%も増加した．捕食者－寄生者リンクはとくに非対称で，入れ子度の増加は，内部に数多くのリンクをもつジェネラリストの集団とスペシャリストを結び，食物網の凝集性 (cohesion; Melián and Bascompte 2004) を高める (Lafferty et al. 2006a)．タクバツゥン湖の食物網でも，ランダム化した食物網よりも有意に高い入れ子構造をとり，捕食者－被食者ネットワークに，

寄生者−寄主ネットワークを加えることにより，相対的な入れ子度は 0.1 から 0.24 と 2 倍以上にも増加した (Amundsen et al. 2009). しかし，パインランドの食物網では，寄生者は，絶対的な中間寄主に特殊化し，スペシャリストどうしの相互作用の数を増加させるため，入れ子度は逆に 4.5% 減少している (Hernandez and Sukhdeo 2008).

　入れ子構造は，互いに多くのリンクを結ぶジェネラリストの種群を作るため，他種の絶滅に際して種を孤立しにくくし，スペシャリストは (変動の少ない) ジェネラリストと相互作用するため，稀な種でも存続できるという説がある (Jordano 1987; Bascompte et al. 2003; Lafferty et al. 2006a). また，多数の中間寄主を必要とする複雑な生活史をもつジェネラリストの寄生者は，比較的弱いリンクの長いループをつくるで，食物網を安定化する可能性が示唆されている (Dobson et al. 2008). しかし，相利の節でも指摘したように，少数のジェネラリストと相互作用する多数のスペシャリストの間には競争が生じることもあり，寄生を組み込んだ食物網の結合度と入れ子度の増加が，安定性に寄与するかどうかについては，今後，理論と実証の両面から十分に検討する必要がある.

(5) 寄主を操る寄生者

　寄生者も，捕食者と同様に，寄主の行動などの形質を変えることによって，第三の種に形質を介する間接効果 (trait-mediated indirect effect; Abrams et al. 1996; 本巻 1 章，2 章，3 章および 5 章を参照) を及ぼすことがある (Raffel et al. 2008; Lefèvre et al. 2009). 捕食をとおして次の寄主に感染する多くの寄生者は，捕食者による消費率を高めるように寄主の行動を変え，「寄主を操る寄生者 (manipulative parasite)」とよばれる (Lefèvre et al. 2009). たとえば，ニュージーランドのカンパニー湾の干潟では，棘口吸虫に感染したマルスダレガイ科の二枚貝は，寄生者が好んで足 (foot) に被嚢するため，穴を掘る能力を失い，堆積物の表面に横たわる. このため，最終寄主であるミヤコドリや魚の捕食にさらされやすくなる (Mouritsen and Poulin 2003).

　カリフォルニアのカルピンテリア塩生湿地では，フトヘタナリ科の二枚貝を中間寄主とする吸虫 (*Euhaplorchis californiensis*) が放出したセルカリアは，

次の寄主であるカダヤシ目の魚に寄生し，サギやアジサシなどが感染した魚を食うことによって生活史を完結する（Lafferty 2008; Lefèvre et al. 2009）．捕食者の目を引くような行動は，感染魚の脳の囊胞（cyst）の数に比例して増え，寄生者が魚の行動を変えることが強く示唆されている（Lafferty and Morris 1996; Lafferty 2008）．

　寄主を操る寄生者は，捕食者による寄主の消費率を高め，捕食者と被食者の相互作用強度を強め，捕食のリンクをとおるエネルギー流を増強することによって，生態系機能にまで影響する可能性がある（Thompson et al. 2005; Lafferty et al. 2008）．このように，形質を介する間接効果は，第三者への影響をはるかに超え，生態系全体にまで大きな影響を及ぼす可能性を秘めているのである．

(6) 生態系における寄生者の役割

　大量絶滅の時代を迎え，絶滅が危惧されるのは寄生者と寄主も例外ではない．また，寄主の絶滅は，寄主特異性の高い寄生者の絶滅を招く可能性が高い（Dobson et al. 2008）．逆に，ジェネラリストの寄生者は，見かけの競争によって寄主の絶滅を招くかもしれないが，スペシャリストの寄生者は寄主の絶滅を避け多様性を維持する機構をもっているかもしれない（Hudson et al. 2006）．寄生者の絶滅は，寄主の個体数の増加を招き，寄主の絶滅を妨げるかもしれないが，寄生者は寄主群集の相対個体数を頻度依存的に調節している可能性もある（Dobson 2004; Dobson et al. 2008）．

　寄生者は，重金属などの汚染物質を寄主から取り除くこともあり，生態系機能にとっても重要（Sures 2003; Dobson et al. 2008）で，寄生者に富んだ生態系は健全なのかもしれない（Hudson et al. 2006）．

　最近の寄生者を組み込んだ食物網研究の増加は，主に水系での研究に負っている．陸上生態系でも，主として植物を介する間接的な正の効果が相互作用網に及ぼす影響を明らかにしてきた間接相互作用網（indirect interaction web; Ohgushi 2005, 2007, 2008; 本巻5章参照）に寄主と寄生者を組み込むことで，新たな研究の進展が期待される．

5 さまざまな相互作用を生物間ネットワークに組み込む

(1) いろいろなネットワーク

　Ings et al. (2009) は,「生態ネットワーク：食物網を超えて」と題する意欲的な総説の中で,生態ネットワークは,伝統的な食物網,相利ネットワーク,寄生者ネットワークに分けられると指摘している.彼らによれば,相利ネットワークと寄生者ネットワークの研究が盛んになったのは1990年代になってからのことで,現在でも,論文の数は食物網に比べて二桁少ないという.Ings et al. (2009) がいうように,複雑ネットワークの研究は,生態学に統一的なネットワークのパターンと動態を探求する機運を持ち込んだ（本巻コラム2参照）.1990年代以降には,ネットワークの要素を網羅し,より細かく要素が分類された量的なデータが蓄積されたことにより,相互作用強度の分布やリンクの分布がネットワークの安定性を決める重要な要因であることがわかってきた（Ings et al. 2009; 本巻1章と3章と6章を参照）.また,相互作用は個体間で起こるので,個体の形質や行動とネットワークを結びつけることの重要性も指摘されている（Ings et al. 2009; 本巻2章参照）.

　本章では,Ings et al. (2009) が強調した相利ネットワークと寄生のネットワークについて詳しく説明した.しかし,彼らのネットワークの分類には競争ネットワークが入っていない.干渉型の直接的な競争はもちろん,消費型競争や見かけの競争が,食物網だけではなく,相利ネットワークや寄生ネットワークでも重要な役割を果たしていることは,本巻の各章でみたとおりである.また,本巻2章では,競争の存在下での,さまざまな多種共存メカニズムが解説されている.

　本巻1章では,食物網だけではなく,競争ネットワークと相利ネットワーク,そしてこれらすべての相互作用を含む種間相互作用ネットワークを研究する必要性が指摘された.ネットワークとしての生物群集の研究の進展にともない,複数の型の相互作用を含むネットワーク研究の必要性についての認識が広まり（Sargent and Ackerly 2008; Bulleri et al. 2008; Blick and Burns 2009; Melián et al. 2009)，いくつかの先駆的研究が見られるようになってきた．食物網に寄主と寄生者を組み込んだ Lafferty et al. (2008)，Hernandez and Sukhdeo (2008)，Amundsen et al. (2009) や，食物網に非栄養関係と相利を組み込んで間接効果を浮き彫りにした間接相互作用網 (Ohgushi 2005, 2007, 2008; 本巻5章参照) などはその好例である．ここでは，今後の発展の方向として注目され始めた，複数の型の相互作用を含むネットワークについて見ていこう．

(2) 複数の型の相互作用を含むネットワーク

　Blick and Burns (2009) は，ニュージーランドの森林で，ヤドリギ，ツル植物，着生植物 (epiphyte) などの樹上植物と寄主植物のリンクのパターンを調べた．ヤドリギとツル植物では，リンクの数は少なく，入れ子度は小さく，共通の寄主植物の利用を避けるパターンを示し，着生生物では，リンクの数が多く，入れ子度が大きく，同じ寄主植物を共有するパターンを示した．彼らは，寄主植物と敵対的関係にあるヤドリギとツル植物では，共進化の過程でリンクが減ったのに対し，植物と片利的な関係にある着生植物ではこのようなことはなかったと推測している．また，樹上植物同士の関係で，着生植物では先入種が後続種にとっての環境条件を改善する遷移の過程から入れ子構造が生じ，ヤドリギとツル植物では，寄主の利用をめぐる競争が共通の寄主植物の利用を避けるパターンを導いたと考えている．つまり，ネットワークの構造は，樹上植物と寄主植物の相互作用と樹上植物同士の相互作用によって決まることになる。

　Melián et al. (2009) は，植食と相利の二つの型の相互作用を含む，植物と植食者と送粉者または種子分散者の3種からなる系を群集の基本モジュールの一つと考えた．そして，二つの異なる型の相互作用が群集内でどのように結びついているかを，南スペインのドニャーナ生物保護区で得られたデータで調べた．この群集では，偶然に期待されるよりも植物と植食者と相利者からなるモジュールの数が多く，敵対的な相互作用をもつ植物は，多くの相利的な相互作用をもつ傾向を示した．モジュールの数の頻度分布はきわめて不均一で，大多数の植物は一つまたは二，三のモジュールにしか含まれなかったが，4種の植物は394ものモジュールに含まれ，頻度分布はべき分布によ

くあった．植物あたりの相利のリンクと植食のリンクの数の比もべき分布によくあてはまったが，リンクをランダム化したものは指数分布をした．相互作用強度を依存度（他種との相互作用全体の中で特定の相手と相互作用する割合；本巻1章参照）で測ると，依存度が 80% よりも大きい相互作用の 92% は，植食のリンクの4倍以上の相利のリンクをもつ植物で起こった．そして，単純な動態モデルの解析から，種の存続と種多様性には，観察されたリンクのパターンだけではなく，植食者とのリンク数に対する相利者とのリンク数の比と相互作用強度の相関が重要であることが示唆されている．

(3) 競争と相利を含むネットワーク

Bastolla et al. (2009) は，相利ネットワークの入れ子構造が生物多様性に及ぼす影響を調べるために，植物間と動物間では競争，植物と動物の間では相利がはたらく二層ネットワークの動態モデルを考えた．競争については，ロトカーボルテラ型の相互作用を仮定し，相利については，植物（動物）の数の反応（numerical response）が動物（植物）の密度の増加とともに飽和するホリング（Holling）のII型の数の反応を仮定した．彼らは，相利がなく競争だけの場合に比べて，相利が入ることにより共存種数がどれだけ増えるかを基に相利の効果を調べた．

すべての植物がすべての動物と相互作用する場合には，相利は常に種間競争を弱め共存種数を増やした．相利関係の対応に構造がある場合には，近似によって競争の強さと共存種数を求め，入れ子度が高いほど共存種数が増えることを示した．また，新しく群集に加わる種は，多くの種と相利の関係にあるジェネラリストと相互作用すれば，競争による負荷が最小になり，群集にもっとも組み込まれやすいことを示した．56 個の実際の相利ネットワークでは，入れ子度が高いほど多様性が増加し，入れ子度以外の構造を保ってランダム化した群集よりも，実際の群集では多様性の増加が大きかった．

Bastolla et al. (2009) のモデルでは，ある植物（動物）が他の植物（動物）と相利の相手を共有すれば必ず正の間接効果がはたらき，相利の相手の動物（植物）が相互作用する植物（動物）の種数が多いほどこの間接効果は大きくなる．つまり，スペシャリストの植物（動物）がジェネラリストの動物（植物）

と相互作用すれば，多数の正の間接効果によって，競争の負の効果が弱められ，多くの種が共存できることになる．しかし，競争と相利は必ずしも独立ではなく，相利の相手が提供する報酬やサービスをめぐる植物（動物）間の競争も起こるから，ジェネラリストの動物（植物）と相互作用することが，正の間接効果だけをもたらすとは限らない．

ネットワークに複数の型の相互作用を組み込むことは重要であるが，相互作用のメカニズムを明確にし，利益とコストを考慮したモデルをつくらなければ，必ずしも生物群集の理解にはつながらない．

(4) 捕食と競争を含むネットワーク

捕食と競争を含むネットワークは，生物多様性と生態系機能との関係（本シリーズ第4巻）からも注目されている．もともと，生物多様性と生態系機能の研究は，おもに，草地などの植物群集について研究され，生物多様性の増加とともに植物の生産性などの生態系機能が向上することなどを明らかにしてきたが，競争以外の相互作用が考慮されることはほとんどなかった (Kinzig et al. 2002; Loreau et al. 2002; Hooper et al. 2005)．しかし，生産者である植物と植物間の競争だけで生態系機能を理解できるはずはなく，複数の栄養段階を含む実証研究と理論研究が求められている (Hooper et al. 2005)．

Thébault and Loreau (2003, 2005, 2006) は，植物の他に，植食者と肉食者，そして栄養塩を組み込んだ数理モデルを解析した．彼らは，栄養塩と植物と植食者の系で，おのおのの植物がスペシャリストの植食者に食われる場合と，植物の1種は食えない (inedible) 場合を比較した．前者の場合には，多様性とともに植物の全生物量は直線的に増加し，植食者の生物量は単調か一山型の関係を示した．後者の場合には植物の全生物量も一山型になるなど，より複雑なパターンが現れた．この理由を彼らは，どの植物も食える場合には，植食者によるトップダウン制御がはたらくのに対し，食われない植物がある場合には，植物の種数の増加とともに土壌栄養塩濃度が低下し，植食者によるトップダウン制御を受けている植物の生物量は影響を受けないが，食えない植物と植食者の生物量が減るからだと考えている．

植食者がジェネラリストの場合は，植物の全生物量は直線的には増えず，

多様性が高いところで減少することがあり，植食者の生物量はジェネラリストである方が多くなる (Thébault and Loreau 2003)．彼らは，植物の生物量が減少するのは，植食者の生物量の増加にともない消費が増えるからだと考えている．スペシャリストの植食者にスペシャリストの肉食者を入れると，栄養カスケードが起こる．しかし，植物の競争力と植食への抵抗力にトレードオフがあれば，もっとも競争力に劣る植物の生物量は，食われないので単作では大きいが，多様性が上がると減少し，全生物量の変異が増える (Thébault and Loreau 2003)．

Brose (2008) も同様に，植物は栄養塩をめぐる資源利用競争（本章2節参照）をし，複数の餌に対するII型またはIII型の機能の反応で植食者に食われる生物エネルギーモデルを考えた．一次元の形質値（ニッチ値）によって捕食のリンクを決めるニッチモデル (Williams and Martinez 2000; 本シリーズ第1巻，本巻1章とコラム2参照) を使ってネットワークの構造を決め，相互作用強度は体重とのアロメトリーで決めた (Brose 2008)．植食者がいない場合には，植物1種のみが存続できる場合がほとんどだったが，植食者の導入により，植物の生物量が増えると植食者も増え，植物の生物量を減らす負のフィードバックがかかるために，競争排除が妨げられ，多くの植物の共存が実現している．本章2節と本巻1章で紹介した，食物網のモデルで成功している体重と相互作用強度のスケーリングや，現実の食物網の多くの性質をうまく説明するニッチモデルを，複数の型の相互作用を含むモデルに取り入れた先駆的な例であり，今後の発展が期待される．

6　結びに代えて

本巻は生物間ネットワークを紐とくことを目指してきた．生物群集を種間相互作用によってつながれたネットワークととらえる見方は，決して複雑ネットワークの研究に触発された最近の流行というわけではない．生物間ネットワークのアイディアは50年以上も前に遡り (Elton and Miller 1954)，その後，食物網の研究を中心に発展してきた．最近は，複雑ネットワークの研

究の影響を受け，食物網だけでなく，相利ネットワークも寄生ネットワークも含めて統一的に理解するための枠組みが発展し，さらに間接相互作用網に続き，複数の型の相互作用を含むさまざまなネットワーク研究が新たに生まれようとしている．

　本巻は，捕食，競争，相利，寄生などの種間相互作用の型，リンクのパターン，相互作用強度などが，生物群集の構造や動態をどのように決めるのかを説明してきた．種間相互作用のリンクは，個体の行動に依存するが，個体の行動は進化と適応の結果で決まる（本シリーズ第2巻）．また，群集動態を解明するには，生態化学量論のように個体を構成する元素とその比や，相互作用をとおした生物間，生物と環境のあいだの物質やエネルギーの流れも理解する必要がある（本シリーズ第4巻）．群集に見られるパターンは眺める空間スケールによっても変わるし，生態系サイズや，局所群集間あるいは局所群集とメタ群集のあいだの移動は，局所群集における生物間相互作用とともに，食物連鎖の長さやメタ群集における多種共存可能性を決める（本シリーズ第5巻）．また，漁業資源や森林資源，害虫の管理や，生物群集の保全にも，生物間ネットワークの理解を欠くことができない（本シリーズ第6巻）．

　群集生態学を生態学のなかで孤立した分野と見るのではなく，進化生物学と統合し（Johnson and Stinchcombe 2007；本シリーズ第2巻終章），個体群生態学とのギャップを埋め（Agrawal et al. 2007），群集生態学の方法と生態系生態学の方法をつなぐ（Ings et al. 2009；本シリーズ第4巻終章）ことによって，生物群集についての理解をより深めることの必要性が広く理解されつつある．本巻をシリーズの他の巻と併せて読むことによって，読者が新奇な着想を得て，生物群集の理解のブレークスルーとなるような研究が生まれることを願って，本巻を結ぶことにしたい．

引用文献

Abrams, P.A. (1984) Foraging time optimization and interactions in food webs. American Naturalist, 124: 80-96.

Abrams, P.A. (1987a) Indirect interactions between species that share a predator: varieties of indirect effects. pp. 38-54. In Kerfoot, W.C. and Sih, A. (eds.), Predation: Direct and Indirect Impacts on Aquatic Communities. University Press of New England, Hanover, USA.

Abrams, P.A. (1987b) On classifying interactions between populations. Oecologia, 73: 272-281.

Abrams, P.A. (1993) Indirect effects arising from optimal foraging. pp. 255-279. In Kawanabe, H., Cohen, J.E. and Iwasaki, K. (eds.), Mutualism and Community Organization: Behavioral, Theoretical and Food Web Approaches. Oxford University Press, Oxford, UK.

Abrams, P.A. (1994) The fallacies of "ratio-dependent" predation. Ecology, 75: 1842-1850.

Abrams, P.A. (1995) Implications of dynamically variable traits for identifying, classifying, and measuring direct and indirect effects in ecological communities. American Naturalist, 146: 112-134.

Abrams, P.A. (2001) Describing and quantifying interspecific interactions: a commentary on recent approaches. Oikos, 94: 209-218.

Abrams, P.A. (2007) Defining and measuring the impact of dynamic traits on interspecific interactions. Ecology, 88: 2555-2562.

Abrams, P.A. and Ginzburg, L.R. (2000) The nature of predation: prey dependent, ratio dependent or neither? Trends in Ecology and Evolution, 15: 337-341.

Abrams, P.A. and Matsuda, H. (1996) Positive indirect effects between prey species that share predators. Ecology, 77: 610-616.

Abrams, P.A., Menge, B.A., Mittelbach, G.G., Spiller, D.A. and Yodzis, P. (1996) The role of indirect effects in food webs. pp. 371-395. In Polis, G.A. and Winemiller, K.O. (eds.), Food Webs: Integration of Patterns and Dynamics. Chapman & Hall, New York, USA.

Abrams, P.A., Holt, R.D. and Roth, J.D. (1998) Apparent competition or apparent mutualism? Shared predation when populations cycle. Ecology, 79: 201-212.

Addicott, J.F. (1984) Mutualistic interactions in population and community processes. pp. 437-455. In Price, P.W., Slobodchikoff, C.N. and Gaud, W.S. (eds.), A New Ecology: Novel Approaches to Interactive Systems. John Wiley & Sons, New York, USA.

Addicott, J.F. (1998) Regulation of mutualism between yuccas and yucca moths: population level processes. Oikos, 81: 119-129.

Adler, F.R. and Gordon, D.M. (1992) Information collection and spread by networks of patrolling ants. American Naturalist, 140: 373-400.

Adler, F.R. and Gordon, D.M. (2003) Optimization, conflict, and nonoverlapping foraging ranges in ants. American Naturalist, 162: 529-543.

Adler, L.S., Wink, M., Distl, M. and Lentz, A.J. (2006) Leaf herbivory and nutrients increase nectar alkaloids. Ecology Letters, 9: 960–967.

Agrawal, A.A. (1998a) Leaf damage and associated cues induced aggressive ant recruitment in a neotropical ant-plant. Ecology, 79: 2100–2112.

Agrawal, A.A. (1998b) Induced responses to herbivory and increased plant performance. Science, 279: 1201–1202.

Agrawal, A.A. (2000) Specificity of induced resistance in wild radish: causes and consequences for two specialist and two generalist caterpillars. Oikos, 89: 493–500.

Agrawal, A.A. and Dubin-Thaler, B.J. (1999) Induced responses to herbivory in the neotropical ant-plant association between *Azteca* ants and *Cecropia* trees: response of ants to potential inducing cues. Behavioral Ecology and Sociobiology, 45: 47–54.

Agrawal, A.A. and Rutter, M.T. (1998) Dynamic anti-herbivore defense in ant-plants: the role of induced responses. Oikos, 83: 227–236.

Agrawal, A.A. and Van Zandt, P.A. (2003) Ecological play in the coevolutionary theatre: genetic and environmental determinants of attack by a specialist weevil on milkweed. Journal of Ecology, 91: 1049–1059.

Agrawal, A.A., Ackerly, D.D., Adler, F., Arnold, A.E., Cáceres, C., Doak, D.F., Post, E., Hudson, P.J., Maron, J., Mooney, K.A., Power, M., Schemske, D., Stachowicz, J., Strauss, S., Turner, M.G. and Werner, E. (2007) Filling key gaps in population and community ecology. Frontiers in Ecology and the Environment, 5: 145–152.

Akin, E. and Losert, V. (1984) Evolutionary dynamics of zero-sum games. Journal of Mathematical Biology, 20: 231–258.

Albert, R. and Barabási, A.-L. (2002) Statistical mechanics of complex networks. Review of Modern Physics, 74: 47–97.

Albert, R., Jeong, H. and Barabási, A.-L. (2000) Attack and error tolerance of complex networks. Nature, 406: 378–382.

Alonso, D. and McKane A.J. (2004) Sampling Hubbell's neutral theory of biodiversity. Ecology Letters, 7: 901–910.

Alonso, D., Etienne, R.S. and McKane A.J. (2006) The merits of neutral theory. Trends in Ecology and Evolution, 21: 451–457.

Althoff, D.M. (2007) Linking ecological and evolutionary change in multitrophic interactions: assessing the evolutionary consequences of herbivore-induced changes in plant traits. pp. 354–376. In Ohgushi, T., Craig, T. and Price, P.W. (eds.), Ecological Communities: Plant Mediation in Indirect Interaction Webs. Cambridge University Press, Cambridge, UK.

Amaral, L.A.N., Scala, A., Barthélémy, M. and Stanley, H.E. (2000) Classes of small-world networks. Proceedings of the National Academy of Sciences of the United States of America, 97: 11149–11152.

Amarasekare, P., Hoopes, M.F., Mouquet, N. and Holyoak, M. (2004) Mechanisms of coexistence in competitive metacommunities. American Naturalist, 164: 310–326.

Amundsen, P.-A., Lafferty, K.D., Knudsen, R., Primicerio, R., Klemetsen, A. and Kuris, A.M. (2009) Food web topology and parasites in the pelagic zone of a subarctic lake. Journal of Animal Ecology, 78: 563-572.

Andrewartha, H.G. and Birch, L.C. (1954) The Distribution and Abundance of Animals. The University of Chicago Press, Chicago, USA.

Anholt, B.R. and Werner, E.E. (1995) Interaction between food availability and predation mortality mediated by adaptive behavior. Ecology, 76: 2230-2234.

Arditi, R. and Ginzburg, L.R. (1989) Coupling in predator-prey dynamics: ratio-dependence. Journal of Theoretical Biology, 139: 311-326.

Arditi, R. and Michalski, J. (1996) Nonlinear food web models and their responses to increased basal productivity. pp. 122-133. In Polis, G.A. and Winemiller, K.O. (eds.), Food Webs: Integration of Patterns and Dynamics. Chapman & Hall, New York, USA.

Arita, M. (2004) The metabolic world of *Escherichia coli* is not small. Proceedings of the National Academy of Sciences of the United States of America, 101: 1543-1547.

有田正規（2007）生体ネットワークをどう研究するべきか．数理科学，527: 79-83.

Arthur, W. and Mitchell, P. (1989) A revised scheme for the classification of population interactions. Oikos, 56: 141-143.

Atmar, W. and Patterson, B.D. (1993) The measure of order and disorder in the distribution of species in fragmented habitat. Oecologia, 96: 373-382.

Bailey, J.K. and Whitham, T.G. (2002) Interactions among fire, aspen, and elk affect insect diversity: reversal of a community response. Ecology, 83: 1701-1712.

Bailey, J.K. and Whitham, T.G. (2003) Interactions among elk, aspen, galling sawflies and insectivorous birds. Oikos, 101: 127-134.

Bailey, J.K. and Whitham, T.G. (2006) Interactions between cottonwood and beavers positively affect sawfly abundance. Ecological Entomology, 31: 294-297.

Bailey, J.K. and Whitham, T.G. (2007) Biodiversity is related to indirect interactions among species of large effect. pp. 306-328. In Ohgushi, T., Craig, T. and Price, P.W. (eds.), Ecological Communities: Plant Mediation in Indirect Interaction Webs. Cambridge University Press, Cambridge, UK.

Bailey, J.K., Wooley, S.C., Lindroth, R.L. and Whitham, T.G. (2006) Importance of species interactions to community heritability: a genetic basis to trophic-level interactions. Ecology Letters, 9: 78-85.

Baltz, D.M. and Moyle, P.B. (1993) Invasion resistance to introduced species by a native assemblage of California stream fishes. Ecological Applications, 3: 246-255.

バラバシ，A.-L.（2002）『新ネットワーク思考：世界のしくみを読み解く』（青木薫訳），日本放送出版協会，東京．

Barabási, A.-L. and Albert, R. (1999) Emergence of scaling in random networks. Science, 286: 509-512.

Bas, J.M., Oliveras, J. and Gomez, C. (2007) Final seed fate and seedling emergence in myrmecochorous plants: effects of ants and plant species. Sociobiology, 50: 101–111.

Bascompte, J. and Jordano, P. (2007) Plant-animal mutualistic networks: the architecture of biodiversity. Annual Review of Ecology, Evolution, and Systematics, 38: 567–593.

Bascompte, J. and Melián, C.J. (2005). Simple trophic modules for complex food webs. Ecology, 86: 2868–2873.

Bascompte, J., Jordano, P., Melián, C.J. and Olesen, J.M. (2003) The nested assembly of plant-animal mutualistic networks. Proceedings of the National Academy of Sciences of the United States of America, 100: 9383–9387.

Bascompte, J., Melian, C.J. and Sala, E. (2005) Interaction strength combinations and the overfishing of a marine food web. Proceedings of the National Academy of Sciences of the United States of America, 102: 5443–5447.

Bascompte, J., Jordano, P. and Olesen, J.M. (2006) Asymmetric coevolutionary networks facilitate biodiversity maintenance. Science, 312: 431–433.

Bastolla, U., Lässig, M., Manrubia, S.C. and Valleriani, A. (2005a) Biodiversity in model ecosystems, I: coexistence conditions for competing species. Journal of Theoretical Biology, 235: 521–530.

Bastolla, U., Lässig, M., Manrubia, S.C. and Valleriani, A. (2005b) Biodiversity in model ecosystems, II: species assembly and food web structure. Journal of Theoretical Biology, 235: 531–539.

Bastolla, U., Fortuna, M.A., Pascual-Garcia, A., Ferrera, A., Luque, B. and Bascompte, J. (2009) The architecture of mutualistic networks minimizes competition and increases biodiversity. Nature, 458: 1018–1021.

Beattie, A.J. (1985) The Evolutionary Ecology of Ant-Plant Mutualisms. Cambridge University Press, Cambridge, UK.

Beattie, A.J., Turnbull, C.L., Knox, R.B. and Williams, E.G. (1984) Ant inhibition of pollen function: a possible reason why ant pollination is rare. American Journal of Botany, 71: 421–426.

Beattie, A.J., Turnbull, C.L., Hough, T., Jobson, S. and Knox, R.B. (1985) The vulnerability of pollen and fungal spores to ant secretions: evidence and some evolutionary implications. American Journal of Botany, 72: 606–614.

Becerra, J.X.I. and Venable, D.L. (1989) Extrafloral nectaries: a defense against ant-Homoptera mutualisms? Oikos, 55: 276–280.

Becerra, J.X. and Venable, D.L. (1991) The role of ant-Homoptera mutualisms in the evolution of extrafloral nectaries. Oikos, 60: 105–106.

Becks, L. and Arndt, H. (2008) Transitions from stable equilibria to chaos, and back, in an experimental food web. Ecology, 89: 3222–3226.

Becks, L., Hilker, F.M., Malchow, H., Jürgens, K. and Arndt, H. (2005) Experimental demonstration

of chaos in a microbial food web. Nature, 435: 1226-1229.
Beddington, J.R. (1975) Mutual interference between parasites or predators and its effect on searching efficiency. Journal of Animal Ecology, 44: 331-340.
Begon, M., Harper, J.L. and Townsend, C.R. (1996) Ecology: Individuals, Populations and Communities, 3rd edition. Blackwell Science, Oxford, UK. (『生態学：個体・個体群・群集の科学』（堀道雄 監訳 2003）京都大学学術出版会，京都）．
Beisner, B.E., Haydon, D.T. and Cuddington, K. (2003) Alternative stable states in ecology. Frontiers in Ecology and the Environment, 1: 376-382.
Bell, G. (2001) Neutral macroecology. Science, 293: 2413-2418.
Bender, E.A., Case, T.J. and Gilpin, M.E. (1984) Perturbation experiments in community ecology: theory and practice. Ecology, 65: 1-13.
Berlow, E.L. (1999) Strong effects of weak interactions in ecological communities. Nature, 398: 330-334.
Berlow, E.L., Navarrete, S.A., Briggs, C.J., Power, M.E. and Menge, B.A. (1999) Quantifying variation in the strengths of species interactions. Ecology, 80: 2206-2224.
Berlow, E.L., Neutel, A.-M., Cohen, J.E., de Ruiter, P.C., Ebenman, B., Emmerson, M., Fox, J.W., Jansen, V.A.A., Jones, J.I., Kokkoris, G.D., Logofet, D.O., McKane, A.J., Montoya, J.M. and Petchey, O. (2004) Interaction strengths in food webs: issues and opportunities. Journal of Animal Ecology, 73: 585-598.
Bertness, M. and Callaway, R.M. (1994) Positive interactions in communities. Trends in Ecology and Evolution, 9: 191-193.
Bestelmeyer, B.T. (2000) The trade-off between thermal tolerance and behavioural dominance in a subtropical South American ant community. Journal of Animal Ecology, 69: 998-1009.
Bezemer, T.M., Wagenaar, R., Van Dam, N.M. and Wäckers, F.L. (2003) Interactions between above- and belowground insect herbivores as mediated by the plant defense system. Oikos, 101: 555-562.
Blick, R. and Burns, K.C. (2009) Network properties of arboreal plants: are epiphytes, mistletoes and lianas structured similarly? Perspectives in Plant Ecology, Evolution and Sytematics, 11: 41-52.
Blüthgen, N. and Fiedler, K. (2004a) Preference for sugars and amino acids and their conditionality in a diverse nectar-feeding ant community. Journal of Animal Ecology, 73: 155-166.
Blüthgen, N. and Fiedler, K. (2004b) Competition for composition: lessons from nectar-feeding ant communities. Ecology, 85: 1479-1485.
Blüthgen, N., Verhaagh, M., Goitia, W., Jaffe, K., Morawetz, W. and Barthlott, W. (2000) How plants shape the ant community in the Amazonian rainforest canopy: the key role of extrafloral nectaries and homopteran honeydew. Oecologia, 125: 229-240.
Blüthgen, N., Gottsberger, G. and Fiedler, K. (2004) Sugar and amino acid composition of ant-attended nectar and honeydew sources from an Australian rainforest. Austral Ecology, 29:

418–429.

Blüthgen, N., Mezger, D. and Linsenmair, K.E. (2006) Ant-hemipteran trophobioses in a Bornean rainforest - diversity, specificity and monopolisation. Insectes Sociaux, 53: 194–203.

Bolker, B., Holyoak, M., Křivan, V., Riwe, L. and Schmitz, O. (2003) Connecting theoretical and empirical studies of trait-mediated interactions. Ecology, 84: 1101–1114.

Bollobás, B. (2001) Random Graphs, 2nd edition. Cambridge University Press, Cambridge, UK.

Bolnick, D.I. and Preisser, E.L. (2005) Resource competition modifies the strength of trait-mediated predator-prey interactions: a meta-analysis. Ecology, 86: 2771–2779.

Bonsall, M.B. and Hassell, M.P. (1997) Apparent competition structures ecological assemblages. Nature, 388: 371–373.

Bonser, R., Wright, P.J., Bament, S. and Chukwu, U.O. (1998) Optimal patch use by foraging workers of *Lasius fuliginosus*, *L. niger* and *Myrmica ruginodis*. Ecological Entomology, 23: 15–21.

Boogert, N.J., Paterson, D.M. and Laland, K.N. (2006) The implications of niche construction and ecosystem engineering for conservation biology. BioScience, 56: 570–578.

Borer, E.T., Seabloom, E.W., Shurin, J.B., Anderson, K.E., Blanchette, C.A., Broitman, B., Cooper, S.D. and Halpern, B.S. (2005) What determines the strength of a trophic cascade? Ecology, 86: 528–537.

Borer, E.T., Halpen, B.S. and Seabloom, E.W. (2006) Asymmetry in community regulation: effects of predators and productivity. Ecology, 87: 2813–2820.

Borowicz, V.A. (1997) A fungal root symbiont modifies plant resistance to an insect herbivore. Oecologia, 112: 534–542.

Borrvall, C., Ebenman, B. and Jonsson, T. (2000) Biodiversity lessens the risk of cascading extinction in model food webs. Ecology Letters, 3: 131–136.

Brener, A.G.F. and Silva, J.F. (1995) Leaf-cutting ants and forest groves in a tropical parkland savanna of Venezuela: facilitated succession. Journal of Tropical Ecology, 11: 651–669.

Breton, L.M. and Addicott, J.F. (1992) Does host-plant quality mediate aphid-ant mutualism? Oikos, 63: 253–259.

Brian, M.V. (1956) Exploitation and interference in interspecies competition. Journal of Animal Ecology, 25: 339–347.

Briand, F. (1983) Environmental control of food web structure. Ecology, 64: 253–263.

Bristow, C.M. (1991) Are ant-aphid associations a tritrophic interaction? Oleander aphids and Argentine ants. Oecologia, 87: 514–521.

Brönmark, C. and Hansson, L.-A. (2005) The Biology of Lakes and Ponds, 2nd edition. Oxford University Press, Oxford, UK.（『湖と池の生物学：生物の適応から群集理論・保全まで』（占部城太郎 監訳 2007）共立出版，東京）.

Bronstein, J.L. (1994) Conditional outcomes in mutualistic interactions. Trends in Ecology and Evolution, 9: 214–217.

Bronstein, J.L. (1998) The contribution of ant plant protection studies to our understanding of mutualism. Biotropica, 30: 150−161.

Bronstein, J.L. (2001) The exploitation of mutualisms. Ecology Letters, 4: 277−287.

Bronstein, J.L. and Barbosa, P. (2002) Multitrophic/multispecies mutualistic interactions: the role of non-mutualists in shaping and mediating mutualisms. pp. 44−66. In Tscharntke, T. and Hawkins, B.A. (eds.), Multitrophic Level Interactions. Cambridge University Press, Cambridge, UK.

Bronstein, J.L., Wilson, W.G. and Morris, W.F. (2003) Ecological dynamics of mutualist/antagonist communities. American Naturalist, 162 (supplement): S24−S39.

Bronstein, J.L., Alarcón, R. and Geber, M. (2006) The evolution of plant-insect mutualisms. New Phytologist, 172: 412−428.

Bronstein, J.L., Huxman, T.E. and Davidowitz, G. (2007) Plant-mediated effects linking herbivory and pollination. pp. 75−103. In Ohgushi, T., Craig, T. and Price, P.W. (eds.), Ecological Communities: Plant Mediation in Indirect Interaction Webs. Cambridge University Press, Cambridge, UK.

Brooker, R.W. and Kikvidze, Z. (2008) Importance: an overlooked concept in plant interaction research. Journal of Ecology, 96: 703−708.

Brooker, R.W., Kikvidze, Z., Pugnaire, F.I., Callaway, R.M., Choler, P., Lortie, C.J. and Michalet, R. (2005) The importance of importance. Oikos, 109: 63−70.

Brooker, R.W., Maestre, T., Callaway, R.M., Lortie, C.L., Cavieres, L.A., Kunstler, G., Liancourt, P., Tielbörger, K., Travis, J.M.J., Anthelem, F., Armas, C., Coll, L., Corcket, E., Delzon, S., Forey, E., Kikvidze, Z., Olofsson, J., Pugnaire, F., Quiroz, C.L., Saccone, P., Schiffers, K., Seifan, M., Touzard, B. and Michalet, R. (2008) Facilitation in plant communities: the past, the present, and the future. Journal of Ecology, 96: 18−34.

Brose, U. (2008) Complex food webs prevent competitive exclusion among producer species. Proceedings of the Royal Society B, 275: 2507−2514.

Brose, U., Williams, R.J. and Martinez, N.D. (2006) Allometric scaling enhances stability in complex food webs. Ecology Letters, 9: 1228−1236.

Brown, D. and Rothery, P. (1993) Models in Biology: Mathematics, Statistics and Computing. John Wiley & Sons, Chichester, UK.

Brown, J.H., Whitham, T.G., Ernest, S.K.M. and Gehring, C.A. (2001) Complex species interactions and the dynamics of ecological systems: long-term experiments. Science, 293: 643−650.

Brown, J.H., Gillooly, J.F., Allen, A.P., Savage, V.M. and West. G.B. (2004) Toward a metabolic theory of ecology. Ecology, 83: 1771−1789.

Brown, M.J.F. and Gordon, D.M. (2000) How resources and encounters affect the distribution of foraging activity in a seed-harvesting ant. Behavioral Ecology and Sociobiology, 47: 195−203.

Bruno, J.F., Stachowicz, J.J. and Bertness, M.D. (2003) Inclusion of facilitation into ecological theory. Trends in Ecology and Evolution, 18: 119−125.

Buckley, R.C. (1987) Interactions involving plants, Homoptera, and ants. Annual Review of Ecology and Systematics, 18: 111–135.

Bulleri, F., Bruno, J.F. and Benedetti-Cecchi, L. (2008) Beyond competition: incorporating positive interactions between species to predict ecosystem invisibility. PloS Biology, 6: 1136–1140.

Bultman, T.L., Bell, G. and Martin, W.D. (2004) A fungal endophyte mediates reversal of wound-induced resistance and constrains tolerance in a grass. Ecology, 85: 679–685.

Buss, L.W. and Jackson, B.C. (1979) Competitive networks: nontransitive competitive relationships in cryptic coral reef environments. American Naturalist, 113: 223–234.

Byers, J.E. (2009) Including parasites in food webs. Trends in Parasitology, 25: 55–57.

Calcagno, V., Mouquet, N., Jarne, P. and David, P. (2006) Coexistence in a metacommunity: the competition-colonization trade-off is not dead. Ecology Letters, 9: 897–907.

Callaway, R.M. (2007) Positive Interactions and Interdependence in Plant Communities, Springer, Dordrecht, The Netherlands.

Callaway, R.M. and Maron, J.L. (2006) What have exotic plant invasions taught us over the past 20 years? Trends in Ecology and Evolution, 21: 369–374.

Callaway, R.M., Brooker, R., Choler, P., Kikvidze, Z., Lortie, C.J., Michalet, R., Paolini, L., Pugnaire, F.I., Newingham, B., Aschehoug, E.T., Armas, C., Kikodze, D. and Cook, B.J. (2002) Positive interactions among alpine plants increase with stress. Nature, 417: 844–848.

Callaway, R.M., Pennings, S.C. and Richards, C.L. (2003) Phenotypic plasticity and interactions among plants. Ecology, 84: 1115–1128.

Camacho, J., Guimerà, R. and Amaral, L.A.N. (2002) Robust patterns in food web structure. Physical Review Letters, 88: 228102.

Cappuccino, N. (1993) Mutual use of leaf-shelters by lepidopteran larvae on paper birch. Ecological Entomology, 18: 287–292.

Cappuccino, N. and Martin, M. (1994) Eliminating early-season leaf-tiers of paper birch reduces abundance of mid-summer species. Ecological Entomology, 19: 399–401.

Cardinale, B.J., Palmer, M.A. and Collins, S.L. (2002) Species diversity enhances ecosystem functioning through interspecific facilitation. Nature, 415: 426–429.

Carpenter, S.R., Kitchell, J.F. and Hodgson, J.R. (1985) Cascading trophic interactions and lake productivity. BioScience, 35: 634–639.

Carpenter, S.R., Kraft, C.E., Wright, R., He, X., Soranno, P.A. and Hodgson, J.R. (1992) Resilience and resistance of a lake phosphorous cycle before and after food web manipulation. American Naturalist, 140: 781–798.

Carpenter, S., Walker, B., Anderies, J.M. and Abel, N. (2001) From metaphor to measurement: resilience of what to what? Ecosystems, 4: 765–781.

Case, T.J. (1991) Invasion resistance, species build-up and community collapse in metapopulation models with interspecies competition. Biological Journal of the Linnean Society, 42: 239–266.

Case, T.J. (2000) An Illustrated Guide to Theoretical Ecology. Oxford University Press, New York,

USA.

Caswell, H. (1976). Community structure: a neutral model analysis. Ecological Monographs, 46: 327–354.

Causton, C.E., Peck, S.B., Sinclair, B.J., Roque-Albelo, L., Hodgson, C.J. and Landry, B. (2006) Alien insects: threats and implications for conservation of Galapagos Islands. Annals of the Entomological Society of America, 99: 121–143.

Chaneton, E.J. and Omacini, M. (2007) Bottom-up cascades induced by fungal endophytes in multitrophic systems. pp. 164–187. In Ohgushi, T., Craig, T. and Price, P.W. (eds.), Ecological Communities: Plant Mediation in Indirect Interaction Webs. Cambridge University Press, Cambridge, UK.

Chapin, F.S., III, and Körner, C. (1996) Arctic and alpine biodiversity: its patterns, causes and ecosystem consequences. pp.7–32. In Mooney, H.A., Cushman, J.H., Medina, E., Sala, O.E. and Schulze, E.-D. (eds.), Functional Roles of Biodiversity: A Global Perspective. John Wiley & Sons, Chichester, UK.

Chapin, F.S., III, Zavaleta, E.S., Eviner, V.T., Naylor, R.L., Vitousek, P.M., Reynolds, H.L., Hooper, D.U., Lavorel, S., Sala, O.E., Hobbie, S.E., Mack, M.C. and Diaz, S. (2000) Consequences of changing biodiversity. Nature, 405: 234–242.

Chapin, F.S., III, Matson, P.A. and Mooney, H.A. (2002) Principles of Terrestrial Ecosystem Ecology, Springer, New York, USA.

Chapman, S.K., Schweitzer, J.A. and Whitham, T.G. (2006) Herbivory differentially alters plant litter dynamics of evergreen and deciduous trees. Oikos, 114: 566–574.

Chave, J. (2004) Neutral theory and community ecology. Ecology Letters, 7: 241–253.

Chave, J., Muller-Landau, H.C. and Levin, S.A. (2002) Comparing classical community models: theoretical consequences for patterns of diversity. American Naturalist, 159: 1–23.

Chawanya, T. and Tokita, K. (2002) Large-dimensional replicator equations with antisymmetric random interactions. Journal of Physical Society Japan, 71: 429–431.

Chen, H.-W., Liu, W.-C., Davis, A.J., Jordán, F., Hwang, M.-J. and Shao, K.-T. (2008) Network position of hosts in food webs and their parasite diversity. Oikos, 117: 1847–1855.

Cherrett, J.M. (1968) Foraging behaviour of *Atta cephalotes* L. (Hymenoptera, Formicidae): I. Foraging pattern and plant species attacked in tropical rain forest. Journal of Animal Ecology, 37: 387–403.

Chesson, P. (1990) Geometry, heterogeneity and competition in variable environments. Philosophical Transactions of the Royal Society B, 330: 165–173.

Choh, Y. and Takabayashi, J. (2006) Herbivore-induced extrafloral nectar production in lima bean plants enhanced by previous exposure to volatiles from infested conspecifics. Journal of Chemical Ecology, 32: 2073–2077.

Choler, P., Michalet, R. and Callaway, R.M. (2001) Facilitation and competition on gradients in alpine plant communities. Ecology, 82: 3295–3308.

Clark, A.B. and Ehlinger, T.J. (1987) Pattern and adaptation in individual behavioral differences. pp.1–47. In Bateson, P.P.G. and Klopfer, P.H. (eds.), Perspectives in Ethology Vol. 7: Alternatives. Plenum Press, New York, USA.

Clay, K. (1991) Fungal endophytes, grasses, and herbivores. pp. 199–226. In Barbosa, P., Krischik, V.A. and Jones, C.G. (eds.), Microbial Mediation of Plant-Herbivore Interactions. John Wiley & Sons, New York, USA.

Clay, K. (1997) Fungal endophytes, herbivores and the structure of grassland communities. pp. 151–169. In Gange, A.C. and Brown, V.K. (eds.), Multitrophic Interactions in Terrestrial Systems. Blackwell Science, Oxford, UK.

Coatesestrada, R. and Estrada, A. (1989) Avian attendance and foraging at army-ant swarms in the tropical rain-forest of Los-Tuxtlas, Veracruz, Mexico. Journal of Tropical Ecology, 5: 281–292.

Cohen, J.E. (1968) Alternative derivations of a species-abundance relation. American Naturalist, 102: 165–172.

Cohen, J.E. (1978) Food Webs and Niche Space. Princeton University Press, Princeton, USA.

Cohen, J.E. and Briand, F. (1984) Trophic links of community food webs. Proceedings of the National Academy of Sciences of the United States of America, 81: 4105–4109.

Cohen, J.E. and Newman, C.M. (1985a) A stochastic theory of community food webs: I. Models and aggregated data. Proceedings of the Royal Society B, 224: 421–448.

Cohen, J.E. and Newman, C M. (1985b) A stochastic theory of community food webs: II. Individual webs. Proceedings of the Royal Society B, 224: 449–461.

Cohen, J.E., Briand, F. and Newman, C.M. (1990) Community Food Webs: Data and Theory. Springer-Verlag, Berlin, Germany.

Cohen, J.E., Beaver, R.A., Cousins, S.H., DeAngelis, D.L., Goldwasser, L., Heong, K.L., Holt, R.D., Kohn, A.J., Lawton, J.H., Martinez, N., O'Malley, R., Page, L.M., Patten, B.C., Pimm, S.L., Polis, G.A., Rejmanek, M., Schoener, T.W., Schoenly, K., Sprules, W.G., Teal, J.M., Ulanowicz, R.E., Warren, P.H., Wilbur, H.M. and Yodzis, P. (1993) Improving food webs. Ecology, 74: 252–258.

Cohen, J.E., Jonsson, T. and Carpenter, S.R. (2003) Ecological community description using food web, species abundance, and body-size. Proceedings of the National Academy of Sciences of the United States of America, 100: 1781–1786.

Coley, P.D., Bryant, J.P. and Chapin, F.S., III (1985) Resource availability and plant antiherbivore defense. Science, 230: 895–899.

Connell, J.H. (1961a) The influence of interspecific competition and other factors on the distribution of the barnacle *Chthamalus stellatus*. Ecology, 45: 710–723.

Connell, J.H. (1961b) Effects of competition, predation by *Thais lapillus*, and other factors on natural populations of the barnacle *Balanus balanoides*. Ecological Monographs, 31: 61–104.

Connell, J.H. (1971) On the role of natural enemies in preventing competitive exclusion in some marine animals and in rain forest trees. pp. 298-312. In den Boer, P.J. and Gradwell, G. (eds.), Dynamics of Populations. Centre for Agricultural Publishing and Documentation, Wageningen, The Netherlands.

Connell, J.H. (1978) Species diversity in tropical rain forests and coral reefs. Science, 199: 1302-1319.

Constabel, C.P. (1999) A survey of herbivore-inducible defensive proteins and phytochemicals. pp. 137-166. In Agrawal, A.A., Tuzun, S. and Bent, E. (eds.), Induced Plant Defenses against Pathogens and Herbivores: Biochemistry, Ecology, and Agriculture. The American Phytopathological Society, St. Paul, USA.

Craine, J.M. (2005) Reconciling plant strategy theories of Grime and Tilman. Journal of Ecology, 93: 1041-1052.

Cramer, N.F. and May, R.M. (1972) Interspecific competition, predation and species diversity: a comment. Journal of Theoretical Biology, 34: 289-293.

Crisanti, A., Paladin G. and Vulpiani, A. (1993) Products of Random Matrices. Springer-Verlag, Berlin, Germany.

Crombie, A.C. (1947) Interspecific competition. Journal of Animal Ecology, 16: 44-73.

Crutsinger, G.M., Collins, M.D., Fordyce, J.A., Gompert, Z., Nice, C.C. and Sanders, N.J. (2006) Plant genotypic diversity predicts community structure and governs an ecosystem process. Science, 313: 966-968.

Cushman, J.H. (1991) Host-plant mediation of insect mutualisms: variable outcomes in herbivore-ant interactions. Oikos, 61: 138-144.

Cushman, J.H. and Addicott, J.F. (1989) Intra- and interspecific competition for mutualists ants as a limited and limiting resource for aphids. Oecologia, 79: 315-321.

Cushman, J.H. and Whitham, T.G. (1989) Conditional mutualism in a membracid-ant association: temporal, age-specific, and density-dependent effects. Ecology, 70: 1040-1047.

Cyr, H. and Pace, M.L. (1993) Magnitude and patterns of herbivory in aquatic and terrestrial ecosystems. Nature, 361: 148-150.

Damman, H. (1989) Facilitative interactions between two lepidopteran herbivores of *Asimina*. Oecologia, 78: 214-219.

Danell, K. and Huss-Danell, K. (1985) Feeding by insects and hares on birches earlier affected by moose browsing. Oikos, 44: 75-81.

Davidson, D.W. (1988) Ecological studies of neotropical ant gardens. Ecology, 69: 1138-1152.

Davidson, D.W. (1997) The role of resource imbalances in the evolutionary ecology of tropical arboreal ants. Biological Journal of the Linnean Society, 61: 153-181.

Davidson, D.W. (1998) Resource discovery versus resource domination in ants: a functional mechanism for breaking the trade-off. Ecological Entomology, 23: 484-490.

Davidson, D.W. and Fisher, B.L. (1991) Symbiosis of ants with *Cecropia* as a function of light regime. pp. 289-309. In Huxley, D.F. and Cutler, C.R. (eds.), Ant-Plant Interactions. Oxford

University Press, Oxford, UK.

Davidson, D.W. and McKey, D. (1993) The evolutionary ecology of symbiotic ant-plant relationships. Journal of Hymenoptera Research, 2: 13–83.

Davidson, D.W., Longino, J.T. and Snelling, R.R. (1988) Pruning of host plant neighbors by ants: an experimental approach. Ecology, 69: 801–808.

Davidson, D.W., Cook, S.C., Snelling, R.R. and Chua, T.H. (2003) Explaining the abundance of ants in lowland tropical rainforest canopies. Science, 300: 969–972.

De Solla Price, D.J. (1965) Networks of scientific papers. Science, 149: 510–515.

De Solla Price, D.J. (1976) A general theory of bibliometric and other cumulative advantage processes. Journal of the American Society for Information Science, 27: 292–306.

DeAngelis, D.L. (1975) Stability and connectance in food web models. Ecology, 56: 238–243.

DeAngelis, D.L., Goldstein, R.A. and O'Neil, R.V. (1975) A model for trophic interaction. Ecology, 56: 881–892.

DeAngelis, D.L., Mulholland, P.J., Palumbo, A.V., Steinman, A.D., Huston, M.A. and Elwood, J.W. (1989) Nutrient dynamics and food-web stability. Annual Review of Ecology and Systematics, 20: 71–95.

de la Fuente, M.A.S. and Marquis, R.J. (1999) The role of ant-tended extrafloral nectaries in the protection and benefit of a Neotropical rainforest tree. Oecologia, 118: 192–202.

Del-Claro, K. and Oliveira, P.S. (2000) Conditional outcomes in a Neotropical treehopper-ant association: temporal and species-specific variation in ant protection and homopteran fecundity. Oecologia, 124: 156–165.

Denno, R.F. and Kaplan, I. (2007) Plant-mediated interactions in herbivorous insects: mechanisms, symmetry, and challenging the paradigms of competition past. pp. 19–50. In Ohgushi, T., Craig, T. and Price, P.W. (eds.), Ecological Communities: Plant Mediation in Indirect Interaction Webs. Cambridge University Press, Cambridge, UK.

Denno, R.F., McClure, M.S. and Ott, J.R. (1995) Interspecific interactions in phytophagous insects: competition reexamined and resurrected. Annual Review of Entomology, 40: 297–331.

Denno, R.F., Peterson, M.A., Gratton, C., Cheng, J., Langellotto, G.A., Huberty, A.F. and Finke, D.L. (2000) Feeding-induced changes in plant quality mediate interspecific competition between sap-feeding herbivores. Ecology, 81: 1814–1827.

DeRivera, C.E., Ruiz, G.M., Hines, A.H. and Jivoff, P. (2005) Biotic resistance to invasion: native predator limits abundance and distribution of an introduced crab. Ecology, 86: 3364–3376.

de Ruiter, P.C., Neutel, A.-M. and Moore, J.C. (1995) Energetics, patterns of interaction strengths, and stability in real ecosystems. Science, 269: 1257–1260.

de Ruiter, P.C., Wolters, V., Moore, J.C. and Winemiller, K.O. (2005) Food web ecology: playing Jenga and beyond. Science, 309: 68–71.

Deslippe, R.J. and Savolainen, R. (1995) Mechanisms of competition in a guild of formicine ants. Oikos, 72: 67–73.

Dial, R.J., Ellwood, M.D.F., Turner, E.C. and Foster, W.A. (2006) Arthropod abundance, canopy structure, and microclimate in a Bornean lowland tropical rain forest. Biotropica, 38: 643−652.

Dicke, M. and Vet, L.E.M. (1999) Plant-carnivore interactions: consequences for plant, herbivore and carnivore. pp. 483−520. In Olff, H., Brown, V.K. and Drent, R.H. (eds.), Herbivores: Between Plants and Predators. Blackwell Science, Oxford, UK.

Dickson, L.L. and Whitham, T.G. (1996) Genetically-based plant resistance traits affect arthropods, fungi, and birds. Oecologia, 106: 400−406.

Diederich, S. and Opper, M. (1989) Replicators with random interactions: a solvable model. Physical Review A, 39: 4333−4336.

Diehl, S. (1993) Relative consumer sizes and the strengths of direct and indirect interactions in omnivorous feeding relationships. Oikos, 68: 151−157.

Dixon, A.F.G. (1985) Aphid Ecology: An Optimization Approach. Chapman & Hall, London, UK.

Dixon, A.F.G. (1998) Aphid Ecology, 2nd edition. Chapman & Hall, London, UK.

Doak, D.F., Estes, J.A., Halpern, B.S., Jacob, U., Lindberg, D.R., Loworn, J., Monson, D.H., Tinker, M.T., Williams, T.M., Wootton, J.T., Carroll, I., Emmerson, M., Micheli, F. and Novak, M. (2008). Understanding and predicting ecological dynamics: are major surprises inevitable? Ecology, 89: 952−961.

Dobson, A.P. (2004) Population dynamics of pathogens with multiple hosts. American Naturalist, 164 (supplement): S64−S78.

Dobson, A., Lafferty, K.D., Kuris, A.M., Hechinger, R.F. and Jetz, W. (2008) Homage to Linnaeus: How many parasites? How many hosts? Proceedings of the National Academy of Sciences of the United States of America, 105: 11482−11489.

Dornelas, M., Connolly, S.R. and Hughes, T.P. (2006) Coral reef diversity refutes the neutral theory of biodiversity. Nature, 440: 80−82.

Dorogovtsev, S.N. and Mendes, J.F.F. (2000) Exactly solvable small-world network. Europhysics Letters, 50: 1−7.

Dorogovtsev, S.N., Mendes, J.F.F. and Samukhin, A.N. (2000) Structure of growing networks: exact solution of the Barabási-Albert's model. Physical Review Letters, 85: 4633−4636.

Drossel, B., Higgs, P.G. and McKane, A.J. (2001) The influence of predator-prey population dynamics on the long-term evolution of food web structure. Journal of Theoretical Biology, 208: 91−107.

Drossel, B., McKane, A.J. and Quince, C. (2004) The impact of nonlinear functional responses on the long-term evolution of food web structure. Journal of Theoretical Biology, 229: 539−548.

Dunne, J.A. (2006) The network structure of food webs. pp. 27−86. In Pascual, M. and Dunne, J.A. (eds.), Ecological Networks: Linking Structure to Dynamics in Food Webs. Oxford University Press, New York, USA.

Dunne, J.A., Williams, R.J. and Martinez, N.D. (2002) Network structure and biodiversity loss in food webs: robustness increases with connectance. Ecology Letters, 5: 558−567.

Dunne, J.A., Williams, R.J. and Martinez, N.D. (2004) Network structure and robustness of marine food webs. Marine Ecology Progress Series, 273: 291–302.

Ebenman, B. and Jonsson, T. (2005) Using community viability analysis to identify fragile systems and keystone species. Trends in Ecology and Evolution, 20: 568–575.

Eby, L.A., Roach, W.J., Crowder, L.B. and Stanford, J.A. (2006) Effects of stocking-up freshwater food webs. Trends in Ecology and Evolution, 21: 576–584.

Edelstein-Keshet, L. (1988) Mathematical Models in Biology. Random House, New York, USA.

Ehlinger, T.J. (1989) Learning and individual variation in bluegill foraging: habitat specific techniques. Animal Behaviour, 38: 643–658.

Ehlinger, T.J. (1990) Habitat choice and phenotype-limited feeding efficiency in bluegill: individual differences and trophic polymorphism. Ecology, 71: 886–896.

Elton, C.S. (1927) Animal Ecology. Sidwick and Jackson, London, UK.（『動物の生態学』（渋谷寿夫訳 1955）科学新興社，東京）.

Elton, C.S. (1958) The Ecology of Invasion by Animals and Plants. Methuen, London, UK.（『侵略の生態学』（川那部浩哉・大沢秀行・安部琢哉訳 1971）思索社，東京）.

Elton, C.S. and Miller, R.S. (1954) The ecological survey of animal communities: with a practical system of classifying habitats by structural characters. Journal of Ecology, 42: 460–496.（pp. 205–289, 『動物の生態』（川那部浩哉・松井宏明・井原敏明・堀道雄・谷田一三訳 1978）思索社，東京）.

Emmerson, M.C. and Raffaelli, D.G. (2004) Body size, patterns of interaction strength and the stability of a real food web. Journal of Animal Ecology, 73: 399–409.

Emmerson, M.C. and Yearsley, J.M. (2004) Weak interactions, omnivory and emergent food-web properties. Proceedings of the Royal Society B, 271: 397–405.

Engel, V., Fischer, M.K., Wackers, F.L. and Völkl, W. (2001) Interactions between extrafloral nectaries, aphids and ants: are there competition effects between plant and homopteran sugar sources? Oecologia, 129: 577–584.

Erdös, P. and Rényi, A. (1959) On random graphs. I. Publicationes Mathematicae, 6: 290–297.

Etienne, R.S. (2005) A new sampling theory for neutral biodiversity. Ecology Letters, 8: 253–260.

Etienne, R.S. and Alonso, D. (2005) A dispersal-limited sampling theory for species and alleles. Ecology Letters, 8: 1147–1156.

Etienne, R.S. and Alonso, D. (2007) Neutral community theory: how stochasticity and dispersal-limitation can explain species coexistence. Journal of Statistical Physics, 128: 485–510.

Etienne, R.S. and Olff, H. (2004) A novel genealogical approach to neutral biodiversity theory. Ecology Letters, 7: 170–175.

Etienne, R.S. and Olff, H. (2005) Bayesian analysis of species-abundance data: assessing the relative importance of dipersal and niche-partitioning for the maintenance of biodiversity. Ecology Letters, 8: 493–504.

Etienne, R.S., Alonso, D. and McKane, A.J. (2007) The zero-sum assumption in neutral biodiversity theory. Journal of Theoretical Biology, 248: 522–536.

Ewens, W.J. (1972) The sampling theory of selectively neutral alleles. Theoretical Population Biology, 3: 87–112.

Faeth, S.H. (1986) Indirect interactions between temporally separated herbivores mediated by the host plant. Ecology, 67: 479–494.

Fagan, W.F. (1997) Omnivory as a stabilizing feature of natural communities. American Naturalist, 150: 554–567.

Fagan, W.F. and Hurd, L.E. (1994) Hatch density variation of a generalist arthropod predator: population consequences and community impact. Ecology, 75: 2022–2032.

Fargione, J. and Tilman, D. (2002) Competition and coexistence in terrestrial plants. pp. 165–206. In Sommer, U. and Worm, B. (eds.), Competition and Coexistence. Springer, Berlin, Germany.

Farji-Brener, A.G. (2005) The effect of abandoned leaf-cutting ant nests on plant assemblage composition in a tropical rainforest of Costa Rica. Ecoscience, 12: 554–560.

Farji-Brener, A.G. and Illes, A.E. (2000) Do leaf-cutting ant nests make "bottom-up" gaps in neotropical rain forests? A critical review of the evidence. Ecology Letters, 3: 219–227.

Federle, W., Maschwitz, U. and Holldobler, B. (2002) Pruning of host plant neighbours as defence against enemy ant invasions: *Crematogaster* ant partners of *Macaranga* protected by "wax barriers" prune less than their congeners. Oecologia, 132: 264–270.

Feinsinger, P. and Swarm, L.A. (1978) How common are ant-repellent nectars? Biotropica, 10: 238–239.

Fellers, J.H. (1987) Interference and exploitation in a guild of woodland ants. Ecology, 68: 1466–1478.

Fiala, B., Maschwitz, U., Pong, T.Y. and Helbig, A.J. (1989) Studies of a south east Asian ant-plant association protection of *Macaranga* trees by *Crematogaster borneensis*. Oecologia, 79: 463–470.

Fiala, B., Grunsky, H., Maschwitz, U. and Linsenmair, K.E. (1994) Diversity of ant-plant interactions: protective efficacy in *Macaranga* species with different degrees of ant association. Oecologia, 97: 186–192.

Fischer, M.K. and Shingleton, W. (2001) Host plant and ants influence the honeydew sugar composition of aphids. Functional Ecology, 15: 544–550.

Fischer, M.K., Hoffmann, K.H. and Völkl, W. (2001) Competition for mutualists in an ant-homopteran interaction mediated by hierarchies of ant attendance. Oikos, 92: 531–541.

Fischer, M.K., Völkl, W., Schopf, R. and Hoffmann, K.H. (2002) Age specific patterns in honeydew production and honeydew composition in the aphid *Metopeurum fuscoviride*: implications for ant-attendance. Journal of Insect Physiology, 48: 319–326.

Fischer, R.C., Wanek, W., Richter, A. and Mayer, V. (2003) Do ants feed plants? A ^{15}N labelling study of nitrogen fluxes from ants to plants in the mutualism of *Pheidole* and *Piper*. Journal of Ecology, 91: 126–134.

Fisher, R.A. (1930) The Genetical Theory of Natural Selection. Clarendon Press, Oxford, UK.

Fisher, R.A., Corbet, A.S. and Williams, C.B. (1943) The relation between the number of species and the number of individuals in a random sample of an animal population. Journal of Animal Ecology, 12: 42–58.

Floate, K.D. and Whitham, T.G. (1994) Aphid-ant interaction reduces chrysomelid herbivory in a cottonwood hybrid zone. Oecologia, 97: 215–221.

Floren, A., Biun, A. and Linsenmair, K.E. (2002) Arboreal ants as key predators in tropical lowland rainforest trees. Oecologia, 131: 137–144.

Folgarait, P.J. and Davidson, D.W. (1994) Antiherbivore defenses of myrmecophytic *Cecropia* under different light regimes. Oikos, 71: 305–320.

Folgarait, P.J. and Davidson, D.W. (1995) Myrmecophytic *Cecropia*: antiherbivore defenses under different nutrient treatments. Oecologia, 104: 189–206.

Folke, C., Carpenter, S., Walker, B., Scheffer, M., Elmqvist, T., Gunderson, L. and Holling, C.S. (2004) Regime shifts, resilience, and biodiversity in ecosystem management. Annual Review of Ecology, Evolution, and Systematics, 35: 557–581.

Forbes, S.A. (1887) The lake as a microcosm. Bulletin of the Scientific Association of Peoria, Illinois, 17: 77–87.

Fowler, S.V. and MacGarvin, M. (1985) The impact of hairy wood ants, *Formica lugubris*, on the guild structure of herbivorous insects on birch, *Betula pubescens*. Journal of Animal Ecology, 54: 847–855.

Frederickson, M.E. and Gordon, D.M. (2007) The devil to pay: a cost of mutualism with *Myrmelachista schumanni* ants in 'devil's gardens' is increased herbivory on *Duroia hirsuta* trees. Proceedings of the Royal Society B, 274: 1117–1123.

Frederickson, M.E., Greene M.J. and Gordon, D.M. (2005) 'Devil's gardens' bedevilled by ants. Nature, 437: 495–496.

Fujii, K. (1977) Complexity-stability relationship of two-prey-one-predator species system model: local and global stability. Journal of Theoretical Biology, 69: 613–623.

Fukui, A., Murakami, M., Konno, K., Nakamura, M. and Ohgushi, T. (2002) A leaf-rolling caterpillar improves leaf quality. Entomological Science, 5: 263–266.

Galla, T. (2005) Dynamics of random replicators with Hebbian interactions. Journal of Statistical Mechanics, P11005.

Galla, T. (2006) Random replicators with asymmetric couplings. Journal of Physics A: Mathematical and General, 39: 3853–3869.

Gange, A.C. (1996) Positive effects of endophyte infection on sycamore aphids. Oikos, 75: 500–510.

Gange, A.C. (2007) Insect-mycorrhizal interactions: patterns, processes and consequences. pp. 124–144. In Ohgushi, T., Craig, T. and Price, P.W. (eds.), Ecological Communities: Plant Mediation in Indirect Interaction Webs. Cambridge University Press, Cambridge, UK.

Gange, A.C. and Brown, V.K. (1989) Effects of root herbivory by an insect on a foliar-feeding species, mediated through changes in the host plant. Oecologia, 81: 38–42.

Gange, A.C. and Brown, V.K. (1997) Multitrophic Interactions in Terrestrial Systems. Blackwell Science, Oxford, UK.

Gange, A.C. and West, H.M. (1994) Interactions between arbuscular mycorrhizal fungi and foliar-feeding insects in *Plantago lanceolata* L. New Phytologist, 128: 79–87.

Gange, A.C., Bower, E. and Brown, V.K. (1999) Positive effects of an arbuscular mycorrhizal fungus on aphid life history traits. Oecologia, 120: 123–131.

Gardner, M.R. and Ashby, W.R. (1970) Connectance of a large dynamic (cybernetic) systems: critical values for stability. Nature, 228: 784.

Garrettson, M., Stetzel, J.F., Halpern, B.S., Hearn, D.J., Lucey, B.T. and McKone, M.J. (1998) Diversity and abundance of understorey plants on active and abandoned nests of leaf-cutting ants (*Atta cephalotes*) in a Costa Rican rain forest. Journal of Tropical Ecology, 14: 17–26.

Gaume, L., Zacharias, M. and Borges, R.M. (2005) Ant-plant conflicts and a novel case of castration parasitism in a myrmecophyte. Evolutionary Ecology Research, 7: 435–452.

Gehring, C.A. and Whitham, T.G. (1991) Herbivore-driven mycorrhizal mutualism in insect-susceptible pinyon pine. Nature, 353: 556–557.

Gehring, C.A. and Whitham, T.G. (1994) Interactions between aboveground herbivores and the mycorrhizal mutualists of plants. Trends in Ecology and Evolution, 9: 251–255.

Gehring, C.A. and Whitham, T.G. (2002) Mycorrhizae-herbivore interactions: population and community consequences. pp. 295–320. In van der Heijden, M.G.A. and Sanders, I.R. (eds.), Mycorrhizal Ecology. Springer, Berlin, Germany.

Gehring, C.A., Cobb, N.S. and Whitham, T.G. (1997) Three-way interactions among ectomycorrhizal mutualists, scale insects, and resistant and susceptible pinyon pines. American Naturalist, 149: 824–841.

Genkai-Kato, M. (2007) Regime shifts: catastrophic responses of ecosystems to human impacts. Ecological Research, 22: 214–219.

Ghazoul, J. (2001) Can floral repellents pre-empt potential ant-plant conflicts? Ecology Letters, 4: 295–299.

Gibson, R.H., Nelson, I.L., Hopkins, G.W., Hamlett, B.J. and Memmott, J. (2006) Pollinator webs, plant communities and the conservation of rare plants: arable weeds as a case study. Journal of Applied Ecology, 43: 246–257.

Gilpin, M.E. (1979) Spiral chaos in a predator-prey model. American Naturalist, 113: 306–308.

Girvan, M. and Newman, M.E.J. (2002) Community structure in social and biological networks. Proceedings of the National Academy of Sciences of the United States of America, 99: 7821–7826.

Godin, J.-G.J. (1997) Evading predators. pp. 191–236. In Godin, J.-G.J. (ed.), Behavioural Ecology of Teleost Fishes. Oxford University Press, Oxford, UK.

Goldberg, D. and Novoplansky, A. (1997) On the relative importance of competition in unproductive environments. Journal of Ecology, 85: 409–418.

Goldberg, D.E., Rajaniemi, T., Gurevitch, J. and Stewart-Oaten, A. (1999) Empirical approaches to quantifying interaction intensity: competition and facilitation along productivity gradients. Ecology, 80: 1118–1131.

Gotwald, W.H., Jr. (1995) Army Ants: the Biology of Social Predation (The Cornell Series in Arthroll Biology). Comstock Publishing Associates, Ithaca, USA.

Goverde, M., van der Heijden, M.G.A., Wiemken, A., Sanders, I.R. and Erhardt, A. (2000) Arbuscular mycorrhizal fungi influence life history traits of a lepidopteran herbivore. Oecologia, 123: 362–369.

Graham, J.H., Eissenstat, D.M. and Drouillard, D.L. (1991) On the relationship between a plant's mycorrhizal dependency and rate of vesicular-arbuscular mycorrhizal colonization. Functional Ecology, 5: 773–779.

Griffiths, R.C. and Lessard, S. (2005) Ewens' sampling formula and related formulae: combinatorial proofs, extensions to variable population size and applications to ages of alleles. Theoretical Population Biology, 68: 167–177.

Grime, J.P. (1973) Competitive exclusion in herbaceous vegetation. Nature, 242: 344–347.

Grimm, V. and Wissel, C. (1997) Babel, or the ecological stability discussions: an inventory and analysis of terminology and a guide for avoiding confusion. Oecologia, 109: 323–334.

Guimarães, P.R., Rico-Gray, V., dos Reis, S.F. and Thompson, J.N., (2006) Asymmetries in specialization in ant-plant mutualistic networks. Proceedings of the Royal Society B, 273: 2041–2047.

Guimarães, P.R., Sazima, C., dos Reis, S.F. and Sazima, I. (2007) The nested structure of marine cleaning symbiosis: is it like flowers and bees? Biology Letters, 22: 51–54.

Gunderson, L.H. and Prichard Jr., L. (2002) Resilience and the Behavior of Large-Scale Systems. Island Press, Washington DC, USA.

Gómez, J.M. and Gonzáles-Megías, A. (2002) Asymmetrical interactions between ungulates and phytophagous insects: being different matters. Ecology, 83: 203–211.

Gómez, J.M. and González-Megías, A. (2007) Trait-mediated indirect interactions, density-mediated indirect interactions and direct interactions between mammalian and insect herbivores. pp. 104–123. In Ohgushi, T., Craig, T. and Price, P.W. (eds.), Ecological Communities: Plant Mediation in Indirect Interaction Webs. Cambridge University Press, Cambridge, UK.

Gómez, J.M. and Zamora, R. (2002) Thorns as induced mechanical defense in a long-lived shrub (*Hormathophylla spinosa*, Cruciferae). Ecology, 83: 885–890.

Haegeman, B and Etienne, R.S. (2008) Relaxing the zero-sum assumption in neutral biodiversity theory. Journal of Theoretical Biology, 252: 288–294.

Haemig, P.D. (1996) Interference from ants alters foraging ecology of great tits. Behavioral Ecology and Sociobiology, 38: 25–29.

Hairston, N.G., Smith, F.E. and Slobodkin, L.B. (1960) Community structure, population control, and competition. American Naturalist, 94: 421–425.

Hanski, I. and Gilpin, M.E. (1997) Metapopulation Biology: Ecology, Genetics, and Evolution. Academic Press, London, UK.

Harada, Y. (1999) Short- vs. long-range disperser: the evolutionarily stable allocation in a lattice-structured habitat. Journal of Theoretical Biology, 201: 171–187.

Harrison, G.W. (1979) Stability under environmental stress: resistance, resilience, persistence, and variability. American Naturalist, 113: 659–669.

Harrison, S. and Karban, R. (1986) Effects of an early-season folivorous moth on the success of a later-season species, mediated by a change in the quality of the shared host, *Lupinus arboreus* Sims. Oecologia, 69: 354–359.

Harte, J. (2003) Tail of death and resurrection. Nature, 424: 1006–1007.

Harvey, B.C., White, J.L. and Nakamoto, R.J. (2004) An emergent multiple predator effect may enhance biotic resistance in a stream fish assemblage. Ecology, 85: 127–133.

Hastings, A. (1980) Disturbance, coexistence, history, and competition for space. Theoretical Population Biology, 18: 363–373.

Hatcher, P.E., Paul, N.D., Ayres, P.G. and Whittaker, J.B. (1994) Interactions between *Rumex* spp., herbivores and a rust fungus: *Gastrophysa viridula* grazing reduces subsequent infection by *Uromyces rumicis*. Functional Ecology, 8: 265–272.

Havens, K. (1992) Scale and structure in natural food webs. Science, 257: 1107–1109.

Hay, M.E., Parker, J.D., Burkepile, D.E., Caudill, C.C, Wilson, A.E., Hallinan, Z.P. and Chequer, A.D. (2004) Mutualisms and aquatic community structure: the enemy of my enemy is my friend. Annual Review of Ecology, Evolution, and Systematics, 35: 175–197.

林幸雄編著・大久保潤・藤原義久・上林憲行・小野直亮・湯田聰夫・相馬亘・佐藤一憲 (2007)『ネットワーク科学の道具箱：つながりに隠れた現象をひもとく』近代科学社，東京.

He, F. (2005) Deriving a neutral model of species abundance from fundamental mechanisms of population dynamics. Functional Ecology, 19: 187–193.

Hedges, L.V., Gurevitch, J. and Curtis, P.S. (1999) The meta-analysis of response ratios in experimental ecology. Ecology, 80: 1150–1156.

Heil, M. (2008) Indirect defence via tritrophic interactions. New Phytologist, 178: 41–61.

Heil, M. and McKey, D. (2003) Protective ant-plant interactions as model systems in ecological and evolutionary research. Annual Review of Ecology, Evolution, and Systematics, 34: 425–453.

Heil, M., Fiala, B., Kaiser, W. and Linsenmair, K.E. (1998) Chemical contents of *Macaranga* food bodies: adaptations to their role in ant attraction and nutrition. Functional Ecology, 12: 117–122.

Helms, K.R. and Vinson, S.B. (2002) Widespread association of the invasive ant *Solenopsis invicta* with an invasive mealybug. Ecology, 83: 2425–2438.

Hembry, D.H., Katayama, N., Hojo, M.K. and Ohgushi, T. (2006) Herbivory damage does not indirectly influence the composition or excretion of aphid honeydew. Population Ecology, 48: 245-250.

Hernandez, A.D. and Sukhdeo, M.V.K. (2008) Parasites alter the topology of a stream food web across seasons. Oecologia, 156: 613-624.

Herre, E.A., Knowlton, N., Mueller, U.G. and Rehner, S.A. (1999) The evolution of mutualisms: exploiting the paths between conflict and cooperation. Trends in Ecology and Evolution, 14: 49-53.

Herrera, C.M. (2000) Measuring the effects of pollinators and herbivores: evidence for non-additivity in a perennial herb. Ecology, 81: 2170-2176.

Herrera, C.M., Medrano, M., Rey, P.J., Sánchez-Lafuente, A.M., García, M.B., Guitián, J. and Manzaneda, A.J. (2002) Interactions of pollinators and herbivores on plant fitness suggests a pathway for correlated evolution of mutualism- and antagonism-related traits. Proceedings of the National Academy of Sciences of the United States of America, 99: 16823-16828.

東正彦（1992）間接効果：種間関係の複雑さ・柔軟さを生みだす隠れた作用.『地球共生系とは何か』（東正彦・安部琢哉編）pp. 218-237　平凡社，東京.

Higashi, M. and Patten, B.C. (1989) Dominance of indirect causality in ecosystems. American Naturalist, 133: 288-302.

Higashi, M., Patten, B.C. and Burns, T.P. (1991) Network trophic dynamics: an emerging paradigm in ecosystems ecology. pp. 117-154. In Higashi, M. and Burns, T.P. (eds.), Theoretical Studies of Ecosystems: the Network Perspective. Cambridge University Press, Cambridge, UK.

Hilker, M. and Meiners, T. (2006) Early herbivore alert: insect eggs induce plant defense. Journal of Chemical Ecology, 32: 1379-1397.

Hill, W.R. and Harvey, B.C. (1990) Periphyton responses to higher trophic levels and light in a shaded stream. Canadian Journal of Fisheries and Aquatic Sciences, 47: 2307-2314.

平尾聡秀・村上正志・小野山敬一（2005）群集集合に影響を及ぼす要因．日本生態学会誌, 55: 29-50.

Hirosawa, H., Higashi, S. and Mohamed, M. (2000) Food habits of *Aenictus* army ants and their effects on the ant community in a rain forest of Borneo. Insectes Sociaux, 47: 42-49.

Hirsch, M.W., Smale, S. and Devaney, R.L. (2004) Differential Equations, Dynamical Systems, and an Introduction to Chaos. Elsevier, San Diego, USA.（『力学系入門』（桐木　紳・三波篤郎・谷川清隆・辻井正人訳 2007）共立出版，東京）.

Hjältén, J. and Price, P.W. (1996) The effect of pruning on willow growth and sawfly population densities. Oikos, 77: 549-555.

Hochberg, M.E. and Lawton, J.H. (1990) Competition between kingdoms. Trends in Ecology and Evolution, 5: 367-371.

Hochwender, C.G. and Fritz, R.S. (2004) Plant genetic differences influence herbivore community structure: evidence from a hybrid willow system. Oecologia, 138: 547-557.

Hoeksema, J.D. and Kummel, M. (2003) Ecological persistence of the plant-mycorrhizal mutualism:

a hypothesis from species coexistence theory. American Naturalist, 162 (supplement): S40–S50.

Hofbauer, J. and Sigmund, K. (1998) Evolutionary Games and Population Dynamics. Cambridge University Press, Cambridge, UK.(『進化ゲームと微分方程式』(竹内康博・佐藤一憲・宮崎倫子訳 2001)現代数学社,京都).

Holland, J.N., DeAngelis, D.L. and Bronstein, J.L. (2002) Population dynamics and mutualism: functional responses of benefits and costs. American Naturalist, 159: 231–244.

Holland, J.N., Ness, J.H., Boyle, A. and Bronstein, J.L. (2005) Mutualisms as consumer-resource interactions. pp. 17–33. In Barbosa, P. and Castellanos, I. (eds.), Ecology of Predator-Prey Interactions. Oxford University Press, Oxford, UK.

Holling, C.S. (1959a) The components of predation as revealed by a study of small mammal predation of the European pine sawfly. Canadian Entomologist, 91: 293–320.

Holling, C.S. (1959b) Some characteristics of simple types of predation and parasitism. Canadian Entomologist, 91: 385–398.

Holling, C.S. (1973) Resilience and stability of ecological systems. Annual Review of Ecology and Systematics, 4: 1–23.

Holling, C.S. (1996) Engineering resilience versus ecological resilience. pp. 31–43. In Schulze, P. (ed.), Engineering within Ecological Constraints. National Academy Press, Washington DC, USA.

Holt, R.D. (1977) Predation, apparent competition and the structure of prey communities. Theoretical Population Biology, 12: 197–229.

Holt, R.D. (1984) Spatial heterogeneity, indirect interactions, and the coexistence of prey species. American Naturalist, 124: 377–406.

Holt, R.D. (1997) Community modules. pp. 333–350. In Gange, A.C. and Brown, V.K. (eds.), Multitrophic Interactions in Terrestrial Systems. Blackwell Science, Oxford, UK.

Holt, R.D. and Lawton, J.H. (1994) The ecological consequences of shared natural enemies. Annual Review of Ecology and Systematics, 25: 495–520.

Holt, R.D. and Polis, G.A. (1997) A theoretical framework for intraguild predation. American Naturalist, 149: 745–764.

Holway, D.A., Lach, L., Suarez, A.V., Tsutsui, N.D. and Case, T.J. (2002) The causes and consequences of ant invasions. Annual Review of Ecology and Systematics, 33: 181–233.

Holyoak, M., Leibold, M.A. and Holt, R.D. (2005) Metacommunities: Spatial Dynamics and Ecological Communities. The University of Chicago Press, Chicago, USA.

Hooper, D.U., Chapin, F.S., III, Ewel, J.J., Hector, A., Inchausti, P., Lavorel, S., Lawton, J.H., Lodge, D.M., Loreau, M., Naeem, S., Schmid, B., Setälä, H., Symstad, A.J., Vandermeer, J. and Wardle, D.A. (2005) Effects of biodiversity on ecosystem functioning: a consequence of current knowledge. Ecological Monographs, 75: 3–35.

Hori, M. (1987) Mutualism and commensalisms in a fish community in Lake Tanganyika. pp. 219–

239. In Kawano, S., Connell, J.H. and Hidaka, T. (eds.), Evolution and Coadaptation in Biotic Communities. University of Tokyo Press, Tokyo, Japan.

Hori, M. (2008) Between-habitat interactions in coastal ecosystems: current knowledge and future challenges for understanding community dynamics. Plankton and Benthos Research, 3: 53–63.

Hori, M. and Noda, T. (2001a) An unpredictable indirect effect of algal consumption by gulls on crows. Ecology, 82: 3251–3256.

Hori, M. and Noda, T. (2001b) Spatio-temporal variation of avian foraging in the rocky intertidal food web. Journal of Animal Ecology, 70: 122–137.

Hori, M., Noda, T. and Nakao, S. (2006) Effects of avian grazing on the algal community and small invertebrates in the rocky intertidal zone. Ecological Research, 21: 768–775.

Howe, H.F. and Smallwood, J. (1982) Ecology of seed dispersal. Annual Review of Ecology and Systematics, 13: 201–228.

Hu, X.-S., He, F. and Hubbell, S.P. (2006) Neutral theory in macroecology and population genetics. Oikos, 113: 548–556.

Hubbell, S.P. (1979) Tree dispersion, abundance and diversity in a dry tropical forest. Science, 203: 1299–1309.

Hubbell, S.P. (1997) A unified theory of biogeography and relative species abundance and its application to tropical rain forests and coral reefs. Coral Reefs, 16: S9–S21.

Hubbell, S.P. (2001) A Unified Neutral Theory of Biodiversity and Biogeography. Princeton University Press, Princeton, USA. (『群集生態学：生物多様性学と生物地理学の統一中立理論』（平尾聡秀・島谷健一郎・村上正志訳 2003）文一総合出版，東京）．

Hubbell, S.P., Foster, R.B., O'Brien, S.T., Harms, K.E., Condit, R., Wechsler, B., Wright, S.J. and de Lao, S.L. (1999) Light-gap disturbances, recruitment limitation, and tree diversity in a neotropical forest. Science, 283: 554–557.

Hudson, P.J., Dobson, A.P. and Lafferty, K.D. (2006) Is a healthy ecosystem one that is rich in parasites? Trends in Ecology and Evolution, 21: 381–385.

Huenneke, L.F. and Noble, I. (1996) Ecosystem function of biodiversity in arid ecosystems. pp.99–128. In Mooney, H.A., Cushman, J.H., Medina, E., Sala, O.E. and Schulze, E.-D. (eds.), Functional Roles of Biodiversity: A Global Perspective. John Wiley & Sons, Chichester, UK.

Huhta, A.-P., Lennartsson, T., Tuomi, J., Rautio, P. and Laine, K. (2000) Tolerance of *Gentianella campestris* in relation to damage intensity: an interplay between apical dominance and herbivory. Evolutionary Ecology, 14: 373–392.

Huisman, J. and Weissing, F.J. (1999) Biodiversity of plankton by species oscillations and chaos. Nature, 402: 407–410.

Huisman, J. and Weissing, F.J. (2001) Biological conditions for oscillations and chaos generated by multispecies competition. Ecology, 82: 2682–2695.

Hunter, M.D. (1987) Opposing effects of spring defoliation on late season oak caterpillars. Ecological Entomology, 12: 373–382.

Hunter, M.D. and Price, P.W. (1992) Playing chutes and ladders: heterogeneity and the relative roles of bottom-up and top-down forces in natural communities. Ecology, 73: 724–732.

Hunter, M.D. and Willmer, P.G. (1989) The potential for interspecific competition between two abundant defoliators on oak: leaf damage and habitat quality. Ecological Entomology, 14: 267–277.

Hurtt, G.C., and Pacala, S.W. (1995) The consequences of recruitment limitation: reconciling chance, history and competitive differences between plants. Journal of Theoretical Biology, 176: 1–12.

Hutchings, M.J. (1997) The structure of plant populations. pp. 325–358. In Crawley, M.J. (ed.), Plant Ecology, 2nd edition. Blackwell Science, Oxford, UK.

Hutchinson, G.E. (1948) Circular causal systems in ecology. Annals of the New York Academy of Sciences, 50: 221–246.

Hutchinson, G.E. (1959) Homage to Santa Rosalia, or why are there so many species of animals? American Naturalist, 93: 145–159.

Huxham, M., Raffaelli, D. and Pike, A. (1995) Parasites and food web structure. Journal of Animal Ecology, 64: 168–176.

Huxley, C.R. (1978) Ant-plants *Myrmecodia* and *Hydnophytum* (Rubiaceae), and relationships between their morphology, ant occupants, physiology and ecology. New Phytologist, 80: 231–268.

Hölldobler, B. and Lumsden, C.J. (1980) Territorial strategies in ants. Science, 210: 732–739.

Hölldobler, B. and Wilson, E.O. (1990) The Ants. The Belknap Press of Harvard University Press, Cambridge, USA.

Inbar, M., Eshel, A. and Wool, D. (1995) Interspecific competition among phloem-feeding insects mediated by induced host-plant sinks. Ecology, 76: 1506–1515.

Ings, T.C., Montoya, J.M., Bascompte, J., Blüthgen, N., Brown, L., Dormann, C.F., Edwards, F., Figueroa, D., Jacob, U., Jones, J.I., Lauridsen, R.B., Ledger, M.E., Lewis, H.M., Olesen, J.M., van Veen, F.J.F., Warren, P.H. and Woodward, G. (2009) Ecological networks: beyond food webs. Journal of Animal Ecology, 78: 253–269.

Ingvarsson, P.K. and Ericson, L. (2000) Exploitative competition between two seed parasites on the common sedge, *Carex nigra*. Oikos, 91: 362–370.

入江治行・時田恵一郎・羽原浩史（2005）ベントスの種個体数分布と種数面積関係. 京都大学数理解析研究所講究録, No. 1432: 116–120.

Irwin, R.E., Adler, L.S. and Brody, A.K. (2004) The dual role of floral traits: pollinator attraction and plant defense. Ecology, 85: 1503–1511.

Itioka, T. (1993) An analysis of interactive webs of scale insects, their host plants and natural enemies. pp. 159–177. In Kawanabe, H., Cohen, J.E. and Iwasaki, K. (eds.), Mutualism and Community Organization. Oxford University Press, Oxford, UK.

Itioka, T. and Inoue, T. (1996a) Density-dependent ant attendance and its effects on the parasitism of a honeydew-producing scale insect, *Ceroplastes rubens*. Oecologia, 106: 448−454.

Itioka, T. and Inoue, T. (1996b) The role of predators and attendant ants in the regulation and persistence of a population of the citrus mealybug *Pseudococcus citriculus* in a Satsuma orange orchard. Applied Entomology and Zoology, 31: 195−202.

Itioka, T. and Inoue, T. (1996c) The consequences of ant-attendance to the biological control of the red wax scale insect *Ceroplastes rubens* by *Anicetus beneficus*. Journal of Applied Ecology, 33: 609−618.

Itioka, T. and Inoue, T. (1999) The alternation of mutualistic ant species affects the population growth of their trophobiont mealybug. Ecography, 22: 169−177.

Itioka, T., Nomura, M., Inui, Y., Itino, T. and Inoue, T. (2000) Difference in intensity of ant defense among three species of *Macaranga* myrmecophytes in a Southeast Asian dipterocarp forest. Biotropica, 32: 318−326.

Ito, F. and Higashi, S. (1991) An indirect mutualism between oaks and wood ants via aphids. Journal of Animal Ecology, 60: 463−470.

伊藤嘉昭（1980）対捕食戦術の進化．『動物の個体群と群集』（伊藤嘉昭・法橋信彦・藤崎憲治著）pp. 113−117 東海大学出版会，東京．

Ives, A.R. and Carpenter, S.R. (2007) Stability and diversity of ecosystems. Science, 317: 58−62.

巌佐庸・松本忠夫・菊沢喜八郎編（2003）『生態学事典』共立出版，東京．

Iwasaki, K. (1993) The roles of individual variability in limpets'resting site fidelity and competitive ability in the organization of a rocky intertidal community. Physiology and Ecology Japan, 30: 31−70.

Jansen, V.A.A. and Kokkoris, G.D. (2003) Complexity and stability revisited. Ecology Letters, 6: 498−502.

Jansen, W. (1987) A permanence theorem for replicator and Lotka−Volterra systems. Journal of Mathematical Biology, 25: 411−422.

Janzen, D.H. (1966) Coevolution of mutualism between ants and acacias in Central America. Evolution, 20: 249−275.

Janzen, D.H. (1974) Epiphytic myrmecophytes in Sarawak: mutualism through the feeding of plants by ants. Biotropica, 6: 237−259.

Janzen, D.H. (1975) *Pseudomyrmex nigropilosa*: a parasite of a mutualism. Science, 188: 936−937.

Janzen, D.H. (1977) Why don't ants visit flowers? Biotropica, 9: 252.

Jeffries, M.J. and Lawton, J.H. (1984) Enemy free space and the structure of ecological communities. Biological Journal of the Linnean Society, 23: 269−286.

Johnson, M.T.J. and Agrawal, A.A. (2005) Plant genotype and environment interact to shape a diverse arthropod community on evening primrose (*Oenothera biennis*). Ecology, 86: 874−885.

Johnson, M.T.J. and Stinchcombe, J.R. (2007) An emerging synthesis between community ecology and evolutionary biology. Trends in Ecology and Evolution, 22: 250−257.

Johnson, M.T.J., Lajeunesse, M.J. and Agrawal, A.A. (2006) Additive and interactive effects of plant genotypic diversity on arthropod communities and plant fitness. Ecology Letters, 9: 24–34.

Johnson, S.N., Douglas, A.E., Woodward, S. and Hartley, S.E. (2003) Microbial impacts on plant-herbivore interactions: the indirect effects of a birch pathogen on a birch aphid. Oecologia, 134: 388–396.

Jones, C.G., Lawton, J.H. and Shachak, M. (1994) Organisms as ecosystem engineers. Oikos, 69: 373–386.

Jones, C.G., Lawton, J.H. and Shachak, M. (1997) Positive and negative effects of organisms as physical ecosystem engineers. Ecology, 78: 1946–1957.

Jones, C.G., Ostfeld, R.S., Richard, M.P., Schauber, E.M. and Wolff, J.O. (1998) Chain reactions linking acorns to gypsy moth outbreaks and lyme disease risk. Science, 279: 1023–1026.

Jordano, P. (1987) Patterns of mutualistic interactions in pollination and seed dispersal: connectance, dependence asymmetries, and coevolution. American Naturalist, 129: 657–677.

Jordano, P., Bascompte, J. and Olesen, J.M. (2003) Invariant properties in coevolutionary networks of plant-animal interactions. Ecology Letters, 6: 69–81.

Jordano, P., Bascompte, J. and Olesen, J.M. (2006) The ecological consequences of complex topology and nested structure in pollination webs. pp. 173–199. In Waser, N.M. and Ollerton, J. (eds.), Plant-Pollinator Interactions. The University of Chicago Press, Chicago, USA.

Kagata, H. and Ohgushi, T. (2004) Leaf miner as a physical ecosystem engineer: secondary use of vacant leaf-mines by other arthropods. Annals of the Entomological Society of America, 97: 923–927.

Kagata, H. and Ohgushi, T. (2007) Carbon-nitrogen stoichiometry in the tritrophic food chain: willow, leaf beetle and predatory ladybird beetle. Ecological Research, 22: 671–677.

Kagata, H., Nakamura, M. and Ohgushi, T. (2005) Bottom-up cascade in a tri-trophic system: different impacts of host-plant regeneration on performance of a willow leaf beetle and its natural enemy. Ecological Entomology, 30: 58–62.

Kaneko, S. (2002) Aphid-attending ants increase the number of emerging adults of the aphid's primary parasitoid and hyperparasitoids by repelling intraguild predators. Entomological Science, 5: 131–146.

Kaneko, S. (2003a) Different impacts of two species of aphid-attending ants with different aggressiveness on the number of emerging adults of the aphid's primary parasitoid and hyperparasitoids. Ecological Research, 18: 199–212.

Kaneko, S. (2003b) Impacts of two ants, *Lasius niger* and *Pristomyrmex pungens* (Hymenoptera: Formicidae), attending the brown citrus aphid, *Toxoptera citricidus* primary parasitic, *Lysiphlebus japonicus* (Hymenoptera: Aphidiidae), and its larval survival. Applied Entomology and Zoology, 38: 347–357.

Kaplan, I. and Denno, R.F. (2007) Interspecific interactions in phytophagous insects revisited: a

quantitative assessment of competition theory. Ecology Letters, 10: 977-994.
Kaplan, I. and Eubanks, M.D. (2005) Aphids alter the community-wide impact of fire ants. Ecology, 86: 1640-1649.
Karban, R. (1986) Interspecific competition between folivorous insects on *Erigeron glaucus*. Ecology, 67: 1063-1072.
Karban, R. and Baldwin, I.T. (1997) Induced Responses to Herbivory. The University of Chicago Press, Chicago, USA.
Karban, R. and Myers, J.H. (1989) Induced plant responses to herbivory. Annual Review of Ecology and Systematics, 20: 331-348.
Karban, R. and Strauss, S.Y. (1993) Effects of herbivores on growth and reproduction of their perennial host, *Erigeron glaucus*. Ecology, 74: 39-46.
Karban, R., Adamchak, R. and Schnathorst, W.C. (1987) Induced resistance and interspecific competition between spider mites and a vascular wilt fungus. Science, 235: 678-680.
Karhu, K.J. and Neuvonen, S. (1998) Wood ants and a geometrid defoliator of birch: predation outweighs beneficial effects through the host plant. Oecologia, 113: 509-516.
Karlin, S. and McGregor, J. (1967) The number of mutants maintained in a population. Proceedings of the Fifth Berkeley Symposium on Mathematilcal Statistics and Probability, 4: 415-438.
Kaspari, M. (1993) Removal of seeds from neotropical frugivore droppings: ant responses to seed number. Oecologia, 95: 81-88.
片野修（1991）『個性の生態学』京都大学学術出版会, 京都.
Katano, O., Aonuma, Y., Nakamura, T. and Yamamoto, S. (2003) Indirect contramensalism through trophic cascades between two omnivorous fishes. Ecology, 84: 1311-1323.
Katano, O., Nakamura, T. and Yamamoto, S. (2006) Intraguild indirect effects through trophic cascades between stream-dwelling fishes. Journal of Animal Ecology, 75: 167-175.
Katayama, N. and Suzuki, N. (2003a) Bodyguard effects for aphids of *Aphis craccivora* Koch (Homoptera: Aphididae) as related to the activity of two ant species, *Tetramorium caespitum* Linnaeus (Hymenoptera: Formicidae) and *Lasius niger* L. (Hymenoptera: Formicidae). Applied Entomology and Zoology, 38: 427-433.
Katayama, N. and Suzuki, N. (2003b) Changes in the use of extrafloral nectaries of *Vicia faba* (Leguminosae) and honeydew of aphids by ants with increasing aphid density. Annals of the Entomological Society of America, 96: 579-584.
Keddy, P.A. (2001) Competition, 2nd edition. Kluwer, Dordrecht, The Netherlands.
Kendall, D.G. (1948) On some models of population growth leading to R.A. Fisher's logarithmic series distribution. Biometrika, 35: 6-15.
Kerfoot, W.C. and Sih, A. (eds.) (1987) Predation: Direct and Indirect Impacts on Aquatic Communities. University Press of New England, Hanover, USA.
Kerner, E. (1957) A statistical mechanics of interacting biological species. Bulletin of Mathematical Biophysics, 19: 121-148.

Kersch, M.F. and Fonseca, C.R. (2005) Abiotic factors and the conditional outcome of an ant-plant mutualism. Ecology, 86: 2117-2126.
Kessler, A., Halitschke, R. and Baldwin, I.T. (2004) Silencing the jasmonate cascade: induced plant defenses and insect populations. Science, 305: 665-668.
Kiers, E.T. and van der Heijden, M.G.A. (2006) Mutualistic stability in the arbuscular mycorrhizal symbiosis: exploring hypotheses of evolutionary cooperation. Ecology, 87: 1627-1636.
Kimura, M. (1968) Evolutionary rate at the molecular level. Nature, 217: 624-626.
木村資生（1986）『分子進化の中立説』（向井輝美・日下部真一訳）紀伊国屋書店.
Kinzig, A.P., Pacala, S.W. and Tilman, D. (eds.) (2002) The Functional Consequences of Biodiversity: Empirical Process and Theoretical Extensions. Princeton University Press, Princeton, USA.
Kishida, O. and Nishimura, K. (2006) Flexible architecture of inducible morphological plasticity. Journal of Animal Ecology, 75: 705-712.
Knight, T.M., McCoy, M.W., Chase, J.M., McCoy, K.A. and Holt, R.D. (2005) Trophic cascades across ecosystems. Nature, 437: 880-883.
Knight, T.M., Chase, J.M., Hillebrand, H., and Holt, R.D. (2006) Predation on mutualists can reduce the strength of trophic cascades. Ecology Letters, 9: 1173-1178.
Knowlton, N. and Rohwer, F. (2003) Multispecies microbial mutualisms on coral reefs: the host as a habitat. American Naturalist, 162 (supplement): S51-S62.
Kokkoris, G.D., Troumbis, A.Y. and Lawton, J.H. (1999) Patterns of species interaction strength in assembled theoretical competition communities. Ecology Letters, 2: 70-74.
Kokkoris, G.D., Jansen, V.A.A., Loreau, M. and Troumbis, A.Y. (2002) Variability in interaction strength and implications for biodiversity. Journal of Animal Ecology, 71: 362-371.
Komarova, N.L. (2004) Replicator-mutator equation, universality property and population dynamics of learning. Journal of Theoretical Biology, 230: 227-239.
Kondoh, M. (2003) Foraging adaptation and the relationship between food-web complexity and stability. Science, 299: 1388-1391.
Kondoh, M. (2008) Building trophic modules into a persistent food web. Proceedings of the National Academy of Sciences of the United States of America, 105: 16631-16635.
Koptur, S. and Lawton, J.H. (1988) Interactions among vetches bearing extrafloral nectaries, their biotic protective agents, and herbivores. Ecology, 69: 278-283.
Koptur, S. and Truong, N. (1998) Facultative ant-plant interactions: nectar sugar preferences of introduced pest ant species in south Florida. Biotropica, 30: 179-189.
Korstian, C.F. and Coile, T.S. (1938) Plant competition in forest stands. Duke University School of Forestry Bulletin, 3: 1-125.
Koyama, H. and Kira, T. (1956) Intraspecific competition among higher plants. VIII. Frequency distribution of individual plant weight as affected by the interaction between plants. Journal of the Institute of Polytechnics, Osaka City University, 7: 73-94.

Krause, A.E., Frank, K.A., Mason, D.M., Ulanowicz, R.E. and Taylor, W.W. (2003) Compartments revealed in food-web structure. Nature, 426: 282−285.

Krishna, A., Guimarães, P.R., Jordano, P. and Bascompte, J. (2008) A neutral-niche theory of nestedness in mutualistic networks. Oikos, 117: 1609−1618.

Kristensen, N.P. (2008) Permanence does not predict the commonly measured food web structural attributes. American Naturalist, 171: 202−213.

Kruess, A. (2002) Indirect interaction between a fungal plant pathogen and a herbivorous beetle of the weed *Cirsium arvense*. Oecologia, 130: 563−569.

Krupnick, G.A., Weis, A.E. and Campbell, D.R. (1999) The consequences of floral herbivore for pollinator service to *Isomeris arborea*. Ecology, 80: 125−134.

蔵本由紀（2007）『非線形科学』（集英社新書），集英社，東京．

Kuris, A.M., Hechinger, R.F., Shaw, J.C., Whitney, K.L., Aguirre-Macedo, L., Boch, C.A., Dobson, A.P., Dunham, E.J., Fredensborg, B.L., Huspeni, T.C., Lorda, J., Mababa, L., Mancini, F.T., Mora, A.B., Pickering, M., Talhouk, N.L., Torchin, M.E. and Lafferty, K.D. (2008) Ecosystem energetic implications of parasite and free-living biomass in three estuaries. Nature, 454: 515−518.

La Salle, J. and Lefschetz, S. (1961) Stability by Liapunov's Direct Method. Academic Press, New York, USA.（『リヤプノフの方法による安定性理論』（山本稔訳 1975）産業図書，東京）．

Lafferty, K.D. (2008) Ecosystem consequences of fish parasites. Journal of Fish Biology, 73: 2083−2093.

Lafferty, K.D. and Morris, A.K. (1996) Altered behavior of parasitized killifish increases susceptibility to predation by bird final hosts. Ecology, 77: 1390−1397.

Lafferty, K.D., Allesina, S., Arim, M., Briggs, C.J., de Leo, G., Dobson, A.P., Dunne, J.A., Johnson, P.T.J., Kuris, A.M., Marcogliese, D.J., Martinez, N.D., Memmott, J., Marquet, P.A., McLaughlin, J.P., Mordeval, E.A., Pascual, M., Poulin, R. and Thieltges, D.W. (2008) Parasites in food webs: the ultimate missing links. Ecology Letters, 11: 533−546.

Lafferty, K.D., Dobson, A.P. and Kuris, A.M. (2006a) Parasites dominate food web links. Proceedings of the National Academy of Sciences of the United States of America, 103: 11211−11216.

Lafferty, K.D., Hechinger, R.F., Shaw, J.C., Whitney, K. and Kuris, A.M. (2006b) Food webs and parasites in a salt marsh ecosystem. pp. 119−134. In Collinge, S. and Ray, C. (eds.), Disease Ecology: Community Structure and Pathogen Dynamics. Oxford University Press, Oxford, UK.

Lamb, E.G. and Cahill, J.E., Jr. (2008) When competition does not matter: grassland diversity and community composition. American Naturalist, 171: 777−787.

Lamberti, G.A. (1996) The role of periphyton in benthic food webs. pp. 533−572. In Stevenson, R.J., Bothwell, M.L. and Lowe, R.L. (eds.), Algal Ecology: Freshwater Benthic Ecosystems. Academic Press, San Diego, USA.

Lande, R., Engen, S. and Saether, B.-E. (2003) Stochastic Population Dynamics in Ecology and Conservation. Oxford University Press, Oxford, UK.

Langeland, A., L'Abee-Lund, J.H., Jonsson, B. and Jonsson, N. (1991) Resource partitioning and niche shift in arctic charr *Salvelinus alpinus* and brown trout *Salmo trutta*. Journal of Animal Ecology, 60: 895-912.

Larsson, S., Häggström, H. and Denno, R.F. (1997) Preference for protected feeding site by larvae of the willow-feeding leaf beetle *Galerucella lineola*. Ecological Entomology, 22: 445-452.

Laska, M.S., and Wootton, J.T. (1998) Theoretical concepts and empirical approaches for measuring interaction strength. Ecology, 79: 461-476.

Law, R. and Blackford, J.C. (1992) Self-assembling food webs: a global viewpoint of coexistence of species in Lotka-Volterra communities. Ecology, 73: 567-578.

Lawlor, R.L. (1979) Direct and indirect effects of n-species competition. Oecologia, 43: 355-364.

Lawton, J.H. (1995) Ecological experiments with model systems. Science, 269: 328-331.

Lawton, J.H. (1999) Are there general laws in ecology? Oikos, 84: 177-192.

Leather, S.R. (1993) Early season defoliation of bird cherry influences autumn colonization by the bird cherry aphid, *Rhopalosiphum padi*. Oikos, 66: 43-47.

Lefèvre, T., Lebarbenchon, C., Gauthier-Clerc, M., Miessé, D., Poulin, R. and Thomas, F. (2009) The ecological significance of manipulative parasites. Trends in Ecology and Evolution, 24: 41-48.

Lehtilä, K. and Strauss, S.Y. (1997) Leaf damage by herbivores affects attractiveness to pollinators in wild radish, *Raphanus raphanistrum*. Oecologia, 111: 396-403.

Leibold, M.A. (1989) Resource edibility and the effects of predators and productivity on the outcome of trophic interactions. American Naturalist, 134: 922-949.

Leibold, M.A., Holyoak, M., Mouquet, N., Amarasekare, P., Chase, J.M., Hoopes, M.F., Holt, R.D., Shurin, J.B., Law, R., Tilman, D., Loreau, M. and Gonzalez, A. (2004) The metacommunity concept: a framework for multi-scale community ecology. Ecology Letters, 7: 601-613.

Lenoir, L., Bengtsson, J. and Persson, T. (2003) Effects of *Formica* ants on soil fauna-results from a short-term exclusion and a long-term natural experiment. Oecologia, 134: 423-430.

Leon, J. and Tumpson, D. (1975) Competition between two species for two complementary or substitutable resources. Journal of Theoretical Biology, 50: 185-201.

Levey, D.J. and Byrne, M.M. (1993) Complex ant-plant interactions: rain forest ants as secondary dispersers and post-dispersal seed predators. Ecology, 74: 1802-1812.

Levin, S. (1998) Ecosystems and the biosphere as complex adaptive systems. Ecosystems, 1: 431-436.

Levin, S. (1999) Fragile Dominion. Perseus Publishing, New York, USA.（『持続可能性：環境保全のための複雑系理論入門』（重定南奈子・高須夫悟訳 2003）文一総合出版，東京）.

Levins, R. and Culver, D. (1971) Regional coexistence of species and competition between rare species. Proceedings of the National Academy of Sciences of the United States of America, 68:

1246-1248.

Levitan, C. (1987) Formal stability analysis of a planktonic freshwater community. pp. 71-100. In Kerfoot, W.C. and Sih, A. (eds.), Direct and Indirect Impacts on Aquatic Communities. New England University Press, New Hampshire, USA.

Lill, J.T. and Marquis, R.J. (2003) Ecosystem engineering by caterpillars increases insect herbivore diversity on white oak. Ecology, 84: 682-690.

Lill, J.T. and Marquis, R.J. (2004) Leaf ties as colonization sites for forest arthropods: an experimental study. Ecological Entomology, 29: 300-308.

Linsenmair, K.E., Heil, M., Kaiser, W.M., Fiala, B., Koch, T. and Boland, W. (2001) Adaptations to biotic and abiotic stress: *Macaranga* ant-plants optimize investment in biotic defence. Journal of Experimental Botany, 52: 2057-2065.

Lloyd, A. and May, R.M. (2001) How viruses spread among computers and people. Science, 292: 1316-1317.

Longino, J.T. (1991) *Azteca* ants in *Cecropia* trees: taxonomy, colony structure, and behaviour. pp. 271-288. In Huxley, C.R. and Cutler, D.F. (eds.), Ant-Plant Interactions. Oxford University Press, Oxford, UK.

Loreau, M. and Mouquet, N. (1999) Immigration and the maintenance of local species diversity. American Naturalist, 154: 427-440.

Loreau, M., Naeem, S. and Inchausti, P. (2002) Biodiversity and Ecosystem Functioning: Synthesis and Perspectives. Oxford University Press, Oxford, UK.

Lortie, C.J. and Callaway, R.M. (2006) Re-analysis of meta-analysis: support for the stress-gradient hypothesis. Journal of Ecology, 94: 7-16.

Luttbeg, B., Rowe, L. and Mangel, M. (2003) Prey state and experimental design affect relative size of trait- and density-mediated indirect effects. Ecology, 84: 1140-1150.

MacArthur, R. (1955) Fluctuations of animal populations, and a measure of community stability. Ecology, 36: 533-536.

MacArthur, R.H. (1957) On the relative abundance of bird species. Proceedings of the National Academy of Sciences of the United States of America, 43: 293-295.

MacArthur, R. (1960) On the relative abundance of species. American Naturalist, 94: 25-36.

MacArthur, R. (1968) The theory of niche. pp. 159-176. In Lewontin, R.C. (ed.), Population Biology and Evolution. Syracuse University Press, Syracuse, USA.

MacArthur, R.H. (1972) Geographical Ecology: Patterns in the Distribution of Species. Harper & Row, New York, USA.（『地理生態学：種の分布に見られるパターン』（巌俊一・大崎直太監訳 1982）蒼樹書房，東京）.

MacArthur, R. and Levins, R. (1964) Competition, habitat selection, and character displacement in a patchy environment. Proceedings of the National Academy of Sciences of the United States of America, 51: 1207-1210.

MacArthur, R.H. and Wilson, E.O. (1967) The Theory of Island Biogeography. Princeton University

Press, Princeton, USA.

Maestre, F., Valladares, F. and Reynolds, J.F. (2005) Is the change of plant-plant interactions with abiotic stress predictable? A meta-analysis of field results in arid environments. Journal of Ecology, 93: 748-757.

Mailleux, A.C., Jean-Louis, D. and Detrain, C. (2000) How do ants assess food volume? Animal Behaviour, 59: 1061-1069.

Mailleux, A.C., Deneubourg, J.L. and Detrain, C. (2003) Regulation of ants' foraging to resource productivity. Proceedings of the Royal Society B, 270: 1609-1616.

Marchiori, M. and Latora, V. (2000) Harmony in the small-world. Physica A, 285: 539-546.

Marcogliese, D.J. and Cone, D.K. (1997) Food webs: a plea for parasites. Trends in Ecology and Evolution, 12: 320-325.

Marquis, R.J. and Lill, J.T. (2007) Effects of arthropods as physical ecosystem engineers on plant-based trophic interaction webs. pp. 246-274. In Ohgushi, T., Craig, T. and Price, P.W. (eds.), Ecological Communities: Plant Mediation in Indirect Interaction Webs. Cambridge University Press, Cambridge, UK.

Martinez, N.D. (1991) Artifacts or attributes? Effects of resolution on the Little Rock Lake food web. Ecological Monographs, 61: 367-392.

Martinez, N.D. (1993) Effects of resolution on food web structure. Oikos, 66: 403-412.

Martinsen, G.D., Driebe, E.M. and Whitham, T.G. (1998) Indirect interactions mediated by changing plant chemistry: beaver browsing benefits beetles. Ecology, 79: 192-200.

Martinsen, G.D., Floate, K.D., Waltz, A.M., Wimp, G.M. and Whitham, T.G. (2000) Positive interactions between leafrollers and other arthropods enhance biodiversity on hybrid cottonwoods. Oecologia, 123: 82-89.

Maschinski, J. and Whitham, T.G. (1989) The continuum of plant responses to herbivory: the influence of plant association, nutrient availability, and timing. American Naturalist, 134: 1-19.

Maschwitz, U. and Hänel, H. (1985) The migrating herdsman *Dolichoderus* (*Diabolus*) *cuspidatus*: an ant with a novel mode of life. Behavioral Ecology and Sociobiology, 17: 171-184.

Maschwitz, U., Schroth, M., Hänel, H. and Pong, T.Y. (1984) Lycaenids parasitizing symbiotic plant-ant partnerships. Oecologia, 64: 78-80.

Masters, G.J. and Brown, V.K. (1992) Plant-mediated interactions between two spatially separated insects. Functional Ecology, 6: 175-179.

Masters, G.J., Jones, T.H. and Rogers, M. (2001) Host-plant mediated effects of root herbivory on insect seed predators and their parasitoids. Oecologia, 127: 246-250.

増田直紀・今野紀雄（2005）『複雑ネットワークの科学』産業図書，東京．

増田直紀・中丸麻由子（2006）複雑ネットワーク概説：生態学への応用を見据えて．日本生態学会誌，56: 219-229.

増田直紀・巳波弘佳・今野紀雄（2006）構造と機能から見た複雑ネットワーク．応用数理，

16: 2-16.

Mathias, N. and Gopal, V. (2001) Small worlds: how and why. Physical Review E, 63: 02117.

松田裕之（2001）間接効果がもたらす群集の安定性．『群集生態学の現在』（佐藤宏明・山本智子・安田弘法編著）pp. 285-298　京都大学学術出版会，京都．

Matsuda, H., Abrams, P. and Hori, M. (1993) The effect of adaptive anti-predator behavior on exploitative competition and mutualism between predators. Oikos, 68: 549-559.

Matsumura, M. and Suzuki, Y. (2003) Direct and feeding-induced interactions between two rice planthoppers, *Sogatella furcifera* and *Nilaparvata lugens*: effects of dispersal capability and performance. Ecological Entomology, 28: 174-182.

Mattson, W.J., Jr. (1980) Herbivory in relation to plant nitrogen content. Annual Review of Ecology and Systematics, 11: 119-161.

Mauricio, R., Bowers, M.D. and Bazzaz, F.A. (1993) Pattern of leaf damage affects fitness of the annual plant *Raphanus sativus* (Brassicaceae). Ecology, 74: 2066-2071.

May, R.M. and Leonard, W.J. (1975) Nonlinear aspects of competition between three species. SIAM Journal on Applied Mathematics, 29: 243-253.

May, R.M. (1972) Will a large complex system be stable? Nature, 238: 413-414.

May, R.M. (1973) Stability and Complexity in Model Ecosystems. Princeton University Press, Princeton, USA.

May, R.M. (1974) Stability and Complexity in Model Ecosystems. 2nd edition. Princeton University Press, Princeton, USA.

May, R.M. (1975) Patterns of species abundance and diversity. pp. 81-120. In Cody, M.L. and Diamond, J.M. (eds.), Ecology and Evolution of Communities. Belknap, Cambridge, USA.

May, R.M. (1999) Unanswered questions in ecology. Philosophical Transactions of the Royal Society B, 354: 1951-1959.

May, R.M. (2006) Network structure and the biology of populations. Trends in Ecology and Evolution, 21: 394-399.

McCann, K.S. (2000) The diversity-stability debate. Nature, 405: 228-233.

McCann, K. and Hastings, A. (1997) Re-evaluating the omnivory-stability relationship in food webs. Proceedings of the Royal Society B, 264: 1249-1254.

McCann, K., Hastings, A. and Huxel, G.R. (1998) Weak trophic interactions and the balance of nature. Nature, 395: 794-798.

McGill, B.J. (2003) A test of the unified neutral theory of biodiversity. Nature, 422: 881-885.

McGill, B.J., Maurer, B.A. and Weiser, M.D. (2006) Empirical evaluation of neutral theory. Ecology 87: 1411-1423.

McKane, A.J., Alonso, D. and Solé, R.V. (2000) Mean-field stochastic theory for species-rich assembled communities. Physical Review E, 62: 8466-8484.

McKane, A.J., Alonso, D. and Solé, R.V. (2004) Analytic solution of Hubbell's model of local community dynamics. Theoretical Population Biology, 65: 67-73.

McKey, D. and Davidson, D.W. (1993). Ant-plant symbioses in Africa and the neotropics: history, biogeography and diversity. pp. 568–606. In Goldblatt, P. (ed.), Biological Relationships between Africa and South America. Yale University Press, New Haven, USA.

McNaughton, S.J. (1977) Diversity and stability in ecological communities. American Naturalist, 111: 515–525.

Mehta, M.L. (1991) Random Matrices. Academic Press, New York, USA.

Melián, C.J. and Bascompte, J. (2004) Food web cohesion. Ecology, 85: 352–358.

Melián, C.J., Bascompte, J., Jordano, P. and Křivan, V. (2009) Diversity in a complex ecological network with two interaction types. Oikos, 118: 122–130.

Memmott, J. and Waser, N.M. (2002) Integration of alien plants into a native flower-pollinator visitation web. Proceedings of the Royal Society B, 269: 2395–2399.

Memmott, J., Martinez, N.D. and Cohen, J.E. (2000) Predators, paraitoids and pathogens: species richness, trophic generality and body size in a natural food web. Journal of Animal Ecology, 69: 1–15.

Memmott, J., Waser, N.M. and Price, M.V. (2004) Tolerance of pollination networks to species extinctions. Proceedings of the Royal Society B, 271: 2605–2611.

Menge, B.A. (1995) Indirect effects in marine rocky intertidal interaction webs: patterns and importance. Ecological Monographs, 65: 21–74.

Menge, B.A. (1997) Detection of direct versus indirect effects: were experiments long enough? American Naturalist, 149: 801–823.

Menge, B.A. and Sutherland, J.P. (1987) Community regulation: variation in disturbance, competition, and predation in relation to gradients of environmental stress and recruitment. American Naturalist, 130: 730–757.

Menge, B.A., Berlow, E.L., Blanchette, C.A., Navarrete, S.A. and Yamada, S.B. (1994) The keystone species concept: variation in interaction strength in a rocky intertidal habitat. Ecological Monographs, 64: 249–286.

Messina, F.J. (1981) Plant protection as a consequence of an ant-membracid mutualism: interactions on goldenrod. Ecology, 62: 1433–1440.

Milgram, S. (1967) The small world problem. Psychology Today, 2: 60–67.

Miller, T.E. (1994) Direct and indirect species interactions in an old-field plant community. American Naturalist, 143: 1007–1025.

Miller, T.E. and Kerfoot, W.C. (1987) Redefining indirect effects. pp. 33–37. In Kerfoot, W.C. and Sih, A. (eds.), Predatrion: Direct and Indirect Impacts on Aquatic Communities. University Press of New England, Hanover, USA.

Milo, R., Shen-Orr, S., Itzkovitz, S., Kashtan, N., Chklovskii, D. and Alon, U. (2002) Network motifs: simple building blocks of complex networks. Science, 298: 824–827.

Miner, B.G., Sultan, S.E., Morgan, S.G., Padilla, D.K. and Relyea, R.A. (2005) Ecological consequences of phenotypic plasticity. Trends in Ecology and Evolution, 20: 685–692.

宮下直・野田隆史（2003）『群集生態学』東京大学出版会，東京.

Molbo, D., Machado, C.A., Sevenster, J.G., Keller, L. and Herre, E.A. (2003) Cryptic species of fig-pollinating wasps: implications for the evolution of the fig-wasp mutualism, sex allocation, and precision of adaptation. Proceedings of the National Academy of Sciences of the United States of America, 100: 5867–5872.

Montoya, J.M. and Solé, R.V. (2002) Small world patterns in food webs. Journal of Theoretical Biology, 214: 405–412.

Montoya, J.M., Pimm, S.L. and Solé, R.V. (2006) Ecological networks and their fragility. Nature, 442: 259–264.

Mooney, K.A. (2006) The disruption of an ant-aphid mutualism increases the effects of birds on pine herbivores. Ecology, 87: 1805–1815.

Mooney, K.A. and Linhart, Y.B. (2006) Contrasting cascades: insectivorous birds increase pine but not parasitic mistletoe growth. Journal of Animal Ecology, 75: 350–357.

Mooney, K.A. and Tillberg, C.V. (2005) Temporal and spatial variation to ant omnivory in pine forests. Ecology, 86: 1225–1235.

Moore, J.W. (2006) Animal ecosystem engineers in streams. BioScience, 56: 237–246.

Mopper, S., Maschinski, J., Cobb, N. and Whitham, T.G. (1991) A new look at habitat structure: consequences of herbivore-modified plant architecture. pp. 260–280. In Bell, S.S., McCoy, E.D. and Mushinsky, H.R. (eds.), Habitat Structure. Chapman & Hall, London, UK.

Morales, M.A. (2000) Mechanisms and density dependence of benefit in an ant-membracid mutualism. Ecology, 81: 482–489.

Morales, M.A. and Beal, A.L.H. (2006) Effects of host plant quality and ant tending for treehopper *Publilia concava*. Annals of the Entomological Society of America, 99: 545–552.

Moran, N.A. and Whitham, T.G. (1990) Interspecific competition between root-feeding and leaf-galling aphids mediated by host-plant resistance. Ecology, 71: 1050–1058.

Moran, P.A.P. (1958) Random processes in genetics. Proceedings of the Cambridge Philosophical Society, 54: 60–72.

Morin, P.J. (2003) Community ecology and the genetics of interacting species. Ecology, 84: 577–580.

Morin, P.J., Lawler, S.P. and Johnson, E.A. (1988) Competition between aquatic insects and vertebrates: interaction strength and higher order interactions. Ecology, 69: 1401–1409.

Morris, R.J., Lewis, O.T. and Godfray, H.C.J. (2004) Experimental evidence for apparent competition in a tropical forest food web. Nature, 428: 310–313.

Morris, W.F., Bronstein, J.L. and Wilson, W.G. (2003) Three-way coexistence in obligate mutualist-exploiter interactions: the potential role of competition. American Naturalist, 161: 860–875.

Morrison, L.W. (1996) Community organization in a recently assembled fauna: the case of Polynesian ants. Oecologia, 107: 243–256.

Mothershead, K. and Marquis, R.J. (2000) Fitness impacts of herbivory through indirect effects on plant-pollinator interactions in *Oenothera macrocarpa*. Ecology, 81: 30–40.

元村勲（1932）群集の統計的取り扱いに就いて．動物学雑誌，44: 379–383.

Mouritsen, K.N. and Poulin, R. (2003) Parasite-induced trophic facilitation exploited by a non-host predator: a manipulator's nightmare. International Journal of Parasitology, 33: 1043–1050.

Moutinho, P., Nepstad, D.C. and Davidson, E.A. (2003) Influence of leaf-cutting ant nests on secondary forest growth and soil properties in Amazonia. Ecology, 84: 1265–1276.

Muneepeerakul, R., Bertuzzo, E., Lynch, H.J., Fagan, W.F., Rinaldo, A. and Rodriguez-Iturbe, I. (2008) Neutral metacommunity models predict fish diversity patterns in Mississippi-Missouri basin. Nature, 453: 220–222.

Murase, K., Itioka, T., Nomura, M. and Yamane, S. (2003) Intraspecific variation in the status of ant symbiosis on a myrmecophyte, *Macaranga bancana*, between primary and secondary forests in Borneo. Population Ecology, 45: 221–226.

Murdoch, W.W. (1973) The functional response of predators. Journal of Applied Ecology, 10: 335–342.

Murdoch, W.W. and Oaten, A. (1975) Predation and population stability. Advances in Ecological Research, 9: 1–131.

Murdoch, W.W., Avery, S. and Smyth, M.E.B. (1975) Switching in predatory fish. Ecology, 56: 1094–1105.

Mutikainen, P. and Delph, L.F. (1996) Effects of herbivory on male reproductive success in plants. Oikos, 75: 353–358.

中島久男（1978）モデル生態系における安定性および周期性．物性研究，29: 245–265, 345–387.

Nakamura, M. and Ohgushi, T. (2003) Positive and negative effects of leaf shelters on herbivorous insects: linking multiple herbivore species on a willow. Oecologia, 136: 445–449.

Nakamura, M., Miyamoto, Y. and Ohgushi, T. (2003) Gall initiation enhances the availability of food resources for herbivorous insects. Functional Ecology, 17: 851–857.

Nakamura, M., Kagata, H. and Ohgushi, T. (2006) Trunk cutting initiates bottom-up cascades in a tri-trophic system: sprouting increases biodiversity of herbivorous and predacious arthropods on willows. Oikos, 113: 259–268.

Nakano, S. and Furukawa-Tanaka, T. (1994) Intra- and inter-specific dominance hierarchies and variation in foraging factics of two species of stream-dwelling chars. Ecological Research, 9: 9–20.

Nakano, S., Miyasaka, H. and Kuhara, N. (1999) Terrestrial aquatic linkages: riparian arthropod inputs alter trophic cascades in a stream food web. Ecology, 80: 2435–2441.

難波利幸（2001）種間相互作用と群集動態の理論．『群集生態学の現在』（佐藤宏明・山本智子・安田弘法編著）pp. 93–122　京都大学学術出版会，京都.

Namba, T., Tanabe, K. and Maeda, N. (2008) Omnivory and stability of food webs. Ecological Complexity, 5: 73–85.

Navarrete, S.A. (1996) Variable predation: effects of whelks on a mid intertidal successional community. Ecological Monographs, 66: 301-321.

Navarrete, S.A. and Berlow, E.L. (2006) Variable interaction strengths stabilize marine community pattern. Ecology Letters, 9: 526-536.

Navarrete, S.A. and Menge, B.A. (1996) Keystone predation and interaction strength: interactive effects of predators on their main prey. Ecological Monograph, 66: 409-429.

Nee, S. (2005) The neutral theory of biodiversity: do the numbers add up? Functional Ecology, 19: 173-176.

Nee, S., Harvey, P.H. and May, R.M. (1991) Lifting the veil on abundance patterns. Proceedings of the Royal Society B, 243: 161-163.

Ness, J.H. (2003) *Catalpa bignonioides* alters extrafloral nectar production after herbivory and attracts ant bodyguards. Oecologia, 134: 210-218.

Ness, J.H. (2006) A mutualism's indirect costs: the most aggressive plant bodyguards also deter pollinators. Oikos, 113: 506-514.

Ness, J.H. and Bronstein, I.L. (2004) The effects of invasive ants on prospective ant mutualists. Biological Invasions, 6: 445-461.

Ness, J.H., Morris, W.F. and Bronstein, J.L. (2006) Integrating quality and quantity of mutualistsic service to contrast ant species protecting *Ferocactus wislizeni*. Ecology, 87: 912-921.

Neutel, A.-M., Heesterbeek, J.A.P. and de Ruiter, P.C. (2002) Stability in real food webs: weak links in long loops. Science, 296: 1120-1123.

Neutel, A.-M., Heesterbeek, J.A.P., van de Koppel, J., Hoenderboom, G., Vos, A., Kaldeway, C., Berendse, F. and de Ruiter, P.C. (2007) Reconciling complexity with stability in naturally assembling food webs. Nature, 449: 599-602.

Neuvonen, S., Hanhimäki, S., Suomela, J. and Haukioja, E. (1988) Early season damage to birch foliage affects the performance of a late season herbivore. Journal of Applied Entomology, 105: 182-189.

Newman, M.E.J. (2000) Models of the small world. Journal of Statistical Physics, 101: 819-841.

Nicklen, E.F. and Wagner, D. (2006) Conflict resolution in an ant-plant interaction: *Acacia constricta* traits reduce ant costs to reproduction. Oecologia, 148: 81-87.

日本数理生物学会（2008）『「数」の数理生物学』（シリーズ「数理生物学要論」1）．共立出版，東京．

西田芳則・鹿又一良・田中伊織・高橋進吾・松原久（2003）津軽海峡を通過する流量の季節・経年変化．海の研究，12: 487-499．

Nomura, M., Itioka, T. and Itino, T. (2000) Variations in abiotic defense within myrmecophytic and non-myrmecophytic species of *Macaranga* in a Bornean dipterocarp forest. Ecological Research, 15: 1-11.

Nowak, M.A. (2006) Evolutionary Dynamics Exploring: the Equations of Life. Belknap Press of Harvard University Press, Cambridge, USA. （『進化のダイナミクス：生命の謎を解き明

かす方程式』(竹内康博・佐藤一憲・巌佐　庸・中岡慎治監訳 2008) 共立出版, 東京).

Nowak, M.A., Komarova, N.L. and Niyogi, P. (2002) Computational and evolutionary aspects of language. Nature, 417: 611–617.

Nowak, M.A., Sasaki, A., Taylor, C., Fudenberg, D. (2004) Emergence of cooperation and evolutionary stability in finite populations. Nature, 428: 646–650.

Nozawa, A. and Ohgushi, T. (2002) How does spittlebug oviposition affect shoot growth and bud production in two willow species? Ecological Research, 17: 535–543.

Odling-Smee, F.J., Laland, K.N. and Feldman, M.W. (2003) Niche Construction: The Neglected Process in Evolution. Princeton University Press, Princeton, USA.

O'Dowd, D.J. (1979) Foliar nectar production and ant activity on a neotropical tree, *Ochroma pyramidale*. Oecologia, 43: 233–248.

O'Dowd, D.J., Green, P.T. and Lake, P.S. (2003) Invasional 'meltdown' on an oceanic island. Ecology Letters, 6: 812–817.

Offenberg, J. (2001) Balancing between mutualism and exploitation: the symbiotic interaction between *Lasius* ants and aphids. Behavioral Ecology and Sociobiology, 49: 304–310.

Offenberg, J., Nielsen, M.G., MacIntosh, D.J., Havanon, S. and Aksornkoae, S. (2004) Evidence that insect herbivores are deterred by ant pheromones. Proceedings of the Royal Society B, 271: S433–S435.

大串隆之 (2003) 種間相互作用.『生態学事典』(巌佐　庸・松本忠夫・菊沢喜八郎・日本生態学会編) pp. 234–236　共立出版, 東京.

Ohgushi, T. (2005) Indirect interaction webs: herbivore-induced effects through trait change in plants. Annual Review of Ecology, Evolution, and Systematics, 36: 81–105.

Ohgushi, T. (2007) Nontrophic, indirect interaction webs of herbivorous insects. pp. 221–245. In Ohgushi, T., Craig, T. and Price, P.W. (eds.), Ecological Communities: Plant Mediation in Indirect Interaction Webs. Cambridge University Press, Cambridge, UK.

Ohgushi, T. (2008) Herbivore-induced indirect interaction webs on terrestrial plants: the importance of nontrophic, indirect, and facilitative interactions. Entomologia Experimentalis et Applicata, 128: 217–229.

Ohgushi, T., Craig, T. and Price, P.W. (2007a) Indirect interaction webs propagated by herbivore-induced changes in plant traits. pp. 379–410. In Ohgushi, T., Craig, T. and Price, P.W. (eds.), Ecological Communities: Plant Mediation in Indirect Interaction Webs. Cambridge University Press, Cambridge, UK.

Ohgushi, T., Craig, T. and Price, P.W. (2007b) Ecological Communities: Plant Mediation in Indirect Interaction Webs. Cambridge University Press, Cambridge, UK.

Ohkawara, K. and Akino, T. (2005) Seed cleaning behavior by tropical ants and its anti-fungal effect. Journal of Ethology, 23: 93–98.

大村平 (2002)『統計のはなし：基礎・応用・娯楽』. 日科技連出版社, 東京.

Okubo, T., Yago, M. and Itioka, T. (2009) Immature stages and biology of Bornean *Arhopala* butterflies (Lepidoptera, Lycaenidne) feeding on myrmecophytic *Macaranga*. Transaction of the Lepidopterological Society of Japan, 60: 37−51.

Okuyama, T. and Bolker, B.M. (2007) On quantitative measures of indirect interactions. Ecology Letters, 10: 264−271.

Okuyama, T. and Holland, J.N. (2008) Network structural properties mediate the stability of mutualistic communities. Ecology Letters, 11: 208−216.

Olesen, J.M., Bascompte, J., Elberling, H. and Jordano, P. (2008) Temporal dynamics in a pollination network. Ecology, 89: 1573−1582.

Olff, H., Brown, V.K. and Drent, R.H. (1999) Herbivores: Between Plants and Predators. Blackwell Science, Oxford, UK.

Oliveira, P.S. and Oliveira-Filho, A.T. (1991) Distribution of extrafloral nectaries in the woody flora of tropical communities in Western Brazil. pp. 163−175. In Price, P.W., Lewinsohn, T.M., Fernandes, G.W. and Benson, W.W. (eds.), Plant-Animal Interactions: Evolutionary Ecology in Tropical and Temperate Regions. John Wiley & Sons, New York, USA.

Oliveira, P.S., Galetti, M., Pedroni, F. and Morellato, L.P.C. (1995) Seed cleaning by *Mycocepurus goeldii* ants (Attini) facilitates germination in *Hymenaea courbaril* (Caesalpiniaceae). Biotropica, 27: 518−522.

Olofsson, J. and Strengbom, J. (2000) Response of galling invertebrates on *Salix lanata* to reindeer herbivory. Oikos, 91: 493−498.

Omacini, M., Chaneton, E.J., Ghersa, C.M. and Müller, C.B. (2001) Symbiotic fungal endophytes control insect host-parasite interaction webs. Nature, 409: 78−81.

Opper, M. and Diederich, S. (1992) Phase transition and 1/f noise in a game dynamical model. Physical Review Letters, 69: 1616−1619.

Osenberg, C.W., Sarnelle, O. and Cooper, S.D. (1997) Effect size in ecological experiments: the application of biological models in meta-analysis. American Naturalist, 150: 798−812.

Osenberg, C.W., Sarnelle, O., Cooper, S.D. and Holt, R.D. (1999) Resolving ecological questions through meta-analysis: goals, metrics, and models. Ecology, 80: 1105−1117.

Otto, S.B., Rall, B.C. and Brose, U. (2007) Allometric degree distributions facilitate food-web stability. Nature, 450: 1226−1230.

Otto, S.B., Berlow, E.L., Rank, N.E., Smiley, J. and Brose, U. (2008) Predator diversity and identity drive interaction strength and trophic cascades in a food web. Ecology, 89: 134−144.

Pace, M.L., Cole, J.J., Carpenter, S.R. and Kitchell, J.F. (1999) Trophic cascades revealed in diverse ecosystems. Trends in Ecology and Evolution, 14: 483−488.

Paine, R.T. (1966) Food web complexity and species diversity. American Naturalist, 100: 65−75.

Paine, R.T. (1969) The *Pisaster-Tegula* interaction: prey patches, predator food preference, and intertidal community structure. Ecology, 50: 950−961.

Paine, R.T. (1974) Intertidal community structure. Experimental studies on the relationship between a dominant competitor and its principal predator. Oecologia, 15: 93−120.

Paine, R.T. (1980) Food webs: linkage, interaction strength and community infrastructure. Journal of Animal Ecology, 49: 667–685.
Paine, R.T. (1992) Food-web analysis through field measurement of per capita interaction strength. Nature, 355: 73–75.
Palmer, T., Stanton, M.L. and Young, T.P. (2003) Competition and coexistence: exploring mechanisms that restrict and maintain diversity within mutualist guilds. American Naturalist, 162 (supplement): S63–S79.
Park, T. (1954) Experimental studies of interspecies competition. II. Temperature, humidity, and competition in two species of *Tribolium*. Physiological Zoology, 27: 177–238.
Parrish, J.D. and Saila, S.B. (1970) Interspecific competition, predation and species diversity. Journal of Theoretical Biology, 27: 207–220.
Partridge, L. and Green, P. (1985) Intraspecific feeding specializations and population dynamics. pp. 207–226. In Sibly, R.M. and Smith, R.H. (eds.), Behavioural Ecology: Ecological Consequences of Adaptive Behaviour. Blackwell, Oxford, UK.
Pascual, M., Dunne, J.A. and Levin, S.A. (2006) Challenges for the future: integrating ecological structure and dynamics. pp. 351–371. In Pascual, M. and Dunne, J.A. (eds.), Ecological Networks: Linking Structure to Dynamics in Food Webs. Oxford University Press, Oxford, UK.
Passos, L. and Oliveira, P.S. (2002) Ants affect the distribution and performance of seedlings of *Clusia criuva*, a primarily bird-dispersed rain forest tree. Journal of Ecology, 90: 517–528.
Passos, L. and Oliveira, P.S. (2003) Interactions between ants, fruits and seeds in a restinga forest in south-eastern Brazil. Journal of Tropical Ecology, 19: 261–270.
Passos, L. and Oliveira, P.S. (2004) Interaction between ants and fruits of *Guapira opposita* (Nyctaginaceae) in a Brazilian sandy plain rainforest: ant effects on seeds and seedlings. Oecologia, 139: 376–382.
Pastor, J., Mladenoff, D.J., Haila, Y., Bryant, J. and Payette, S. (1996) Biodiversity and ecosystem processes in boreal regions. pp. 33–69. In Mooney, H.A., Cushman, J.H., Medina, E., Sala, O.E. and Schulze, E.-D. (eds.), Functional Roles of Biodiversity: A Global Perspective. John Wiley & Sons, Chichester, UK.
Pastor-Satorras, R. and Vespignani, A. (2001) Epidemic spreading in scale-free networks. Physical Review Letters, 86: 3200–3203.
Peacor, S.D. and Werner, E.E. (1997) Trait-mediated indirect interactions in a simple aquatic food web. Ecology, 78: 1146–1156.
Peacor, S.D. and Werner, E.E. (2004) How dependent are species-pair interaction strengths on other species in the food web? Ecology, 85: 2754–2763.
Peckarsky, B.L. and Mclntosh, A.R. (1998) Fitness and community consequences of avoiding multiple predators. Oecologia, 113: 565–576.
Pellmyr, O. (1999) Systematic revision of the yucca moth in the *Tegeticula yuccasella* complex

(Lepidoptera: Proxidae) north of Mexico. Systematic Entomology, 24: 243–271.

Pellmyr, O., Leebens-Mack, J. and Huth, C.J. (1996) Non-mutualistic yucca moths and their evolutionary consequences. Nature, 380: 155–156.

Penaloza, C. and Farji-Brener, A.G. (2003) The importance of treefall gaps as foraging sites for leaf-cutting ants depends on forest age. Journal of Tropical Ecology, 19: 603–605.

Perfecto, I. and Vandermeer, J. (1993) Distribution and turnover rate of a population of *Atta cephalotes* in a tropical rain-forest in Costa Rica. Biotropica, 25: 316–321.

Petersen, M.K. and Sandström, J.P. (2001) Outcome of indirect competition between two aphid species mediated by responses in their common host plant. Functional Ecology, 15: 525–534.

Peterson, G., Allen, C.R. and Holling, C.S. (1998) Ecological resilience, biodiversity, and scale. Ecosystems, 1: 6–18.

Petraitis P.S. (1990) Direct and indirect effects of predation, herbivory and surface rugosity on mussel recruitment. Oecologia, 83: 405–413.

Pettersson, M.W. (1991) Pollination by a guild of fluctuating moth populations: option for unspecialization in *Silene vulgaris*. Journal of Ecology, 79: 591–604.

Philpott, S.M. and Foster, P.F. (2005) Nest-site limitation in coffee agroecosystems: artificial nests maintain diversity of arboreal ants. Ecological Applications, 15: 1478–1485.

Pianka, E.R. (1978) Evolutionary Ecology, 2nd edition. Harper & Row, New York, USA. (『進化生態学（原書第2版）』（伊藤嘉昭監修 1980）蒼樹書房，東京).

Pierce, N.E., Braby, M.F., Heath, A., Lohman, D.J., Mathew, J., Rand, D.B. and Travassos, M.A. (2002) The ecology and evolution of ant association in the Lycaenidae (Lepidoptera). Annual Review of Entomology, 47: 733–771.

Pilson, D. (1992) Aphid distribution and the evolution of goldenrod resistance. Evolution, 46: 1358–1372.

Pimm, S.L. (1982) Food Webs. Chapman & Hall, London, UK.

Pimm, S.L. (1984) The complexity and stability of ecosystems. Nature, 307: 321–326.

Pimm, S.L. (1991) The Balance of Nature? Ecological Issues in the Conservation of Species and Communities. The University of Chicago Press, Chicago, USA.

Pimm, S.L. and Lawton, J.H. (1977) Number of trophic levels in ecological communities. Nature, 268: 329–331.

Pimm, S.L. and Lawton, J.H. (1978) On feeding on more than one trophic level. Nature, 275: 542–544.

Pizo, M.A. and Oliveira, P.S. (1999) Removal of seeds from vertebrate faeces by ants: effects of seed species and deposition site. Canadian Journal of Zoology, 77: 1595–1602.

Plenchette, C., Forton, J.A. and Furlan, V. (1983) Growth response of several plant species to mycorrhizae in a soil of moderate P-fertility. Plant and Soil, 70: 199–209.

Polis, G.A. (1991) Complex trophic interactions in deserts: an empirical critique of food-web theory. American Naturalist, 138: 123–155.

Polis, G.A. (1999) Why are parts of the world green? Multiple factors control productivity and the distribution of biomass. Oikos, 86: 3−15.

Polis, G.A. and Holt, R.D. (1992) Intraguild predation: the dynamics of complex trophic interactions. Trends in Ecology and Evolution, 7: 151−154.

Polis, G.A. and Hurd, S.D. (1996) Linking marine and terrestrial food webs: allochthonous input from the ocean supports high secondary productivity on small islands and coastal land communities. American Naturalist, 147: 396−423.

Polis, G.A. and Strong, D.R. (1996) Food web complexity and community dynamics. American Naturalist, 147: 813−846.

Polis, G.A. and Winemiller, K.O. (1996) Food Webs: Integration of Patterns and Dynamics. Chapman & Hall, New York, USA.

Polis, G.A., Myers, C.A. and Holt, R.D. (1989) The ecology and evolution of intraguild predation: potential competitors that eat each other. Annual Review of Ecology and Systematics, 20: 297−330.

Polis, G.A., Holt, R.D., Menge, B.A. and Winemiller, K.O. (1996) Time, space, and life history: influences on food webs. pp. 435−460. In Polis, G.A. and Winemiller, K.O. (eds.), Food Webs: Integration of Patterns and Dynamics. Chapman & Hall, New York, USA.

Polis, G.A., Hurd, S. D., Jackson, C.T. and Sanchez-Piñero, F. (1997) El Niño effects on the dynamics and control of an island ecosystem in the gulf of California. Ecology, 78: 1884−1897.

Polis, G.A., Sears, A.L.W., Huxel G.R., Strong, D.R. and Maron, J. (2000) When is a trophic cascade a trophic cascade? Trends in Ecology and Evolution, 15: 473−475.

Poulin, R. and Morand, S. (2000) The diversity of parasites. Quarterly Review of Biology, 75: 277−293.

Poveda, K., Steffan-Dewenter, I., Scheu, S. and Tscharntke, T. (2003) Effects of below- and above-ground herbivores on plant growth, flower visitation and seed set. Oecologia, 135: 601−605.

Poveda, K., Steffan-Dewenter, I., Scheu, S. and Tscharntke, T. (2007) Plant-mediated interactions between below- and aboveground processes: decomposition, herbivory, parasitism and pollination. pp. 147−163. In Ohgushi, T., Craig, T. and Price, P.W. (eds.), Ecological Communities: Plant Mediation in Indirect Interaction Webs. Cambridge University Press, Cambridge, UK.

Power, M.E. and Matthews, W.J. (1983) Algae-grazing minnows (*Campostoma anomalum*), piscivorous bass (*Micropterus* spp.), and the distribution of attached algae in a small prairie-margin stream. Oecologia, 60: 328−332.

Power, M.E., Parker, M.S. and Wootton, J.T. (1996a) Disturbance and food chain length in rivers. pp. 286−297. In Polis, G.A. and Winemiller, K.O. (eds.), Food Webs: Integration of Patterns and Dynamics. Chapman & Hall, New York, USA.

Power, M.E., Tilman, D., Estes, J.A., Menge, B.A., Bond, W.J., Mills, L.S., Daily, G., Castilla, J.C.,

Lubchenco, J. and Paine, R.T. (1996b) Challenges in the quest for keystones. BioScience, 46: 609–620.

Prasad, R.P. and Snyder, W.E. (2006) Diverse trait-mediated interactions in a multi-predator, multi-prey community. Ecology, 87: 1131–1137.

Preisser, E.L. and Bolnick, D.I. (2008) When predators don't eat their prey: nonconsumptive predator effects on prey dynamics. Ecology, 89: 2414–2415.

Preisser, E.L., Bolnick, D.I. and Benard, M.F. (2005) Scared to death? The effects of intimidation and consumption in predator-prey interactions. Ecology, 86: 501–509.

Preisser, E.L., Orrock, J.L. and Schmitz, O.J. (2007) Predator hunting mode and habitat domain alter nonconsumptive effects in predator-prey interactions. Ecology, 88: 2744–2751.

Preston, F.W. (1948) The commonness and rarity of species. Ecology, 29: 254–383.

Preston, F.W. (1962a) The canonical distribution of commonness and rarity: Part 1. Ecology, 43: 185–215.

Preston, F.W. (1962b) The canonical distribution of commonness and rarity: Part 2. Ecology, 43: 410–432.

Preszler, R.W. and Price, P.W. (1993) The influence of *Salix* leaf abscission on leaf-miner survival and life history. Ecological Entomology, 18: 150–154.

Price, P.W., Bouton, C.E., Gross, P., McPheron, B.A., Thompson, J.N. and Weis, A.E. (1980) Interactions among three trophic levels: influence of plants on interactions between insect herbivores and natural enemies. Annual Review of Ecology and Systematics, 11: 41–65.

Pullin, A.S. and Gilbert, J.E. (1989) The stinging nettle, *Urtica dioica*, increases trichome density after herbivore and mechanical damage. Oikos, 54: 275–280.

Quesada, M., Bollman, K. and Stephenson, A.G. (1995) Leaf, damage decreases pollen production and hinders pollen performance in *Cucurbita texana*. Ecology, 76: 437–443.

Raffaelli, D.G. and Hall, S.J. (1996) Assessing the relative importance of trophic links in food webs. pp. 185–191. In Polis, G.A. and Winemiller, K.O. (eds.), Food Webs: Integration of Patterns and Dynamics. Chapman & Hall, New York, USA.

Raffaelli, D.G. and Hawkins, S. (1996) Intertidal Ecology. Chapman & Hall, London, UK.（『潮間帯の生態学』（朝倉彰訳　1999）文一総合出版，東京）.

Raffel, T.R., Martin, L.B. and Rohr, J.R. (2008) Parasites as predators: unifying natural enemy ecology. Trends in Ecology and Evolution, 23: 610–618.

Raine, N.E., Willmer, P. and Stone, G.N. (2002) Spatial structuring and floral avoidance behavior prevent ant-pollinator conflict in a Mexican ant-*Acacia*. Ecology, 83: 3086–3096.

Rand, T.A. and Louda, S.M. (2004) Exotic weed invasion increases the susceptibility of native plants attack by a biocontrol herbivore. Ecology, 85: 1548–1554.

Raps, A. and Vidal, S. (1998) Indirect effects of an unspecialized endophytic fungus on specialized plant-herbivorous insect interactions. Oecologia, 114: 541–547.

Reichman, O.J. and Seabloom, E.W. (2002) The role of pocket gophers as subterranean ecosystem engineers. Trends in Ecology and Evolution, 17: 44-49.

Rieger, H. (1989) Solvable model of a complex ecosystem with randomly interacting species. Journal of Physics A: Mathematical and Theoretical, 22: 3447-3460.

Riihimäki, J., Kaitaniemi, P. and Ruohomäki, K. (2003) Spatial responses of two herbivore groups to a geometrid larva on mountain birch. Oecologia, 134: 203-209.

Ringler, N.H. (1983) Variation in foraging tactics of fishes. pp. 159-172. In Noakes, D.G., Helfman, G.S. and Ward, J.A. (eds.), Predators and Prey in Fishes. Junk, Hague, The Netherlands.

Risch, S.J. and Carroll, C.R. (1982) Effect of a keystone predaceous ant, *Solenopsis geminata*, on arthropods in a tropical agroecosystem. Ecology, 63: 1979-1983.

Roberts, A. and Stone, L. (2004) Advantageous indirect interactions in systems of competition. Journal of Theoretical Biology, 228: 367-375.

Roberts, D.L., Cooper, R.J. and Petit, L.J. (2000) Flock characteristics of ant-following birds in premontane moist forest and coffee agroecosystems. Ecological Applications, 10: 1414-1425.

Robertson, J.H. (1947) Responses of range grasses to different intensities of competition with sagebrush (*Artemisia tridentate* Nutt.). Ecology, 28: 1-16.

Roininen, H., Price, P.W. and Bryant, J.P. (1997) Response of galling insects to natural browsing by mammals in Alaska. Oikos, 80: 481-486.

Rooney, N., McCann, K., Gellner, G. and Moore, J.C. (2006) Structural asymmetry and the stability of diverse food webs. Nature, 442: 265-269.

Rosemond, A.D., Mulholland, P.J. and Elwood, J.W. (1993) Top-down and bottom-up control of stream periphyton: effects of nutrients and herbivores. Ecology, 74: 1264-1280.

Rosen, R. (1970) Dynamical Systems Theory in Biology, Vol. 1. John Wiley & Sons, New York, USA.(『生物学におけるダイナミカルシステムの理論』(山口昌哉・重定南奈子・中島久男訳 1974)産業図書,東京).

Roxburgh, S.H. and Wilson, J.B. (2000) Stability and coexistence in a lawn community: mathematical prediction of stability using a community matrix with parameters derived from competition experiments. Oikos, 88: 395-408.

Rozdilsky, I.D. and Stone, L.S. (2001) Complexity can enhance stability in competitive systems. Ecology Letters, 4: 397-400.

Ruesink, J.L. (1998) Variation in per capita interaction strength: thresholds due to nonlinear dynamics and nonequilibrium conditions. Proceedings of the National Academy of Sciences of the United States of America, 95: 6843-6847.

Russell, F.L. and Louda, S.M. (2005) Indirect interaction between two native thistles mediated by an invasive exotic floral herbivore. Oecologia, 146: 373-384.

Sachs, J.L. and Simms, E.L. (2006) Pathways to mutualism breakdown. Trends in Ecology and Evolution, 10: 585-592.

Sagers, C.L. (1992) Manipulation of host plant quality: herbivores keep leaves in the dark. Functional Ecology, 6: 741-743.

Sagers, C.L., Ginger, S.M. and Evans, R.D. (2000) Carbon and nitrogen isotopes trace nutrient exchange in an ant-plant mutualism. Oecologia, 123: 582−586.

Sahli, H.F. and Conner, J.K. (2006) Characterizing ecological generalization in plant-pollination systems. Oecologia, 148: 365−372.

Sakata, H. (1994) How an ant decides to prey on or to attend aphids. Researches on Population Ecology, 36: 45−51.

Sakata, H. (1995) Density-dependent predation of the ant *Lasius niger* (Hymenoptera: Formicidae) on two attended aphids *Lachnus tropicalis* and *Myzocallis kuricola* (Homoptera: Aphididae). Researches on Population Ecology, 37: 159−164.

Sakata, H. (1999) Indirect interactions between two aphid species in relation to ant attendance. Ecological Research, 14: 329−340.

Sakata, H. and Hashimoto, Y. (2000) Should aphids attract or repel ants? Effect of rival aphids and extrafloral nectaries on ant-aphid interactions. Population Ecology, 42: 171−178.

Sala, E. and Graham, M.H. (2002) Community-wide distribution of predator-prey interaction strength in kelp forest. Proceedings of the National Academy of Sciences of the United States of America, 99: 3678−3683.

Salt, D.T., Fenwick, P. and Whittaker, J.B. (1996) Interspecific herbivore interactions in a high CO_2 environment: root and shoot aphids feeding on *Cardamine*. Oikos, 77: 326−330.

Sanders, I., Clapp, J.P. and Wiemken, A. (1996) The genetic diversity of arbuscular mycorrhizal fungi in natural ecosystems: a key to understanding the ecology and functioning of the mycorrhizal symbiosis. New Phytologist, 133: 123−134.

Santamaría, L. and Rodríguez-Gironés, M.A. (2007) Linking rules for plant-pollinator networks: trait complementarity or exploitation barriers. PLoS Biology, 5: 354−362.

Sargent, R.D. and Ackerly, D.D. (2008) Plant-pollinator interactions and the assembly of plant communities. Trends in Ecology and Evolution, 23: 123−130.

Sarnelle, O. (2003) Nonlinear effects of an aquatic consumer: causes and consequences. American Naturalist, 161: 478−496.

佐藤宏明・山本智子・安田弘法（編著）（2001）『群集生態学の現在』京都大学学術出版会, 京都.

Savolainen, R. and Vepsalainen, K. (1988) A competition hierarchy among boreal ants: impact on resource partitioning and community structure. Oikos, 51: 135−155.

Scheffer, M. and Carpenter, S.R. (2003) Catastrophic regime shifts in ecosystems: linking theory to observation. Trends in Ecology and Evolution, 18: 648−656.

Scheffer, M., Carpenter, S., Foley, J.A., Folks, C. and Walker, B. (2001) Catastrophic shifts in ecosystems. Nature, 413: 591−596.

Schemske, D.W. and Horvitz, C.C. (1984) Variation among floral visitors in pollination ability: a precondition for mutualism specialization. Science, 225: 519−521.

Schmitt, R.J. (1987) Indirect interaction between prey: apparent competition, predator aggregation,

and habitat segregation. Ecology, 68: 1887–1897.
Schmitz, O.J. (1997) Press perturbations and the predictability of ecological interactions in a food web. Ecology, 78: 55–69.
Schmitz, O.J., Beckermann, A.P. and O'Brien, K.M. (1997) Behaviorally mediated trophic cascades: effects of predation risk on food web interactions. Ecology, 78: 1388–1399.
Schmitz, O.J., Hambäck, P.A. and Beckerman, A.P. (2000) Trophic cascades in terrestrial systems: a review of the effects of carnivore removals on plants. American Naturalist, 155: 141–153.
Schmitz, O.J., Krivan, V. and Ovadia, O. (2004) Trophic cascades: the primacy of trait-mediated indirect interactions. Ecology Letters, 7: 153–163.
Schoener, T.W. (1983) Field experiments on interspecific competition. American Naturalist, 122: 240–285.
Schoener, T.W. (1993) On the relative importance of direct versus indirect effects in ecological communities. pp. 365–415. In Kawanabe, H., Cohen, J.E. and Iwasaki, K. (eds.), Mutualism and Community Organization. Oxford University Press, Oxford, UK.
Schweitzer, J.A., Bailey, J.K., Hart, S.C., Wimp, G.M., Chapman, S.K. and Whitham, T.G. (2005) The interaction of plant genotype and herbivory decelerate leaf litter decomposition and alter nutrient dynamics. Oikos, 110: 133–145.
Scriber, J.M. and Slansky, F.J. (1981) The nutritional ecology of immature insects. Annual Review of Entomology, 26: 183–211.
Seibert, T.F. (1992) Mutualistic interactions of the aphid *Lachnus allegheniensis* (Homoptera, Aphididae) and its tending ant *Formica obscuripes* (Hymenoptera, Formicidae). Annals of the Entomological Society of America, 85: 173–178.
関村利朗・竹内康博・梯正之・山村則男（2007）『理論生物学入門』現代図書，相模原．
瀬野裕美（2007）『数理生物学：個体群動態の数理モデリング入門』共立出版，東京．
Sherrington, D. and Kirkpatrick, S. (1978) Solvable model of a spin-glass. Physics Review Letters, 35: 1792–1796.
嶋田正和・山村則男・粕谷英一・伊藤嘉昭（2005）『動物生態学（新版）』海游社，東京．
Shurin, J.B., Borer, E.T., Seabloom, E.W., Anderson, K., Blanchette, C.A., Broitman, B., Cooper, S.D. and Halpen, B.S. (2002) A cross-ecosystem comparison of the strength of trophic cascades. Ecology Letters, 5: 785–791.
Shurin, J.B., Gruner, D.S. and Hillebrand, H. (2006) All wet or dried up? Real differences between aquatic and terrestrial food webs. Proceedings of the Royal Society B, 273: 1–9.
Sih, A. (1987) Predators and prey lifestyles: an evolutionary and ecological overview. pp. 203–224. In Kerfoot W.C. and Sih, A. (eds.), Predation. University Press of New England, Hanover, USA.
Sih, A., Crowley, P., McPeek, M., Petranka, J. and Stromeir, K. (1985) Predation, competition, and prey communities: a review of field experiments. Annual Review of Ecology and Systematics, 16: 269–311.

Sih, A., Englund, G. and Wooster, D. (1998) Emergent impacts of multiple predators on prey. Trends in Ecology and Evolution, 13: 350–355.

Simberloff, D. (2004) Community ecology: is it time to move on? American Naturalist, 163: 787–799.

Simon, H.A. (1955) On a class of skew distribution functions. Biometrika, 42: 425–440.

Simon, M. and Hilker, M. (2003) Herbivores and pathogens on willow: do they affect each other? Agricultural and Forest Entomology, 5: 275–284.

Skinner, G.J. and Whittaker J.B. (1981) An experimental investigation of inter-relationships between the wood-ant (*Formica rufa*) and some tree-canopy herbivores. Journal of Animal Ecology, 50: 313–326.

Solé, R.V. and Montoya, M. (2001) Complexity and fragility in ecological networks. Proceedings of the Royal Society B, 268: 2039–2045.

Sommer, U. and Worm, B. (2002) Synthesis: back to Santa Rosalia, or no wonder there are so many species. pp. 207–218. In Sommer, U. and Worm, B. (eds.), Competition and Coexistence. Springer, Berlin, Germany.

Sommers, H.J., Crisanti, A. and Sompolinsky, H. (1988) Spectrum of large random asymmetric matrices. Physical Review Letters, 60: 1895–1898.

Stachowicz, J.J. (2001) Mutualism, facilitation, and the structure of ecological communities. BioScience, 51: 235–246.

Stadler, B. and Dixon, A.F.G. (1998) Costs of ant attendance for aphids. Journal of Animal Ecology, 67: 454–459.

Stadler, B. and Dixon, A.F.G. (1999) Ant attendance in aphids: why different degrees of myrmecophily? Ecological Entomology, 24: 363–369.

Stadler, B. and Dixon, A.F.G. (2005) Ecology and evolution of aphid-ant interactions. Annual Review of Ecology, Evolution, and Systematics, 36: 345–372.

Stadler, B., Fiedler, K., Kawecki, T.H. and Weisser, W.W. (2001) Costs and benefits for phytophagous myrmecophiles: when ants are not always available. Oikos, 92: 467–478.

Stadler, B., Dixon, A.F.G. and Kindlmann, P. (2002) Relative fitness of aphids: effects of plant quality and ants. Ecology Letters, 5: 216–222.

Staley, J.T. and Hartley, S.E. (2002) Host-mediated effects of feeding by winter moth on the survival of *Euceraphis betulae*. Ecological Entomology, 27: 626–630.

Stang, M., Klinkhamer, P.G.L. and van der Meijden, E. (2007) A symmetric specialization and extinction risk in plant-flower visitor webs: a matter of morphology or abundance? Oecologia, 151: 442–453.

Stanton, M.L. (2003) Interacting guilds: moving beyond the pairwise perspective on mutualisms. American Naturalist, 162 (supplement): S10–S23.

Stanton, M.L., Palmer, T.M., Young, T.P., Evans, A. and Turner, M.L. (1999) Sterilization and canopy modification of a swollen thorn acacia tree by a plant-ant. Nature, 401: 578–581.

Steets, J.A., Hamrick, J.L. and Ashman, T.-L. (2006) Consequences of vegetative herbivory for maintenance of intermediate outcrossing in an annual plant. Ecology, 87: 2717-2727.

Sternberg, L.D., Pinzon, M.C., Moreira, M.Z., Moutinho, P., Rojas, E.I. and Herre, E.A. (2007) Plants use macronutrients accumulated in leaf-cutting ant nests. Proceedings of the Royal Society B, 274: 315-321.

Sterner, R.W., Bajpai, A. and Adams, T. (1997) The enigma of food chain length: absence of theoretical evidence for dynamic constraints. Ecology, 78: 2258-2262.

Stewart, F.M. and Levin, B.R. (1973) Partitioning of resources and the outcome of interspecific competition: a model and some general considerations. American Naturalist, 107: 171-198.

Stork, N.E. (1987) Guild structure of arthropods from Bornean rain forest trees. Ecological Entomology, 12: 69-80.

Stork, N.E. (1988) Insect diversity: facts fiction and speculation. Biological Journal of the Linnean Society, 35: 321-338.

Stouffer, D.B., Camacho, J., Jiang, W. and Amaral, L.A.N. (2007) Evidence for the existence of a robust pattern of prey selection in food webs. Proceedings of the Royal Society B, 274: 1931-1940.

Strauss, S.Y. (1991a) Indirect effects in community ecology: their definition, study and importance. Trends in Ecology and Evolution, 6: 206-210.

Strauss, S.Y. (1991b) Direct, indirect, and cumulative effects of three native herbivores on a shared host plant. Ecology, 72: 543-558.

Strauss, S.Y. (1997) Floral characters link herbivores, pollinators, and plant fitness. Ecology, 78: 1640-1645.

Strauss, S.Y. and Agrawal, A.A. (1999) The ecology and evolution of plant tolerance to herbivory. Trends in Ecology and Evolution, 14: 179-185.

Strauss, S.Y. and Irwin, R.E. (2004) Ecological and evolutionary consequences of multispecies plant-animal interactions. Annual Review of Ecology, Evolution, and Systematics, 35: 435-466.

Strauss, S.Y., Conner, J.K. and Rush, S.L. (1996) Foliar, herbivory affects floral characters and plant attractiveness to pollinators: implications for male and female plant fitness. American Naturalist, 147: 1098-1107.

Strauss, S.Y., Sahli, H. and Conner, J.K. (2005) Toward a more trait-centered approach to diffuse (co)evolution. New Phytologist, 165: 81-90.

ストロガッツ, S.(2005)『SYNC』(蔵本由紀・長尾力訳) 早川書房, 東京.

Strong, D.R. (1992) Are trophic cascades all wet? Differentiation and donor-control in speciose ecosystems. Ecology, 73: 747-754.

Strong, D.R., Jr., Simberloff, D., Abelle, L.G. and Thistle, A.B. (1984a) Ecological Communities: Conceptual Issues and the Evidence. Princeton University Press, Princeton, USA.

Strong, D.R., Lawton, J.H. and Sir Southwood, R. (1984b) Insects on Plants: Community Patterns and Mechanisms. Blackwell Scientific Publications, Oxford, UK.

Stumpf, M.P.H., Wiuf, C. and May, R.M. (2005) Subnets of scale-free networks are not scale-free: sampling properties of networks. Proceedings of the National Academy of Sciences of the United States of America, 102: 4221–4224.

Suarez, A.V., De Moraes, C.M. and Ippolito, A. (1998) Defense of *Acacia collinsii* by an obligate and nonobligate ant species: the significance of encroaching vegetation. Biotropica, 30: 480–482.

Suarez, A.V., Yeh, P. and Case, T.J. (2005) Impacts of Argentine ants on avian nesting success. Insectes Sociaux, 52: 378–382.

Sugihara, G. (1980) Minimal community structure: an explanation of species abundance pattern. American Naturalist, 116: 770–787.

Sures, B. (2003) Accumulation of heavy metals by intestinal helminths in fish: an overview and perspective. Parasitology, 126: 553–560.

Suzuki, N., Ogura, K. and Katayama, N. (2004) The efficiency of herbivore exclusion by ants on the vetch *Vicia angustifolia* L. (Leguminosae), mediated by ant attraction to aphids. Ecological Research, 19: 275–282.

Taber, S.W. (1998) The World of the Harvester Ants. Texas A & M University Press, College Station, USA.

Takabayashi, J. and Dicke, M. (1996) Plant-carnivore mutualism through herbivore-induced carnivore attractants. Trends in Plant Science, 1: 109–113.

Takada, H. and Hashimoto, Y. (1985) Association of the root aphid parasitoids *Aclitus sappaphis* and *Paralipsis eikoae* (Hymenoptera, Aphidiidae) with the aphid-attending ants *Pheidole fervida* and *Lasius niger* (Hymenoptera, Formicidae). Kontyû, 53: 150–160.

Takimoto, K., Miki, T. and Kagami, M. (2007) Intraguild predation promotes complex alternative states along a productivity gradient. Theoretical Population Biology, 72: 264–273（同誌 73: 460 に正誤表がある）.

Tanabe, K. and Namba, T. (2005) Omnivory creates chaos in simple food web models. Ecology, 86: 3411–3414.

Taylor, C., Fudenberg, D., Sasaki, A. and Nowak, M.A. (2004) Evolutionary game dynamics in finite populations. Bulletin of Mathematical Biology, 66: 1621–1644.

寺本英 (1997)『数理生態学』朝倉書店, 東京.

Teramoto, E., Kawasaki, K. and Shigesada, N. (1979) Switching effect of predation on competitive prey species. Journal of Theoretical Biology, 79: 303–315.

Thaler, J.S. (2002) Effect of jasmonate-induced plant responses on the natural enemies of herbivores. Journal of Animal Ecology, 71: 141–150.

Thaler, J.S., Stout, M.J., Karban, R. and Duffey, S.S. (2001) Jasmonate-mediated induced plant resistance affects a community of herbivores. Ecological Entomology, 26: 312–324.

Thompson, J. (2003) When is it mutualism? American Naturalist, 162 (supplement): S1–S9.

Thompson, J.N. (1994) The Coevolutionary Process. The University of Chicago Press, Chicago, USA.

Thompson, J.N. (1996) Evolutionary ecology and the conservation of biodiversity. Trends in Ecology and Evolution, 11: 300-303.

Thompson, J.N. (2005) The Geographic Mosaic of Coevolution. The University of Chicago Press, Chicago, USA.

Thompson, R.M., Mouritsen, K.N. and Poulin, R. (2005) Importance of parasites and their life cycle characteristics in determining the structure of a large marine food web. Journal of Animal Ecology, 74: 77-85.

Thébault, E. and Loreau, M. (2003) Food-webs constraints on biodiversity: ecosystem functioning relationships. Proceedings of the National Academy of Sciences of the United States of America, 100: 14949-14954.

Thébault, E. and Loreau, M. (2005) Trophic interactions and the relationship between species diversity and ecosystem stability. American Naturalist, 166: E95-E114.

Thébault, E. and Loreau, M. (2006) The relationship between biodiversity and ecosystem functioning in food webs. Ecological Research, 21: 17-25.

Tilman, D. (1980) Resources: a graphical-mechanistic approach to competition and predation. American Naturalist, 116: 362-393.

Tilman, D. (1982) Resource Competition and Community Structure. Princeton University Press, Princeton, USA.

Tilman, D. (1988) Plant Strategy and the Dynamics and Structure of Plant Communities. Princeton University Press, Princeton, USA.

Tilman, D. (1994) Competition and biodiversity in spatially structured habitats. Ecology, 75: 2-16.

Tilman, D. (1996) Biodiversity: population versus ecosystem stability. Ecology, 77: 350-363.

Tokeshi, M. (1999) Species Coexistence. Blackwell Science, Oxford, UK.

Tokita, K. (2004) Species abundance patterns in complex evolutionary dynamics. Physical Review Letters, 93: 178102.

時田恵一郎（2004）ゼロサムゲームの数理．数理科学，493: 76-83.

Tokita, K. (2006) Statistical mechanics of relative species abundance. Ecological Informatics, 1: 315-324.

時田恵一郎（2006）大規模生物ネットワークの数理．『複雑系の構造と予測』（早稲田大学複雑系高等学術研究所編）pp. 1-35　共立出版，東京．

時田恵一郎（2007）生態学：複雑適応系のプロトタイプ．数理科学，524: 56-60.

時田恵一郎・入江治行（2006）島の生物地理学とZipfの法則．京都大学数理解析研究所講究録，No. 1499: 1-6.

Tokita, K. and Yasutomi, A. (1999) Mass extinction in a dynamical system of evolution with variable dimension. Physical Review E, 60: 842-847.

Tokita, K. and Yasutomi, A. (2003) Emergence of a complex and stable ecosystem in replicator equations with extinction and mutation. Theoretical Population Biology, 63: 131−146.

Townsend, C.R. (2003) Individual, population, community, and ecosystem consequences of a fish invader in New Zealand streams. Conservation Biology, 17: 38−47.

Traniello, J.A.F. (1989) Foraging strategies of ants. Annual Review of Entomology, 34: 191−210.

Treseder, K.K., Davidson, D.W. and Ehleringer, J.R. (1995) Absorption of ant-provided carbon dioxide and nitrogen by a tropical epiphyte. Nature, 375: 137−139.

Trussell, G.C., Ewanchuk, P.J. and Matassa, C.M. (2006) The fear of being eaten reduces energy transfer in a simple food chain. Ecology, 87: 2979−2984.

Tscharntke, T. (1989) Attack by a stem-boring moth increases susceptibility of *Phragmites australis* to gall-making by a midge: mechanisms and effects on midge population dynamics. Oikos, 54: 93−100.

Tscharntke, T. (1992) Cascade effects among four trophic levels: bird predation on galls affects density-dependent parasitism. Ecology, 73: 1689−1698.

Tscharntke, T. and Hawkins, B.A. (2002) Multitrophic Level Interactions. Cambridge University Press, Cambridge, UK.

Tsuji, K., Hasyim, A., Harlion and Nakamura, K. (2004) Asian weaver ants, *Oecophylla smaragdina*, and their repelling of pollinators. Ecological Research, 19: 669−673.

Turlings, T.C.J., Gouinguené, S., Degen, T. and Fritzsche-Hoballah, M.E. (2002) The chemical ecology of plant-caterpillar-parasitoid interactions. pp. 148−173. In Tscharntke, T. and Hawkins, B.A. (eds.), Multitrophic Level Interactions. Cambridge University Press, Cambridge, UK.

Turner, A.M. and Mittelbach, G.G. (1990) Predator avoidance and community structure: interactions among piscivores, planktivores, and plankton. Ecology, 71: 2241−2254.

Ulrich, W., Almeida-Neto, M. and Gotelli, N.J. (2009) A consumer's guide to nestedness analysis. Oikos, 118: 3−17.

Underwood, A.J. (2000) Experimental ecology of rocky intertidal habitats: what are we learning? Journal of Experimental Marine Biology and Ecology, 250: 51−76.

Underwood, A.J., Chapman, N.G. and Connell, S.D. (2000) Observations in ecology: you can't make progress on processes without understanding the patterns. Journal of Experimental Marine Biology and Ecology, 250: 97−115.

Utsumi, S. and Ohgushi, T. (2007) Plant regrowth response to a stem-boring insect: a swift moth-willow system. Population Ecology, 49: 241−248.

Utsumi, S. and Ohgushi, T. (in press) Community-wide impacts of herbivore-induced plant regrowth on arthropods in a multi-willow species systems. Oikos.

Vallade, M. and Houchmandzadeh, B. (2003) Analytical solution of a neutral model of biodiversity. Physical Review E, 68: 061902.

Vance, R.R. (1978) Predation and resource partitioning in one predator-two prey model communities. American Naturalist, 112: 797−813.

van der Heijden, M.G.A., Boller, T., Wiemken, A. and Sanders, I.R. (1998) Different arbuscular mycorrhizal fungal species are potential determinants of plant community structure. Ecology, 79: 2082–2091.

Vandermeer, J.H. (1969) The competitive structure of communities: an experimental approach with protozoa. Ecology, 50: 362–371.

Vandermeer, J.H. and Goldberg, D.E. (2004) Population Ecology: First Principles. Princeton University Press, Princeton, USA. (『個体群生態学入門：生物の人口論』（佐藤一憲・竹内康博・宮崎倫子・守田智訳 2007）共立出版，東京).

Vandermeer, J. and Maruca, S. (1998) Indirect effects with a keystone predator: coexistence and chaos. Theoretical Population Biology, 54: 38–43.

Van Kampen, N.G. (2001) Stochastic Processes in Physics and Chemistry. North-Holland, Amsterdam, The Netherlands.

Van Mele, P. and Cuc, N.T.T. (2001) Farmers' perceptions and practices in use of *Dolichoderus thoracicus* (Smith) (Hymenoptera: Formicidae) for biological control of pests of sapodilla. Biological Control, 20: 23–29.

van Veen, F.J.F., Morris, R.J. and Godfray, H.C.J. (2005) Apparent competition, quantitative food webs, and the structure of phytophagous insect communities. Annual Review of Entomology, 51: 187–208.

Vasconcelos, H.L. (1997) Foraging activity of an Amazonian leaf-cutting ant: responses to changes in the availability of woody plants and to previous plant damage. Oecologia, 112: 370–378.

Vasconcelos, H.L. and Cherrett, J.M. (1997) Leaf-cutting ants and early forest regeneration in central Amazonia: effects of herbivory on tree seedling establishment. Journal of Tropical Ecology, 13: 357–370.

Verchot, L.V., Moutinho, P.R. and Davidson, D.A. (2003) Leaf-cutting ant (*Atta sexdens*) and nutrient cycling: deep soil inorganic nitrogen stocks, mineralization, and nitrification in Eastern Amazonia. Soil Biology and Biochemistry, 35: 1219–1222.

Vicari, M., Hatcher, P.E. and Ayres, P.G. (2002) Combined effect of foliar and mycorrhizal endophytes on an insect herbivore. Ecology, 83: 2452–2464.

Volkov, I., Banavar, J.R., Hubbell, S.P. and Maritan, A. (2003) Neutral theory and relative species abundance in ecology. Nature, 424: 1035–1037.

Volkov, I., Banavar, J.R., He, F., Hubbell, S.P. and Maritan, A. (2005) Density dependence explains tree species abundance and diversity in tropical forests. Nature, 438: 658–661.

Volkov, I., Banavar, J.R., Hubbell, S.P. and Maritan, A. (2007) Patterns of relative species abundance in rainforests and coral reefs. Nature, 450: 45–49.

Volterra, V. (1926) Variazioni e fluttuazioni del numero d'individui in specie animali conviventi. Memorie della R. Accademia Nazionale dei Lincei, VI 2: 31–113.

Volterra, V. (1927) Variazioni e fluttuazioni del numero d'individui in specie animali conviventi. R. Comitato Talassografico Italiano, Momoria, 131: 1–142.

Vázquez, D.P. (2005) Degree distribution in plant-animal mutualistic networks: forbidden links or random interactions? Oikos, 108: 421–426.

Vázquez, D.P. and Simberloff, D. (2003) Changes in interaction biodiversity induced by an introduced ungulate. Ecology Letters, 6: 1077–1083.

Vázquez, D.P., Melián, C.J., Williams, N.M., Blüthgen, N., Krasnov, B.R. and Pouli, R. (2007) Species abundance and asymmetry interaction strength in ecological networks. Oikos, 116: 1120–1127.

Völkl, W. (1992) Aphids or their parasitoids: who actually benefits from ant-attendance? Journal of Animal Ecology, 61: 552–560.

Völkl, W., Woodring, J., Fischer, M., Lorenz, M.W. and Hoffmann, K.H. (1999) Ant-aphid mutualisms: the impact of honeydew production and honeydew sugar composition on ant preferences. Oecologia, 118: 483–491.

Wakerley, J. and Aliacar, N. (2001) Gene genealogies in a metapopulation. Genetics, 159: 893–905.

Walker, B.H., Ludwig, D., Holling, C.S. and Peterman, R.M. (1981) Stability of semi-arid savanna grazing systems. Journal of Ecology, 69: 473–498.

Walker, B., Holling, C.S., Carpenter, S.R. and Kinzig, A. (2004) Resilience, adaptability and transformability in social-ecological systems. Ecology and Society, 9: 5.

Waltz, A.M. and Whitham, T.G. (1997) Plant development affects arthropod communities: opposing impacts of species removal. Ecology, 78: 2133–2144.

Wardle, D.A. (2002) Communities and Ecosystems: Linking the Aboveground and Belowground Components. Princeton University Press, Princeton, USA.

Wardle, D.A. and Bardgett, R.D. (2004) Indirect effects of invertebrate herbivory on the decomposer subsystem. pp. 53–69. In Weisser, W.W. and Siemann, E. (eds.), Insect and Ecosystem Function. Springer, Berlin, Germany.

Warren, P.H. (2005) Wearing Elton's wellingtons: why body size still matters in food webs. pp. 128–136. In de Ruiter, P., Wolters, V. and Moore, J.C. (eds.), Dynamic Food Webs: Multispecies Assemblages, Ecosystem Development, and Environmental Change. Academic Press, Burlington, USA.

Waser, N.M., Chittka, L., Price, M.V., Williams, N.M. and Ollerton, J. (1996) Generalization in pollination systems, and why it matters. Ecology, 77: 1043–1060.

Watterson, G. A. (1974) Models for the logarithmic species abundance distribution. Theoretical Population Biology, 6: 217–250.

Watts, D.J. and Strogatz, S.H. (1998) Collective dynamics of small-world networks. Nature, 393: 440–442.

Way, M.J. (1963) Mutualism between ants and honeydew-producing Homoptera. Annual Review of Entomology, 8: 307–344.

Way, M.J. and Khoo, K.C. (1992) Role of ants in pest-management. Annual Review of Entomology, 37: 479–503.

Webb, C.T. (2007) What is the role of ecology in understanding ecosystem resilience? BioScience, 57: 470–471.

Weigelt, A. and Jolliffe, P. (2003) Indices of plant competition. Journal of Ecology, 91: 707–720.

Weigelt, A., Steinlein, T. and Beyschlag, W. (2002) Does plant competition intensity rather depend on biomass or on species identity? Basic and Applied Ecology, 3: 85–94.

Weigelt, A., Steinlein, T. and Beyschlag, W. (2005) Competition among three dune species: the impact of water availability on below-ground processes. Plant Ecology, 176: 57–68.

Weisser, W.W. and Siemann, E. (2004) Insect and Ecosystem Function. Springer, Berlin, Germany.

Welden, C.W. and Slauson, W.L. (1986) The intensity of competition versus its importance: an overlooked distinction and some implications. Quarterly Review of Biology, 61: 23–44.

Werner, E.E. and Peacor, S.D. (2003) A review of trait-mediated indirect interactions in ecological communities. Ecology, 84: 1083–1100.

Werner, E.E. and Peacor, S.D. (2006) Lethal and nonlethal predator effects on an herbivore guild mediated by system productivity. Ecology, 87: 347–361.

West, C. (1985) Factors underlying the late seasonal appearance of the lepidopterous leaf-mining guild on oak. Ecological Entomology, 10: 111–120.

Whitham, T.G. and Mopper, S. (1985) Chronic herbivory: impacts on architecture and sex expression of pinyon pine. Science, 228: 1089–1091.

Whitham, T.G., Maschinski, J., Larson, K.C. and Paige, K.N. (1991) Plant responses to herbivory: the continuum from negative to positive and underlying physiological mechanisms. pp. 227–256. In Lewinsohn, T.M., Fernandes, G.W., Benson, W.W. and Price, P.W. (eds.), Plant-Animal Interactions: Evolutionary Ecology in Tropical and Temperate Regions. John Wiley & Sons, New York, USA.

Whitham, T.G., Young, W.P., Martinsen, G.D., Gehring, C.A., Schweitzer, J.A., Shuster, S.M., Wimp, G.M., Fischer, D.G., Bailey, J.K., Lindroth, R.L., Woolbright, S. and Kuske, C.R. (2003) Community and ecosystem genetics: a consequence of the extended phenotype. Ecology, 84: 559–573.

Wiens, J.A. (1977) On competition and variable environments. American Scientist, 65: 590–597.

Wigner, E.P. (1958) On the distribution of the roots of certain symmetric matrices. Annals of Mathematics, 67: 325–328.

Williams, A.G. and Whitham, T.G. (1986) Premature leaf abscission: an induced plant defense against gall aphids. Ecology, 67: 1619–1627.

Williams, D.F. (ed.) (1994) Exotic Ants: Biology, Impact, and Control of Introduced Species. Westview Press, Boulder, USA.

Williams, D.J. (2004) A synopsis of the subterranean mealybug genus *Neochavesia* Williams and Granara de Willink (Hemiptera: Pseudococcidae: Rhizoecinae). Journal of Natural History, 38: 2883–2899.

Williams, K.S. and Myers, J.H. (1984) Previous herbivore attack of red alder may improve food

quality for fall webworm larvae. Oecologia, 63: 166–170.
Williams, R.J. and Martinez, N.D. (2000) Simple rules yield complex food webs. Nature, 404: 180–183.
Willmer, P.G. and Stone, G.N. (1997) How aggressive ant-guards assist seed-set in *Acacia* flowers. Nature, 388: 165–166.
Wilson, J.B. and Roxburgh, S.H. (1992) Application of community matrix theory to plant competition data. Oikos, 65: 343–348.
Wilson, M. (2007) Measuring the components of competition along productivity gradients. Journal of Ecology, 95: 301–308.
Wimp, G.M. and Whitham, T.G. (2001) Biodiversity consequences of predation and host plant hybridization on an aphid-ant mutualism. Ecology, 82: 440–452.
Wimp, G.M. and Whitham, T.G. (2007) Host plants mediate aphid-ant mutualisms and their effects on community structure and diversity. pp. 275–305. In Ohgushi, T., Craig, T. and Price, P.W. (eds.), Ecological Communities: Plant Mediation in Indirect Interaction Webs. Cambridge University Press, Cambridge, UK.
Winemiller, K.O. (1989) Must connectance decrease with species richness? American Naturalist, 134: 960–968.
Winemiller, K.O. (1990) Spatial and temporal variation in tropical fish trophic networks. Ecological Monographs, 60: 331–367.
Wise, M.J. and Weinberg, A.M. (2002) Prior flea beetle herbivory affects oviposition preference and larval performance of a potato beetle on their shared host plant. Ecological Entomology, 27: 115–122.
Wood, M.J. (2007) Parasites entangled in food webs. Trends in Parasitology, 23: 8–10.
Woodell, S.R.J. and King, T.J. (1991). The influence of mound-building ants on British lowland vegetation. pp. 521–535. In Huxley, C.R. and Cutler, D.F. (eds.), Ant-Plant Interactions. Oxford University Press, Oxford, UK.
Wootton, J.T. (1992) Indirect effects, prey susceptibility, and habitat selection: impacts of birds on limpets and algae. Ecology, 73: 981–991.
Wootton, J.T. (1993) Indirect effects and habitat use in an intertidal community: interaction chains and interaction modifications. American Naturalist, 141: 71–89.
Wootton, J.T. (1994a) The nature and consequences of indirect effects in ecological communities. Annual Review of Ecology and Systematics, 25: 443–466.
Wootton, J.T. (1994b) Predicting direct and indirect effects: an integrated approach using experiments and path analysis. Ecology, 75: 151–165.
Wootton, J.T. (1997) Estimates and test of per capita interaction strength: diet, abundance, and impact of intertidally foraging birds. Ecological Monographs, 67: 45–64.
Wootton, J.T. (2001) Prediction in complex ecological communities: analysis of empirically derived Markov models. Ecology, 82: 580–598.

Wootton, J.T. (2002) Indirect effects in complex ecosystems: recent progress and future challenges. Journal of Sea Research, 48: 157–172.

Wootton, J.T. and Emmerson, M. (2005) Measurement of interaction strength in nature. Annual Review of Ecology, Evolution, and Systematics, 36: 419–444.

Worm, B. and Duffy, J.E. (2003) Biodiversity, productivity and stability in real food webs. Trends in Ecology and Evolution, 18: 628–632.

Wright, S. (1931) Evolution in Mendelian populations. Genetics, 16: 97–159.

Yachi, S. and Loreau, M. (1999) Biodiversity and ecosystem productivity in a fluctuating environment: the insurance hypothesis. Proceedings of the National Academy of Sciences of the United States of America, 96: 1463–1468.

Yamauchi, A. and Yamamura, N. (2005) Effects of defense evolution and optimal diet choice on population dynamics in a one-predator-two-prey system. Ecology, 86: 2513–2524.

Yao, I. and Akimoto, S. (2001) Ant attendance changes the sugar composition of the honeydew of the drepanosiphid aphid *Tuberculatus quercicola*. Oecologia, 128: 36–43.

Yao, I. and Akimoto, S. (2002) Flexibility in the composition and concentration of amino acids in honeydew of the drepanosiphid aphid *Tuberculatus quercicola*. Ecological Entomology, 27: 745–752.

Yao, I., Shibao, H. and Akimoto, S. (2000) Costs and benefits of ant attendance to the drepanosiphid aphid *Tuberculatus quercicola*. Oikos, 89: 3–10.

Yodzis, P. (1988) The indeterminacy of ecological interactions as perceived through perturbation experiments. Ecology, 69: 508–515.

Yodzis, P. and Innes, S. (1992) Body size and consumer-resource dynamics. American Naturalist, 139: 1151–1175.

Yonekura, R., Nakai, K. and Yuma, M. (2002) Trophic polymorphism in introduced bluegill in Japan. Ecological Research, 17: 49–57.

Yoshida, K. (2003) Dynamics of evolutionary patterns of clades in a food web system model. Ecological Research, 18: 625–637.

吉田勝彦（2005）一次生産量変動が食性の進化に与える影響．日本生態学会誌, 55: 438–445.

Yoshino, Y., Galla, T. and Tokita, K. (2007) Statistical mechanics and stability of a model ecosystem. Journal of Statistical Mechanics, P09003.

Yoshino, Y., Galla, T. and Tokita, K. (2008) Rank abundance relations in evolutionary dynamics of random replicators. Physical Review E, 78: 031924.

Young, T.P., Stubblefield, C.H. and Isbell, L.A. (1997) Ants on swollen thorn acacias: species coexistence in a simple system. Oecologia, 109: 98–107.

Yu, D.W. (2001) Parasites of mutualisms. Biological Journal of the Linnean Society, 72: 529–546.

Yumoto, T. and Maruhashi, T. (1999) Pruning behavior and intercolony competition of *Tetraponera* (*Pachysima*) *aethiops* (Pseudomyrmecinae, Hymenoptera) in *Barteria fistulosa* in a tropical forest, Democratic Republic of Congo. Ecological Research, 14: 393−404.

Yvon-Durocher, G., Montoya, J.M., Emmerson, M.C. and Woodward, G. (2008) Macroecological patterns and niche structure in a new marine food web. Central European Journal of Biology, 3: 91−103.

Zipf, G.K. (1949). Human Behavior and the Principle of Least Effort. Addison-Wesley, Cambridge, USA.

索　引

[あ行]

アリ散布植物　125, 131
アリ植物　viii, 123, 132-140, 251
アリ庭園　132
アリ類　123
アロメトリー　29, 112, 243, 247, 265
安定性　vi-vii, ix, 1, 4, 8-9, 12, 21, 28-29, 35,
　　　37-38, 41, 43-45, 49, 51-52, 54-56, 58-60,
　　　93, 101, 103, 111-113, 115-116, 118-120,
　　　129, 152, 181, 183, 185, 203-207, 214-215,
　　　217-218, 224, 234-235, 238, 243, 247-248,
　　　259, 261
依存度　44-45, 137, 144, 263
異地性流入　100
一年生海藻類　117
遺伝的多型　196
入れ子構造　ix, 45, 239-240, 243, 250-251, 253,
　　　258-259, 262-263
入れ子度　251, 258-259, 262-263
ウィグナーの半円則　205, 207, 214
永続性　38, 52-54
栄養カスケード　vii, 5-7, 17, 19, 24, 61, 71-73,
　　　76, 79, 85-86, 88, 100-101, 152, 155, 178,
　　　247, 252, 265
栄養関係　7, 98, 152, 176, 248
栄養段階　6, 8-9, 18, 56, 71, 74, 97, 118, 126,
　　　166, 181, 189, 202, 207, 237, 246-247,
　　　256-257, 264
栄養-防衛共生　125, 127-128, 130, 134-138,
　　　141-146, 148
エライオソーム　131
折れ棒モデル　194-195, 198, 214

[か行]

海流　113-114
カオス　33, 38, 50, 52, 111, 211, 213-215, 217,
　　　246-247
花外蜜腺　26, 134-135, 144, 157, 166
化学生態学　182
化学防衛　135, 145
攪乱　viii, 20, 28, 59, 69, 98, 100, 120, 129, 137,
　　　146, 183, 238
確率過程　191-192, 196, 198, 220
カスケードモデル　31, 236
環境変動　45, 69, 93-94, 103, 112-113, 117-120,
　　　125-127, 243
環境を介する間接効果　94, 104, 106, 118
緩衝　113, 119-120
干渉型競争　3, 7, 13, 61-62, 94
岩礁潮間帯　8, 93, 95, 98, 106-109, 113-114
間接効果　v-viii, 1, 3-10, 12-21, 28, 35, 41,
　　　45, 57-58, 61, 67, 76, 79-83, 85-86, 89, 91,
　　　94-96, 98-99, 103-109, 114, 118-119, 121,
　　　123-126, 143-144, 148, 151-155, 160-161,
　　　163-167, 171, 174-175, 178, 180-183, 216,
　　　241-242, 245-246, 251-252, 262-264
　　──の大きさ　24, 96
間接相互作用　vi, 4, 13-17, 61-63, 70, 80, 87,
　　　90, 126, 128, 151, 166-168, 170-171, 173,
　　　175-180, 182
間接相互作用の連鎖　181
間接相互作用網　viii, 3, 44, 151, 161, 163-164,
　　　174-183, 260, 262, 266
間接的傷害　63
感度行列　ix, 9-10, 20-21, 57-58
甘露　123, 125, 135, 141-146, 161-162, 164-166,
　　　177
キーストン　viii, 6-7, 22-23, 98, 123, 125-126,
　　　149, 166, 174
　　── 捕食　5, 7-8, 17, 94, 100-101, 117, 246
　　── 捕食仮説　97-98, 101
　　── 捕食者　128
寄主　63, 135, 137-139, 142-144, 146, 240, 253,
　　　255-260, 262
　　──を操る寄生者　259-260
寄生　v-vi, x, 2-3, 62, 139, 243, 245, 252-254,
　　　258-259, 261, 266
　　── ネットワーク　245, 261, 266
寄生者　vi, 142, 145, 152, 240, 251-260, 262
　　───寄主ネットワーク　259
　　── ネットワーク　261
規則格子　ix, 225, 228-230, 232, 240
機能の反応　1, 10-12, 20-21, 28, 33-36, 41, 43,
　　　104, 207, 246-247, 265

基本生物多様度数　191, 197-198, 200-201
基本分散数　191-192, 200
共生アリ　132, 134, 136-140
競争　v-vi, 1-3, 5-7, 24-25, 29, 35-36, 44-45, 51, 62-64, 68-70, 73, 76, 82, 84-85, 90, 97-99, 106, 111, 120, 127, 129, 135-136, 140-141, 144-147, 152, 154, 156, 165, 177, 179, 186, 188-189, 202, 206, 208-210, 216, 218, 246-248, 251-252, 259, 261-266
　──仮説　97
　──ネットワーク　2-3, 35, 44, 261
　──排除則　68
競争者　69, 84, 254, 257
局所安定性　20, 34, 51, 54, 215
局所群集　36, 188-194, 196-203, 217, 219, 266
ギルド内被食者　12, 33, 37-39, 41, 247-248
ギルド内捕食　5-8, 12, 17, 37-41, 72, 73, 79, 125, 142, 189, 247-248
ギルド内捕食者　33, 37-39, 41, 247
菌根菌　26, 46, 169, 172-173, 249, 252-253
菌類　2, 130, 132, 140, 156, 171, 207
空間的変異　viii, 93, 95, 99-101, 103-105, 110, 119-121, 135, 140, 143, 156
食う食われる関係　124, 151-154, 160-161, 163, 175, 177, 180
クラスター性　223, 227-231, 237-238, 240
クラスタリング係数　ix, 218, 226-229, 236-237
クリーク　238, 240
群集行列　ix, 8, 20-21, 28-31, 39-41, 51-53, 55-58
群集構造　10, 45, 71, 96, 98, 100, 103, 107, 109, 113-114, 117, 120, 123-125, 128, 140, 147, 174, 182, 207, 214, 219
群集集合　187, 198
グンタイアリ　128-129
形質の変化　viii, 1, 4, 12-16, 18, 61, 81, 84, 87, 90-91, 124, 126, 151, 153-156, 160-161, 165-168, 172, 174-175, 178-181, 243
形質を介する間接効果（TMIE）　vii, 4, 12-19, 61, 81-87, 94, 153, 155, 165, 181, 241, 259-260
結合度　42, 55-56, 181, 204-205, 207, 211, 218, 235-236, 238, 257-259
効果の大きさ　1, 9, 19, 21-23, 27, 39-40, 146
高次寄生蜂　143
高次の相互作用　216, 242
構造物　127, 131, 158-159, 166, 169, 173
行動圏　86-87

コスト　131, 232, 248, 252-254, 264
固有値　20, 28-29, 41, 51, 54-55, 59, 204-205, 208
コロニー　123, 126-130, 133-134, 136-137, 139, 146, 149, 161-162, 164, 169, 249
コンパートメント　ix, 237-238, 240

[さ行]

相互作用網　93, 95, 98, 100, 109, 114, 119, 129, 136, 140, 144, 147-149, 189, 260
雑食　v, 5, 8-9, 31, 38-41, 56, 61, 76, 89, 111, 186, 207, 256
　──性　vii, 64, 68, 71, 74, 76-81
サンプル　119, 194, 198, 200, 242
　──分布　242
ジェネラリスト　7, 239, 250, 258-260, 263-265
時間的変異　93, 95, 99-101, 103-104, 110, 120-121, 135, 140, 143, 156
資源利用競争モデル　246
次数　42-45, 230, 233-234, 237, 241
　──分布　ix, 42-45, 223, 225, 227-228, 230, 232-234, 237, 241-242, 249, 251
指数分布　31-32, 39, 42, 194-195, 225, 227, 234, 241, 263
社会-生態系　59
自由生活者　255
重要度　21-23, 25-26
種間競争　vi, viii, 61, 69-71, 97, 99, 124, 128, 142, 146-147, 152, 158, 165-167, 171, 179-180, 187, 219, 263
種間相互作用　v-vii, 1-4, 10, 12, 31, 42, 45, 47, 49, 56, 90, 94, 96-97, 99-100, 102-103, 111, 127, 146, 186, 189, 205-206, 219, 224, 241-245, 248, 265-266
　──強度　vii, 207
　──行列　210
種間相互作用ネットワーク　3, 261
種個体数分布　vi, ix, 185-186, 190-191, 193-202, 210-212, 214-220
　相対──　191, 194, 198
種子散布　123, 125, 127-128, 131, 148, 182, 238
種子散布者　viii, 2, 44, 131-132, 249, 252
種多様性　69, 166, 168-169, 182, 186, 263
種内競争　205, 208-209, 213, 216
種の集約　236
種プール　201
純効果　94-96, 99, 106, 109, 112, 119

索　引

状況依存性　vii, 4, 99-100, 110
消費型競争　3, 6-8, 13, 17, 62, 94, 217, 246, 261
消費効果　14-16, 18
植食　v, 2-3, 14, 18, 106, 116-119, 124, 134, 146, 158, 166, 181-182, 251-252, 262-263, 265
植食者　viii, 3, 6, 15-16, 26, 61, 72-73, 76, 88-89, 117-118, 120-121, 123-125, 128, 130, 134-135, 137, 139-140, 142-145, 149, 153-154, 156-160, 166-168, 170-171, 178-183, 236, 238, 251-252, 254, 262-265
植食性昆虫　118, 158, 160-161, 165-168, 170-171, 173, 176-179, 189
食物環　255
食物網　v-ix, 2, 5-9, 29-30, 33-44, 56, 58, 61, 74, 79-80, 82-83, 88-89, 98, 111, 114, 118-119, 124, 126, 129-130, 144, 151-153, 161, 163-164, 166, 174-178, 180, 183, 189, 206-208, 213-214, 218-220, 231, 235-238, 243, 245-248, 255-262, 265-266
　── ネットワーク　236, 238
　部分 ──　114-115, 118, 237, 258
食物連鎖　v, 5-6, 9, 18, 31, 33-34, 38, 40-41, 43, 56, 67, 71-74, 79, 87, 152, 160, 162, 165-166, 180, 183, 207, 218, 236, 238, 247, 255-257, 266
真社会性昆虫　126
数の反応　263
数理モデル　vi, ix, 9, 20, 28, 34, 36-37, 49-50, 96, 101, 111, 246-247, 254, 264
スケーリング　247, 265
スケールフリー性　ix, 223, 227, 229-230, 232-234, 237, 240-242, 249-250
スケール普遍性　235-236
スケールフリー・ネットワーク　223, 225, 233-234, 237, 240-242
ストレージ効果　viii, 118-120
スナップショット　103
スペシャリスト　7, 239, 250, 258-260, 263-265
住み場所　3, 12, 80, 177, 255
スモールワールド性　ix, 223, 226, 228-229, 231, 234, 237, 240
スモールワールド・ネットワーク　223, 225, 230-233, 238, 240
生態化学量論　182, 266
生態系　viii, 42, 46-47, 59-60, 80, 88, 94, 100, 108, 118, 151-152, 154, 174, 180, 182-184, 206, 211-212, 224, 231, 244, 260, 266
　── 機能　viii, 94, 149, 152, 182, 260, 264

　── ネットワーク　181, 183, 224
　── のサービス　94
　── の産物　94
　── の代謝理論　43, 247
生態系エンジニア　viii, 80, 132, 159, 166, 169, 173, 179
　── 効果　118, 127
生態的地位　68 → ニッチ
生物エネルギーモデル　247, 265
生物多様性　viii, 94, 148-149, 151-154, 175, 180-184, 263-264
　── の保全　viii, 182, 184
絶対共生　137, 140, 142
ゼロサム　ix, 190
　── ゲーム　213-214
　── 多項分布　197-199
遷移　41, 100, 137, 207, 262
線形力学系　51, 55
相害　63
総合効果　94
相互作用強度　vii-ix, 1, 4, 20-24, 27-36, 39-45, 96, 101-102, 104, 110-112, 115, 205, 211, 242, 260-261, 263, 265-266
相互作用行列　ix, 20-21, 27, 31-32, 39, 52-53, 55-56, 58, 207, 209-214
相互作用ネットワーク　151-154, 160, 178-179, 184, 225
　── の複雑性　181
相互作用のスケール　88
相互作用の多様性　178, 181, 183-184
相互作用の変更　15, 242
相互作用の連鎖　14, 124, 133-134, 151, 160-163, 167, 183-184
操作実験　22, 27-28, 32, 49, 56, 80, 85, 96-99, 101-103, 105, 111, 114-115, 119, 155, 178, 206
送粉共生系　140
送粉系　148, 240, 243
送粉者　2-3, 25-26, 44, 73, 89, 125, 141, 152, 170-171, 248-254, 262
相利　v, viii-3, 5-7, 25, 44-45, 51, 62, 123, 125-127, 140, 142, 144-145, 152, 208, 216, 218, 243, 245, 248-254, 259, 262-264, 266
　── 共生　2, 26, 123-124, 127, 135, 138, 140, 144, 149, 210, 216
　── ネットワーク　vii, 3, 42, 44-45, 238-239, 245, 249-250, 254, 258, 261, 263, 266
　── 片利関係　151-152, 166-167, 176-178,

325

180-181
相利者　249, 251-253, 257, 262-263
存続性　52, 59

[た行]

大域的　21, 59-60, 111, 113, 208, 214-215, 217-218, 232
大域的安定性　34, 51
体サイズ　29, 32, 67, 79-81, 90, 112, 146, 172
対称行列　211, 220
対植食者防衛　125, 132, 134-137, 141
対数応答比　19, 21, 24, 27-28
対数級数　193-198, 212, 214
対数正規型　190, 197, 214, 216, 254
対数正規分布　31-32, 40, 193-195, 197-199, 212, 214
多種系　1, 3, 5, 120, 183, 187
多体の相互作用　242
多変量分布　200-201
着生植物　132, 136, 139, 262
中立　62, 146
―― 性　ix, 188-191, 196, 199, 202-203
―― モデル　vi, ix, 185-190, 192-196, 198-203, 209, 217-219
頂点　5, 42, 82, 114, 223-228, 232-234, 236-237, 239, 241-242, 249
直接効果　v, vii, 1, 3-7, 9-10, 12-18, 20-21, 24, 27-28, 52, 57-58, 67, 80, 89, 94-96, 98-99, 106-109, 112, 114, 119, 154, 161, 163-165, 175, 251
―― の大きさ　20
直接相互作用　4, 14, 17, 62-63, 81, 89, 124, 128
直接的相害　63
抵抗性　46, 69, 72, 113-118, 183, 234, 250, 252
定常状態　50-51, 54-55, 57
デトリタス　34, 100
動的指数　21-24, 27, 29-31, 58, 96, 101-102, 104, 106, 112
土壌改変効果　132-133
トップダウンTMIE　82-83

[な行]

内生菌　169, 172, 252
内生菌根菌　169, 173
なわばり　67, 125-127, 129-130, 132, 142, 149
二次代謝物質　153, 156-157, 167, 172-173, 182

ニッチ　viii, 32, 68, 126, 128, 147-148, 151, 159, 181, 184, 187, 189, 198, 203, 235-236, 243, 265
―― モデル　32, 203, 218, 236, 265
二部グラフ　239, 250
ネットワーク　v-5, 9-10, 36, 42, 44-45, 90, 151-154, 160, 166, 174-175, 178-182, 184-185, 206, 218-220, 223-227, 230-233, 235, 237-246, 249-251, 254, 256-257, 261-266
―― の複雑性　178
―― ・モチーフ　238, 240
ノード　42, 223-224

[は行]

パーコレーション　224, 228
媒介中心性　237, 240
ハキリアリ　130-134
葉巻　3, 158, 161-162, 166, 173-177, 179
パルス摂動実験　56
半翅目昆虫　viii, 123, 125, 127-128, 130, 135, 141-148
反対称行列　208, 212
非栄養関係　viii, 44, 98, 119, 151-153, 174, 176-178, 180-181, 262
非栄養的効果　124-125
非消費効果　14, 16, 18
被食者　1, 5-7, 10-13, 15-19, 29-36, 39-42, 44, 51, 61, 63, 69, 73, 81, 83-87, 90, 104, 112, 153, 155, 235-236, 246-248, 256-258, 260
―― リンク　43
非線形　vii, 4-5, 9, 20-21, 28, 36, 45, 50, 52, 55, 103-105, 204, 207
―― 力学系　50-51, 55
非致死効果　14-16, 18
比に依存する機能の反応　11, 36
病原菌　131, 140, 169, 172
表現型可塑性　156, 180-183
標準化ユークリッド距離　116
フェノロジー　121, 153
復元性　113-117
複雑性　vi, 45, 54, 56, 58, 60, 120, 151, 185, 203-204, 206-207, 214, 224
―― と安定性の関係　60, 186, 203, 218
複雑適応系　59-60
複雑ネットワーク　v, ix, 5, 42-43, 45, 220, 223-227, 229-235, 237, 240-241, 243-244,

254, 261, 265
物理ストレス　99
浮動　198
　遺伝的——　190-191, 197, 199
　生態学的　vi, 190-191, 197
プレス摂動実験　56-58
フロー　9-10, 37
　ネットワーク——　8
分布型　29, 111-112
ペインの指数　21-23, 27, 30-31, 58, 96, 108, 111, 115
平均最短経路長　ix, 226, 228-229, 236-237
平衡状態　8-10, 20-22, 24, 27-28, 34-35, 37-39, 45, 50, 53, 55-59, 95, 188, 194, 199, 211, 215, 246
べき分布　32, 36, 42, 45, 220, 225, 227, 233-234, 237, 241-242, 249, 251, 262-263
ベディントン-デアンジェリス　11, 36
ヘテロクリニックサイクル　50, 217
片害　62
片利　viii, 62, 152, 262
ポアソン分布　42, 194, 228
保険効果　120
補償成長　15, 18, 160, 162, 166-167, 170, 174, 177, 179
補償反応　158
捕食　v, 1-3, 5-7, 18-19, 25, 32, 35, 41, 45-46, 61-62, 67, 69, 73, 76, 79, 84, 94, 98, 109, 129, 152, 154, 178, 186, 202, 208, 210, 214, 216-218, 236, 243, 246, 248, 255-256, 260, 264-266
　——仮説　97
捕食者　viii, 1, 5-8, 10-13, 15-19, 28-34, 36, 39-44, 51, 61, 63, 67, 69-74, 76, 79, 81-91, 97, 99, 104, 109, 112, 120, 123, 125, 128-130, 140, 142-143, 145, 147, 153-154, 157, 166, 173, 181-183, 217, 235-236, 246-248, 251-252, 254-260
　——寄生者リンク　258
　——被食者ネットワーク　258
　——リンク　43
ボトムアップTMIE　84
ボトムアップ栄養カスケード　181-182
ホリング　10, 263

[ま行]

マスター方程式　193-194, 197, 200, 219

見かけの競争　vi, 5-8, 17, 19, 33-34, 63, 84, 152, 155, 246, 260-261
見かけの相利　11, 34, 246
密度を介する間接効果　3-4, 12-14, 17, 19, 94, 119, 152, 155
緑の地球仮説　88
ミニマルモデル　ix, 185-187, 217, 221
無限対立遺伝子モデル　196
虫こぶ　157-159, 162, 169-172, 177, 179
メタ解析　19, 24
メタ群集　ix, 188-195, 197-199, 201-203, 219, 266
メタ個体群生物学　189
モジュール　v, vii, x, 1, 4-5, 8, 38, 41, 245-248, 262

[や行]

ヤコビ行列　20, 51, 58, 204-205
ユーエンスのサンプリング公式（ユーエンス公式）　193, 196, 198, 200, 202
有効度　25-26
優先的結合　225, 233-234, 254
誘導防衛　156, 167, 179
　——反応　viii, 143, 154, 156, 181
弱い相互作用　viii, 1, 4, 29-32, 34, 36, 39, 41-43, 93, 95, 101-103, 110-113, 115, 119-121, 183, 211, 243

[ら行]

ランダム　29, 31-32, 55-56, 188, 198, 208, 216, 228, 231, 233, 237, 258, 263
　——移動　190
　——ウォーク　196-197
　——行列　vi, ix, 54-55, 204-205, 207-215, 217, 219-220, 258
　——グラフ　ix, 42, 223-225, 228-229, 231-232, 236-238, 240
　——群集モデル　vi, ix, 55, 60, 185-186, 188, 203-204, 206-208, 214, 216-220, 235, 242
　——種分化　190
　——相互作用　208, 220
　——相互作用行列　208, 215
利害相反関係　62, 67
力学系　ix, 9-10, 49-50, 52-53, 57-58, 208, 247
離散力学系　54, 60
リミットサイクル　37-38, 50, 52, 215, 246

林冠ギャップ　133-134
リンク　v–vi, 3–9, 32–33, 36–40, 42–44, 56, 181, 206, 223–229, 231–237, 239, 241–242, 249–251, 254–263, 265–266
レジームシフト　60
レジスタンス　58–59
レジリエンス　59–60
　工学的 —— 　39, 59
　生態学的 —— 　60

レプリケーター方程式　ix, 52–53, 55, 205, 208–216, 220
ロトカ–ボルテラ　8, 10, 12, 20–21, 23–24, 27, 29, 35, 37–38, 40, 44, 49, 52, 56, 58, 96, 111–112, 219, 263
　—— 型モデル　8, 10, 12
　—— 方程式　52, 112, 203, 205, 209, 214, 219

著者一覧 (50音順, *は編者)

市岡　孝朗（いちおか　たかお）京都大学大学院地球環境学堂・准教授
専門分野：個体群生態学，群集生態学，熱帯生態学，昆虫学
主著：『Mutualism and Community Organization』Oxford University Press（分担執筆），『Arthropods of Tropical Forests: Spatio-Temporal Dynamics and Resource Use in the Canopy』Cambridge University Press（分担執筆），『Pollination Ecology and the Rain Forest: Sarawak Studies』Springer（分担執筆），『動物と植物の利用しあう関係』平凡社（分担執筆），『群集生態学の現在』京都大学学術出版会（分担執筆），『ナチュラルヒストリーの時間』大学出版部協会（分担執筆），『地球環境学へのアプローチ』丸善（分担執筆），『生物間相互作用と害虫管理』京都大学学術出版会（分担執筆）

****大串　隆之**（おおぐし　たかゆき）京都大学生態学研究センター・教授
専門分野：進化生態学，個体群生態学，群集生態学，生態系生態学，生物多様性科学
主著：『Effects of Resource Distribution on Animal-Plant Interactions』Academic Press（編著），『Ecological Communities: Plant Mediation in Indirect Interaction Webs』Cambridge University Press（編著），『Galling Arthropods and Their Associates: Ecology and Evolution』Springer（編著），『生物多様性科学のすすめ』丸善（編著），『さまざまな共生』平凡社（編著），『動物と植物の利用しあう関係』平凡社（編著），『進化生物学からせまる』［シリーズ群集生態学2］京都大学学術出版会（編著），『生態系と群集をむすぶ』［シリーズ群集生態学4］京都大学学術出版会（編著），『メタ群集と空間スケール』［シリーズ群集生態学5］京都大学学術出版会（編著）
http://www.ecology.kyoto-u.ac.jp/~ohgushi/index.html

片野　修（かたの　おさむ）独立行政法人水産総合研究センター中央水産研究所内水面研究部・資源生態研究室長
専門分野：動物生態学，群集生態学，河川生態学，水産資源学
主著：『個性の生態学』京都大学学術出版会，『新動物生態学入門』中央公論社，『ナマズはどこで卵を産むのか』創樹社，『カワムツの夏』京都大学学術出版会，『希少淡水魚の現在と未来』信山社（共編著）

近藤　倫生（こんどう　みちお）龍谷大学理工学部・准教授，科学技術振興機構・さきがけ研究員
専門分野：理論生態学，群集生態学，進化生態学
主著：『Dynamic Food Webs: Multispecies Assemblages, Ecosystem Development, and Environmental Change』Academic Press（分担執筆），『Aquatic Food Webs: an Ecosystem Approach』Oxford University Press（分担執筆），『メタ群集と空間スケール』［シリーズ群集生態学5］京都大学学術出版会（編著），『生態系と群集をむすぶ』［シリーズ群集生態学4］京都大学学術出版会（編著），『メタ群集と空間スケール』［シリーズ群集生態学5］京都大学学術出版会（編著）

時田　恵一郎（ときた　けいいちろう）　大阪大学サイバーメディアセンター・准教授
専門分野：統計物理学，理論生物学
主著：『複雑系の構造と予測』（複雑系叢書1）共立出版（分担執筆）
http://www.cp.cmc.osaka-u.ac.jp/~tokita/

＊難波　利幸（なんば　としゆき）　大阪府立大学大学院理学系研究科・教授
専門分野：数理生態学，群集生態学
主著：『数理生態学』（シリーズ・ニューバイオフィズックス　10）共立出版（分担執筆），『群集生態学の現在』京都大学学術出版会（分担執筆），『Ecological Issues in a Changing World: Status, Response and Strategy』Kluwer Academic（分担執筆）
http://www.b.s.osakafu-u.ac.jp/~tnamba/nj-index.html

堀　正和（ほり　まさかず）　（独）水産総合研究センター瀬戸内海区水産研究所・研究員
専門分野：群集生態学，海洋生態学
http://feis.fra.affrc.go.jp

生物間ネットワークを紐とく	シリーズ群集生態学 3

2009年8月20日　初版第一刷発行

編者　大　串　隆　之
　　　近　藤　倫　生
　　　難　波　利　幸

発行者　加　藤　重　樹

発行所　京都大学学術出版会
　　　京都市左京区吉田河原町 15-9
　　　京大会館内（606-8305）
　　　電話　075-761-6182
　　　FAX　075-761-6190
　　　振替　01000-8-64677
　　　http://www.kyoto-up.or.jp/

印刷・製本　㈱クイックス東京

ISBN978-4-87698-345-2
Printed in Japan

Ⓒ T. Ohgushi, M. Kondoh, T. Namba 2009
定価はカバーに表示してあります